2009年12月23日，中共中央政治局常委、全国政协主席贾庆林，中共中央政治局委员、全国政协副主席、关注森林活动组委会主任王刚亲切接见参加关注森林活动10周年总结表彰大会的全体代表。人口资源环境委员会主任张维庆、副主任江泽慧陪同接见。图为贾庆林主席同赵学敏委员亲切握手。

12月23日，在关注森林活动十周年表彰大会上，中共中央政治局委员、全国政协副主席、关注森林活动组委会主任王刚为获得“关注森林奖”的全国政协人口资源环境办公室主任白煜章同志颁奖。

12月23日，关注森林活动10周年总结表彰大会在全国政协礼堂举行。中共中央政治局委员、全国政协副主席、关注森林活动组委会主任王刚（中）出席会议并讲话。人口资源委员会主任张维庆（右五），全国政协副秘书长林智敏（左四），人口资源委员会副主任江泽慧（右四），驻会副主任庄国荣（右三），国家林业局局长贾治邦（左五）等出席。

12月7日，中共中央政治局委员、天津市委书记张高丽会见“全国暨地方政协人口资源环境委员会深入学习贯彻胡锦涛总书记在庆祝人民政协成立60周年大会上的重要讲话理论研讨会”与会代表。

3月9日，在全国政协十一届二次会议第四次全体会议上，张维庆主任代表全国政协人口资源环境委员会发言。建议加快改革开放步伐，推进海南国际旅游岛建设。

2月19日，“中国水电可持续发展高峰论坛”在北京全国政协常委会议厅举行。

3月18日，全国政协常委、人口资源环境委员会委员林而达（右二）率农业面源污染调研组与江西省政协人口资源环境委员会联合在江西省萍乡市考察农业面源污染情况。

4月14日，全国政协人口资源环境委员会副主任王玉庆（左二）率环保产业与新技术调研组在广东省广州市考察环保企业。

5月11日至16日，以全国政协副主席李金华为团长，人口资源环境委员会主任张维庆和委员会副主任、国务院三峡办主任汪啸风为副团长的全国政协人口资源环境委员会三峡工程生态环境考察团赴重庆、湖北调研，委员会副主任王少阶、任启兴、刘志峰、刘泽民、张黎及部分委员参加。

5月15日，以全国政协副主席李金华（中）为团长，人口资源环境委员会主任张维庆（右一）为副团长的全国政协人口资源环境委员会三峡工程生态环境考察团在湖北秭归垃圾处理场调研，委员会副主任刘志峰（右二）及部分委员参加，湖北省政协主席宋育英（左一）陪同考察。

5月26日，全国政协人口资源环境委员会与江苏省无锡市政协、浙江省湖州市政协在无锡市联合举办“携手保护太湖，实现永续发展”议政建言会。人口资源环境委员会副主任王玉庆(左六）出席会议并讲话，江苏省政协副主席陈宝田（左七）、浙江省政协副主席陈艳华(左五）出席。

6月2日，“中国基因科学暨产业发展高峰论坛”开幕会在北京全国政协常委会议厅举行,全国政协副主席王志珍（中）出席开幕会并讲话，人口资源环境委员会副主任江泽慧(左四）主持开幕会，全国政协副秘书长蒋作君（右三）出席会议。

6月4日，全国政协人口资源环境委员会副主任刘志峰（左四）率调研组在河北就衡水湖湿地生态环境保护进行实地调研，河北省政协副主席王玉梅（左一）陪同调研。

6月11日，由全国政协人口资源环境委员会、国家林业局、河北省政协共同主办的国家级自然保护区“衡水湖湿地保护与发展”北京高峰论坛开幕。全国政协副主席罗富和出席论坛并讲话，人口资源环境委员会主任张维庆致辞，河北省政协主席刘德旺致辞，全国政协副秘书长林智敏讲话，国家林业局局长贾治邦、财政部副部长丁学东、环境保护部副部长李干杰、水利部副部长胡四一、教育部原副部长章新胜讲话，人口资源环境委员会副主任江泽慧主持。

6月12日，全国政协人口资源环境委员会副主任任启兴（前排中）率水土保持生态补偿机制调研组在陕西省考察。杨岐常委（右二）参加。

6月21日，京津沪渝政协人口资源环境和城市建设工作研讨会在天津召开。全国政协副主席孙家正（中），天津市政协主席邢元敏（右四），全国政协人口资源环境委员会副主任张黎（左四）、李元（右三），北京市政协副主席赵文芝（左二），天津市政协副主席王文华（左三）、陈质枫（右二），上海市政协副主席周太彤（右一），重庆市政协副主席夏培度（左一）出席会议。

6月25日，全国政协人口资源环境委员会副主任张黎（左四）率人口老龄化对经济社会发展的影响调研组在江苏省苏州市社会福利院调研。王广宪副主任（右一）、邱衍汉常委（左三）参加。

8月6日，全国政协人口资源环境委员会秦大河副主任（前左三）率“青海三江源生态保护和建设”专题调研组在青海省果洛州考察黑土滩治理情况。马培华（前左四）、林而达常委(前左一）参加调研。

8月19日，全国政协人口资源环境委员会副主任王广宪（前排右一）率生态文明考察组在贵州省贵阳市考察清镇东门河河道治理情况。王少阶（前排左一）、刘泽民（二排中）副主任参加。

8月22日，由全国政协人口资源环境委员会、北京大学和贵阳市委、市政府共同主办的生态文明贵阳会议在贵阳开幕。全国政协主席贾庆林致信祝贺。全国政协副主席郑万通出席开幕式并致辞。英国前首相托尼·布莱尔，张维庆主任，林智敏副秘书长，李昌鉴常委，王广宪、王少阶、刘泽民、秦大河副主任等出席。

9月1日，全国政协人口资源环境委员会副主任张黎（左一）率“中国奶业振兴”调研组在京调研，中国奶业协会理事长、十届全国政协人口资源环境委员会副主任刘成果（右二）参加调研。

9月8日，由全国政协人口资源环境委员会、国家发改委、中国气象局等单位联合主办的“关注气候变化：挑战、机遇与行动”论坛在京举行。张榕明副主席（前排中）、林智敏副秘书长（前排右三）、秦大河副主任（前排右二）等出席。

9月11日，全国政协人口资源环境委员会副主任张黎（前排左四）率西藏重点流域综合开发调研组在西藏日喀则调研。林而达常委（后排左三）参加。西藏自治区政协副主席刘庆慧(前排左三）陪同考察。

9月16日，全国政协人口资源环境委员会副主任王玉庆（前排右二）率“核电发展与核安全监管”专题调研组在北京市考察中国原子能科学研究院。

9月17日，全国政协人口资源环境委员会“低品位石油、天然气开发利用”专题调研组在河南省濮阳市中原油田调研。河南省政协副主席袁祖亮（右一）陪同。

10月15日，全国政协人口资源环境委员会、中国奶业协会在京联合举办“中国奶业振兴态势分析会”。全国政协副主席王志珍（中）出席开幕会并讲话。全国政协副秘书长蒋作君（右四）主持开幕会。中国奶业协会理事长、十届全国政协人口资源环境委员会副主任刘成果（左四）出席会议并致辞。

11月1日，全国政协副主席张梅颖（左九）、人口资源环境委员会副主任张黎（左十一）出席由国家林业局和浙江省人民政府主办的“首届中国义乌国际森林产品博览会暨中国木竹雕展览会”。

11月7日，由农工党中央、湖北省政府、全国政协人口资源环境委员会、环境部等单位联合举办的以“生态健康与两型社会建设”为主题的第五届中国生态健康论坛在湖北省武汉市举行。全国人大常委会副委员长、农工党中央主席桑国卫（中），全国政协副主席、农工党中央常务副主席陈宗兴（左六），全国政协人口资源环境委员会副主任李金明（左四）等领导同志出席论坛。

12月8日，“全国暨地方政协人口资源环境委员会深入学习贯彻胡锦涛总书记在庆祝人民政协成立60周年大会上的重要讲话理论研讨会”在天津市举行。全国政协副主席郑万通出席开幕会并作重要讲话。人口资源环境委员会主任张维庆主持开幕式，天津市政协主席邢元敏发表讲话，全国政协常委、中国人民政协理论研究会常务副会长李昌鉴作理论辅导报告，全国政协副秘书长林智敏致辞，人口资源环境委员会副主任王少阶、王玉庆、任启兴、刘志峰、刘泽民、江泽慧、李全明、张黎、林树哲、秦大河、庄国荣（驻会），天津市政协副主席王文华、陈质枫出席会议。

12月24日，全国政协人口资源环境委员会与中国气象局联合主办的第二届中国人口资源环境发展态势分析会在北京举行。全国政协副主席孙家正出席开幕会并致辞。张维庆主任主持开幕会，林智敏副秘书长，副主任王少阶、刘志峰、李元、汪啸风、张黎、邵秉仁、秦大河、庄国荣（驻会）出席。

科学发展建言集

2009

建睿智之言　献务实之策

全国政协人口资源环境委员会办公室　编

中国林业出版社

图书在版编目(CIP)数据

科学发展建言集. 2009 / 全国政协人口资源环境委员会办公室主编.
- 北京：中国林业出版社，2011. 1
ISBN 978-7-5038-6078-2
Ⅰ. ①科… Ⅱ. ①全… Ⅲ. ①可持续发展 - 文集 Ⅳ. ①X22-53
中国版本图书馆 CIP 数据核字(2011)第 011090 号

责任编辑： 纪 亮 许 琳

出版： 中国林业出版社
(100009 北京西城区德内大街刘海胡同 7 号)
网址：www. cfph. com. cn
E-mail：cfphz@ public. bta. net. cn
电话：(010)8322 3051
发行： 新华书店
印刷： 北京昌平百善印刷厂
版次： 2010 年 1 月第 1 版
印次： 2012 年 2 月第 1 次
开本： 787mm × 1092mm 1/16
彩插： 20 面
印张： 34. 75
字数： 500 千字
定价： 60. 00 元

《科学发展建言集》编委会

出版说明

2009年，全国政协人口资源环境委员会在常委会和主席会议的领导下，在全国政协办公厅的大力支持下，以邓小平理论和“三个代表”重要思想为指导，认真贯彻落实科学发展观。按照贾庆林主席、王刚副主席、钱运录副主席兼秘书长关于提高参政议政科学化水平的一系列重要指示，委员会把推动科学发展作为履行职能的第一要务，围绕经济社会发展中人口、资源、环境领域具有综合性、全局性、前瞻性的重大课题开展专题调研和相关活动，谋发展之道，建睿智之言，献务实之策。全国政协委员也紧紧抓住关系改革发展稳定全局的重大问题，通过政协大会和常委会发言等形式，发表真知灼见，为破解发展难题献计献策。

为了深化政协委员参政议政的成果，更好地发挥咨政建言的作用，现将2009年委员的有关发言材料和文章选编成册，并汇集委员会的年度调研报告，编辑出版《科学发展建言集2009》。限于编辑水平，本书在材料收集、编辑整理中尚有不足之处，敬请读者批评指正。

全国政协人口资源环境委员会办公室

2010年1月

目　　录

环境篇

调研报告篇

中国首届人口资源环境发展态势分析会篇

关于建设生态文明的思考

（代序）

张维庆

生态文明是工业文明之后人类应对生态危机的惟一正确选择，是人类文明发展的更高阶段。中共十七大首次将“生态文明”写进党的报告，把生态文明建设上升为国家意志。这一战略的实施，确立了中国负责任大国的地位，从生态文明领域迈上道德高地。在人类文明演进的转折点，如何汲取发达国家工业化历程中的经验和教训，走出一条以生态文明和人的全面发展为目标，符合科学发展和中国国情的可持续发展道路，是我们亟需深入研究的重大课题。

一、人类文明的发展历程

人类在漫长的发展历史中，凭借自己的劳动和智慧创造了一个又一个辉煌灿烂的文明。不考虑私有财产、阶级分化和国家制度，仅从人与自然的关系分析，随着人类与自然的关系由被动接受、初步探索、过度征服到和谐共处，人类文明大体上经历了原始文明、农业文明、工业文明的阶段，现在开始向生态文明的阶段迈进。

原始文明是人类完全接受自然控制的发展时期，历时百万年左

作者系全国政协常委、人口资源环境委员会主任，国家人口和计划生育委员会原主任、党组书记。

右。人类生活主要依靠大自然的赐予，采集渔猎是当时最重要的物质生产活动。人类依靠群体活动和石器、骨角、蚌壳和树枝等自制工具生存。原始文明时代直接利用自然物作为人的生活资料，加之全球的人口总量缓慢增长，至新石器时代结束，达到1亿左右，对自然的开发和支配能力极其有限。

农业文明是人类开始对自然进行探索、初步开发的发展时期，历时几千年。农业文明时代，全球人口的总量达到5亿左右，曾出现陶器、青铜器、铁器、文字、造纸、印刷术等科技成果，农耕和畜牧是主要的生产活动；人类对自然的利用已经扩大到畜力、水力等可再生能源，铁器农具使劳动产品由“赐予接受”变成“主动索取”，经济活动开始主动转向生产力发展领域，尝试探索获取最大劳动成果的途径和方法。随着人类改造和利用自然作用的加强，也引发了一些植被破坏、水土流失和土地沙漠化等生态环境问题。在这一时期我国西部地区的罗布泊和与它相邻的楼兰古城相继消失。

工业文明是人类对自然进行征服的发展时期，历时几百年。特别是18世纪英国工业革命开启了人类发展的新纪元，社会生产力得到了突飞猛进的发展。这个时期创造的社会生产力大大超过有人类文明以来所创造的社会生产力的总和，人类开始以自然的“征服者”自居。工业文明时代，人类运用科学技术控制和改造自然取得空前成功，蒸汽机、电动机、电脑和原子核反应堆，每一次科技革命都建立了“人化自然”的新丰碑。这一时期全球的人口总量迅速增加到20世纪末的60亿。人口和工业的大量集中促进了城市化、产业化进程的加快，同时，城市污染和工业污染也日益加剧。人口的迅速增长，资源的过度利用，环境的严重破坏，加剧了全球生态的恶化及气候变暖。20世纪上半叶英国、美国、日本等国发生的“八大公害事件”，美国西部大移民导致的“黑风暴”事件，全球气候变暖引发的各种灾害都发生在这一时期。

生态文明是人类与自然协调发展和可持续发展的时期，也是人类文明发展目前认识的最高境界。21世纪人类开始进入知识经济时代，经济发展更多依靠科学技术进步、劳动力素质提高和管理模式改进，全世界各国政府对保护地球生态环境，走可持续发展之路达成共识，标志着生态文明时代的开始。生态文明是一个人与人、人与社会、人与自然和谐发展的社会系统，是建立在知识、教育、科技高度发达和人的全面发展基础上的文明，强调自然界是人类生存与发展的基石，明确人类社会必须在生态基础上与自然界相互作用、共同发展。生态文明不仅吸收人类以前的先进文明成果，也深刻反思工业文明牺牲环境的高成本代价。为此，生态文明也可称作“绿色文明”。

二、生态文明的基本特征

生态文明的含义有广义和狭义之分。从广义看，生态文明以人与自然的协调发展为准则，要求实现人口、经济、社会、自然环境的协调和可持续发展，其文明形态表现在政治、物质、精神等各个领域，是人类取得的物质、精神、制度成果的总和；从狭义看，生态文明与政治文明、物质文明、精神文明相并列，强调人类对待自然关系所达到的文明程度。

要深刻认识生态文明的本质特征，必须从广义和狭义两个方面辨析生态文明与人类文明、中华文明、社会文明的关系。

生态文明与人类文明的关系：

生态文明是对原有文明形态的超越，与以往人类文明形态相比，其意义和影响更为深远。一是重视人与自然的平等。强调人是从自然生物中进化出来的一部分，不能超越自然去认识和改造自然，否则人对自然的贪婪掠夺必将导致自然对人类的惩罚；人和自然既对立又统一，只有保护好自然生态，由征服自然变为敬畏自然、顺应自然、尊重自然，才能确保资源的永续利用，实现经济社会的可持续发展。二是强调代际之间的公平。生态文明强调，人类从大自然长期索取各种资源能源，就不能不考虑保持生态系统的持续发展；当代人必须留给子孙后代一个生态良好、可持续发展的地球。生态文明既关心人又关注自然，实现人与自然的携手、生物与非生物的共进、现在与未来的对话。

生态文明与中华文明的关系：

生态文明的内在要求与中华文明的传统精神基本一致。中国儒家主张“天人合一”、“主客合一”，肯定人与自然界的统一。道家提出“道法自然”，强调人要以尊重自然规律为最高准则，达到“天地与我并生，而万物与我为一”的境界。佛家认为万物是佛性的统一，倡导众生平等，广积善缘。同时，中国历朝历代都有生态保护的相关律令，如《逸周书》“禹之禁，春三月，山林不登斧斤”，《周礼》“草木零落，然后入山林”；还要求避免污染，如“殷之法，弃灰于公道者，断其手”等。

生态文明与社会文明的关系：

社会文明主要指现实文明形态的政治文明、物质文明和精神文明。社会文明离不开生态文明，没有生态安全人类将陷入生存危机。另一方面，人类作为生态文明建设的主体，必须将生态文明的内涵体现在法律制度、思想意识、生产方式、生活方式和行为方式中。生态文明理念下的政治文明，要求尊重利益和需求的多元化，注重各种利益关系的协调与公平，避免因财富资源分配不公、权力的滥用而造成的生态破坏；生态文明理念下的物质文明，要求致力于消除经济活动对大自然的过度掠夺和索取，逐步形成与生态环境相协调的生产生活方式；生态文明理念下的精神文明，提倡尊重自然、认同自然价值，建立人的全面发展的文化氛围，人与自然和谐共处的价值体系。

三、建设生态文明的基本途径

建设生态文明是生产力和生产关系、经济基础和上层建筑、物质文明和精神文明辩证统一的过程。近些年，政治、经济、文化和社会建设已经逐步探索出相对完整或明晰的实践途径，但是生态文明作为一种更具前瞻性、世界性的文明形态，面临着许多有待开拓、创新的领域，包括思想观念、战略规划、体制机制、产业发展（在调研报告篇专门论述）等方面。

（一）建设生态文明首先要确立科学的价值观、财富观和消费观

生态文明是一种全新的思想观念。生态文明的价值观认为不仅人是主体、有价值；自然也是主体、也有价值。人类、自然共同作为宇宙的成员，具有相互独立又相互依存的运行轨迹，人类企图违背自然规律改变它事实上是不可能的。因此，生态文明的价值观念已成为21世纪的先进理念和主流伦理。

生态文明的财富观认为，农业文明是以土地资产为主流的财富观，工业文明是以有形和无形资本为主流的财富观，而生态文明则是要求以绿色财富为主流的财富观。绿色财富是指以资源安全、环境安全和社会安全为前提，有利于人与自然和谐发展的财富，具有生态性、和谐性、安全性、节约性和可持续性的特征。比如，新鲜的空气、洁净的水、绿色的食品、宜居的环境，森林、湿地、草原等都是巨大的财富。按照世界银行衡量的新标准，绿色财富包括绿色人造资本、绿色自然资本和绿色人力资本：如环保节能建筑物、环保型交通工具是绿色人造资本；山青水秀、生态系统良性循环是绿色自然资本；德才兼备、有创新意识，受过良好的绿色教育，具备生态环保人格的绿色人才称为绿色人力资本。

生态文明的消费观认为，工业文明时代的生活方式是以物质主义为原则、以高消费为特征。生态文明的消费观则要求扩大“绿色文明”发展空间，倡导绿色消费。绿色消费要求消费无污染、质量好、有利于人类身心健康的产品，提供节能、环保、健康、安全、舒适的服务；要求转变消费观念、优化消费结构，形成生产、消费的良性循环；鼓励人们更加关注节约资源和保护环境，努力建设绿色家园。

（二）建设生态文明要进行系统的战略规划和设计

近年来，我国在黄土高原的综合治理、青藏高原的生态保护、中部和东部的工业污染治理、热带生态和海洋生态的保护等方面，已启动了一系列生态工程建设的有益探索；但生态文明建设作为一项重大

工程，仍需在发展方式、战略布局、开发保护等战略层面作出系统的规划和设计。

发展方式主要是实现两大转变，即由高碳发展方式向低碳发展方式转变，由粗放扩张的发展方式向集约环保的发展方式转变。

一是应当创造可持续的生产生活方式。这是因为消费欲望的贪婪膨胀带来的环境污染和生态恶化，不管贫富贵贱，人人都必须共同承受，可持续的生产生活方式要求我们必须实施一系列在保护中有序开发自然资源和促进适度消费的战略举措。特别是中国生存着世界五分之一的人类，其发展方式和消费方式只能从国情出发走自己的路，不可能去赶超美国。

二是根据社会经济发展总体水平和可支配财力，尽快健全城乡统一的低标准全覆盖的社会保障体系，建立基本医疗、基本养老、免费义务教育以及最低生活保障制度。逐步提高失业、医疗、养老、教育、住房等项目的保障力度。

三是充分发挥人力资本对资源环境的替代作用。将中国庞大的人力资源转化为人力资本优势，全面提高国民素质。要淡化官本位观念，优化创业环境，鼓励千千万万优秀人才到基层、到企业去创造财富，特别是创造绿色财富；应当按照科学发展观的要求，制定提升我国人力资本优势的战略规划，进一步加强对基础性人力资本的投入，特别是对幼儿和青少年等基础教育和技能培训的投入，坚决革除应试教育的各种弊端；通过减免税等措施，鼓励企业和社会增加对各类人力资本的投入，逐步形成个人、企业、社会和政府共同参与、分别投入、各得其所的人力资本投资机制。

四是促进城市对农村人口的吸纳与农村资源的占有相协调，走集约式城镇化道路。城市化进程的加快推进，对资源、环境构成巨大压力。应该从13亿人口的国情出发，结合人口发展趋势制定科学的、合理的城镇化政策；采取严格而系统的措施，扭转盲目扩张、千城一面的建设格局，特别是各城市进行建设规划时，应科学预测人口变化趋势，合理控制城市基础设施建设规模，留出弹性较大的生态用地规模，形成星罗棋布的中小城市群，使城市建设在绿色环境中，以便应对将来人口总量变化，确保城市对农村人口的吸纳与农村资源的占用同步协调推进，真正形成城乡一体化的发展格局。惠州、株洲、贵阳、徐州、唐山和北海等城市在这方面的经验值得认真总结和推广。

战略布局主要是对国土（包括海洋）空间作出准确的定位和科学的布局。

当前最重要的是尽快制定国家主体功能区规划，并确立其法律地位，这是现有区域发展战略的丰富和深化，是实现以人为本、全面协调可持续发展的百年大计，更是落实科学发展观的重大战略举措。

在国家和省级层面制定主体功能区规划，有利于保护资源环境和生态环境，按自然规律和经济规律办事，维护未来 15 亿人口的生态安全；有利于逐步缩小地区之间生活水平、福利水平的差距，推进基本公共服务均等化，推动发展成果共享，促进人的全面发展。

编制主体功能区规划，应区分轻重缓急，重点突破。按照服从中央大局和地方发展的原则，一是优先编制和公布国家层面的主体功能区规划；二是四类主体功能区中，优先开展禁止和限制开发区规划工作；三是先行提高人口素质和公共服务均等化水平，并从空间的层次性、管理的有效性、运作的协作性以及健全法制体系等层面，正确处理好主体功能区规划与其他规划的关系，科学构建“部门分工与协作”的国土及城乡空间管理框架。根据功能区的属性，分类指导，制定切实可行的有关科学发展的综合评价体系和考核办法。

开发保护主要是保护好我国 13 亿人口以至今后 15 亿人口赖以生存的生态安全。

资源合理开发和生态环境保护是我国经济社会协调发展面临的重大现实问题。如西部地区作为我国资源最丰富的地区，蕴藏天然气、煤炭等多种资源；但是，西部地区是我国重要的生态屏障地区，位于内陆干旱半干旱地区，自然条件恶劣、生态环境脆弱，制约西部区域经济可持续发展。在国家制定生态资源补偿政策的同时，可通过建设新型生态工业园区的模式，探索资源开发与环境保护的新途径。生态工业园区是一种依据循环经济理论和工业生态学原理设计的新型工业组织形态，遵从循环经济的减量化（Reduce）、再使用（Reuse）、再循环（Recycle）的3R原则，表现为“资源—产品—再生资源”的经济增长方式，通过废物交换、循环利用、清洁生产等手段实现污染物“零排放”。

（三）建立健全生态文明建设的体制机制

一是建立决策咨询体制。建议党中央、国务院设立国家战略咨询委员会，把精力充沛、从政经验丰富的部分领导干部、著名专家学者组织起来，履行为党中央、国务院就国家发展的战略进行系统咨询、研究和设计的职能，协调国家各种规划之间的关系。

二是建立生态、资源、环境三大补偿机制。建立以财政转移为主要手段的生态、资源、环境三大补偿机制。我国目前在很大程度上缺乏融合自然的经济政策，使用生态资源获益方不必承担生态环境恶化的责任，环境保护者没有必要的经济激励。生态、资源、环境三大补偿机制是重新调整各利益相关者生态、经济成本与收益的必要措施，按照破坏者付费、使用者付费、受益方付费等原则，率先在森林、矿产资源开发、国家重点保护的野生动植物栖息地、自然保护区、重点流域及区域生态功能区等关键领域建立补偿机制。积极推行市场化生态补偿，在政府的引导下实现生态保护者与生态受益者之间自愿协商的补偿机制，积极探索资源使用权、排污权交易等市场化的补偿模式；着重培育资源市场、开放生产要素市场，使资源资本化、生态资本化，促使环境要素的价格真正反映其稀缺程度。

三是建立区域统筹协调发展机制。构建区域管理的制度基础，包括完善统筹区域发展的管理机构与组织，明确统筹区域发展规划，规范统筹区域发展政策，统筹区域发展决策程序，确定不同类型区域生态文明建设的标准，有针对性地指导与评价各地生态文明建设。

四、发展绿色产业是推进生态文明建设的基础工程

发展绿色产业是保护和利用生态资源的战略抉择，也是推进生态文明建设的基础工程，更是中国十几亿人口幸福指数得以提高的重要保证。

当前由美国次贷危机引发的全球性金融危机，引起全世界有识之士的深刻反思，这是一件坏事，但也是一次难逢的重大机遇。可以肯定地说，全世界正在孕育着一场新能源、生物技术、信息技术、新材料技术、新环保技术为主要特征的新的科技革命，或者叫绿色革命。因此，发展绿色产业无疑是引领世界潮流的朝阳产业，也是中华民族实现文明复兴的科学跨越之路。

（一）加强新能源开发与利用

能源需求的急剧增加打破了中国长期以来自给自足的供应格局，自1993年起成为石油净进口国后，石油进口量逐年增加，未来能源供给的国际市场依赖程度将越来越高。由于国际贸易存在许多不确定因素，国际石油市场的不稳定以及油价波动都将严重影响石油供给。大力发展新能源、可再生能源，相对减少进口能源的依赖程度，是确保中国能源经济安全的出路所在。新能源直接或者间接来自于太阳或地球内部所产生的热能，包括太阳能、风能、生物质能、地热能、核聚变能、水能和海洋能以及可再生能源衍生的生物燃料和氢所产生的能量。相对于传统能源，新能源普遍具有污染少、储量大的特点，有利于解决环境污染问题和资源枯竭问题。

国家应适时出台新能源产业发展规划、加强新能源技术创新，应对气候变化、调整能源结构，推动能源的有序和可持续发展；同时，着眼于应对当前金融危机，扩大内需、拉动投资、鼓励消费、增加就业，抢占未来经济发展的制高点，提升中国能源的国际竞争力。

（二）发展节能减排新技术、新产品

“节能减排”既是应对全球气候变暖的重要举措，也是人口大国

可持续发展的必然选择。中国应当主动积极参与国际气候谈判，按照共同而有区别的责任原则，参与国际规则的制定，承担相应的责任和义务，为世界各国共同应对气候变化做出贡献。同时，应加快节能减排新技术新产品的研发，在国家重点基础研究发展计划、国家科技支撑计划和国家高技术发展计划等科技专项计划中安排一批“节能减排”重大技术项目，攻克一批关键和共性技术；应加快节能减排新技术支撑平台建设，组建一批国家工程实验室和国家重点实验室；加强资源环境高技术领域创新团队和研发基地建设，推动建立以企业为主体、产学研相结合的“节能减排”技术转化与产品创新体系。探索创新信贷管理模式，支持国家和省级“节能减排”高新技术项目，优先安排、重点支持创新产品生产，并及时提供多种金融服务。

（三）发展林业和高效优质绿色农业

森林和湿地，是地球的“肺”和“肾”。发展林业，保护森林和湿地，是应对气候变暖，建设绿色家园的战略工程。大力推进林权改革，扩大林业投资规模，对造林、育林、护林和保护湿地实行政策补贴，提高生态林补偿标准。培育全体公民保护森林和湿地的生态意识。

绿色农业是以生产、加工销售绿色食品为轴心的农业生产经营方式，包括无公害农产品、绿色食品和有机食品。高效、绿色是农业综合生产能力的集中体现。“高效”体现农业有较高的土地产出率、投入产出率、劳动生产率，务农也能致富的要求；“绿色”体现农业既能为社会提供绿色安全优质农产品又可实现农业资源永续利用。大力发展以绿色农产品生产为主的生态农业，积极推进绿色食品产业升级，由种植业向养殖业延伸，由粗加工向精深加工延伸，由国内市场向国外市场延伸。优化农业产业结构，逐步实现农业产业化。用经营企业的思维谋划农业产业，走大企业带动、大基地联动、大产业运作、集群化营销的产业化发展路子；整合农产品的生产、加工、包装、储藏、运输、销售以及相关的教育、科研等环节，形成一个完善的无污染、无公害的安全、营养、优质食品的产销网络和管理体系。

积极发展绿色庭院经济，以沼气工程为纽带，发展“畜—沼—菜”、“畜—沼—粮”、“畜—沼—果”等专业化循环经济生态链，推动农村生产方式的变革。

（四）发展绿色旅游等生态服务业

生态服务业是生态循环经济的有机组成部分，包括绿色商贸服务业、绿色旅游业、绿色物流业等。绿色商贸服务业，以营造全社会绿色消费环境为重点，构筑绿色市场体系，杜绝假冒伪劣商品，创建“绿色消费社区”；绿色物流业，将物流需求、物流节点分布、仓储功能与容量、连接的道路管网或线路、运输工具系统规划、统筹安排，提高物流效率、减少交通污染排放，打造现代化的智能物流体系；绿色旅游业摒弃传统的粗放式大众旅游，保护环境，为旅游者提供颐养身心的高质量旅游经历，实现社会经济效益的最大化。

绿色旅游倡导绿色理念，是实现旅游资源和旅游业可持续发展的一种全新模式。培育绿色观念、推行绿色标准、实行绿色开发、生产绿色产品、开展绿色经营是实现绿色旅游的有效形式；完善旅游产业结构，促进吃、住、行、游、购、娱六大要素行业之间的优化，推动入境旅游市场、国内旅游市场和出境旅游市场结构多元化，调整观光旅游、度假旅游和特种旅游三大旅游产品结构。绿色旅游要求旅游地居民的参与，使其成为绿色旅游的直接受益者，提高爱护环境和保护环境的自觉性，最终实现生态效益、经济效益和社会效益的统一。

（五）发展生物工程

生物工程包括遗传工程、细胞工程、微生物工程、酶工程和生物反应器工程五大类别。生物工程产业遵循生物资源—生物制作—生物食品—生命健康，有利于合理节约利用资源、缓解资源约束、减轻环境污染，促进资源永续循环。当前应围绕重大疾病和传染病防治，发展生物医药产业，大力发展新疫苗、生物工程药物、小分子药物、现代中药和生物医学工程产品；发展生物制造业，利用可再生的生物原料生产乙烯、乳酸等大宗原料化工产品，缓解我国经济发展对石油等矿物资源的过分依赖；发展生物能源，推动高产、高含油、环境适应性强的能源植物新品种培育和产业化，提高生物基燃料酒精规模生产的转化效率，加快生物柴油等生物质能源的发展，缓解能源紧缺矛盾；在生物环保领域大力发展生物技术处理城市污水、垃圾，加快生物技术对盐碱地等低质土地改良步伐，研究推广荒漠及沙漠绿化植物新品种；发展生物技术服务业，拓展生物工程产业链。

五、建设生态文明的政策体系

生态文明建设是一项复杂的系统工程，成功与否关键在于政治层面，在于中央决策层和地方领导层的意志和政策。需要牢固树立科学发展观和生态观；加强法制建设；重视生态行政建设；推进生态民主建设，并综合运用经济、法律、教育、行政等各种手段，优化产业结构、推动节能减排，最终构建人与自然和谐共处的环境。

（一）经济手段

1. 改革财税体制，引导发展重点由 GDP 增长转向居民生活改善。

适时建立以居民财产为税基的税收制度，逐步形成地方财政收入随居民财富增加而增长的机制；改革资源税、开征生态税（环境税），推进资源价格形成机制改革，提高资源消耗的成本，扭转过分依赖高耗能、高污染重工业的增长模式，实现经济发展方式、生产方式的根本转变，探索工业新型化、生产清洁化、农业生态化、经济发展循环化的新经济模式；探索建立适合公共设施建设的融资模式，允许有条件的地方政府发行债券，扭转地方政府对“土地财政”的过分依赖，保护和有序开发土地资源。

2. 综合运用纵向、横向财政转移支付手段，实施功能区的生态补偿。

纵向财政转移支付手段，适宜用于国家对重要生态功能区的生态补偿，实现补偿功能区因保护生态环境而牺牲经济发展的机会成本，是我国当前生态补偿的基本模式。横向转移支付手段，适宜于跨省界中型流域、城市饮用水源地和辖区小流域的生态补偿，构建区域之间、流域上下游之间、不同社会群体之间的补偿机制。

3. 制定有利于资源节约的差异价格政策，提高浪费资源的成本。

资源消耗、污染排放来源于人为活动，由人口数量、生活方式共同决定。发达国家人口数量基本稳定甚至有所下降，实现缓解资源消耗、环境污染程度政策，主要在于由浪费性消费转向必要性消费。而我国人口总量尽管进入低生育水平但仍处于增长区间，人口总量控制与生活方式的改变是试图解决资源环境耗损的可选之策，切实减少浪费性消费、保障必需性消费。生活性资源实行差异价格，确定家庭规模资源消耗合理需求限额，限额内执行补贴价格，超出部分执行市场价格。

4. 适时调整进出口政策，优化有利于资源节约的产业结构。

尽快取消“两高一资”产品的出口退税和其他鼓励出口政策，设置出口配额以控制出口的数量；加强能源、资源和原材料进口的调控和管理，不断提高国际谈判能力和定价影响能力。

（二）法律手段

1. 加强生态环境补偿立法。

制定生态环境补偿法，统一协调生态环境资源开发与管理、生态建设、资金投入与补偿的方针、政策、制度和措施，明确生态环境补偿资金征收、使用、管理制度，科学确定生态环境补偿标准、补偿方式和补偿对象，合理界定生态环境资源开发利用过程中不同利益主体之间的关系，将生态环境补偿纳入规范化、法制化轨道。

2. 尽快启动主体功能区规划立法。

目前主体功能区规划虽有中央政府的政策支撑，但尚未列入规划体系的范畴，规划的法律地位不明确。应及时在法律上明确主体功能区规划的定位，以便处理好与经济社会发展、城镇建设等规划的关系。

（三）教育手段

动员政府、社会、家庭以及各种大众媒体、网络，大力加强生态文明建设的舆论引导，特别是生态文明要从娃娃抓起，从每个人做起，让生态文明的理念进课堂、进家庭、进企业、进社区。营造浓厚的保护生态环境、建设生态文明的良好氛围和环境。培育全体公民的生态文明观念和绿色消费意识。

（四）行政手段

根据不同地区、阶段的功能定位，构建和规范科学、合理、完善的监测评价考核体系。建立和完善生态文明建设和发展绿色产业的指标体系，并纳入各地经济社会发展综合评价体系。定期发布全国及各地区生态文明建设评价指数，充分发挥评价体系的动态预警功能，引导和督促各地区、各部门、各单位和各类市场主体采取相应的调控措施，积极建设生态文明、发展绿色产业。

建设生态文明，是中华民族文明复兴的一篇大文章。中华文明，历尽沧桑而不衰，蒙尽悲辱而自强。我相信，在中国共产党的坚强领导下，13 亿中国各族人民一定会用自己的睿智和才能，去续写更加波澜壮阔的生态文明新史诗。

人口篇

应对老龄化社会挑战的若干建议和对策

王少阶

2005 年底，我国 60 岁以上的老年人口已达 1.43 亿，占总人口的 11%。此后人口老龄化进入加速发展时期，预计 2020 年将达到 2.4 亿，占届时总人口的 16%。预期到 2030～2050 年，这一比重将更高。可见，我国已进入“未富先老”阶段，国民经济和社会发展将面临前所未有的挑战。党的十七大报告中关于“加强老龄工作”的要求，对于发展老龄事业，推动和谐社会建设具有重要意义。我们必须未雨绸缪，认真解决人口老龄化带来的各种矛盾问题，为平稳渡过人口老龄化挑战最严峻时期打下坚实基础。

一、当前社会老龄工作面临的主要问题

1. 养老保险基金支撑能力不足。据 2005 年有关部门报告显示，全国养老保险基金在未来 25 年间将出现收不抵支的状况，总缺口高达 1.8 万亿元，平均每年 717 亿元。影响我国养老保险基金支撑能力的因素主要表现在：一是统账结合制度的缺陷，个人账户储存“空账”率达 95%；二是养老保险制度转轨过程中已离退休人员和当时在岗人员产生的隐性债务沉重，单这一笔，全国越过 3 万亿元；三是养老保险基金来源渠道单一，基本养老金缺乏保值、增值的机制；四是人口老龄化，退休受益年限延长，提前退休风波冲击养老保险制

作者系全国政协常委、人口资源环境委员会副主任，民建中央副主席。

度；五是基本养老保险覆盖面窄，参保率低；六是社会保险的立法不健全，相关配套的法制建设滞后。

2. 老年服务体系建设不快。主要表现在：一是老年人享受的权益还不够宽泛，受益面较窄，服务内容少，标准低；二是老年服务设施与居民实际需求、支付能力之间存在结构性失调；三是政府主导养老和居民居家养老相互博弈，使养老资金短缺问题更加突出；四是区域性的社区老年服务体系建设还未有效开展。

3. 老龄工作合力尚未形成。一是各地老龄机构设置相对较弱，工作体制不顺畅；二是领导重视程度不够，协调落实力度不强；三是部门职能尚未根本理顺，职能交叉和职能缺位的现象明显存在；四是社会舆论宣传引导不够，尊老、敬老、爱老的意识不强。

二、加强老龄工作的建议对策

1. 增强养老保险基金支撑能力，确保老年人生活基本需求

（1）改革现有的基金筹集模式，开征养老保险税。首先，要发挥个人账户的储蓄功能，建立起基础养老金，实行“现收现付”，个人账户实行“完全积累”的基金筹集模式。第二，实行养老金“统分结合”的体制框架，即在个人账户之外，对统筹部分分别建立国家养老金和地方养老金。第三，实行税费结合的征收办法：国家养老金改为国家税种，地方养老金改为地方税种，个人账户养老金由于是个人缴费，全部计入个人账户。

（2）建立养老保险基金补偿机制，解决隐形债务问题。首先要完善隐形债务明细账，以工龄和余命年为基础确定全国历史债务，对全国的“老人”和“中人”进行测算，摸清底数。再通过企业、地方财政、中央财政三种渠道进行解决。

（3）开辟养老保险基金的筹资渠道。一是将住房公积金与养老保险基金相结合。二是发行养老保险债券、彩票增加养老保险基金。

（4）调整养老金的支付年龄。一是严禁提前退休，达到规定的劳

动（缴费）工龄准予退休，可适当提高女性劳动者退休年龄。二是规范养老金的调整措施。三是延长养老保险缴费年限。可将现行的参保人员最低缴费年限 15 年延至 20 年，这对养老保险基金的平衡是不小的支持。

（5）扩大养老保险范围。在经济较为发达的地区重点解决外资企业拒绝参保，担心影响投资环境而等待观望的问题；在贫困地区重点解决集体企业、困难企业有心参保无力缴费的问题；在中心城市重点解决私营企业、个体工商户因规模小且分散难以管理而参保率低的问题；尽力扩大社会保险的覆盖面。

（6）加快社会保险的法制建设步伐。一是全国人大常务委员会应尽快制定和颁布在社会保障制度中处于核心地位的《中华人民共和国社会保险法》。国务院应尽快制定颁布与该法相配套的相关条例。二是社会保险法律制度的立法内容应当与其他法律部门的立法内容相衔接，以保证该法律规范有效实施。建议全国人大常务委员会制定通过关于制裁挪用、挤占社会保险基金的违法犯罪行为的补充规定。建议在人民法院设立劳动和社会保险法庭，专门从事审理劳动和社会保险争议案件。三是通过立法保证社会保险基金的保值增值。建议建立社会保险基金的安全投资机制，严格规定社会保险基金的投资方向和各项投资比例的上限，强化投资监管措施。四是通过立法解决养老保险金的支付风险问题。加大强制收缴社会保险费的力度，对欠缴、拒缴社会保险费的，追究相应的法律责任。五是尽快出台《养老保险基金管理条例》，明确各部门的职责及养老保险基金运行程序，对玩忽职守、该征缴的养老保险费不征收、该转存定期不转存，造成养老保险基金流失、挤占、挪用的，做出如何处罚的明确具体规定，确保养老保险基金安全无损。

2. 必须又好又快地推进养老服务业的发展

依据群众与城市基层组织实质上的委托代理关系来设计社区产业化养老模式是解决当前养老社会问题的主要途径和方法。积极推进社会化、市场化的养老服务业建设是应对老龄化社会挑战的治本之策。

首先要大力发展产业化的养老服务机构。二是有效利用、整合现有养老资源。在积极做好新型养老业态规划的同时，政府应对现有养老资产进行资源重组，要鼓励引导社会力量广泛参与，积极推行“公办民营”试点，通过招标、招聘或委托经营等成功做法，将政府举办的养老服务机构交给社会服务组织来管理经营，在保障城市“三无”老人、农村“五保”老人及“边缘”老人生活需求的前提下，通过财政和社会力量增加对养老设施的投入，新建和改、扩建一批养老服务机构，巩固提高养老服务质量，发挥星级福利机构的示范效应，形成城市有老年公寓、社会福利院、老年护理院，街道有与老年人需求相适应的养老院或托老所，乡镇敬老院服务功能进一步完善，服务领域、服务范围不断扩大的社会化养老服务体系。

3. 要形成老龄工作共建共管合力

（1）加强领导，强化服务网络建设。

（2）完善机制，强化制度建设。一是形成联动机制。横向上把涉及老龄工作的有关部门都纳入老龄委，使之成为“制度内”的协调对象，纵向上各区和街道乡镇按照市里的模式，完善老龄工作体制，并建立各级老龄委成员单位联络员制度，探索运用业务和情感的双重效力来推进老龄工作。二是形成主导机制，老龄办要发挥好参谋助手的作用，提出方案，积极协调、推动主管部门发挥中坚作用、相关部门发挥骨干作用，成为老龄委运作机制中的“点火机、助推器”。三是形成评估监督机制，完善老龄工作的运作体系。

（3）创造条件，为落实老年人生存权、参与权、优待权、合法权提供平台。一是在社会保障方面要完善老年人保障制度和城乡医疗保障制度。二是在确保老年人参与权方面要丰富文体活动，做到老有所乐；要大力支持引导，做到老有所学；更要创造条件，做到老有所为。三是在政策优待方面要充分发挥老龄机构执法主体作用，强化对为老服务各项规定落实情况的督办检查；同时要适应经济社会发展水平，不断充实优待优惠办法的内容，使老年人享受更多的优惠。四是在维权执法方面：要建立健全老年维权工作长效机制，老龄工作机构要协调配合人大开展老年人权益保障法落实情况的执法检查，把老年人优待工作纳入精神文明建设的考核内容之中。

（4）广泛宣传，营造敬老氛围。建议各级新闻媒体如电视、电台、报刊等应确定专门频道和版面广泛深入地宣传有关老龄方面的题材，并做好老年人维权方面社会监督工作。中小学应加强对青少年尊老敬老的美德教育。

对我国大力发展机构养老事业的建议

孙忠焕

本文主要针对我国人口老龄化的严峻形势，结合杭州的一些具体做法，着重就我国大力发展机构养老事业提出有关意见和建议。

一、我国大力发展养老事业的必要性和紧迫性

我国自2000年整体进入老龄化社会后，人口老龄化日趋成为一个严峻的社会问题。据初步统计，截至2008年末，全国60岁老龄人口近1.60亿人，占总人口的12%。到2030年，我国老龄人口可能会达到20%甚至30%，到本世纪中期老年人口可能会占到总人口的1/3，形势不容乐观。就杭州而言，杭州是全国较早进入老龄化城市之一，比全国提前了13年进入老龄化社会。截至2008年底，杭州60岁以上老人占总人口的15.58%，老龄化程度远远高于全国和全省的平均水平。而且，目前正以3%的速度增长，预计到2030年，杭州的老龄化比例将达到35%，老龄化加快增长的趋势越来越明显。

随着人口老龄化问题的不断加剧，养老事业如没有及时跟上，将会带来一系列家庭社会问题。主要表现在：一是老年人自身问题。不少老人受多方面条件制约，如养老和医疗保障、身体状况、家庭条件等原因，吃穿住行会存在困难，物质生活压力加大；独居、空巢老人日趋增多，老年人精神生活空虚贫乏，“老有所养、老有所依、老有

作者系全国政协委员，杭州市政协主席。

所乐”的目标难以实现。二是家庭问题。由于我国自上世纪80年代以来实行特殊的独生子女政策，未来一对年轻夫妻将普遍面临4位长辈的赡养压力，第二代独生子女们还将面临12位长辈（4位父辈和8位爷爷辈）的巨大赡养压力，家庭物质和精神压力之大难以想象，也难以承受。三是经济社会问题。我国人口老龄化超前于经济社会发展，具有“未富先老”的特征，养老和医疗保障困难，对经济社会发展将带来巨大压力和挑战，也必然成为我国未来相当长一段时间内必须面临和解决的重大问题。

事实上，面对人口老龄化加快的形势，为有效解决养老问题，从中央到地方，各级党委、政府也做了许多工作，采取了不少措施，取得了一定成效。但从各地情况来看，总体上重视程度远远不够，工作基础薄弱，许多工作与形势发展不相适应。目前，我国养老模式主要有机构养老、居家养老、社区养老等途径，其中居家养老占绝大多数。但随着人口老龄化程度的不断加剧，由于我国的国情和特殊生育政策，要有效解决我国养老问题，还必须多渠道、多途径、多方面采取措施，加大工作力度。其中，一条重要渠道就是，我们在发展完善居家养老事业的同时，还必须进一步高度重视和大力发展机构养老事业，这既是适应发展的形势需要，也是落实科学发展观、构建社会主义和谐社会的必然要求，具有多方面的积极意义和重要作用。

二、杭州发展机构养老事业的做法和启示
——以杭州拱墅区老人公寓为例

杭州作为全国较早步入人口老龄化的城市之一，一直高度重视养老事业发展。特别是近年来，随着老年人对机构养老需求的不断增大，杭州及时适应新情况、新形势，加大对机构养老事业的投入和政策支持力度，在机构养老事业上进行了积极探索，有力推进了机构养老事业的发展，取得了明显成效。以杭州拱墅区2007年兴建开业的老人公寓为例，该养老机构投资金额3000万元，拥有100个房间215

张床位，一年多来入住老人 170 余位，利用床位 195 张，床位利用率达 90% 以上。通过对该养老机构的深入调研、考察和分析，我们感到，发展机构养老事业至少具有以下几个方面的积极作用：

对个体而言，有利于增加老年人的幸福感，促进老年人生活品质的提高。在老年公寓内，一对老年夫妻一般拥有一个房间，房间里配备良好的生活设施；老年公寓设有棋牌室、阅览室、多功能厅等公共设施，定时向老年人开放，创造良好的生活氛围，以活跃老年人的文化精神生活，使老年人之间经常沟通交流；还经常组织开展各项敬老爱老活动，如书画创作、文艺演出、参观旅游等活动，不断丰富老年人的文化娱乐生活，等等。公寓通过提供良好的环境和服务，切实让老人在公寓吃得舒心、过得开心、住得安心，乐在其中，真正把公寓当作了自己的家。

对家庭而言，有利于减轻子女负担，促进家庭和谐。入住养老公寓的老人类型很多，其中离退休干部、教师、军人占 30%，企业退休职工占 70%，绝大部分不是社会弱势群体。他们入住老年公寓的一个重要考虑，就是子女平时工作忙，无暇照顾自己，住进公寓可以获得工作人员提供的精心照顾和优良服务，可以减轻子女负担，促进家庭和谐。

对社会而言，有利于拉动消费、扩大就业，促进经济社会又好又快发展。入住老年公寓，目前每人每年平均缴费 1.5 万元，需要特别护理的可另外聘请护工，每月大约缴纳 2600 元费用。这样老年人通过用自己的储蓄和社会保障来开支，从而起到了拉动社会消费、扩大内需的作用，而且这种需求具有持续性、累积性。为照顾服务好老年人，拱墅区老人公寓聘请管理人员、后勤工作人员、健康护理员、特级护理员等各类工作人员 46 人，这样也就对社会劳动力产生了需求，有利于扩大社会就业。所以，从这个意义上讲，养老产业实际上是一个很大的潜力产业、朝阳产业。特别是在当前国际金融危机形势下，如大力发展机构养老事业，对于确保经济平稳较快发展和确保民生持续改善、社会和谐稳定，将起到积极的促进作用。

三、对我国大力发展机构养老事业的几点建议

基于上述分析，对我国发展机构养老事业提出以下几点建议：

1. 各级党委、政府必须高度重视机构养老事业发展。实践证明，发展机构养老事业对老年人个人、家庭、社会都具有积极的意义和作用，对老年人能有效增加幸福指数，对家庭可以缓解负担和压力，对社会可以拉动消费、扩大就业，有利于促进经济发展和社会和谐稳定。建议各级党委、政府从落实科学发展观的高度，加强对养老事业的领导，高度重视机构养老事业发展，切实把发展机构养老这一产业作为“朝阳产业”来对待，出台政策，加大投入，整合力量，加强管理，做到宁愿暂时少搞点其他工程，也要关心养老事业，多建几个养老机构，促进经济社会长期平稳可持续发展。

2. 突出战略规划、财政投入、用地保障等工作重点，大力扶持和推进区、街道两级基层组织发展机构养老事业。发展机构养老事业，各级行政组织肩负着重大责任，但落实主体在区、街道，重点在区、街道。对此，在规划上，建议完善法律法规，制定发展养老事业的中长期战略规划，切实把发展机构养老事业纳入国家和地方的经济社会发展中长期规划，落实到区、街道两级组织每年的工作规划。在土地保障上，建议在城市规划、小区规划过程中，把养老机构与学校、幼儿园、医院同等看待，优先考虑用地问题，不断满足养老机构的建设用地。在财政投入上，建议从中央到省、市、区都要加大对养老事业的投入，大力扶持区、街道发展机构养老事业，同时根据养老机构实际入住人数，每年按照一定比例给予财政补助。此外，在用电、有线电视等公用事业收费上也要给予一定优惠，减少养老机构的经营成本，确保养老机构正常运转。

3. 鼓励扶持民间社会资本兴办养老机构，形成发展机构养老事业的强力合力。面对日益庞大的老年群体的养老需求，单靠政府的投入是远远不够的，需要社会力量共同关心和支持养老事业发展。根据

我国现有政策，民间资本投资养老机构存在很多体制和政策限制，如不能分红、不能撤资，在购置土地、银行借贷上限制较多，与国有养老机构不在一个起跑线上，经营成本高等。建议国家要不断建立健全社会力量兴办养老机构的土地取得方式、财政税收、出资人退出机制、合理报酬取得等方面的政策，从根本上打破民间力量投资养老事业的体制障碍，以鼓励社会资本投入养老机构，加快机构养老事业发展。

4. 加快构建“机构养老与居家养老相结合”、“城市养老与农村养老并举”的多元化社会养老体系。在大力发展机构养老的同时，现阶段要进一步重视和完善居家养老这一主要养老方式。不断探索完善居家养老的服务途径，引导居家养老向社会化、产业化方向发展，改善居家养老的条件，提高居家养老的质量。社区建设要把提供居家养老服务作为重要的工作内容，创新工作方法，加大工作力度，如通过安装网络电子设备等途径，提供紧急呼叫救助、日常生活照料、医疗护理、上门解困等服务，切实防止居家养老没人管的现象发生，实现居家养老和社区发展相得益彰。各级政府要在重视城市养老事业发展的同时，加大对农村养老事业的投入，逐步建立健全起城乡一体化的社会养老体系。对各级政府已经在乡镇村建立的养老机构，必须明确养老机构的法人地位，使其具有正常的组织功能。同时，要结合各地实际，鼓励农村集体组织、社会力量在农村利用弃置不用的农场房屋、仓库、厂房等改设养老机构，以较低的收费为农村老年人提供养老保障。

5. 加大宣传力度，营造全社会关心、理解和支持机构养老的良好氛围。养老事业是一项涉及方方面面的系统工程，需要各级政府各部门和社会各方面提高认识，共同推进养老事业发展。对此，要通过多种途径和方式，广泛宣传机构养老的意义和作用，使全社会都来关心、理解和支持发展机构养老事业发展。无论老年人还是年轻人都要转变思想观念，正确认识和理解机构养老事业，绝不能把养老机构视为弱势老人群体养老的地方，而要充分认识到机构养老在相当长一段时期内，是解决我国养老问题的一个有效途径和必然之路。

关注我国农村老人面临的困难

瞿振元

当前我国正处于一个特殊的人口结构转型期，快速的人口老龄化是重要的特征之一。据统计，2007 年年末我国 60 岁及以上人口为 1.534 亿，占总人口的 11.6%。预计 2020 年将达到 2.4 亿，占当时总人口的 16% 左右。而农村老年人口占全国的 75%，人口老龄化给农村养老带来的压力更大。同时，农村养老还面临着城市化、家庭结构小型化、计划生育和人们价值观念的改变等所带来的一系列挑战。我国是农业大国，农村养老问题不仅关系到老年人自身的需求和福祉，还关系到社会公平、新农村建设及和谐社会的构建。我们经过长期研究，建议采取措施逐步解决农村老人面临的问题。

1. 逐步完善农村养老保障体系。我国农村实行以家庭为主的养老方式，自我劳动收入和子女等亲属供养是老年人主要的收入来源。据调查，2006 年 75% 的农村老人仍靠从事农业生产、副业等自我劳动收入来维持生活。农村子女对父母的经济供养水平普遍很低，平均每个子女对父母的年经济支持量仅为 315.1 元，还有 8% 的老人没有获得子女的任何物质支持。获得子女经济支持的老人中，71.5% 的老人全年获得的支持少于 500 元。由于老人自身劳动能力下降，子女经济支持有限，土地的保障层次低，多数老人的家庭供养资源不能完全满足生活需求。很多老人不得不节衣缩食，生活条件非常艰苦。尤其是，相当一部分病残老人、劳动能力下降或丧失的老人，因缺少可靠

作者系全国政协委员，中国农业大学党委书记。

保障而陷入贫困。

我国用于社会保障的财政投入“重城市、轻农村”，占总人口30%的城镇居民消耗了用于社会保障全部支出的89%，而占总人口70%的农民只消耗了11%。目前，社会保障体系对农村老年人的覆盖面极小，保障水平很低。据调查，在农村老年人中，有39.3%生活相对贫困，45.3%认为生活得不到保障，但享受过政府或集体保障资源的只占8.3%，“应保未保”的现象相当普遍。

建议国家逐步完善农村养老保障体系，一要扩大农村最低生活保障制度的覆盖面，尽可能把因各种原因导致贫困的农村老人都纳入保障范围。二要扩大对农村高龄老人的补贴范围，可把范围扩大至80岁及以上的所有老人；同时提高对特困、“五保”等农村特殊老人群体的救助和供养标准。三要加快建立新型农村养老保险制度，减轻家庭的养老压力。四要促进农村老年公共卫生事业的发展，建立老年医疗保健网络，继续完善新型农村合作医疗制度，解决老年人的看病就医困难。

2. 加快建立农村老年社会服务体系。根据全国老龄办的报告，我国目前完全失能或部分失能的老年人达2834万，其中绝大多数为农村老年人。农村老年人中近1/5需要不同程度的家庭护理，需要全护理和照料的失能老人占9.9%。随着农村家庭结构日益小型化和空巢化，农村老年人口对社会化和专业化照料与护理服务的需求会越来越大。而全国现有各类养老福利机构4.2万个，床位163万多张，平均每千名老人11.6张，与发达国家平均每千名老人拥有50~70张的水平相差甚远，数量严重不足。目前我国公有的农村老年福利机构通常只面向“五保”老人，并且这些机构建设因财政投入不足而严重滞后，设施简陋，功能单一，服务水平较低。民办养老机构则主要集中在城市，高档化、舒适化和市场化的发展趋势偏离了农村老年人群体的实际需求。从目前来看，受农村养老服务机构发展落后、各种入住门槛的限制和“养儿防老”传统观念束缚等因素影响，农村老年人的入住率非常低，生活照料缺失问题普遍存在，尤其是农村孤寡、病残和空巢老人。

建议加快发展农村养老服务事业，在坚持和完善农村家庭养老、最大限度发挥家庭养老功能的同时，政府应加快建立“以居家养老为基础、社区服务为依托、机构照料为补充”的农村养老服务体系。依托家庭和社区的养老设施，发展适合农村的居家养老服务。应不断加大投入，整合社会资源，政府主导、社会参与，大力兴办、扶持和规范多层次的农村养老机构，提高其建设标准、管理水平和服务质量。要通过财政补贴、降低门槛、加强宣传等方式，帮助有需求的农村老年人口获得社会化养老服务，提高其生活质量。

关于率先在城市建立和完善养老体系的建议

冯幸耘

进入21世纪，我国城市逐步进入老龄化社会。以天津为例：按照国际通行标准，1988年天津市60岁以上老年人口占总人口比例已超过10%，开始进入老龄化社会，比全国早了11年。这些年，全市老年人口年平均增长一直在3%以上，大大快于总人口平均增速。截至2007年底，全市户籍60岁以上老年人口有156.29万，占总人口比例为16.3%，远高于全国平均水平。根据预测，2010年户籍60岁以上老年人口将达到169万，约占总人口16.8%；到2020年老年人口将达到273万，占全市总人口比重26.4%。发展养老事业，构建社会化养老服务体系，已经成为一项十分艰巨的紧迫任务。为此，提出以下建议：

一、树立科学养老的新观念

按照政策引导、政府扶持、社会兴办、市场推动的原则，逐步实现“四个转变”：由依靠家庭自助养老，向依托社区居家养老转变；由以居家养老为主，向以社会化集中养老为主、分散养老为辅转变；老年人社会福利由补缺型，向适度普惠型转变；养老服务由供给型，向政府扶持和市场推动相结合转变，形成政府规划引导、部门发挥作用、企业积极参与、社会舆论关注的养老氛围，实现老有所养。

作者系全国政协委员，天津市河北区政协副主席。

二、构建社会化养老服务体系

建立以老年社区、老年社会福利中心、社会办养老机构三种集中养老模式为主，以居家养老、社区养老服务两种分散养老模式为辅的社会化养老服务体系。

1. 大力兴建专为老年人设计，居住相对集中，能够给老年人提供家政服务、医疗保健和饮食服务的老年社区，创建集约型社会化养老模式。采取老年住宅租赁式养老，以租金保证金的方式使老人在居住期限内拥有房屋租赁使用权，达到“轻松置业、以房养老”的目的。

2. 面向“三无”老人、“五保”老人、其他应由政府包管的特殊老人和需要日间看护的困难老人，兴建老年社会福利中心。按照“管办分离”的原则，积极探索公建民营或其他社会化方式运营模式。

3. 鼓励企事业单位、社会团体和个人，以多种融资渠道和方式兴建营利性、非营利性养老服务机构。实施“民办公助”优惠扶持政策，对新建的社会办养老机构，按照床位给予一次性建设补贴。

4. 利用社区资源建立为居家老年人以日托所、社区居家养老服务社和老年日间照料为主要内容的服务中心（站），提供社会化养老服务。对那些需要生活服务而又无力购买服务的困难老人，由政府出资为其购买服务，倡导志愿服务者通过“一帮一”结对子等，为特殊困难老年群体提供生活关照、亲情陪伴等服务。资金投入及运营：对新建并符合标准的社区老年日间照料服务中心，政府给予一次性建设补贴；对其日常运营中所需的水、电、煤气、取暖等费用支出，由区、街予以补贴资助；服务人员符合政策规定的，可享受社会保险补贴和培训补贴。

三、保障措施

1. 土地保障。政府要将养老设施建设项目列入国民经济和社会发展计划，综合运筹，分步实施。根据发展目标，在新建居住区合理规划养老服务设施建设用地，通过划拨、优惠平价和招拍挂等多种形式解决土地来源；在建设惠及中低收入人群的廉租房、经济适用房、限价商品房项目中，按照老年人口比例，规划建设老年社区；整合社会资源，将一些闲置的学校、幼儿园、厂房、仓库等公共服务设施因地制宜地改建为养老服务设施。在市三级以上医疗机构要开设老年病人临终关怀病房，解决老年病患者就医、养老床位。

2. 资金保障。坚持政府兴办的老年福利中心，以政府投资为主；社会力量兴办的养老机构，政府给予扶持和补贴；老年社区建设以政府引导扶持、公司兴办管理、市场运营推动的方式运行；建立基金，营造社会关老、爱老、助老氛围，吸引和鼓励企事业单位、社会团体、境内外仁人志士捐助养老服务事业；加大政府资金投入；关注因病、因意外伤害致残的老年人，将老年残疾人的养老和福利纳入残疾人保障金；对养老机构实施用工补贴、培训补贴、贷款担保与贴息等资金扶持。

3. 政策保障。建立健全政府规范性文件和地方性法规，在老年住宅开发、管理、资本运营、建设补贴等方面，出台相应保障政策；建立慈善捐助减免税、授予冠名权等优惠政策，吸引企业捐助、投资老年事业；拟定营利性和非营利性养老设施不同的资金投入差别化建设补贴；建立联动政策补贴机制、设立个人养老服务补贴、养老机构运营服务津贴；实施老年社区、养老机构内开办的医疗机构，以及为居家老人提供医疗服务所发生的医疗费用，纳入城镇医疗保险定点范围等，推动社会化养老工作有法可依、有章可循。

4. 组织保障。成立城市养老服务工作领导小组，统一组织、规划。相关城市发改委、教育、农委、商务、劳动、财政、税收、卫生、民政等部门领导为成员。研究城市老年发展规划、战略、政策，负责组织、协调、统筹规划和推动实施城市社会化养老工作。

5. 人才保障。规范养老服务人员培训工作，鼓励职业专科院校设置养老护理和养老服务专业，整合各类开展养老服务的职业技能培训组织，达到培训内容、教学大纲、资格证书的“三统一”，并持证上岗，提升城市养老服务人才队伍专业化素质。对从事养老护理和养老服务的人员，按照文化水平和专业技能的高低，给予差别化的工资补贴和社会保险补贴。成立护理员管理中心，统筹调配，通过花钱买服务的方式，对老年人实施“一对一”等多种照料服务。

6. 实体经营。鼓励从事养老服务的机构和企业发展联片辐射、连锁经营、统一管理的服务模式。推动组建跨区域的养老服务经营性实体、养老服务事业融资信用评定组织、养老服务事业投融资担保机构，逐步壮大养老服务投融资实力，做大做强养老服务事业。

构建涵盖流动人口的正规—非正规二元城市住房体系

闫小培

一、我国城市住房问题的严重性

自1998年城市住房制度改革以来，我国基本确立了由商品房和政府提供的保障性住房组成的城市住房供应体系。商品房主要面向中高收入群体，保障性住房则主要面向户籍中低收入群体。但随着全球经济和中国社会经济的深刻变化，我国城市化进程快速推进，2008年城市化水平已达45.68%，流动人口（指没有改变原居住地户口，到户口所在地以外的地方从事务工、经商、社会服务等各种经济活动的人口）已成为城市人口的重要组成部分。然而我国城市住房制度未能对这些变化做出有效响应，城市住房保障仍以户籍为基础，涵盖流动人口的城市住房体系尚未建立，进而加大了社会问题的严重性和城市管理的难度。虽然流动人口的住房问题已引起中央政府的高度重视，近年来先后出台了《国务院关于解决农民工问题的若干意见》、《国务院关于解决城市低收入家庭住房困难的若干意见》、国家五部委《关于改善农民工居住条件的指导意见》等文件，提出多渠道改善农民工居住条件和将农民工住房问题纳入城市规划等要求，但由于快

作者系全国政协委员，致公党广东省副主委，深圳市副市长。

速城市化带来的城市流动人口急剧增加、长期以来城市住房供给积累的问题，以及城市住房制度存在缺陷等原因，这些政策所发挥的作用有限。城市住房问题已成为事关我国城市化健康有序发展、社会和谐稳定、城市竞争力提升的全局性问题。

二、解决城市住房问题的主要制约因素

1. 我国各级政府对城市住房问题的严重性和解决城市住房问题的重大意义认识不足。

20 世纪 90 年代后期以来全球经济和中国经济社会发生的深刻变化，构成我国流动人口独特居住模式的时代背景和长期性。

一是全球资本流动和经济重构引导劳动力市场转移，形成新的国际分工，对包括中国在内的发展中国家的产业结构、城市空间和社会结构产生重大影响。发展中国家凭借廉价劳动力资源成为世界性制造业基地，大城市出现过度城市化或快速城市化现象，社会极化和居住隔离等问题加剧，城市就业不充分，非正规就业人口大量存在。

二是中国经济社会转型期呈现出较彻底的经济体制转轨和不彻底的社会制度转轨并存的特点。一方面，中国基本完成了由传统计划经济向现代市场经济的体制转轨，推动了以工业化为主导的产业结构调整和城市化为主体的“乡—城”人口流动，使流动人口成为大城市尤其是经济发达地区大城市人口增量的主体和城市人口的重要组成部分。另一方面，户籍制度的存在决定了社会制度转轨的不彻底，使绝大部分流动人口难以转化为定居人口。由于没有制度性住房的支持，流动人口的住房问题基本上由其自行解决，形成了大城市流动人口以“聚居和租赁”为特点的居住模式，主要表现为快速城市化地区的“城中村”聚居模式，由此形成了城市住房体系之外的、活跃的和庞大的非正规住房市场。

2. 我国城市住房体系存在严重的制度性缺陷，并引发了一系列社会和管理方面的问题，影响了快速城市化的健康发展。

①城市住房供应体系未考虑大量流动人口的住房需求，形成了住房供给的盲区。近年来，对于户籍人口的住房保障问题，政府已推出多项政策，保障机制逐渐趋于完善。由于户籍制度和城市住房体系之间的联系，流动人口基本上仍被置于主流的住房供给体制之外。城市住房供应体系的“排斥性”将大量流动人口排除在外，形成了住房供给的盲区。一方面，高房价将大部分流动人口排斥在商品房市场之外；另一方面，户籍的限制又将其排除在保障性住房之外，导致流动人口居住需求与住房供给之间的矛盾。由于流动人口以收入水平较低的农村进城务工人员为主，住房消费能力较弱，普遍缺乏在城市改善住房状况的能力，因此流动人口只能在非正规的住房市场寻求可进入空间，往往选择居住价格低廉、条件简陋的住房甚至违法建筑。

②通过非正规渠道解决住房问题，造成流动人口的居住质量普遍较低。在城市住房体系存在严重缺陷的情况下，非正规住房成为流动人口住房供给的重要来源，并在城市住房市场中逐渐承担重要角色。流动人口赖以解决居住需求的非正规渠道主要包括“城中村”私房、违法搭建棚户等类型，其中以“城中村”私房最具代表性。作为城市住房体系之外的住房供给类型，非正规住房是不符合政府规定的程序和规则而建设的住房。虽然是市场形成的适应流动人口居住需求的住房类型，但由于缺乏统一的规划、建设和管理，非正规住房的住房质量难以保证。与城市居民相比，流动人口普遍存在居住环境较差、居住条件较恶劣、居住状态不稳定的边缘化居住特征。例如“城中村”普遍存在建筑密集、公共空间较少、市政设施落后、卫生环境恶劣、消防隐患多等问题，住房质量和居住环境明显低于城市正规住区。因此，非正规住房在为流动人口提供住房的同时，也造成他们的居住质量普遍较低。

③非正规住房对城市管理构成挑战。非正规住房是政府规范和管制范围之外的住房建设模式，而且非正规住房形成的房屋租赁市场没有全面纳入政府租赁管理体系，处于不规范及政府监管缺失的状态，对城市管理构成挑战。一方面，非正规住房作为流动人口集聚区，人

口结构混杂，社会治安问题严重，是违法犯罪活动的密集区；另一方面，在流动人口居住需求的推动下，城市非正规住房呈蔓延态势。面对私房出租带来的巨大经济利益，“城中村”原村民纷纷在各自的宅基地上大量违法建设住房以出租牟利，导致“城中村”存在大量未经政府审批的违章违法建筑。

三、构建涵盖流动人口的城市住房体系的建议

1. 充分发挥非正规住房在住房市场中的积极作用，构建涵盖流动人口的正规—非正规二元城市住房体系。

要深刻认识全球化背景下和中国经济社会转型过程中快速城市化的必然性和社会转轨不彻底的阶段性和特殊性，正视现阶段非正规住房大量存在的客观事实和积极意义，解放思想，大胆创新，开展试点，探索将非正规住房纳入城市住房体系的制度设计和管理模式，为切实解决现阶段我国城市住房问题寻求一条可行之路。应该认识到，在快速城市化背景下，非正规住房作为自发形成的低成本住房，承担了为流动人口提供廉价住房的功能，在规模和实际功能的发挥上，都已成为城市正规住房供给体系的有效补充，减轻了政府的住房供应压力，避免或减缓了类似于西方或东南亚、南美等地贫民窟的出现。我国农村目前尚有剩余劳动力1.5亿~1.7亿人，城市化仍将快速发展。因此，非正规住房是现阶段适应流动人口需求的住房生产与供给方式，在一定时期内有其存在的意义。面对快速城市化下持续扩大的住房需求，规范与促进存量住房市场的发展是我国城市住房体系发展的主要方向。深化城市住房制度改革，应当充分发挥存量非正规住房的功能和作用，将其作为城市住房供应体系的重要环节，构建包含非正规住房在内的、含流动外来人口的多层次住房供应体系。通过重构城市住房体系，运用正规—非正规两种渠道逐渐解决流动人口的住房问题，改善流动人口的居住条件，达到促进社会和谐与稳定、城市化健康发展的目的。在当前全球金融危机的形势下，城市产业结构面临调

整，城市住房租赁市场也受到冲击，但同时也为完善城市住房体系创造了难得的契机。

2. 将非正规住房纳入政府统筹管理，引导其向低成本—高质量的住房供应模式转化。

在政府暂时无法为流动人口提供大量廉租住房的约束条件下，摒弃非正规住房的负面效应并使其继续发挥为流动人口提供住房的功能，是重构城市住房体系的着眼点，给予技术和金融支持来提高非正规住房的居住条件是制定政策的出发点。

①将非正规住房纳入政府统筹管理，甄别不同类型的非正规住房。对于擅自搭建的棚户和其他严重影响城市发展、居住环境恶劣、存在严重安全隐患的非正规住房要进行清理；对于大部分“城中村”住房则加以管制，政府通过配套扶持，改善住房质量与公共设施配套等居住环境的提升，提高非正规住房供应的层次和水平，引导其向低成本—高质量的住房演化。

②严格控制非正规住房的无序增长，这是能否成功地将非正规住房纳入城市住房体系的关键一环。在全面掌握非正规住房存量信息的基础上，建立健全有关法律法规，依法对非正规住房建设进行严格监管，遏制其进一步的增加。

③将非正规住房市场纳入政府统筹管理。目前非正规住房租赁市场仍处于自发状态，未纳入正常的房地产流通系统，政府要加强对非正规住房租赁过程的监管，提高住房供给效率。

3. 制定详细的配套政策，推动城市住房体系重构。

不同地区和城市的非正规住房类型与特征存在差异，在构建包含非正规住房的城市住房体系时，需因地制宜地制定详细的配套政策和措施。

①制定不同类型非正规住房的处理方式与标准。具备确权条件的，可通过制定非正规住房的确权标准，在控制增量的基础上逐渐明晰产权。而对于部分情况较为复杂的非正规住房而言，可将产权问题暂时搁置，通过各种灵活的方式发挥其居住功能，待条件成熟后再

确权。

②制定详细的非正规住房管理办法，推动其健康和谐地融入城市住房体系，避免一刀切的处理方法。

③研究相关的政策和措施，把流动人口住房建设纳入城市近期建设规划和城市住房建设规划，强化正规住房对流动人口的保障范围和力度，避免过度依赖非正规住房解决流动人口住房问题。

关于有序推进农村劳动力利用和转移的建议

王　康

建设社会主义新农村是一项十分艰巨的任务，也是一个复杂的系统工程。如何有序地推进农村劳动力的利用和转移，是值得政府及其相关职能部门认真研究的大问题。

社会主义新农村建设的主力军应该是农民，要实施新农村建设这项复杂的系统工程，首先就需要一支数量充足、素质较高的建设大军，这本来是一个十分明了的基本命题，然而在我们目前的实践中，却变得有些模糊了。一方面，各级政府在不断加大推进新农村建设的工作力度；另一方面，目前许多地方留在农村并进行相关建设的基本队伍则主要是妇女、老人和儿童——即“38·59·61部队”。相反，农村中有一定文化知识的青壮年劳动力，大多怀着进城务工的想法离开了农村，致使许多地方的新农村建设出现了缺乏一支强大的建设主力军的局面。

诚然，农民进城务工是增加农民收入的有效途径之一，但却不是惟一的有效途径。应该看到，抓好农业产业经济建设也是增加农民收入的有效途径之一。我国的农业生产较之发达国家而言，还有很大的发展空间。当然，一方面，我们要看到，随着农业科技水平的提高和城乡一体化进程的不断深化，一部分农村剩余劳动力将陆续离开农村进入城市，同时，城市的建设也需要农村劳动力的参与，因此让部分农民学会到城镇谋生的技能，是新农村建设的重要内容之一。另一方

作者系全国政协委员，民进中央委员，四川省副主委、四川省教育厅副厅长。

面，我们也必须看到，由于我国毕竟是一个农业大国，农村人口的数量相当惊人。尽管改革开放 30 多年来，我国各项建设取得了举世瞩目的巨大成就，但是农村人口向城市转移的步伐却较为缓慢。以四川省为例，改革开放以来，四川每年进城打工的农村劳动力近千万人，但经过 30 年的发展，四川现有的农村户籍人口仍高达 6600 多万，占全省总人口的 77.7%。就是说 30 年来真正转移成了城镇人口的农民工还是少数。加之，随着全国劳动力总数的逐年增加，城市的就业空间已经变得十分有限。据统计，2007 年以来，我国每年有 1600 万～1700 万的人口进入 16 岁以上的年龄段，而我国城市每年新增的就业岗位却只有 800 万～1100 万个左右。巨大的就业需求与城市有限的新增就业岗位之间的矛盾，迫使我们不得不正视在一定的历史时期内，农村人口转移入城市的难度将进一步增大。这就意味着我国农村的城市化进程还需要一个漫长的过程，意味着在一个相当长的历史时间内，大量的农民还会继续留在农村。也正是因为如此，党的十七届三中全会才作出了《中共中央关于推进农村改革发展若干重大问题的决定》，并就加快推进社会主义新农村建设，大力推动城乡统筹发展，提出了更高、更加明确的要求。

值得引起重视的是，由于我国还缺乏推进农村劳动力利用和转移方面的科学规划，缺乏对农村劳动力利用和转移工作的系统思考和宏观指导，致使近年来在推进农村劳动力利用和转移方面出现一些值得深思的问题。

一方面，大量农村有知识、有文化的青壮年无序地离开故土，到城市务工，不仅使得新农村建设主力军大量流失，而且也增大了城市劳动力的剩余程度，同时也使得城市的普通劳动力供大于求，劳务报酬在市场需求机制的调控下得以稀释，大大降低了单个农民工的个体劳动收入，以致出现了进城务工的农民工虽然在数量上有了大幅的增长，但劳务收入的总量却增长不大。更为重要的是，农村中许多有一定文化知识的青壮年劳动力，都想着要离开农村，进而不愿立志农村建设，不愿去学习推进农村建设的村务管理，不愿学习农业生产方面的新技术，致使新农村建设失去了大量的生力军和可持续的发展后劲。

另一方面，在我国城市的就业空间已经变得十分有限的情况下，大量农村劳动力自发无序地流入城镇，对城镇的就业、求学、医疗和社会管理也带来了一定的压力。少数农村劳动力在流入城镇后，由于找不到相对稳定的工作，同时又要支付在城镇逗留的基本成本，承受着经济上和心理上的双重压力。特别是去年以来，国际金融危机席卷全球，外部需求大幅萎缩，实体经济受到影响，我国不少企业也因此受影响，或倒闭，或裁员，致使我国大量农民工面临失业返乡的巨大挑战。目前尽管各级政府都在想方设法地扩大就业岗位，引导返乡农民工自主创业，但是，如果不重视农村劳动力的有序利用和转移问题，不采取有效措施解决部分农村劳动力就地实现就业岗位的转化问题，农民工就业难的矛盾仍然难以得到根治。

应该看到，在中国城市的就业空间已经变得十分有限的情况下，农村是吸纳大量劳动力就业、发挥新型农民作用的广阔天地。新农村的建设需要多方面的建设人才来支撑，这同时也为新型农民的就业提供了众多就业的岗位。例如，要实现“生产发展”的目标，就需要大量具有现代种植业（含农产品、水果、中药材）技术、养殖业（含普通家禽养殖、特种动物养殖）技术、加工业（含农产品、土特产初加工与深加工）技术、农业水利技术、农产品营销技能等方面的相关人才；要实现“生活宽裕”的目标，就需要大量会当家、善理财等方面的相关人才；要实现“乡风文明”的目标，就需要大量具有文艺才能、体育才能、懂得广电技术、懂得电器维修等方面的相关技术人才；要实现“村容整洁”的目标，就需要大量懂生态、懂沼气、懂能源、能变废为宝等的循环经济技术人才；要实现“管理民主”的目标，就需要大量的懂得村级行政治理、懂得思政技巧、了解农民心理、善于从事乡村事务管理等方面的相关人才。在农村从事农业生产建设和其他方面建设工作，不等于就意味着贫穷，更不等于就是没有出息的表现。

在我国城市的就业空间十分有限、而新农村建设又需要大批建设者的情况下，我们只有通过各种途径，设法将一支有文化、懂技术、会经营、善管理的建设大军留在农村，建设社会主义新农村的各项任务才能落到实处，新农村建设和城乡统筹发展的工作才会充满生机与活力，也才能实现可持续的发展。

为了全面落实科学发展观的要求，贯彻《中共中央关于推进农村改革发展若干重大问题的决定》，统筹城乡建设，促进农村劳动力的利用和转移工作全面、协调、可持续地向前发展。我们建议：

1. 政府及其相关职能部门要注意统筹城乡建设发展的需要，高度重视农村劳动力的利用和转移问题。要组织专家对农村劳动力的利用和转移进行深入、系统的专题研究，并在此基础上制定科学的利用规划和转移规划。采取按年度，分省（区市）、分地（市）、县（区），来测算出各地新农村建设所需要保留的建设队伍（含建设队伍的类型、工种、数量、性别、年龄等），同时，要根据各地城镇化的进程，测算出农村劳动力的转移去向、类型和数量（含转移队伍的类型、工种、数量、性别、年龄等），并在此基础上，注意发挥教育的功能，抓好分类对口的培训工作，组织好年度的实施工作，真正做到“变无序流动为有序利用与转移”。以此确保新农村建设有一支有文化、懂技术、会经营、善管理的生力军，同时，也确保农村剩余劳动力在转移到城镇后能够有工打，有业就，留得下来，融得进去。

2. 以学习贯彻《中共中央关于推进农村改革发展若干重大问题的决定》为契机，结合因国际金融危机带来的农民工大量失业返乡压力，统筹城乡建设发展的需要，采取长远与近期相结合，城市与农村共兼顾的方式，通过政策创新和舆论导向，一方面积极为一部分进城务工的农民工提供就业岗位，另一方面引导和鼓励一部分农村青年（特别是14～18岁的农村青少年）留在家乡参与新农村建设。

为了引导和鼓励农村青年留在家乡参与新农村建设，建议政府及其相关职能部门要积极抓好以下工作：

一是政府要组织专门力量，根据新农村建设和推进农村改革发展的具体内容，来梳理并设定出新农村建设所需要的新型职业岗位。例如，专业化种植师、规模化饲养师、农民经纪人、农家乐经理、土地流转管理师、村镇事务管理师、农业经合组织经理、农村金融服务、农村保险服务、农机装备使用与维修师、农业生产经营信息师、农田设施管理师、测土施肥师、乡村文化工作者、乡村医卫工作者、乡村福利工作者，等等。

二是教育部门要会同发改委、农业、林业、国土、科技、文化、卫生、社会保障等部门，根据新农村建设所需职业岗位的特点来设置相应的学科专业及其相关课程，并要求有关中职和高校开设这些专业，同时，各级政府要组织部分农村青年学习新农村建设所需要的相关专业知识与技能，使他们真正成为能够胜任职业岗位需要的有文化、懂技术、会经营、善管理的新农村建设者。

三是要研究制定留住人才的相关优惠政策，使新农村建设者与在外务工或转移到城镇生活的同龄者，在社会地位上、经济收入上没有明显的差距。

加强法外生育社会抚养费征收及管理的建议

陈勋儒

我们在云南调研发现，对法外生育征收社会抚养费政策在具体实践中应有功能尚未有效发挥、政策执行效果不佳。该省自2002年9月1日施行《云南省社会抚养费管理规定》起，截至2007年底，全省应征法外生育社会抚养费人数33.56万人，实际征收26.66万人，占79%；应征社会抚养费5.62亿元，实际征收1.68亿元，占30%。年均法外生育人数在5.5万左右，最低年为5.2万多人，最高年近6万人。

社会抚养费基本能按收支两条线管理，主要用于人口计生工作经费、农村独生子女保健费、计划生育技术服务基础设施建设、设备购置、手术者营养补助、节育手术后遗症治疗、计生宣传员工资补助等，一定程度缓解了基层计生工作经费不足。但法外生育社会抚养费征收及管理使用存在诸多困难。

1. 取证难。首先，在调查法外生育高收入群体经济状况时，有的税务、工商等部门配合不到位，以致难以查实法外生育者经济收入情况，处罚标准难确定，导致征收标准过低，处罚公平性和惩戒效果欠佳。部分医疗卫生机构、企业与人口计生部门之间生育信息通报和取证配合差。部分医院为确保病源和收入，与辖区人口计生部门对法外生育信息咨询和取证工作缺乏主动配合，给法外生育取证带来困难。其次，流动人口法外生育取证难。流动人口流动性大、居无定

作者系全国政协常委，农工党中央副主席，云南省主委，云南省政协副主席。

所，要找到当事人落实取证十分困难。由于缺乏区域间综合协调及流动人口法外生育的网络化管理，很难掌握其法外生育的有效证据，无法及时有效作出处罚决定。

2. 征收难。社会抚养费征收率低是该项政策执行的最大问题。截至 2007 年底，云南省应收未收的社会抚养费高达 3.94 亿元，占应收数的 70%。主要表现：首先是高收入群体和流动人口社会抚养费征收难。高收入群体逃避社会抚养费征收现象难遏制。高收入群体被查实法外生育行为后，总能利用自身经济优势和各种社会关系影响案件处理，或采取转移财产、异地落户等手段规避处罚，给社会带来恶劣影响。其次是流动人口社会抚养费征收难。即使流动人口法外生育行为属实，要确切查实其流向，找到当事人履行交纳义务也很困难。仅昆明市 2008 年查实的应征流动人口社会抚养费 500 多人，仅征收了 11 人。三是贫困人群社会抚养费征收难。法外生育在农村贫困人群中较为普遍，且多集中在山区、半山区，当事人多数能配合调查取证，承认法外生育事实，但因贫困无缴纳能力。云南省尚有 21% 的应征人未缴纳社会抚养费，实际上已不可能征收。

3. 执行难。首先是申请法院强制执行存在诸多困难。一是申请法院强制执行法定程序复杂，时效性难保障；二是计生非诉讼案件执行成本高、难度大、标的小，强制执行积极性不高；三是人口计生部门向法院提出强制执行诉讼请求意识不强、主动性不够，社会抚养费强制执行寥寥无几。其次是执法队伍不足，征收执行乏力。各级人口计生部门没有专门执法队伍，乡镇计生办编制少，有的乡镇只有 1 名甚至没有公务员身份的计生专干，按行政执法要求，多数基层计生行政执法行为属违法。云南省基层计生宣传员每月报酬仅 200 ~ 900 元，而基层大量计划生育工作，包括社会抚养费征收等都要由其承担。由于待遇低、风险高、工作量大，基层计生宣传员工作积极性不高，队伍不稳定，有的已离岗自谋生路。

4. 管理使用尚缺规范。调研中发现，各地对征收情况较为清楚，但管理使用情况均难说清。有的地方存在违反收支两条线管理现象。

少数还存在不及时上缴、坐收坐支，甚至出现携款潜逃的案件。有的挪用社会抚养费用于购置交通工具和办公用品，不能确保社会抚养费用于计生事业。社会抚养费未列入当地政府常规监管，监管基本流于形式。各级法律监督、民主监督、行政监督及群众监督滞后，影响社会抚养费政策执行。特建议：

①加强领导，协调配合，切实做好取证这一基础工作。建议一是要建立健全法外生育调查取证联动机制。进一步明确税务、工商、建设、检察院、法院、公安、纪检、审计等相关职能部门配合法外生育调查取证工作职责，形成协作联动机制，重点加强对高收入群体及流动人口的法外生育查处。二是建立健全计划生育信息报送和法外生育案件举报制度。将信息报送、法外生育案件举报及配合取证工作规定为医疗卫生机构和企业的工作职责，纳入责任目标考核和各类评优评奖体系，从源头上为调查取证工作奠定基础。三是建立健全流动人口户籍地与流入地配合取证机制，提高取证效率。加强各省区市横向联系，尽快完成各省及州市信息网络平台建设，利用流动人口计生信息平台，实现信息共享，加大查处力度。

②突出重点，强化征收，切实维护政策执行公信力。一是加强联合执法，重点收缴高收入群体和流动人口法外生育社会抚养费。建议由人口计生部门牵头，相关部门参与，重点征收社会影响大、难度大的案件，加强宣传报道，扩大舆论影响和警示作用。要通过政策利益导向，鼓励主动缴纳，惩戒恶意逃责。对法外生育的个体工商户和企业主，如不主动缴纳社会抚养费，可减少或取消其应享受的各项优惠政策；对法外生育的流动人口可采取减少或取消各种惠农、支农补贴政策，对拒不履行缴纳义务的，也应采取相应措施加以限制，促使其主动缴纳以发挥政策的警示作用。二是实事求是，帮助贫困当事人履行义务。对特别贫困暂无缴纳能力的当事人，在保证其基本生存条件前提下，以签订合同方式，取应缴数下限，明确缴纳期限和交纳金额，缴纳期限可适当延长，但不轻易作出取消处罚决定，以维护政策公信力。三是加大强制执行力度。强化强制执行，加强舆论宣传，起

到“执行一案，教育一片”的警示作用。四是加强队伍建设，逐步提高计生宣传员待遇。国家应增加投入，确保乡镇、街道计生办至少配备2名公务员，逐步提高计生宣传员待遇，确保队伍稳定和各项工作在基层落实。

③规范管理，强化监督，确保征收的社会抚养费真正用于促进计生事业发展。财政、审计、监察等部门每年至少进行一次联合行政监督。人大、政协也应开展专项检查或调研，及时发现问题，确保社会抚养费资金管理使用安全高效、真正用于促进计生事业发展。建立社会抚养费征收及管理使用公示制度，增强政策执行透明度。

④完善制度，强化服务，建立健全层级动态管理责任制。建议国家加快农村社会养老保障制度建设步伐。人口计生部门要主动做好优质服务，充分发挥计生协会作用，依托居（村）民自治，落实好法定的各项工作，减少非意愿妊娠。把人口计生层级动态管理责任制落实情况纳入各级党委、政府重大事项监督范围，进行层层问责。在干部调动、任用提拔、年度考核、评先评优等方面严格实行“一票否决”，形成长效机制，营造良好的人口计生工作氛围。

调整政策健全体系
应对农村人口低出生率面临的空前冲击

吴正德

《中华人民共和国人口与计划生育法》规定，“实行计划生育是国家的基本国策。”我国农民人口众多，在农村实施计划生育是国家的重点也是难点，经过20多年的不懈努力，我国农村人口出生率长期处于较低水平，为我国的经济社会协调发展作出了贡献。但是，我们应该看到农村人口的低出生率在以前主要是靠基层政府的强力行政手段维持的，群众多生多育观念未根本转变，现在又受到乡镇综合改革、计生网络功能弱化、人口流动增加、农村社会保障体系长期不健全、人民币实际购买水平降低、“两免一补”及各种普惠政策实施等新旧因素的综合影响，农村人口的低出生率面临前所未有的严峻挑战。

一、农村人口低出生率面临的冲击

1. 乡镇综合改革，基层人口计生网络功能削弱。据我了解，四川省乡镇综合改革中，人口计生的工作机构或被撤销，或被合并到民政、社会事务、综合办。计生与这些部门的工作性质完全不同，很难融合在一起，难以承担《人口与计划生育法》赋予乡镇的人民政府负责本管辖区域内的人口与计划生育工作、贯彻落实人口与计划生育实

作者系全国政协常委，民盟中央副主席，四川省主委、四川省政协副主席。

施方案的重任。另外，计生行政主管部门无权过问计生技术服务机构与人员在基层的配置，导致一些乡镇未设置服务机构，服务人员分布不均衡。在四川，每个乡镇计生技术服务人员中具备执业资格的平均不足二名。计生网络的管理和服务功能弱化。

2. 社会保障体系不健全，计生家庭抗风险能力差。农村养老保障体系、独生子女伤亡救助体系、养老场所、临终关怀等社会保障体系还未形成，如遇独生子女成年或接近成年时因疾病或意外死亡，夫妻又无再生育能力，对这个家庭来说无异于天崩地裂。“5·12”汶川大地震，对灾区农村独生子女家庭毁灭性打击的惨痛现实，又进一步增加了部分农村群众生育二胎抗拒风险的强烈愿望，前所未有地冲击着计生国策的贯彻。

3. 政策利益导向正在失去吸引力。一是独生子女父母奖励太低。奖励金在实行之初，农村计生父母每人每月各 2.5 元，还具有一定的吸引力，而今奖励金与收入、物价反差极大，完全丧失吸引力。二是奖励扶助政策明显不公。机关、国企、事业单位人员女性年满 55 周岁，男性满 60 周岁即可退休享受有关待遇。农村实行计划生育，男、女均要年满 60 周岁后方可享受奖励扶助政策，这与统筹城乡发展精神明显不符。且 800 元/人/年的奖扶额偏低。三是一些普惠政策对计生政策冲击大。如救灾救济、扶贫、移民安置补偿、两免一补等普惠政策均是按人头计算，计生家庭未得到优待，反而让违法生育户得到好处，动摇了多年培育起来的生育新观念。

4. 计生综合治理责任单位履职不到位。一些部门和领导认为人口计生工作是计生部门的事，与己无关。一些基层单位在办理出生婴儿入户登记、劳务培训输出、工商证照等行政审批、行政许可事项时，不但不主动宣传人口计生工作政策，查验计划生育证明，甚至连基本信息都不提供给人口计生部门。由于相关单位的履职不到位，变相保护了违法生育者。

5. 乡村计生经费投入、使用、监督不严格。乡镇财政压力大，计生经费转移支付到乡镇之后常被挪作他用。坐支挪用社会抚养费的现象也较为普遍。有的乡镇还将收取的社会抚养费作为村民自治工作经费，导致长期存在以超生收费养计生工作的恶性循环。

二、应对农村人口低出生率被冲击的几点建议

前段时间，社会传言说可能放宽生育二胎。后又有官员出面辟谣。但是现在从乡镇人口计生工作机构被撤销或合并的情况看，一个家庭只生一个孩子可能要演化成允许生两个孩子的计划生育政策。这对于减缓我国的老龄化速度会有作用。如果国家有继续坚持一个家庭只生一个孩子的政策，便提出以下建议。

1. 规范机构设置和建设服务队伍。恢复乡镇人口计生办为独立部门，计生行政人员相对固定，以便工作的稳步推进和业务的连续性。村计生专干实行乡聘乡管村用。乡镇计生服务站实行县乡共管，以县为主的管理模式，确保每一个乡镇站都能为当地育龄群众开展生殖健康服务和施行基本的避孕节育手术。达到“十一五”期末技术服务队伍90%具有执业资格的目标。

2. 调整利益导向和健全社会养老体系。提高农村独生子女父母奖励金，与城镇持平。调整农村计生家庭享受扶助政策的年龄规定，即女满55周岁，男满60周岁即纳入奖扶。政府在制定普惠政策时优先考虑计生家庭，从经济上体现政治方面的关怀。由财政出资一部分，独生子女父母出资一部分，为计生家庭办理养老保险。完善和新建乡镇敬老院，为将会越来越多的农村独生子女年老父母提供养老场所。探索建立老年人临终关怀机构，使独生子女的父母平和地走完人生最后一程。

3. 不断地向农民宣传和灌输科学生育观。运用政府可以运用的、对农村有效的宣传工具和方法，不断地向农民宣传和灌输做合格父母、让子女接受更多的教育、养育高素质子女、提升子女在市场经济中的竞争力等科学生育观的各种内容，逐步让农民的生育观从重视子女数量转变为重视质量。

4. 建立培训机制，提高责任人员履职能力。新任乡镇计生办主任、新任村计生专干，由县级人口计生行政主管部门组织任职培训。村计生专干、村两委会负责人由县级计生行政主管部门负责每三年进行一次轮训。乡镇计生办主任、乡镇分管领导由市级人口计生行政主管部门负责每三年进行一次轮训。乡镇党委书记、乡镇长的计生政策、人口理论培训，纳入市县两级党校科级干部轮训内容。

5. 强化各部门责任，确保人口计生综合治理取得实效。在流动人口管理、婴儿出生上户、出生婴儿性别比治理、帮扶政策制定实施、依法行政、打击处理人口计生违法犯罪等方面，要强化有关部门责任，加大考核力度，真正做到责任到位，措施到位，奖惩到位，形成人口计生工作综合治理的良好格局。

6. 落实经费，为人口计生事业提供保障。改革现有经费拨付模式，为乡镇计生办设置银行账户，经费由县级财政拨付到乡镇计生办账户。明确转移支付事业费、社扶费、工作经费的使用范围，规范使用程序、违规处理办法等，杜绝计生经费不到位、假到位、乱使用的现象发生，为人口计生事业的健康发展提供有力的保障。

关于进一步完善贫困人口就医与做好社会慈善的建议

蔡　威

对贫困人口的就医开展医疗救助，解决绝对贫困人口的最基本、最底层的医疗需求，实现社会公平和人权平等，是国家医疗保障制度的重要组成部分，也体现了国家责任，以及国家对基本人权的尊重。

贫困人群是处于社会边缘的弱势群体，"因病致贫"现象也已经引起各方的高度重视。贫困人口就医问题若不能及时、有效地加以解决，将会引发一些更为严重的现实与潜在的社会危害。贫困人口由此会表现出对社会和生活悲观、消极、无奈的情绪，并影响到周围的人群，导致社会不满情绪的滋长；贫困人口如没有得到基本医疗保障，在铤而走险下将会催生社会不稳定因素，引发犯罪的风险。

近年来，我国的医疗救助发展迅速，在解决贫困人口就医方面取得了一定的成效。但现实中还是存在不少问题。

比较突出的是投入与需求之间的矛盾。贫困人口无论是在两周患病率、慢性病患病率、疾病严重程度等方面都高于一般社会人群，且医疗服务利用程度严重不足和贫困人口进入制度化医疗保障的准入障碍，这一切都使贫困人口的医疗救助问题变得十分急迫。国家虽然在逐年提高医疗救助金，但公共财政的投入有限，仍不能同步满足贫困人口的就医需求；配套的资金仍很难扩大覆盖人群的范围、提高医疗

作者系全国政协常委，农工党中央常委，上海市主委，上海市政协副主席，上海交通大学副校长。

救助的标准。

转而看社会慈善方面。社会慈善医疗是以人道博爱为价值取向，采用社会的非制度形式、依靠社会捐助，解决相对贫困或绝对贫困人群的部分特殊大病医疗需求，实现社会关怀和爱心平等。近年来，随着国民经济的飞速发展和社会文明程度的不断提高，我国的社会慈善从组织形态到服务内容都有了很大的变化；更为重要的是社会慈善组织募集社会资金的能力有了显著的提高，其筹集的资金额已经具备了一定的规模优势。

将服务和资金筹集能力都具备一定实力的社会慈善组织与国家财政投入为主的国家医疗救助放在一起考虑，充分发扬两者的共性之处，通过两种制度的有效衔接实现优势互补尤其是筹资互补，形成合力共同为贫困人口提高医疗救助服务则不失为一条有效的途径。

有关医疗救助与社会慈善医疗的衔接，国内外已经做了大量的探索，积累了许多的经验与启示。以医疗救助为主体，社会慈善为补充是两者衔接的基本前提。近年来，国内部分地区开展了这方面的尝试，取得了一些成效。如重庆市通过医疗保险报销、政府医疗救助、社会慈善等三个层次的救助，最大程度的解决了贫困人口的就医费用问题；上海市长宁区和宁波市江北区以社区卫生服务中心为医疗救助服务的平台，其提供基本医疗和基本公共卫生服务的特点使医疗救助和社会慈善的衔接更加有效。实践经验证明，社会慈善的介入尤其是有效的与医疗救助相衔接后，极大地提高了救助对象的覆盖人群范围；救助内容也能从基本医疗救助扩展到特殊性大病救助；救助标准上可以体现多层次不间断救助的特点；救助资金来源更加丰富，扩大了资金总额。同时，实践经验也表明，只有进一步完善医疗救助主体地位才能实现医疗救助与社会慈善的有效衔接，主体地位的巩固和完善是更好发挥补充作用的前提。当前医疗救助的工作仍然存在如人员配置不够、民众知晓率低等问题，这些问题的根源都在于国家对医疗救助的投入相对不足；而社会慈善基金的稳定性也时常受到挑战。这些都将影响医疗救助与社会慈善的衔接与稳步发展。

为此，要努力打造以医疗救助为主体、社会慈善为补充的，功能互补、有效衔接的新型医疗救助模式；充分依靠国家现有医疗救助的主体模式和资金投入，有效运用社会慈善提供医疗救助的各方面资源，为慈善事业参加制度化的医疗救助提供通畅的渠道和平台。

首先，要进一步强化和实现医疗救助的主体地位，需要逐年提高对医疗救助的财政投入，按照医疗救助资金占民政事业费的比例每年不低于1个百分点的增长速度扩大；通过以当地医疗救助基金1%~2%的比例配比和提取一定的工作经费，对医疗救助的宣传费用和人员编制进行完善。

其次，加强医疗救助与社会医疗保险的衔接，通过使用医疗救助金资助贫困人口迈过制度门槛参加医疗保险的形式，使其在患病时首先可以获得必要的医疗费用报销，然后再通过医疗救助解决部分费用，如仍有困难可以继续申请慈善医疗救助，以此形成多层次的保障手段，提高贫困人口获得医疗救助的层次，减轻医疗费用对生活造成的负担。

再者，加强医疗救助的信息化建设，实现医疗救助信息管理系统与医疗保险系统有效衔接，或直接将医疗救助信息直接以添加模块的形式附加在医保系统之上，以此为医疗救助的事前救助提供技术保证。

同时，在医疗救助与社会慈善的衔接模式上，明确政府医疗救助以保障贫困人口基本门诊和一般住院为主，社会慈善救助特殊大病和高花费病种为主的救助分工体系。

在覆盖人群方面，确保医疗救助覆盖享受城市居民最低生活保障、享受农村低保和传统救济、农村居民最低生活保障、农村五保供养、农村特困救济人员和城市“三无”人员等绝对贫困人口，社会慈善服务家庭收入位于低保线2倍以下与低保线之间或的确因大病使家庭再无力支付医疗费用的人群。

在服务体系方面，要依托社区卫生服务中心的运行平台，实现医疗救助满足普遍医疗需求，形成基本医疗保健救助服务包，而社会慈善则体现对特殊化医疗需求的救助，除专项病种救助外，通过实地考察和具体情况对申请者提供个性化的救助服务。

此外，要继续推动社会慈善事业的发展，加大政府对社会慈善组织的政策引导和政策优惠作用，通过政府公信力扩大慈善组织募集资金的能力，筹建“慈善组织种子基金”，在必要的时候维护慈善基金组织的稳定性，确保慈善机构医疗救助项目的持续运作。

最后，医疗救助和社会慈善都处在发展之中，社会慈善对医疗救助的补充作用也应实现动态补位的原则，使补充的层次和内容随着国家和地区对“贫困深度”判定的不同而变化，补缺国家医疗救助的覆盖“盲区”，充分体现医疗救助为主体、社会慈善为补充，功能互补、有效衔接的新型医疗救助模式的特点。

加快发展服务业　促进妇女就业创业

洪天慧

当前，我们正在经历的这场国际金融危机，使我国经济社会发展受到严重冲击，就业形势更加严峻，妇女就业受到的冲击和压力更为突出。妇女就业指标是社会文明程度的体现，妇女就业规模、就业层次和就业质量直接关系着社会、家庭的和谐与稳定。应对金融危机，推动经济增长，必须将帮助和促进妇女就业作为一个十分重要的经济和社会问题，给予高度关注。

我们认为，加快发展服务业，拓展新兴服务领域，对于化解国际金融危机对我国的负面影响，改善我国就业环境，促进妇女就业创业，具有重要的意义。第一，拉动内需、刺激经济、提高人民生活水平，迫切需要加快发展服务业。据统计，目前我国服务行业每年实现的消费额近 2 万亿人民币。在当前形势下，要拉动消费、扩大内需，就必须把发展服务业作为重要的着力点。第二，解决我国就业问题，迫切需要加快发展服务业。据统计，西方发达国家服务业创造的国内生产总值占 GDP 的 70%，服务业从业人员占总就业人口的比率达 70%。目前，我国服务业的这两个数据分别为 40% 和近 30%。采取措施促进服务业快速发展，可以使之成为吸纳就业人口的主要渠道，从而有效缓解我们面临的就业压力。第三，解决妇女创业就业问题，需要加快发展服务业。由于女性自身的一些特质，尤其适合在服务业就业创业。特别是在一些消费性服务业，女性从业比率非常高。据有

作者系全国政协委员，全国妇联副主席、党组成员、书记处书记。

关机构对天津、上海等九城市的调研，美容美发业从业女性占到76.4%，家政服务从业人员中女性高达85%。因此，加快推进消费性服务业发展，对于妇女创业就业具有积极的促进作用。

党和政府十分重视服务业的发展，国务院相继出台了加快发展服务业的一系列重要政策，对我国服务业的发展起到重要的推动作用。但不可否认的是，当前我国服务业特别是消费性服务业发展环境有待进一步优化，投资与生产规模有待拓展，吸纳就业人数的能力有待增强。为解决这些问题，在新形势下要进一步加快服务业的发展，拓展妇女创业就业领域，我们提出如下建议：

一是政府有关部门应尽快完善促进服务业发展的配套措施。建议政府将服务业作为保增长、扩内需、调结构、惠民生的优势领域，重点加大对消费性服务业的扶持力度，尽快研究出台扶持服务业发展的政策举措，使服务业企业享受税费减免、信贷优惠、注册登记便捷等政策支持。完善相关法律法规，进一步规范行业标准、收费价格、纠纷仲裁等制度，放宽准入门槛，加强执法检查和监督，促进服务行业健康发展。

二是应大力发展城乡社区服务业，为改善民生、提高群众生活质量服务。社区是服务业发展的重点领域，也是当前服务业亟需快速发展的领域。建议适应城乡居民特别是城市居民花钱买方便、买服务、买健康的消费趋势，整合社会资源，引进市场机制，着力发展立足社区的家庭健康、托老养老、家政服务、子女教育等生活服务，建立多元化、多层次、开放性的社区服务体系，扩大居民生活服务性消费，使社区服务业成为既能拉动消费、改善民生、促进稳定，又能吸纳妇女劳动力创业就业、实现增收的重要产业。

三是应加强培训与就业的有效衔接，提高服务业从业人员的素质。加快服务业发展，提高服务业水平，关键在于加强服务业从业人员的培训。建议政府进一步将服务业的培训纳入政府培训计划，在培训内容和经费上给予倾斜，根据市场需求有效配置培训资源，与促进就业有机衔接。建议针对服务业女性相对集中的特点，重点对下岗失业妇女、农村富余女劳动力、失地妇女等就业困难群体系统开展各种职业技能培训，努力提高她们的就业能力。

四是妇联组织要积极配合党委政府，发挥自身优势，努力做好促进妇女创业就业工作。作为党和政府联系妇女群众的桥梁纽带，妇联组织要积极引导妇女转变就业观念，踊跃在服务业领域创业就业。要主动配合政府开展面向妇女的职业技能培训，做好信息传递、牵线搭桥等工作。要立足社区，巩固发展一大批以带动妇女就业为目标的服务机构，为发展服务业、促进妇女创业就业作出贡献。

建议制定未成年人网络保护法

李玉玲

人类社会已经进入网络时代，但网络是一把双刃剑，对于未成年人来说更是如此。一方面，未成年人通过网络获取了大量的科学文化知识，开阔了眼界；另一方面，未成年人也通过网络接触了有害信息，损害了未成年人的身心健康。为了保护未成年人利用网络的合法权益和防止有害网络信息对未成年人的侵害，国家有必要通过立法为未成年人成长创造健康、文明的网络环境。

尽管我国正在修改《中华人民共和国未成年人保护法》，增加未成年人网络保护内容，但是，《中华人民共和国未成年人保护法》只能为未成年人网络保护提供原则性规定，许多制度需要具体细化。我国亟需加快制定《未成年人网络保护法》，为未成年人网络保护提供有力的法律保障。

一、未成年人网络群体急剧发展

据中国互联网络信息中心的统计报告显示：至2008年12月，在我国2.98亿网民中，其中有超过三成是未成年人，充分说明了网络已经在未成年人生活中占有了重要地位，并仍在继续扩大其影响。因此，必须增加未成年人网络法律保护内容，规制未成年人网络空间

作者系全国政协委员，新世纪成功集团董事长，中华民族团结进步协会经济贸易发展工作委员会会长。

活动。

二、未成年人人身权益正在通过网络受到越来越严重的威胁

互联网为少数违法犯罪分子所利用，网络违法犯罪仍然呈现高发的态势，其主要指向未成年人。违法犯罪分子利用未成年人缺乏社会经验、维权意识淡薄、自我保护能力差等特点，对未成年人进行引诱、拐骗。尤其是网络中的暴力文化，会对缺乏自我控制能力的未成年人产生误导。在这种受污染的网络空间，未成年人既可能成为违法犯罪的受害人，也可能成为罪犯。制定《未成年人网络保护法》净化网络环境已经迫在眉睫。

三、具体建议

1. 鼓励未成年人利用丰富健康的网络信息，积极引导未成年人正确、合理地使用网络。加紧建设专业性的未成年人服务网站，要改变目前我国未成年人网站建设严重滞后、吸引力不强、对未成年人正面影响不大的面貌，积极推进未成年人思想、教育、生活等信息资源建设。尤其对贫困落后地区，国家应该采用有力措施，为未成年人提供利用网络的机会。

2. 保护网络场所安全。我国应该借鉴比利时政府在儿童娱乐场所经营管理方面的有关法令，规定网络场所配套设施的一系列安全技术指标。

3. 实行网络游戏分级。对网络游戏制定限制级别，对网络游戏的生产、销售、使用应有明确规定。

4. 实施网络实名并建立隐私权保护制度。保护未成年人网上姓名、性别、年龄、地址、电子邮件信箱、电话号码等信息不被公开或者搜集，建立未成年人隐私保护“监护人同意”制度，要求未成年人

在网站填写个人资料时应征得父母的同意。

5. 强调家庭保护。鼓励家长普及、熟悉电脑和网络知识，要求监护人履行法定义务。监护人应当引导未成年人合理健康地使用网络。

6. 强化学校保护。学校应当建立能够适应网络时代的教育者队伍，教育部门应加强对未成年人教育队伍电脑网络知识技术的培训，提高他们驾驭网络的能力，掌握网络教育方法。

7. 促进社会保护。鼓励行业自律。重点引导网络从业人员、网络服务机构严格自律，坚决打击研发、生产和销售不良网络游戏的企业和个人。网络服务业要端正合法经营宗旨，健全行业内部的监督制约机制，承诺自觉严格审查其所提供、制作、发布和传播的信息，对违反自律者予以拒绝链接、不予合作等业内处分。明确网络接入商、网络内容提供者、网络服务业者、线上资料服务业者及其他在网络上提供资料者对于未成年人网络保护的责任与义务。要对有害信息加以鉴别认定；对网络信息内容长期健康安全的网站，以简单明示的标签予以公布，纳入安全信息港。

资源篇

可再生能源发展大有作为

任启兴

能源是国民经济重要的基础产业，是人类生产和生活必需的基本物质保障。随着我国经济步入快车道，对能源的需求必然激增。可再生能源是可持续发展的未来能源，谁掌握了可再生能源，谁就在未来的竞争中占领了先机。

一、开发可再生能源的必要性和紧迫性

作为一个迅速崛起的发展中国家，在过去的30年里，我国的能源消费总量已经翻了一番，超过了13亿吨标准煤，已成为仅次于美国，居世界第二位的能源消耗大国。随着经济的发展和人民生活水平的提高，我国能源需求将持续增长。

从现在掌握的能源资源看，我国已探明的煤炭可采储量为1145亿吨，可开采年限为54~81年；石油可开采储量为32.74亿吨，可开采年限为15~20年；天然气开采储量为11704亿吨，可开采年限为28~58年。从人均拥有量来看，煤炭、石油和天然气分别为世界人均水平的70%、10%和5%。按剩余可开采储量和能源消费量来看，煤炭还可以开采60年，石油还可以开采13年，天然气还可以开采40年。而世界石油将在未来40年左右枯竭，天然气将在60年内用尽，煤炭也只能用220年左右。据预测，到2010年，我国石油消

作者系全国政协委员，人口资源环境委员会副主任，宁夏回族自治区政协原副主席。

耗量将达4亿吨，而国内生产总量仅为1.6亿~1.7亿吨。目前，我国主要能源煤炭、石油和天然气的储采比大致分别为全球平均水平的50%、40%和70%左右，均早于全球矿物能源枯竭速度。能源短缺和能源消费所引起的环境问题已经成为制约我国可持续发展的瓶颈之一。虽然这只是一种理论性的算法，今后能源资源还会不断地勘探出来，但这已经足以说明我国面临严峻的能源资源短缺形势。

去年以来，全球金融危机导致能源价格出现回落，但能源短缺的问题并未消失，下一轮经济增长周期到来时，能源问题仍将是突出问题。我国要解决好能源供应问题，可持续地满足经济发展对能源的需要，除了切实转变经济增长方式，提高能源利用效率，全面建设高效和节能型社会外，还必须高度重视在自然界中可以不断再生、永续利用、取之不尽、用之不竭的太阳能、风能、水能、生物质能、地热能和海洋能等可再生能源的开发利用，努力增加能源的供应渠道和供应量，促使能源供应多元化，构筑稳定、经济、清洁、安全的能源供应体系，以能源的健康发展支持经济增长，以能源的稳定发展支持经济社会可持续发展，以能源的安全供应支持国家现代化建设。

二、发展可再生能源的优势和有利条件

我国一直关心可再生能源的开发利用，2006年1月1日，《可再生能源法》正式颁布实施；2007年4月，出台“十一五”能源发展规划，明确提出到2010年要使可再生能源消费量占到能源消费总量的10%，明确要求因地制宜地开发和推广生物质能等清洁能源。我国提出的经济发展道路是可持续发展道路，是环境友好的发展道路，因而对可再生资源的开发利用必然越来越会受到政府的关注和民间的拥护。其实，我国现已进入可再生能源的快速发展时期。数据显示，到2006年底，全国可再生能源年利用量总计为2亿吨标准煤（不包括传统方式利用的生物质能），约占一次能源消费总量的8%，比2005年上升了0.5个百分点，其中水电为1.5亿吨标准煤，太阳能、风

电、现代技术物质能利用等相当于5000万吨标准煤，向2010年实现可再生能源占全国一次能源消费总量比例10%的目标迈出了坚实的一步。《可再生能源中长期发展规划》规定，到2020年可再生能源将占到全国能源消费的15%。由此可见，可再生能源在我国能源发展中的战略地位将日益突出，人类必将进入主要依靠可再生能源和先进安全的核能时代。

从全球范围来看，太阳能、风能、生物质能及地热能的利用最为广泛。我国不仅富产煤炭、石油、天然气等能源，同时还拥有丰富的太阳能、风力资源、地热资源和适宜干旱、风沙、盐碱生态条件的生物质能源等。且可再生能源和新能源分布广泛，就地使用的特性可以有效缓解运输紧张局面。根据初步的资源评价，我国可再生能源资源主要有水能、风能、太阳能和生物质能。其中，可开发水能资源约4亿千瓦，其中5万千瓦及以下的小水电资源量为1.25亿千瓦，分布广泛，遍及全国的1600多个县、市；我国地域辽阔、海岸线长，风能资源也比较丰富，主要分布在东南沿海及附近岛屿，以及内蒙古、新疆、东北、华北北部、甘肃、宁夏和青藏高原部分地区，海上风能资源也非常丰富，总计可安装风力发电机组10亿千瓦；全国2/3国土面积年日照时数在2200小时以上，属于太阳能利用条件较好地区，理论上每年达17000亿吨标准煤；农业废弃物等生物质能源资源也分布广泛，每年可作为能源使用的数量相当于5亿吨标准煤，潜力巨大，市场空间十分广阔。

三、发展可再生能源的建议

我国幅员辽阔、人口众多，资源相对贫乏，更要未雨绸缪，从战略的高度重视可再生能源的发展，把可再生能源发展作为增加能源供给、调整能源结构、保护生态环境、促进社会经济可持续发展的重要措施，加强对可再生能源领域创新的支持力度，参照国际先进经验，为可再生能源制定出系统的政策、法律和法规，把具有优势又符合发展需要的可再生能源开发好、利用好，为经济和社会的可持续发展做出应有的贡献。为此建议：

1. 制定长远规划，综合开发利用。可再生能源代表着未来能源发展的趋势，我们应把可再生能源推广应用作为一项重要的能源政策，除了纳入国民经济建设总体规划之中，列入政府的财政预算，还要整合科研力量，对风能、地热能和生物质能等进行深入研究，科学地制定中长期开发规划，并尽快制定和颁布可再生能源法的实施细则，促进能源产业转入科学发展的轨道。同时结合我国正在全面实施的新能源工程，研究制定可再生能源开发的优惠政策，大力推进能源结构战略性调整，加快转变能源发展方式，做到能源资源综合应用，更好地保障人民生活和经济社会发展。

2. 依靠科技支撑，提高可再生能源的转换率。发展可再生能源首先要发展技术，一旦技术成熟，注意力就转向示范和降低成本。只有成本足够低，市场才能发展。我国如果在可再生能源领域比其他国家更早地取得技术上的突破，就会在未来世界经济中占据重要地位。因此，要依靠科技进步，不断创新，提高技术水平，研究开发具有自主知识产权的可再生能源技术，提高元件的转换效率，降低产品生产成本，改进系统的稳定性和兼容性，实现装备制造本土化，降低可再生能源成本。要积极开发水电、风电、太阳能等清洁能源、可再生能源，加快发展循环经济和节能环保产业，培育现代能源产业，形成新的经济增长点。

3. 引入竞争机制，推动可再生能源事业的发展。当前世界金融危机仍在蔓延，对我国经济造成较大冲击。我们要充分利用国际国内两个市场两种资源，提高能源领域对外开放水平，实现互利双赢。只有依靠市场，通过竞争，优化资源配置，降低成本，扩大市场，最终才能实现商业化。特别是生产销售化石能源和电力的企业以及耗能大户，要拿出足够的资金购买可再生能源。这样，就不再需要沿袭过去的顺序而直接跳跃到创立市场的阶段。有了可再生能源的强制市场，就可以吸纳资本，提高可再生能源开发商的信心。还可通过实施可再生能源配额制度来发展可再生能源产业。同时，选择一些条件比较成熟的县、区和市区的小区，以及企事业单位，采取多元投入的办法进行试点，发挥示范带动作用，调动各方面的力量，共同推进可再生能源事业的发展。

4. 加强管理，夯实可再生能源的发展基础。一是加强可再生能源应用推广工作，应当借助主流舆论媒体的力量，全面启蒙社会公众的认识、了解和接受意识。政府应与可再生能源相关企业共同造势，整体推动。加强基础设施建设，国有投资和参股的项目实行利用可再生能源前置条件。二是在政策上加以积极引导，政府鼓励使用风能和太阳能，把高出的费用摊到电价上。三是采取财政和税收的优惠政策，包括建立专项基金给予补助、减免税收等。应对利用浅层地能的地源热泵、垃圾处理、沼气综合开发利用、风力发电等项目，考虑减免地方税费。四是结合实际制定有关价格补贴和奖励相结合的优惠政策，通过给用户以一定比例补贴的办法，鼓励广大用户使用可再生能源产品。

5. 扩内需、调结构、保增长，建设好一批有效益、上规模、可复制的大型能源基础实施项目。可再生能源产业是国际社会寄予厚望的经济新增长点之一。投资可再生能源领域将催生新兴产业，提供更多的就业机会，促使经济恢复活力，但要循序渐进，避免盲目投入。要重点推进农村和城镇电网改造、节能减排改造、西电东送、西气东输、大型煤炭基地、石油化工基地、大型核电等工程建设，增强发展后劲，加快发展现代能源产业，推进能源结构调整升级，促进经济社会又好又快发展。

重视新能源发展

张国宝

当前，世界许多国家把发展新能源作为应对金融危机的重要举措。美国奥巴马政府提出 7000 亿美元的巨额经济刺激计划，把发展新能源作为摆脱经济衰退、创造就业机会、抢占未来发展制高点的重要战略产业。奥巴马提出在未来三年内可再生能源产量增加 1 倍，2012 年占发电比例提高到 10%，2025 年增至 25%。未来 10 年将投资 1500 亿美元建立“清洁能源研发基金”，用于太阳能、风能、生物燃料和其他清洁可替代能源项目的研发和推广。动用 40 亿美元政府资金，支持汽车制造商重组、改造和技术进步，生产更节能高效的混合动力车。投资 45 亿美元对联邦政府建筑进行改造，10 年内将现有建筑的能效提高 25%。奥巴马提名从事替代能源研发的华裔诺贝尔物理学奖得主朱棣文出任能源部长，显示了其对研发替代能源、发展新能源和改变美国能源消费方式的决心。奥巴马提出谁掌握清洁和可再生能源，谁将主导 21 世纪；谁在新能源领域拔得头筹，谁将成为后石油经济时代的佼佼者。

除美国外，其他发达国家也都把发展新能源作为应对金融危机、扩大就业、抢占未来制高点和防止气候变暖的重要手段。欧盟推行可再生能源计划，将新增投资 300 亿欧元，创造 35 万个就业机会。德国计划在 2020 年前，使可再生能源领域就业规模超过汽车产业的就

作者系全国政协常委、经济委员会委员，国家发展和改革委员会副主任，国家能源局局长。

业规模。英国政府计划在2020年前提供1000亿美元建立7000座风力发电机组，新增就业16万人。联合国发展计划署提出了“绿色新政”的概念。日本官员表示，通过实施“绿色新政”，日本太阳能发电量将增加20倍，新型环保汽车的使用量增加40%。韩国在普通家庭大力推广普及太阳能、地热、风能和生物能源，并将兴建200万套节能绿色住宅。美欧日韩等发达经济体大力推进新能源发展，既着眼于应对当前金融经济危机，更有从战略角度抢占未来经济发展制高点，在能源和气候变化等问题上把握主导权等多方面的考虑。

回顾改革开放以来我国产业发展的历史，我们取得了巨大成就，但在产业发展和技术创新方面，也有发人深省的教训。一些产业起步很好，但由于没有把握新一代技术研发，导致整个行业陷入举步维艰的境地。例如，我国从引进彩电技术开始，一度成为世界最大的彩电生产国。然而，在产业升级的关键时刻，我们没有很好地跟踪世界新一代液晶彩电技术发展方向。今天，我国彩电技术与世界先进彩电技术至少相差了一个技术周期，国内传统彩电制造业以及与之配套的相关产业，纷纷陷入困境。再比如传统光学相机到数码相机的更替。刚开始我们对数码相机重视不够，对数码技术的研发没有投入足够力量。国外索尼、松下、三星等企业加快技术研发，数码相机产品不断进步，占领了我国大部分市场。目前，国内传统光学相机和相关的胶片行业全面下挫，濒临倒闭。

展望世界新能源发展趋势，以美国为代表的世界发达国家，把发展新能源放在一个极其重要的战略位置上来认识，作为应对当前金融危机、刺激经济复苏、增加就业机会的重要举措，作为推进经济长远发展、创造新的经济繁荣的重要引擎，作为抢占未来经济制高点、继续保持世界经济主导地位的战略产业，作为减少温室气体排放、争夺全球气候变化斗争领导权和控制权的重要方面。我们应该汲取过去一些产业发展的沉痛教训，把发展新能源放在一个重要的战略位置上。如果我们再不重视，不能从一个更高的视野审视新能源发展问题，预计再过十年，将会突然发现，我们又落到别人后面了。到时候，我们即使想追也追不上了。我们不能因为当前金融危机导致能源供需矛盾缓和，而忽略能源问题，忽视新能源产业发展。我们要高度重视新能源发展，密切跟踪世界新一轮新能源发展方向，加强新能源技术研发，增加对新能源产业发展投资，认真把新能源发展放在一个战略位置上加以重视。

关于扶持新能源产业发展的建议

刘志强

我国新能源的开发还处在初级阶段，由于种种原因，其产业化发展面临许多障碍，亟待政府大力扶持，与企业联手破解政策激励不到位、消费市场拓展缓慢、价格形成不健全等难题，加快新能源产业的发展。建议：

1. 通过法律法规健全保障机制。要制定出相关的保障措施，制定并出台有利于可再生能源产业发展的法规政策、制定符合地方特点的可再生能源发展规划、引进可再生能源的资源评价和利用规划、设立可再生能源开发基金、建立可再生能源发电价格的补偿机制、建立可再生能源产业化建设的保障体系，才能够使可再生能源企业持续、稳定、健康的发展。

2. 政府和企业联手化解成本难题。相对于煤炭、石油等传统能源而言，风能、太阳能、地热等新能源的开发和利用，目前由于设备技术落后，前期投入成本高、风险大，需要政府出台相应的扶持政策，或给予补贴，或在价格上给予照顾，帮助企业突破难关。制定并落实对绿色能源设备生产进行补贴的政策，推进新能源设备制造国产化进程，避免因缺少核心技术而陷入“引进—落后—再引进—再落后”的恶性循环的覆辙。

3. 优化能源发展环境，拓展消费市场。中央政府对可再生能源产业的发展给予明确、具体的优惠政策，确保参与可再生能源研发、

作者系全国政协委员，全国工商联副主席，广东香江集团有限公司董事长。

生产的企业略微盈利，通过政府的手，结合市场力量和社会参与，为我国可再生能源产业的发展营造良好的外部环境。加大对绿色能源产业的财政补贴、降低税率、实行低息贷款、扩大信贷，来推动绿色能源的发展。

4. 着力推动新能源领域的技术研发和人才培养。培养人才，稳定队伍是可再生能源产业发展的人力基础。目前可再生能源技术人才结构不合理，高级人才太少，知识老化严重，且数量不足，不适应可再生能源产业的发展要求。一方面，要加快引进人才、稳定现有人才队伍。另一方面加快培养人才。主要大专院校，应设立可再生能源学科，有计划地培养可再生能源专业人才，加大人才的培养力度，改善人才的成长环境。在人才使用方面切实采取有效措施与办法，做到解放思想，尊重知识，尊重人才，创造一个能够发挥聪明才智，不断获取知识，不断提高自己，对社会的贡献能够得到承认和回报的氛围。

5. 积极引进技术、人才、资金。要努力创造良好的市场氛围、优惠的政策，学习和借鉴国外的成功经验，解放思想，与时俱进，借助外力，采取多种形式、多种途径、多种方式引进技术、人才和资金。国外许多大企业看好中国的可再生能源市场，他们有先进的技术、一流的人才和雄厚的资金，他们进入我国的可再生能源产业和市场，将推动我国可再生能源产业的发展。要引进国内外的技术、人才、资金，吸引他们来投资、开发、建设。必须有优惠的政策，开放的市场，丰富的资源和良好的环境。

中国能源结构调整问题

曹 新

能源结构调整是中国能源发展面临的重要任务之一。中国能源结构调整的主要内容包括两个方面：一是中国能源发展要降低对国际石油的依赖；二是中国电力产业发展要降低煤电的比重。概括来讲，就是要减少对石化能源资源的需求与消费，把水电开发放在中国能源结构调整的优先地位。

一、降低国际石油依赖，保证石油安全

中国能源发展降低对国际石油的依赖是出于对石油安全的考虑。据统计，2007 年中国生产原油 18665.7 万吨，同比增长 1.6%；2007 年中国净进口原油 15928 万吨，同比增长 14.7%。2007 年中国原油表观消费量约为 3.46 亿吨，同比增长 7.3%，达历史高位。原油对外依存度达到 46.05%。中国原油需求对外依存度的提高，无疑会给中国石油安全带来很大压力。

石油安全是中国能源安全的核心。石油安全关系国家根本利益和国民经济安全。在当前全球金融危机下，中国能源发展战略，仍然应该把石油安全放在极其关键位置。中国石油安全问题的根源是国内日益尖锐的资源与需求之间的矛盾，同时也受到国际石油价格波动的冲击。此外，中国对外石油资源不断增长的需求还会对全球石油安全的

作者系中央党校经济学部教授、博士。

地缘政治产生不可忽视的影响。因此，中国应对石油安全挑战，提高石油安全程度，应该着眼全球，从战略的高度借鉴国外发达国家与发展中国家的经验，采取降低石油进口依赖，积极参与国际石油市场竞争，加强国际石油领域合作，加快建立现代石油市场体系，建立完善现代石油储备制度，确保国家石油安全的一整套措施和相应的对策。

二、降低煤电比重，节能减排，保护生态环境

中国电力产业发展降低煤电的比重则是节能减排和保护生态环境的需要。2007 年，中国发电装机容量突破 7 亿千瓦，达 71329 万千瓦，居世界第二，仅次于美国。发电量达到 32559 亿千瓦时，连续 7 年平均增长超过 13.2%。然而，中国电力产业结构仍待调整。

中国电力产业结构的不合理主要表现在两个方面：一是电源结构不合理。从电源结构来看，主要是水电开发速度不快，核电和新能源发展缓慢，小火电所占的比例仍然过大。2007 年，在中国的电力装机中，火电装机 5.54 亿千瓦，占 77.70%，水电装机 1.48 亿千瓦，占 20.40%，核电装机 906.8 万千瓦，占 1.3%，风电及其他新能源 600 多万千瓦，仅占 0.8%。火电装机比重过大造成对煤炭的需求越来越大，同时电力用煤需求不断增加直接导致电力行业对煤炭供应和铁路运输的依赖度越来越高，对节能减排造成巨大压力。二是电源布局不合理。主要是中国东、中、西部地区能源资源分布不均，东部沿海地区煤电装机过多、过密，造成的环保压力加大。因此，推进节能减排，发展中国电力产业，必须调整电源生产结构，优化电源布局结构，构建以优化发展煤电为重点，大力发展水电，积极发展核电，加快发展新能源，合理布局东、中、西部电源结构的电力产业发展模式。

三、把水电开发放在中国能源结构调整的优先地位

把水电开发放在中国能源结构调整的优先地位，这是由中国能源发展的国情决定的。

我国是世界第二大能源生产国，也是世界第二大能源消费国，还是以煤炭为主要能源的国家。《中国的能源状况与政策》白皮书表明，2006年，中国一次能源消费总量为24.6亿吨标准煤。煤炭在一次能源消费中的比重为69.4%，其他能源比重为30.6%。其中可再生能源和核电比重为7.2%，石油和天然气有所增长。

以煤炭为主的能源结构，决定了我国燃煤机组在总体电源构成以及火电中的主体地位。燃煤发电在我国煤炭终端消费中占56%，是煤炭能源转换的主要环节。燃煤发电厂的二氧化硫排放占到全国总排放量的50%以上，是造成酸雨污染的主要原因之一。据有关部门统计，我国二氧化硫的年总排放量已超过2500万吨，造成1/3的国土遭受酸雨污染，每年经济损失达1000亿元以上，直接威胁13亿人口和16亿亩耕地的安全。①

2006年我国GDP占全世界GDP的比重只有5.5%，能源消费超过世界的10%，二氧化硫排放已居世界首位，大大超过我国环境承载能力；二氧化碳排放也居世界前列。我国能源总消耗量折成标准煤达到24亿吨，其中一大半是电力消耗的，能源消耗主要是电煤。我国电力装机已突破6亿千瓦，在建规模仍然巨大。电煤消耗约占全国煤炭产量的一半以上，火电用水约占工业用水的40%，二氧化硫排放量约占全国排放量的52%，烟尘排放量占全国排放量的20%，产生的灰渣占全国的70%，电力产业成为我国节能降耗和污染物减排的重点

① 冯之浚主编：《中国可再生能源和新能源产业化高端论坛》，中国经济出版社2007年版，第56页。

领域。[①] 根据中国电力企业联合会的研究结果显示，“十一五”期间，火电二氧化硫的排放量将由2005年的年排放1300万吨，下降至950万吨以下，5年共下降27%。预计到2010年，脱硫装机比例将达60%以上。“十一五”期间，在电力以外的二氧化硫排放不增加或少量增加的情况下，仅经过火电烟气脱硫以及关停小火电的减排作用，其净消减量就可以满足全国二氧化硫减排10%的约束性指标的需要。由此可见，抓好电力产业的节能减排工作至关重要，对于全国的节能减排具有决定性作用。

以煤炭为主的能源结构，使得电煤资源与运输之间的矛盾越来越突出，环境问题日趋严重。目前我国煤炭运输已占铁路货运能力的1/3以上。一方面，我国铁路交通水平与国际存在较大差距；另一方面，我国西煤东运、北煤南运的大跨度、超负荷的运输格局，更加剧了运力紧张。煤炭的污染不仅存在于煤炭的终端消费，在煤的前期开发过程中。据有关专家估计，每开采1吨煤就会破坏2.5吨地下水，对我国这样一个水资源严重短缺的国家来说，形势十分严峻。煤炭开采后还会造成地表塌陷，废水、废气和废渣以及矽肺病等。因此，中国能源发展如何千方百计减少燃煤数量，以缓解资源短缺和减少相应的环境污染，已成为当务之急，而积极开发水电是解决这一问题的有效途径之一。

水电是一种经济、清洁的可再生能源。之所以说它经济，是因为水电与风能、太阳能等可再生能源相比是很好的调节电源，开发水电的同时还可以实现开发火电、核电等能源所没有的防洪、灌溉、供水、航运、养殖业和旅游业等综合效益；之所以说它清洁，是因为在水力发电过程中与太阳能、风能一样，不排放有害气体，不污染水资源，也不消耗水资源，没有核辐射危险。发展水电与燃烧矿物资源获得的电力能源相比较，无论在资源方面，还是在环境方面，都有利于可持续发展。与煤电相比较，每一千瓦时的水电电量大约可以减少原

---

① 赵希正：《中国电力企业管理》2007年第4期。

煤用量500克和二氧化碳排放量1100克。以三峡开发工程为例，从生态角度说，三峡工程本身就是一项环保工程。作为清洁能源，水电是最清洁的，如果将三峡水电站替代燃煤电厂，相当于7座260万千瓦的火电站，每年可减少燃煤5000万吨，少排放二氧化碳约1亿吨，二氧化硫200万吨，一氧化碳约1万吨，氮氧化合物约37万吨以及大量的工业废物，这对减轻我国和周边国家及地区的环境污染和酸雨等危害有巨大的作用。由于水电的能源属性使开发水电成为常规能源优质化、高效化利用的重要途径之一，开发水电对于建立可持续发展的能源系统也就具有重要的意义。因此，水电开发应该放在中国未来能源发展的优先地位。

开发水电可以有效改善我国能源结构。从我国能源供应结构来看，目前我国能源供应以煤为主，石油、天然气资源短缺，人均资源量约为世界平均水平的10%，能源发展受到资源短缺和环境污染的双重约束，调整能源结构，减少煤炭在一次能源消费中的比重，是一项十分重要的任务。我国水能资源理论蕴藏量近7亿千瓦，占我国常规能源资源量的40%，是仅次于煤炭资源的第二大能源资源，是世界上水能资源总量最多的国家。根据目前的勘测设计水平，我国水电有2.47万亿千瓦时的技术可开发量。如果开发充分，至少每年可以提供10亿到13亿吨原煤的能源。由此可见，开发水电可以有效改善我国能源结构，利用好丰富的水能资源是我国能源政策的必然选择。

加快电力结构调整　促进又好又快发展

翟若愚

由于国际金融危机的影响，2008年四季度以来我国全社会用电量出现了急剧下滑的趋势。2008年全国全社会用电量同比增长降低到5.23%，回落了9.57个百分点，是自2000年以来的最低增速。电力需求增长的急剧下滑改变了我国持续偏紧的电力供求关系，对今后一个时期的电力工业发展提出了新的课题和新的挑战。如何正确地判断形势，把握难得的机遇，促进电力工业又好又快发展，谈几点意见。

一、全社会用电快速增长的大趋势不会改变，电力工业仍然需要保持适度较快发展

在国民经济持续快速发展的带动下，近年来我国电力一直保持着供需两旺、强劲发展的态势。2003年以来，电源项目投产始终保持着两位数增长，发电装机容量在6年内连续跨越了4个亿千瓦级的台阶，截至2008年底已接近8亿千瓦。全社会用电量同样保持了两位数的持续增长，电力供求关系始终处于偏紧状况，拉闸限电现象时隐时现。2008年一季度，虽然受到雨雪冰冻灾害的严重影响，但全社会用电量仍然保持了13.02%的增长。可见我国电力需求增长的下滑主要是国际金融危机影响的结果，目前的相对富余只是暂时现象，不能

作者系全国政协委员、人口资源环境委员会委员，中国大唐集团公司党组书记、总经理。

因此放松电力工业的发展。

目前电力需求增长下滑的趋势仍在延续，2009 年 1 月份全国全社会用电量同比下降了 12.88%。何时能够见底目前还难以准确预测，但从我国经济社会发展状况和趋势看，今后一个时期全社会用电量总体上仍将保持较快的增长速度。一是我国经济的基本面没有改变，国内市场广阔，外汇储备和居民储蓄充足，经济增长的内在动力强劲，只要认真落实中央确定的一系列扩内需、保增长、调结构的措施，我国有可能率先实现经济复苏，从而拉动电力需求的增长。二是我国虽然在总量上早已成为世界第二电力大国，但人均发电装机仅有 0.6 万千瓦，人均用电量仅为 2622 千瓦时。据 2006 年统计数据，我国人均装机容量为世界发达国家平均水平的四分之一；人均用电量不足世界发达国家平均水平的三分之一。说明我国电力工业具有很大的发展潜力。三是我国正处在全面建设小康社会的关键时期，工业化和城镇化的推进和人民生活水平的提高，都将促进电力需求的快速增长。虽然我国近年来第三产业和居民生活用电的比例逐年提高，但仍处于较低水平，分别占全社会用电量的 10.21% 和 11.77%；2005 年人均生活用电量仅为 217 千瓦时，不足发达国家平均水平的十分之一，具有很大的上升空间。

在当前电力暂时出现相对富余的情况下，不能放松电力工业的发展。这也是由电力生产和建设的基本规律决定的。火电厂的建设一般需要 2～3 年，中型水电站则需要 4～5 年，核电站的建设大约需要 8～10 年，大型水电站的建设周期则需要更长时间。所以，一旦出现了明显的电力短缺信号，再进行电力建设已为时过晚。实践一再证明，电力既是国民经济的基础产业也是国民经济的先行产业，必须保持适度超前发展。我国曾长期遭受严重缺电的困扰，直到 1998 年亚洲金融危机时才第一次出现电力相对过剩，但到 2002 年却再次出现了电力短缺局面。因此，在我国经济社会发展的重要战略机遇期，在我国经济持续较快发展的基本面没有改变的情况下，不能由于电力暂时的相对富余而放松电力工业的发展，否则一旦经济好转后就会重蹈覆辙。

二、当前电力相对富余，给电力结构调整提供了难得机遇

当前我国电力结构存在的主要问题，一是消耗不可再生资源的燃煤机组比重过高，大约占75%；而新能源和可再生能源机组比重过低，只有25%左右。二是在燃煤机组中高污染、低效率的小型机组仍然占有较大比重。据2008年统计，10万千瓦及以下小火电机组仍有0.9亿千瓦，占全部火电装机容量的15%。这种状况加剧了经济发展的资源和环境压力，是难以为继的。必须抓住当前有利时机加大结构调整力度，为经济社会持续健康发展创造有利条件。

我国幅员辽阔，风能、水能资源都很丰富。风能经济可开发量约为3.2亿千瓦左右，但到2008年底风电装机容量仅有1200万千瓦，开发度不到4%；占全国总装机容量的比例仅为1.5%。而丹麦这一比例已达到25%，德国为17%。我国水电装机容量虽然已达到1.72亿千瓦（含抽水蓄能1160万千瓦），是水电第一大国，但仍然仅占全国总装机容量的21.64%；相比5.42亿千瓦的技术可开发容量，更不相称，开发度仅为29.5%；而美国、欧盟、日本的水电开发度都超过了80%，基本已经开发完毕。据统计，世界上有24个国家依靠水力发电提供国内90%的电力，有55个国家水力发电占全国电力的50%以上。

核电作为一种安全可靠的清洁能源，已被人们广泛认识和接受。我国核电开发起步较晚，发展较慢。2002年电力体制改革前，核电装机容量为563.6万千瓦，占全国电力总装机容量的1.58%，2008年虽然增加到了912.4万千瓦，但占全国电力总装机容量的比例却减少到了1.15%。而核电发达的法国，其装机容量已占全国总装机容量的78%。

上述情况说明，加快我国新能源和可再生能源的开发不仅是非常必要的，也是完全可行的。但要把新能源和可再生能源的巨大潜力开发出来需要一个较长的过程。因此，电力结构调整还要继续做好燃煤机组“上大压小”这篇文章。近三年来，全国已关停小火电机组

3420万千瓦，占“十一五”关停目标的68.4%；这些小火电机组关停后，用大机组代发，每年可节约燃煤4300万吨，减少二氧化硫排放73万吨，减少二氧化碳排放6900万吨。因此，要抓住当前电力需求相对富余的有利时机，加快小火电机组关停步伐，提前完成“十一五”关停目标。

三、采取多种措施，加大政策扶持力度，进一步加快新能源和可再生能源开发步伐

随着经济的持续快速发展，我国资源环境问题日益突出，大力发展清洁能源和可再生能源已成为全社会的共识。特别是随着科学发展观的贯彻落实，国家陆续出台了一些支持清洁能源和可再生能源发展的政策，但从总体上看，这些政策仍然缺乏系统性和应有的力度。下面就风电、水电与核电发展问题，提出一些意见和建议。

关于风电。风电近年来发展迅猛、势头很好，但仍存在一些制约风电持续发展的问题。一是电网配套问题。风电由于受风力的影响，电量稳定性不高，我国风能资源又主要集中在三北和沿海地区，一旦形成规模较大的风电场，将对电网的输送和稳定运行造成较大压力。建议尽快对几个风电大通道接入系统和电网稳定运行问题进行研究，加强对在建风电项目接入系统的协调。二是设备国产化问题。由于我国风电设备制造处于起步阶段，相关企业少、规模小、技术不成熟，难以满足风电大发展的需要。目前不少已建成和在建的风电项目采用了进口设备，增加了建设成本。建议加强对风电设备制造业的支持和指导，使其在分工协作基础上尽快形成高可靠性、高技术水准的规模优势。三是风电价格问题。由于建设成本高、利用小时少，风电成本远高于火电。但目前的风电上网价格普遍偏低，风电企业大都不能弥补成本，处于亏损状态，制约了企业的滚动发展，影响了投资者的积极性。建议适当提高风电上网价格或给予财税政策支持，使风电企业具有一定的盈利空间。

关于水电。我国是世界水能资源第一大国，设备制造技术成熟，开发建设和运营管理经验丰富，具有得天独厚的优势。但目前水电开发中也存在一些突出矛盾。一是移民问题。近年来由于不同项目移民之间的相互攀比，安置成本大幅增加，移民难度不断加大。有些项目出现了移得走、稳不住的情况，遗留问题日益增多。建议加大对移民工作的统筹协调和后续扶持力度，同时适当提高水电上网价格，解决移民问题。二是环保问题。水电站建成后，不可避免地会使河流生态发生一定程度的改变。但从整体上看，水力发电不消耗、不污染水资源，不排放废弃物，并具有防洪抗旱、提高航运能力、发展旅游等综合社会效益，是可再生的清洁能源。因此，世界各国无不把开发水能资源放在优先地位。建议在水电开发过程中进一步加强生态环境保护的同时，公正、全面地宣传水力发电的利弊，防止片面放大水电对环境的负面影响，为水电开发创造有利环境。

关于核电。为贯彻“积极推进核电建设”的基本方针，国家确定了到2020年的核电发展目标。但要加快核电发展，仍有一些突出问题亟待解决。一是投资主体多元化问题。由于过于强调安全而设置了过高的门槛，导致了行业封闭垄断，限制了市场竞争，制约了核电发展。建议尽快授予具备条件的大型发电集团核电开发资质，形成控股投资主体多元化格局，解决投资不足问题。二是运营管理专业化问题。目前核电人才短缺，从业人员仅有7000人左右，与核电发展需求相比，相差甚远。为鼓励暂时不具备核电资质的企业控股建设核电项目，核电站可实行所有权与经营权分离，由有资质的专业化企业负责建设好生产，确保核电运营安全。三是技术路线统一化问题。我国现有6座核电厂11台机组，却有5种堆型，影响了技术研发水平和设备制造能力的提高，增加了运行管理成本。建议尽快统一核电技术路线，提高研发能力，尽快形成具有自主知识产权的核电技术。四是设备制造国产化问题。建议尽快制定核电设备国产化实施细则和优惠政策，鼓励投资者采用国产设备，以降低设备造价，提高核电的市场竞争力。

推进我国能源（煤电）价格形成机制改革创新

赵　龙

近年来全球经济形势急剧变化，国际能源市场价格大幅度震荡，我国能源（煤、电）价格形成机制与经济社会又好又快发展存在着不相适应的地方，主要表现为以下问题：一是不能全面反映能源资源的短缺状况。我国煤炭资源税仅占煤炭销售价格的1%~3%，部分地区，特别是西部地区交纳的采矿、探矿价款很少，甚至不缴纳。二是不能全面反映能源供需关系，动力煤、电力价格定价仍主要由政府调控。三是没有核算能源生产的完全成本。煤炭中的安全成本提取比例不足10元/吨，且在会计核算体系中不能单独列支，环境成本未得到完全反映。四是电力价格与煤炭价格不协调，矛盾突出，电价调整不能及时、充分地反映煤炭价格的变化。五是销售电价与电力成本有些脱节。两部制电价中，容量成本占总电费的比例不到20%，远低于60%~80%的一般水平，导致两部制电价难以发挥应有的作用。六是输配电价与上网电价存在矛盾。电力成本在发电、输配电环节的切割不明确，输配电价与发电价存在问题，阻断了电力成本在各环节的合理分配链接关系和利益分配关系。

能源（煤、电）价格是与经济社会的协调发展和人民群众的切身利益密切相关的。应按照党的十七大报告提出的“完善反映市场供求关系、资源稀缺程度、环境损害成本的生产要素和资源价格形成机制”的要求，采取有效措施，积极推进我国能源（煤、电）价格形

作者系全国政协常委、民建江苏省主委，江苏省人大常委会副主任。

成机制的改革与创新。为此建议：

1. 全面推进能源（煤、电）价格形成机制的改革创新。一是要坚持市场化改革方向，建立弹性良好、竞争充分、监管有效的市场定价机制。不仅要改革能源成品的终端定价机制，还应对能源资源开发、加工、运输、贸易和物流等进行配套改革，尽快实现国际国内能源（煤、电）价格的接轨，消除上下游能源（煤、电）价格倒逼实体经济的现象。二是完善能源资源税的征收制度，规范资源性企业缴纳预提保证金、可持续发展基金等，规范相关基金和税费的征收和使用，推动增值税、消费税向资源节约、环境保护和绿色高科技产业倾斜。

2. 建立健全煤炭生产的全成本核算机制。一是科学界定成本费用范围与开支渠道，实行全口径成本核算；二是依据当地生存发展环境、企业承受能力、资源条件及经济发展水平，制定合理的成本提取标准；三是科学制定并强制执行行业安全生产标准和最低工资标准；四是科学制定煤炭资源税和矿权价款，进一步提高煤炭资源税率，并提高开采权交易的“招、拍、挂”比率和价款缴纳率，保证国家能源资源的收益。

3. 建立健全电力成本和收益的合理分配机制。一是实行电力系统主业与辅业的分离。应科学界定主业的经营范围，明确辅业必要的运营成本，实行主业与辅业分开运营和独立核算；二是科学界定电力系统各环节的合理成本水平。应认真调查研究目前我国电力系统发电、输电、配电等各环节的真实成本，科学制定合理成本的范围和科目，定期发布电力行业指导成本水平，规范电力企业的成本核算；三是根据成本构成及实际水平，充分考虑投资来源和成本回收的特点，合理确定电力系统各环节的利润水平；四是建立电力系统成本与利润的均衡调配机制，使各电力企业的成本与利润科学合理地分配。

4. 建立健全能源供给成本公开与监管制度。一是建立健全能源行业和企业的成本公开制度。能源行业和企业应定期就其成本、利润等情况向国家发改委和电监会提交准确的信息，电力主管部门应加强对电力企业经营成本、投资及经营情况的监督和核查；二是建立健全能源行业和规模企业的定期报告制度，定期就其经营情况按规范格式进行报告；三是进一步强化行业协会的自我约束的能力。四是加强社会监督，监管机构定期将国家有关法律法规、政策和监管程序向社会公布，并适当举行听证会，面向社会广泛征集意见。

5. 建立健全煤电价格及供需联动机制。一是与煤炭供需市场化相适应，切实推进电力市场化，建立健全煤电联动机制；二是建立大型发电企业与大型煤炭企业长期煤炭交易机制，使煤炭企业与发电企业之间建立稳定、可靠、互信、互利的煤炭供需关系。

6. 建立旨在增强政府调控能力的资源储备体系。一是建立健全煤炭特别是电煤储备制度，以缓解供需矛盾和价格异常波动带来的压力。依托输入煤炭发电的火电电源密集地区，如华东、华南地区，建立以电煤为主、布局合理的全国区域性煤炭储备基地，并充分利用煤炭专用运输能力，增加煤炭的储备量；二是进一步规范对用煤大户煤炭储备率的管理，科学制定并严格执行对用煤大户，特别是大型发电企业煤炭储备率的规定，解决火力发电企业普遍存在的煤炭储备不足的问题；三是积极发展能源特别是煤炭期货交易市场。在煤炭生产地建立期货交易中心（如山西省的太原市），但须解决好煤炭质量标准化的难题，实行原产地统一质量标准测定、质量事故追溯的办法，并处理好期货交易合同履行中的运输问题，让供、需、运三方共同参与煤炭期货交易合同的签订。

7. 妥善处理能源（煤、电）价格体制改革相关问题。遵循积极稳妥、适时适度、循序渐进的原则，推进能源（煤、电）价格体制改革。一是根据 CPI 走势及国际国内能源供求关系及价格变化情况，找准改革的时机；二是安排好相关配套措施。做好能源（煤、电）价格调整与补贴工作，以减缓能源（煤、电）价格改革可能带来的冲击与影响；三是改革要经过系统、科学的论证，试点先行，在总结试点经验教训的基础上加以完善并全面推进。

强化煤矿社会责任　促进矿区和谐发展

李政文

近期，我就“强化煤矿社会责任、促进矿区和谐发展”这一课题在山西省部分产煤县进行了调研。总的感到，围绕山西煤炭行业出现的一系列问题，诸如安全生产形势严峻、环境污染状况严重、村矿矛盾比较突出、矿主社会形象欠佳，等等，都与煤矿企业没有充分履行社会责任有着直接联系。煤矿企业社会责任履行得怎么样，关系到煤矿企业自身的生存和发展，关系到企业的形象，关系到矿区群众的切身利益，在一定程度上，也关系到产煤地区改革发展稳定的大局，如何使煤矿企业更好地履行社会责任，已经成为一个现实而又紧迫的课题。

一、煤矿企业社会责任问题及表现

企业是经济组织，同时又是社会组织，是“经济人”和“社会人”的统一体。作为煤矿企业，在依法经营、照章纳税、追求利润的同时，还应该承担保障矿工合法权益、实行安全生产、保护生态环境、参与社会捐助、发展公益事业、改善矿区群众生产生活条件等方面的社会责任。煤矿企业的社会责任大致可以分为基本责任、环境责任、公益责任和社区责任。基本责任主要是指企业发展、守法经营、安全生产和善待员工的责任；环境责任主要是指节约资源、节能降

作者系全国政协委员，中共山西省委统战部部长。

耗，保护环境、减少污染，以及生态环境修复的责任；公益责任主要是指参与扶贫事业、光彩事业以及社会慈善救助的责任；社区责任主要是指利用企业的经济优势和资本积累，帮助矿区周围农民群众提高生产生活水平的责任。

总的看，近年来有些煤矿企业积极探索“以煤补农”的路子，着力改善当地群众的生产生活条件，取得了较好的社会效益和经济效益，在履行社会责任方面做出了有益的探索和尝试。但是，还有一些煤矿企业只顾追求高额利润，社会责任严重缺失，已经引发了一系列社会问题：一是安全事故频发，给人民群众生命财产造成了无可挽回的重大损失，在国内外造成了恶劣影响，给经济社会发展蒙上了阴影。二是生态环境恶化，部分煤矿投资者急功近利，对煤炭资源进行掠夺性开采，伴随着浪费资源，出现了矸石污染、水资源破坏、植被破坏、地质灾害等问题。三是矿区群众生存条件较差，农业生产条件趋于恶化，土壤污染使土地生产功能下降，水资源破坏使一些水利工程不能正常发挥效益，大量农田不能适时灌溉，甚至引起矿区人畜吃水困难。四是不和谐因素增多，少数煤矿主的暴富，与矿区群众的收入形成了两极分化，导致一系列社会问题和矛盾日益增多。煤矿与煤矿之间、煤矿与村民之间、煤矿与当地政府之间不断发生矛盾和纠纷。五是产业转型困难，由于近年来煤炭市场价格走高，煤炭产业的比较效益十分突出。大量社会资金流向煤焦铁领域，高新技术、旅游及现代服务业等新型产业没有真正成为投资热点，极大地影响了资源型地区的产业转型。

二、煤矿企业社会责任缺失的原因分析

对企业社会责任的了解不够和认识偏差，缺乏良好的社会诚信环境，法制不完善等是影响企业履行社会责任的主要因素。煤矿企业社会责任缺失的原因，主要有以下几个方面。一是企业履行社会责任的意识淡漠。在现行机制体制下，煤矿企业履行社会责任很大程度上取

决于煤矿主的社会责任感和道德良心。不少矿主靠国家资源、银行贷款、廉价劳动力甚至矿工生命支撑，只是追求利润的最大化，对如何回报社会的意识十分淡漠，因而在履行社会责任上不积极、不主动。二是政府对煤矿企业履行社会责任的监管不力。一方面是一些地方政府重发展速度、轻发展质量，重经济发展、轻社会发展，重眼前发展、轻长远发展，片面注重企业的产值和税收，对企业履行社会责任的问题不够重视。另一方面是监督管理不严。目前，安监局、煤炭局、环保局、国土资源局等 12 个职能部门，都具有督促煤矿企业履行社会责任的职责，但是一些部门重收费、轻管理，甚至存在以罚代管的现象，致使一些政策规定没有真正落到实处。三是政策要求不全面、跟进不及时。如何针对煤矿不合理的高额利润及时调整税费政策，如何从履行社会责任的角度促使煤矿改善安全条件，提高安全水平，如何建立起资源环境补偿恢复机制，如何让矿工和当地群众更多地享受到煤炭资源开发的利益，如何让煤炭这一支柱产业在经济转型发展中发挥更加积极的作用，如何调动煤矿承担社会责任的积极性，在许多方面都缺少政策和制度层面的依据与约束。

三、加大煤矿社会责任投资，构建和谐矿区的建议措施

总的原则就是要通过政策、经济、行政等手段，要求煤矿企业尽到五个责任：即安全生产方面的责任、提高井下矿工工资福利的责任、提高当地农民的生产生活水平的责任、改善生态环境的责任、发展接替产业和第三产业的责任，努力把采煤矿区建设成为生产安全、生态良好、生活殷实、可持续发展能力不断增强的和谐矿区。为此，一要制定鼓励煤矿企业承担社会责任的政策办法。制定出台相关政策，鼓励煤矿企业通过公益捐赠等方式尽可能多地履行社会责任。比如可以将企业通过法定程序进行的公益性捐赠计入税前扣除，比如可以将企业的安全生产、生态恢复、环境保护等投入都能够计入生产成本等，以提高企业承担社会责任的积极性。二要设立区域性产业转型

发展专项基金。建议出台引导煤矿投资发展现代服务业、装备制造业和高新技术产业的资金扶持政策，定期对煤矿企业的平均利润进行调查和测算，确定并提取一定比例的产业转型基金，由政府和企业统筹安排用于新兴产业的培育引导和支持，推进资源型地区和企业转型发展。三要提高生态恢复补偿费用的征收标准。煤矿开采对生态环境造成的破坏是长期的，治理恢复投入大、周期长。而现在生态环境恢复补偿的征收标准偏低，难以满足生态恢复治理要求。比如，从1993年开始向煤矿企业征收的林业建设基金标准为吨煤0.25元，15年来一直没有变化。在目前煤价疲软的情况下，煤炭企业的利润仍然大大高于其他产业。实行生态恢复补偿费浮动征收办法，不仅必要，而且可行。四要提高矿工劳动待遇和生活福利。与国有煤矿相比，民营煤矿矿工的工资和福利存在着不合理、不平衡、不稳定的问题。应参照国有煤矿企业，制定民营煤矿矿工工资福利标准，把矿工下井的每日最低工资从目前的100元左右提高到120~150元，并随着效益的增长适时浮动。企业要为职工足额缴纳养老保险、失业保险、工伤保险，确保每个职工都能纳入社会保障范畴。要着力改善矿工的生活条件，住宿、伙食、劳保、洗浴等方面的标准应该高于当地其他行业。五要出台“以煤补农”的具体措施和办法。建议出台这方面的政策措施，形成“以煤补农”的稳定、长效机制。比如，可从吨煤中征收一定比例的资金，设立“以煤补农”专项基金，由政府统一管理，用于“三农”工作；可制定优惠政策，鼓励一定规模的煤矿创办、领办农业产业化项目，形成煤矿企业与农村、农户的利益共同体，建立起煤炭资源开采对农业生产和农民生活的合理补偿机制，使“以煤补农”走上规范化、制度化、科学化的路子。

构建适应科学发展观要求的新型煤炭工业体系

王显政

煤炭是我国的主要能源。在《国务院关于促进煤炭工业健康发展的若干意见》指导下，近年来全国煤炭产量快速增长，企业改革和市场化进程加快，经济运行质量提高，发展后劲有所增强。但对照科学发展观的要求，目前我国煤炭工业的发展方式还比较粗放，结构性、体制性矛盾还相当突出：生产力发展不均衡，产业组织结构松散；煤炭市场发育不完善，价格机制不健全；安全发展能力不足，节约发展和清洁发展压力很大；行业管理相对弱化，扶持政策力度不够。受国际金融危机快速蔓延和全球经济增长明显放缓的影响，我国经济下行的压力加大，煤炭市场的不确定性因素增加，部分地区、部分品种出现供大于求，价格大幅下跌，煤炭产能出现短期过剩。考虑到我国富煤、缺油、少气的一次能源的构成和国民经济的持续增长，煤炭产能不足仍是长期的主要矛盾，对此必须有清醒的认识。必须在科学发展观指导下，加快推进煤炭工业体制和机制创新，抓紧构建具有可持续发展能力的煤炭工业体系，为战胜国际金融危机的影响、保障国民经济平稳健康发展提供可靠的一次性能源保障。

（一）推进煤炭经济结构战略性调整，积极实施大集团、大基地战略

打破行政区域和行业壁垒，大力培育发展具有国际竞争力的大型

作者系全国政协常委、提案委员会副主任，国家安全生产监督管理总局副局长，中国煤炭工业协会会长。

煤炭企业集团。加强煤炭资源开发利用规划与铁路、公路、港口等建设规划，电力、化工、建材等行业发展规划的衔接，推动大型煤炭基地建设。加快煤炭投融资体制改革，扩大投融资渠道，鼓励发展煤电路相关产业的联合，鼓励煤炭企业延伸发展产业链，着力构建以煤炭资源开发为龙头，集煤炭生产、运输、转化等一体化的新型煤炭工业体系。继续依法整顿关闭小煤矿，进一步淘汰落后煤炭生产能力。

（二）培育完善煤炭市场，规范市场交易

进一步转变政府职能，减少行政干预，充分发挥市场机制在煤炭资源配置方面的基础性作用。推进煤炭价格机制改革，逐步建立能够体现资源稀缺程度、市场供求关系，以及能够反映煤炭生产在安全、结构调整等方面成本的煤炭价格形成机制。加快培育煤炭市场交易体系，维护煤炭市场的相对稳定，防止煤价大起大落，提高全国煤炭的保障能力和有效供应能力。

（三）加强安全生产，努力提高煤矿安全保障能力

把保护矿工生命安全放在首位，认真贯彻“安全第一、预防为主、综合治理”方针。严格实行“先抽后采、监测监控、以风定产”，治理煤矿瓦斯灾害。加大国家和地方政府对煤矿安全技术改造的扶持力度。推广瓦斯、水害、冲击地压等灾害的防治技术。积极发展煤炭教育事业，采取定向培养、委托办学等方式，继续扩大高等院校煤炭主体专业招生。加强安全培训，提高从业人员安全技能。把煤矿安全生产建立在依靠科技进步和提高劳动者素质的可靠基础上。

（四）重视资源节约和综合利用，促进煤炭与环境协调发展

采取扶持政策，鼓励煤炭企业开展煤矸石、煤泥、煤层气、矿井排放水以及与煤共伴生资源的综合开发利用。发展洁净煤技术，鼓励实施煤炭洗选、加工转化、洁净燃烧、烟气净化等技术。建立煤矿生态环境恢复治理机制，加强采煤沉陷区治理和利用，维护矿区生态环境。

（五）加强煤炭行业管理，采取有利于煤炭工业可持续健康发展的财税政策

充分发挥国家能源机构以及行业协会的作用，强化职责职能，切实加强行业指导和管理。鼓励重点煤炭产区地方政府从实际需要出发，设立必要的机构，统筹区域内煤炭勘探、建设、开采、运输、利用和矿区生态保护等工作，增强煤炭工业发展的协调性、可持续性。

把煤炭工业作为重要的基础产业，纳入国家近期振兴产业的总体规划布局，研究采取必要的扶持政策。解决增值税转型后煤炭企业特别是国有煤矿税负过重问题，统筹考虑煤炭资源税、资源补偿费、矿业权价款、矿业权使用费等税费项目，实现税费合一，减轻煤矿负担。取消计划经济时期形成的铁路建设基金、出省煤价格调节基金等收费项目。建立煤炭资源耗竭补贴制度，扶持大型国有老矿关闭转产。探索建立煤炭消费地区对煤炭资源主产区的补偿机制。

加大投入大力推进海洋深水油气勘探开发

陈　勉

一、深水油气勘探在全球得到空前重视

随着科学技术的进步，人类对海洋石油资源认知水平的不断提高和全球能源消耗需求的增长，世界范围的深水油气勘探出现热潮。在加大现有资源开发力度的同时，开辟深海油气勘探开发领域以寻求新的资源成为各国石油工业当前面临的主要任务和主要增长点。据统计，目前世界上约有100多个国家从事海洋油气勘探和开发，其中有60个国家已在深水区发现石油储量约300亿吨。

深水油气一般位于被动大陆边缘的陆坡区，它具有油气生成的良好地质条件，同时在陆坡区由于海平面升降，往往发育深海扇和浊流沉积，为油气提供良好的储层。目前，国际海洋石油业内人士的公认标准，将300米水深线作为浅水和深水的分界线，海洋水深300米以内为浅水，300米以上为深水，超过1500米的则为超深水。

从世界范围看，由于陆地和浅水石油勘探程度较高，油气产量已接近峰值，陆上和浅海石油储量新发现逐年减少。油气资源的勘探开发不断由陆地、浅海转向广阔的深水水域。近年全球获得的重大勘探发现中，有近50%来自深水海域。经济的快速发展对能源特别是石油

作者系全国政协委员，中国石油大学（北京）教授，石油油气井工程系主任。

的需求日益增长，各个国家都开始更加重视深水油气的勘探，投入大量技术、资金，积极进军深水，并对相关技术信息进行封锁。

二、中国海洋油气开发向深海进军的现状

目前，我国油气生产快速发展仍无法满足不断增长的需求，石油对外依存度不断扩大，我国未来海洋油气勘探开发的战略目标必须立足于近海大陆架，积极拓展深水领域。

我国管辖的海域面积约 300 多万平方千米，其中近海大陆架约 130 万平方千米，蕴藏了丰富的油气资源。近海大陆架石油地质资源量约 237 亿吨，天然气地质资源量约 15. 8 万亿立方米。

1. 被称为“第二个波斯湾”的中国南海是世界最具希望的深水油气区。

我国南海深水海域及南沙群岛附近海域埋藏着丰富的石油资源。南海具有丰富的油气资源和天然气水合物资源，石油地质储量约为 230 亿～300 亿吨，占我国油气总资源量的 1/3，其中 70% 蕴藏于深海区域，是世界深水油气勘探和开发的热点，也是油气储量重要的增长点。

南海水深 300 米以下面积达 153. 7 万平方千米。到目前为止，已勘探的海域面积仅有 16 万平方千米，发现石油储量 55. 2 亿吨，天然气储量 12 万亿立方米，南海油气资源可开发价值超过 20 万亿元人民币。在未来 20 年内只要开发 30%，每年可为中国 GDP 增长贡献 1～2 个百分点。

南海深水油气勘探主要集中在南海南部和南海北部陆坡区。目前，南海有十多个国家的上百家公司在中国领海开采石油，外国石油公司在南海南部进行的深水油气勘探均位于我国传统海疆线以内的南沙群岛附近海域。因此，维护我国南海南部的海洋资源权益，任重而道远。

2. 中国石油企业开始涉足深水领域。

深水油气是世界上油气勘探快速发展的领域，2004年最高钻井水深纪录已达3050米，我国三大石油公司也开始了南海深水油气的勘探。

我国在上个世纪60年代开始进行海洋油气资源的自营勘探开发，80年代开始吸引国外资金和先进技术进行合作勘探开发，几十年来，通过引进、消化、吸收和再创新，建立了与国际习惯接轨、专业配套齐全的管理和技术体系，国内海洋油气开发水深达到330米，目前已经具备了300米水深以内的海洋油气田自主开发能力。

中海油通过与国外石油公司的合作，所开发的油气田已部分或全部采用了深海油气田的开发技术；目前中海油已具备了寻找复杂地质条件下大中型油气田、自营开发海上油气田、海上专业技术参与国际竞争、开发海外油田的海洋石油勘探开发四大能力，并与国内高校建立起了深水实验室。中石油集团也积极实施从陆地向海洋进军的战略，成立中国石油海洋工程公司，发展迅速。中石油和中石化两个石油巨头，也陆续从国土资源部那里获得了开发南海部分区块的权限。早在2004年5月，中石化就已经与巴西石油签署了全面合作协议；而2007年，中石油也已经拥有了三艘深海勘探船，并打算在今后几年中再增加两到三艘。

3. 建立国家油气重大专项，增大科研投入，为国家海洋油气等战略资源的勘探与开发提供高技术支撑。

我国海洋深水区域面积广阔，沉积凹陷发育，资源潜力大，但深水区域特殊的自然环境和复杂的油气储藏条件，决定了深水油气勘探开发具有高投入、高回报、高技术、高风险的特点。虽然目前已经具备了300米水深以内的海洋油气田自主开发能力，但与国外深水海洋石油工程技术的飞速发展尚有很大距离，我们需要国家建立油气重大专项，增加科研投入，为国家海洋油气等战略资源的勘探与开发提供高技术支撑。

三、对海洋油气开发向深水进军的建议

进入21世纪，世界步入能源稀缺时代，油价高位震荡，国与国之间关于石油的争夺和角逐也日趋激烈，能源已成为一个国家生存和发展的重要砝码，这一切都在迫使人类向海洋进军，我国的石油资源勘探开发能否走向深水，直接关系到国家石油资源安全战略。

面对着日趋减少的陆上油气资源和不断探明的深水油气资源，我国油气资源勘探进军海洋领域已刻不容缓。但是，深水油气勘探开发是一项高投入、高风险、高技术的项目，而我国目前无论是从技术角度讲，还是从设备配置上看，均与世界先进水平略有差距。

海洋深水油气勘探开发工程是一门跨学科、跨部门、多领域的技术创新工程，国内深水技术研究工作仍处于起步阶段，针对我国的实际情况，必须注重人才储备，适应形势，探索建立海洋石油工程学科。尽快缩短与国外先进技术之间的差距，使我们的深水油气勘探开发技术达到或超过国外同类技术水平。

在密切跟踪国外先进技术和研究动态的同时，针对我国海域的特点，我国在坚持自主创新与技术引进相结合的过程中必须立足于自主创新，有针对性地研究解决我国海域开发遇到的难题。如：我国南海深水海域就有其独特的区域环境特点，具体表现为油田离岸距离远，夏季台风频繁，冬季季风不断，存在沙坡、沙脊和内波流等特征，这些因素都给我国南海深海开发带来了新的挑战，亟待有针对性地进行专项工程技术研究。

国家通过引进国内外技术人才，通过消化吸收再创新和集成创新，推进企业技术创新与技术改造，加大科技研发投入，加强产学研合作，充分发挥石油企业和高校“两个积极性”，打造一批校企合作平台，实现产学研一体化联合。努力培养和造就一大批适应我国深水油气勘探开发亟需的专业技术人才队伍，为我国石油工业稳定高效迅速发展提供强有力的人才保证和智力支持。

破解资源困局　把我国海洋开发利用由近海向外海推进

梁季阳

一、水土资源紧缺已经严重威胁我国的粮食安全，制约经济发展

我国是一个资源丰富的大国，但由于人口众多，人均水平很低。改革开放以来，随着经济快速发展，资源的开发已经超过负载能力。以土地资源为例，2001 年到 2007 年的 7 年间，我国的耕地减少了近 9000 万亩，虽然近年耕地迅速减少的态势得到一定程度的遏制，但是 18 亿亩耕地保有量的底线承受着很大的压力。

我国有草地资源 39.28 亿亩，由于牲畜保有量过大，草场严重过载、草地沙化、鼠害、草场退化现象十分严重。

我国有林地总面积 35.42 亿亩，森林覆盖率为 18.2%，《中国应对气候变化国家方案》提出，到 2010 年，我国的森林覆盖率增加到 20% 的目标，仍远低于世界平均水平。

我国土地资源面临着沙化、石漠化、荒漠化与水土流失的严重威胁，目前，我国的水土流失面积达到 356 万平方千米，占国土面积的 37.1%，荒漠化土地面积为 262.2 万平方千米，占国土面积的

作者系全国政协委员、经济委员会委员，中国科学院地理科学与资源研究所研究员。

27.3%。

我国人均占有水资源量是2098立方米，仅为世界人均水平的27%，是世界上最缺水的国家之一。

土地和水是生产粮食的基本条件，土地资源紧缺与水资源紧缺的叠加，意味着我国粮食安全面临十分严峻的形势。

近年来，中央对农业和粮食安全问题高度重视，采取了一系列有效的政策和措施，我国粮食生产连续5年增产，粮食产量达到10570亿斤，创下历史上最高水平，目前粮食的供需平衡是有保证的。

必须注意到，由于全球气候变化，洪水、干旱等气候极端事件频繁发生，粮食生产有着不确定性，我们需要居安思危，尽快开发我国管辖的海洋国土，把海洋开发利用由近海向外海推进，以保证我国的粮食安全，把海洋变成国家重要的后备资源基地。

二、海洋资源开发是解决资源问题战略选择

1. 我国海洋资源的开发具备优越的条件。中国是海洋大国，中国东、南两面濒临辽阔的海洋，我国可行使主权权利和管辖权的海域面积约300万平方千米，其中水深200米的大陆架148万平方千米，合22.2亿亩，水深20米以内浅海面积2.4亿亩，海水可养殖面积4200万亩，已经养殖的面积1065万亩，我国可供捕捞生产的渔场面积约281万平方千米，合42亿亩。

中国是世界上海岛最多的国家之一，在约300万平方千米的海域中，面积大于500平方米的海岛就有6500多个。中国除了有漫长的18000多千米的大陆海岸线外，岛屿岸线长于14000千米，有常驻居民的岛屿460多个。辽阔的海域与众多的岛屿为我们提供了发展海洋产业的最重要物质条件。

养殖业是劳动密集型的产业，而我国有从事海洋经济的大量人口、丰富的劳动力资源与从事海洋产业的经验。在目前的国内经济状况下，发展大规模的海洋养殖业可以为解决劳动力过剩问题做出

贡献。

我国是一个海洋养殖大国，海水养殖总产量已居世界首位。2006年，我国海水养殖总产量达1445.64万吨，成为世界主要渔业生产国中唯一的一个海水养殖业超过海洋捕捞业产量的国家。多年来，我国的海水养殖经过多次产业规模的发展，从藻类种植，虾类、贝类、海洋鱼类到参、鲍的养殖，取得了很大的成就，为我国发展外海海洋养殖业打下良好基础。

2. 我国外海海域开发是必然的战略选择。近年来，由于陆地污水排放与近岸海域的过度开发，我国的海洋环境受到了严重的破坏。我国的辽东湾、渤海湾、黄河口、莱州湾、长江口、杭州湾、珠江口和部分大中城市近岸局部水域都已经是严重污染海域。我国沿海赤潮呈增加趋势，2000年以来赤潮事件每年都达到了几十次，每年都发生了面积超过1000平方千米的特大赤潮，其中有几年赤潮面积甚至达到上万平方千米，因赤潮而造成的经济损失有的年份可达10亿元以上。由于近海海水养殖可养水面的污染严重，造成单位养殖面积生产率下降和产品品质的降低。近海海水养殖业的发展受到了限制。目前，我国外海开发程度很低，外海海域的水体体积庞大，洋流流动强劲，水体自净能力很强，就环境容量而言，为海水养殖提供了足够的空间。

三、大力开发外海海洋资源，发展海域经济的几点建议

1. 把海洋开发作为发展经济的重要战略部署。从建国以来，我国一共进行了三次经济区划，但三次都没有把海洋纳入到经济区划中去，约300万平方千米的管辖海域和7000多个岛屿都没进入宏观经济部门的规划视野。在最近几年的全国主体功能区规划中，约300万平方千米的海洋国土也没有被纳入规划中。

海洋问题历来是国家战略问题，21世纪是人类全面开发利用海洋的新世纪。沿海国家纷纷提升国家海洋政策。在新的经济形势与国

际环境下，我国应该尽快把保护海洋环境、开发海洋资源和扩大海洋产业作为国家重点发展战略，如同“西部大开发”、“振兴东北”那样，由党中央、国务院明确提出海洋开发战略，把我国海洋作为新东部，像陆地国土一样，给予足够的重视。

2. 加大政府财政投入，鼓励民营企业参与外海的海域开发。在国际金融风暴的影响下，我国的经济也面临严峻的形势，但这同时也是进行经济结构调整和产业转型的大好时机。加大政府的财政投入，开发海洋资源，扩大海洋产业，将会是国家经济的一个新的增长点。

加大对海洋的投入，扩展海洋开发的融资渠道、基础建设和重点项目由国家投资建设或扶持，同时鼓励沿海省区自主加大海洋开发的力度。针对沿海海岛开发过热，外海海岛无人问津的状况，制定扶持与补助政策，引导民营企业参与外海的海洋产业经营。

3. 重视海岛基本生活设施的建设。外海海域的开发需要以海岛为基点，向海岛的周边海域扩展，因此，需要在海岛建设基本的生活设施基地。绝大多数外海海域的岛屿还是荒无人烟的地区，最重要的基本生活条件是淡水供应，对于缺乏淡水的岛屿，在开发的前期就应该建设雨水收集系统，在年降水量仅 200 ~ 400 毫米左右的甘肃省干旱地区推广的雨水收集系统很大程度解决了人畜饮水问题。我国海域的年降水量都超过 1000 毫米，海洋性气候的充沛雨量可以给雨水收集系统提供充足的水源。为了保证淡水的长期稳定的供应，可以淡化海水作为补充水源，近年来，我国已全面掌握海水淡化技术，并进入工程应用阶段，海水淡化的吨水成本已经下降到目前的 5 元多。基本生活设施的建设，是在海岛建立永久性、季节性、临时性的定居点，建立永久性、季节性、临时性的水产养殖基地的基础。

4. 加大科技投入，研制适应外海生产的设施。外海的生产条件与内海有很大的不同，需要抗风浪的大型网箱，或水下网箱等养殖设施，如可沉式网箱，在台风来袭时可把网箱下沉至水面 8 ~ 10 米，避免强风大浪的破坏。

建立高科技化、自动化的养殖科技以及严谨的管理体系，进行企业化、工厂化生产，尽快形成先进的海洋水产养殖模式。应用基因转移、细胞克隆、人工性别控制等现代分子生物技术，可以使海水养殖产业得到最大的经济效益。

大力发展外海海洋养殖业，不但可以充分保证我们国家的粮食安全与食物供给，也是对国际社会的粮食安全做出贡献。我们可以自豪地回答："中国人可以自己养活中国人"。

海洋开发是多方面的，这里说的是把海洋当成土地来耕种，直接的目标仅是有助于国家的食物供给。但也将有力促进海洋生物产业、海洋能源、海洋矿物资源和海洋旅游产业的发展，也是把我国建设成为海洋强国的必然历程。

像发展航天事业那样推进海洋探测与开发

陈明义

胡锦涛总书记2006年在全国科技大会上指出："要加快发展空天和海洋科技，和平利用太空和海洋资源。"开发占地球表面71%的海洋，已成为21世纪人类获得新资源、扩大生存空间、推动经济社会发展的战略重点，是新一轮产业革命的前沿领域。抓紧开展对公海的探测、考察和立标，加快对"蓝色国土"的资源开发和保护，对我国意义尤为深远。我国的航天事业已取得举世瞩目的成就，我们要像抓航天事业那样，大力推进海洋的探测与开发，做大做强海洋产业，努力建设海洋强国。

一、抓紧开展公海探测

公海面积约占全球海洋面积的70%。当前，许多国家正在积极地发展海洋高科技，力图率先进入公海、国际海底区域和极地。我国已经开展了国际海底区域资源勘探工作，并且在太平洋圈定7.5万平方千米多金属开发区，开展了对南北极的科考工作，但对浩瀚公海环境的探测开展得较少。我们要有紧迫感，加快建造各种海洋探测船，制造深海探测器，到各大洋（含无人岛）的重要海域开展探测、取样。

作者系全国政协常委、港澳台侨委员会副主任，福建省委原书记、省政协原主席。

二、集中力量发展海洋高科技

充分利用海洋资源，离不开海洋高科技。中央高度重视开发海洋高科技。“九五”期间，“863”计划增设了海洋技术领域，并有了长足进步。但是，这一领域仍是与发达国家差距最大的领域之一。建议国家继续加大投入，加强对海洋基础科学和应用技术的研究，以深海环境观测、资源探查的关键技术与装备作为突破口，努力提高我国的海洋资源开发利用水平，争取到2020年我国海洋高科技有一个显著的进步。

三、大力培养海洋人才

海洋探测与开发是人才密集型事业，必须大力培养各种海洋人才。要通过人才预测和分析，制定海洋人才培养计划，并重视引进国外人才和先进的管理经验，统筹规划各部门的人才队伍建设。要加强对全民的海洋知识普及教育，增强海洋意识，了解海洋产业和海洋经济。要办好现有的各级、各类涉海院校，不断提升传统专业，开办新兴的海洋专业。我国一些重要的理工科大学和沿海省份的相关高等院校在专业设置上可增加海洋产业方面的内容，培养能适应我国海洋经济发展的新型专业人才。

四、加快“蓝色国土”的资源开发

我国拥有300万平方千米的“蓝色国土”。我们要充分利用好这片宝贵的海疆，加快开发、利用和保护步伐。首先要在渤海、东海与南海，进一步开展资源的调查工作。可以考虑在有条件时，两岸联手开展对台湾海峡资源的调查和合作开发。其次要加快建造各类海洋工作船和各种海洋平台，大力加强海洋工程建设。有计划地开发“蓝色国土”上的生物资源、矿产资源、油气资源，有条件地建立海底油库，在岛屿上建设机场，大力发展海上旅游业。同时要高度重视保护海洋生态。

五、做大做强海洋经济

20 世纪 90 年代以来，我国在海洋产业和海洋经济的可持续发展上取得了较好的成效，我国海洋经济发展面临很好的机遇。目前世界上大约已经形成 20 个海洋产业，我国比较重要的有 12 个。我们要不断提升发展传统海洋产业，大力发展比较新型的海洋产业，创造条件积极发展面向未来的海洋产业。

六、加快海军的现代化建设

我们的海军要从近海走向大洋，承担起国土防御、保卫国民经济发展与海外利益三方面的任务。建议国家继续增加用于海军现代化建设的财政投入，不断提高建造船舰的能力与水平，增强舰队的综合能力，继续提高海军官兵的素质和提升训练水平，加强与友好国家的军舰互访活动，参加在大洋上的联合海军演习等。

七、积极参与国际海洋法律制度的研究与制定

现行的国际海洋法规大多是由海洋开发历史较长的发达国家为主导形成的，他们的利益诉求体现得比较充分，发展中国家的权益体现不足。今后应更多地参与法规的修改（包括补充和新制定一些国际海洋法规），使我国和其他发展中国家的权益得到充分体现。为此，要努力培养国际海洋法律方面的人才，积极参加联合国涉海部门的各种活动。

加快研究制定扶持太阳能产业发展的政策

金正新

当电力、煤炭、石油等不可再生能源频频告急，能源问题日益成为制约国际社会经济发展的瓶颈时，越来越多的国家开始实行“阳光计划”，开发太阳能资源，寻求经济发展的新动力。欧洲一些高水平的核研究机构也开始转向可再生能源。在国际光伏市场巨大潜力的推动下，各国的太阳能电池制造业争相投入巨资，扩大生产，以争一席之地。

全球太阳能电池产业1994～2004年10年里增长了17倍，太阳能电池生产主要分布在日本、欧洲和美国。2006年全球太阳能电池安装规模已达1744MW，较2005年增长19%，整个市场产值突破100亿美元大关。2007年全球太阳能电池产量达到3436MW，较2006年增长了56%。

中国对太阳能电池的研究起步于1958年，20世纪80年代末期，国内先后引进了多条太阳能电池生产线，使中国太阳能电池生产能力由原来的3个小厂的几百千瓦一下子提升到4个厂的4.5MW，这种产能一直持续到2002年，产量则只有2MW左右。2002年后，欧洲市场特别是德国市场的急剧放大和无锡尚德太阳能电力有限公司的横空出世及超常规发展，给中国光伏产业带来了前所未有的发展机遇和示范效应。

目前，我国已成为全球主要的太阳能电池生产国。2007年全国

作者系全国政协委员，民建河南省洛阳市主委。

太阳能电池产量达到1188MW，同比增长293%。中国已经成功超越欧洲、日本，成为世界太阳能电池生产第一大国。在产业布局上，我国太阳能电池产业已经形成了一定的集聚态势。在长三角、环渤海、珠三角、中西部地区，已经形成了各具特色的太阳能产业集群。

中国的太阳能电池研究比国外晚了20年，尽管最近10年国家在这方面逐年加大了投入，但投入仍然不够，与国外差距还是很大。政府应加强政策引导和政策激励，尽快解决太阳能发电上网与合理定价等问题。同时可借鉴国外的成功经验，在公共设施、政府办公楼等领域强制推广使用太阳能，充分发挥政府的示范作用，推动国内市场尽快起步和良性发展。

太阳能光伏发电在不远的将来会占据世界能源消费的重要席位，不但要替代部分常规能源，而且将成为世界能源供应的主体。预计到2030年，可再生能源在总能源结构中将占到30%以上，而太阳能光伏发电在世界总电力供应中的占比也将达到10%以上。到2040年，可再生能源将占总能耗的50%以上，太阳能光伏发电将占总电力的20%以上。到21世纪末，可再生能源在能源结构中将占到80%以上，太阳能发电将占到60%以上。这些数字足以显示出太阳能光伏产业的发展前景及其在能源领域重要的战略地位。由此可以看出，太阳能电池市场前景广阔。

2008年，受国际金融危机的影响，欧美、日本太阳能市场急剧萎缩，我国生产的光伏太阳能组件出口大幅下降，硅材料和太阳能组件企业生产经营受到巨大的影响，多晶硅价格从年初的305万元/吨下降至120万元/吨。原材料价格的下降，为我国加快太阳能光伏发电带来了较好的发展机遇。

建议：国家应尽快研究制定太阳能产业发展的政策措施，鼓励和支持我国太阳能光伏发电产业的发展，有效地实现整个社会的节能减排工作，进而拉动硅材料产业的发展。

及时启动国内市场促进光伏产业健康发展

柳崇禧

近年来，在世界光伏市场的拉动下，我国的太阳能光伏产业以年平均增长率超过40%的速度迅猛发展，2007年中国太阳能电池产量达到1088MWp，超过日本和欧洲，成为世界第一大太阳能电池生产国。2007年中国光伏产业的产值逾千亿元，从业企业数百家，从业人数超过10万人，投入资金上千亿元。

目前，我国已形成了一个国际化光伏产业群，以江西赛维、无锡尚德为代表的一批民营光伏企业已成长为具有强大国际竞争力的领军企业；同时，形成了以河南洛阳、四川乐山为地域中心的众多上市公司参与的光伏产业基础原料——多晶硅、单晶硅生产基地。

但是，我们在为我国太阳能电池产量飞速增长感到欣喜的同时，也应看到，全球光伏累计装机为12.3GWp，我国国内光伏累计装机量却只有100MWp，仅占全球累计装机总量的0.82%；2007年我国光伏系统安装了20MWp，只是国内太阳能电池生产量的1.84%，也就是说95%以上的太阳能电池用于出口，服务国外市场。

中国光伏产业是一个典型的“两头在外”的为国际代工型产业。

2008年下半年来受国际金融危机影响，出口市场急剧萎缩，数百家组件厂倒闭，成千上万产业工人失业，我国光伏产业全行业处于十分艰难的境地。

造成我国太阳能电池产量和光伏装机量严重不平衡的直接原因是

作者系全国政协委员、中国机械工业联合会第四设计研究院副院长。

20 年来我国没有发展光伏应用产业，深层次的原因是：

1. 国家确定的光伏产业规划远远落后于产业迅猛发展形势。

2. 国家相关产业政策滞后于产业发展，《可再生能源法》有总则缺细则，光伏发电鼓励措施落实甚少。

3. 国家相关管理部门，特别是电力部门对光伏可再生能源认识不足，没有完全接受光伏发电上网。

4. 国家对光伏产业发展还没有统一布局，地方政府、企业各自为战，光伏产业发展处于“地方推动中央”、“民间推动政府”状态。

实践证明并得到世界公认，光伏发电是最具可持续发展理想特征的可再生能源发电技术，具有诸多优势和特点：太阳能资源取之不尽，所用硅材料资源用之不竭；能量回报率高；无消耗、无排放、无污染、环境良好。上游多晶硅生产已经实现或正在实现零排放和清洁生产。

今天，我国已经完全具备了大规模发展光伏产业应用市场的条件，并且十分必要及时启动国内光伏产业应用市场，大力发展光伏产业。

特此建议：

1. 转变观念、提高认识，提高太阳能产业在可再生能源中的地位，将其放到与水能、风能、核能和生物质能同等重要的地位，采取与其特点相适应的鼓励政策和措施。

2. 确保国家对太阳能产业补贴政策到位，出台扶持太阳能产业的税收政策。《可再生能源法》和《可再生能源发电价格和费用分摊管理试行办法》都对可再生能源电价管理做出了规定，但是光伏发电上网需要一事一议，实际操作中很难落实，致使至今全国还没有几家企业能够享受到这一补贴政策。

3. 加大光伏产业科技投入，以国家力量组织攻关，突破核心技术，促进企业升级，将光伏发电的成本降到接近常规发电的水平。

4. 实施政府采购，尽快启动“中国百万屋顶计划”和兆瓦级“大型并网光伏发电计划”，扩大内需，促进光伏产业发展。

5. 实行可再生能源配额制政策。建议国家强制规定在电力供应中可再生能源必须占有一定的比例，并要求市政建筑和工业企业必须使用一定比例的可再生能源，从而促进光伏应用市场发展。

6. 制订太阳能产业信贷扶持政策，设立太阳能产业发展专项基金。太阳能光伏发电一次性投入大，建议金融部门将太阳能光伏发电项目还贷期限适当延长，贷款利率适当优惠。同时，也建议政府给予重点项目财政贴息。通过电力附加费、排污费或污染税、一般性税收收入和相关企业投资等渠道，设立太阳能产业发展专项基金，主要用于支持光伏产业技术进步、人才培养、产业体系建设、新技术示范和培育太阳能市场等。

大力开发利用太阳能

安纯人

太阳能作为一种洁净能源，与煤炭、石油等化石能源和核能等相比，有着普遍性、无害性、长久性、巨大性的特点，太阳能作为地球上绿色可再生能源，其开发利用潜力巨大。

一、国内概况及趋势

据中国太阳能产业协会的最新统计，我国太阳能热水器产量达2300万平方米，总保有量达1.08亿平方米，占世界的76%，成为全球太阳能热水器生产和使用第一大国，且拥有完全自主知识产权，技术居国际领先水平。我国已成为全球第三大光伏产品制造基地。在其关键环节——太阳能电池制造上，我国已基本具备生产设备整线装备能力。在目前国产设备及进口设备混搭的主流建线方案中，国产设备在数量上已占多数。在太阳能发电方面，我国还较落后。据统计，自1990年以来，我国太阳能发电市场增长率仅17%左右，远远低于世界同期30%~40%的年平均增长率。我国太阳能利用已广泛应用于工农业生产中，尤其以太阳光热转换技术产品最多，如太阳能热水器使用保守累计量约6300万平方米，年销售量为欧洲的10倍，达1200万平方米，都位居世界第一。在太阳能建筑方面，我国太阳房采暖建筑的节能效率达到60%~70%，至今已建成建筑面积约1000万平方米，

作者系全国政协委员、民盟宁夏回族自治区主委，宁夏回族自治区政协副主席。

每年可节约20万~40万吨标准煤当量。太阳能热利用与建筑一体化技术、太阳能光伏发电等应用已取得实质进展。

二、我国太阳能资源开发利用存在的主要问题

（一）缺乏统一、可持续的战略支持政策

一是政府决策尚停留在宏观层面上，缺乏统一、具体的战略目标和指导方针；二是缺乏太阳能开发利用总体战略布局及短、中、长期发展规划；三是地方区域性发展缺乏制定强制性的太阳能开发利用的政策和规定。

（二）缺乏系统、完善的经济激励政策

一是缺乏对投资者、用户及相关产品完善的补贴政策；二是缺乏税收优惠或强制性税收政策；三是缺乏优惠的价格政策；四是缺乏低息（贴息）贷款政策。

（三）技术落后，创新能力还较弱

我国太阳能技术仍处于发展的初期，其规模化的应用尚存在许多障碍。太阳能企业比较分散，绝大部分是属于技术力量薄弱、装备设施不足、缺乏研发能力的中小型企业，产品质量难以得到保证。

（四）缺乏保障机制

多年来，太阳能等新能源与可再生能源的管理工作分散在多个部门，如发改委（原计委）、经委（原经贸委）、农业部等，形成职能交叉、资金分散、重复建设、政出多门；对太阳能等新能源与可再生能源资金投入太少。太阳能等新能源与可再生能源建设项目目前还没有规范地纳入各级政府财政预算和计划。

（五）人才缺乏，结构不尽合理

我国高等院校至今还没有开设太阳能方面的学科和专业，现有企业技术及经营管理人才基本都是改行而来，专业不对口。企业各类人才中，经营管理类人员比重较大，工程技术类人员不足。由于没有建立起有效的人才流动和激励机制，企业研发人员十分匮乏，国外一些

大的太阳能企业中研发人员比例能达到1/4，而我国连1/10的比例都没达到。

（六）宣传不足，推广不够

我国对太阳能利用技术宣传、推广力度不够，许多人对太阳能利用的好处认识不足：如我国目前建成和在建的许多高楼大厦在设计中就根本没有考虑太阳能的使用，太阳能热水器通水管道“无路可走”，安装还要与邻里沟通，十分麻烦；许多人对“太阳房”的理念几乎一无所知，以后要改建就几乎意味着重新建房；更多的人则单纯认为使用太阳能不如烧煤烧气方便划算，太阳能产品是高科技产品，离我们的生活还很遥远。

三、太阳能资源开发利用的对策及建议

一是加强立法工作。从法律和政策层面保证太阳能等可再生能源的发展。各级政府的有关部门应根据《中华人民共和国可再生能源法》、《中华人民共和国清洁生产促进法》等相关法律、法规的相关规定，研究、制定具体实施方案和细则，并进一步明确各地太阳能等可再生能源发展的合理比例，从而形成一套上下配合、互为补充、完整有力的政策体系。

二是制定发展规划。邀请国内外知名专家，共商太阳能发展大计，谋划符合国情的太阳能开发利用战略目标和指导方针，研讨制定我国太阳能开发利用总体战略布局及短、中、长期发展规划，提出战略措施，部署战略任务，并形成开发太阳能资源的科学运行机制。

三是规划经济激励政策。各级政府要从补贴、税收、价格、低息（贴息）贷款政策等方面，建立系统的、完善的、可操作性强的经济激励政策，应明确享受国家优惠政策的对象及经济目标和技术目标等。

四是创建研发基地。切实加强应用基础研究，高度重视实用技术的研发和创新，提高太阳能等新能源与可再生能源的应用基础理论研

究水平。建议选择具备一定研发能力和经济实力的企业，邀请国内有关知名专家或企业参与，并以此为基础，组织建立竞争、流动、开放的新能源研究所，政府在资金、项目、经济政策方面给予一定的倾斜，为提高太阳能开发利用综合实力提供有力技术支撑。

五是建立保障机制。首先应理顺关系，建立统一的组织管理机构。将太阳能等新能源与可再生能源的管理工作统一规划在一个管理部门，强化各级政府的宏观调控力度；其次应加大太阳能等新能源与可再生能源资金投入。将太阳能等新能源与可再生能源建设项目纳入各级政府财政预算和计划，将有限资金集中使用，引导促进其向产业化、市场化方向发展；第三是建立落实配套项目支持机制。对各级政府开展的太阳能开发利用项目，均应落实配套项目资金及人力、物力的支持，以保障其可持续发展。

六是建立宣传培训机制。扩大宣传教育，提高全社会、尤其是各级政府领导和企业家的环境意识，增强其参与太阳能等可再生能源研究开发的能力及主动性。并将太阳能等可再生能源的宣传、教育和培训列入各级政府的工作计划，配备专项经费，建立长效机制，营造利用循环经济，建设节约型、环境友好型社会，实现可持续发展的人文环境。

太阳能光伏发电及其相关产业发展是非辨析

周　浪

在全球环境污染破坏导致气候变化与传统化石能源紧缺双重压力日益加剧的背景下，近十年来世界太阳能光伏发电应用及相关产业持续高涨发展，而中国在该领域近四年来的迅猛发展更是令全球瞩目。2007 年中国太阳能电池（亦称光伏电池）产量已跃居世界第一位，其中中国大陆地区光伏电池产量达到世界第二位。一个行业能如此迅速发展并跃居世界前列，在我国十分罕见，可喜的是这还是在前景十分广阔的新能源领域；而考虑到这还是通过占据国际市场而得到的发展，而不是像烟酒等行业依靠国内市场才壮大的，就更加不易了；而且还值得一提的是，中国光伏产业以民营企业为主体，可能是国家投入最少的行业。

但是近年来随着国内对光伏产业投资的持续高涨，过热成为潜在的问题，国内上下各界开始对光伏发电及其支撑产业提出更多的疑虑乃至责难，其中还不乏慷慨激昂之词。这些问题大部分都能在技术层面回答，需要的只是科学客观地思考推理、收集事实数据加上一点计算分析。

作者系全国政协委员、南昌大学材料科学学院院长。

一、关于当前光伏发电技术是否得不偿失，即所花费的能源是否能够回收的问题

这无疑是个最基本的问题，对光伏产业是具有颠覆性的问题——如果答案是否定的，当前光伏产业应该全部关闭，世界应回到实验室研究新的技术。实际上对这个问题已有各自独立的多方评估和答案：当前采用的晶体硅片光伏电池工作寿命在25年以上（25年后发电能力下降到新电池的80%），而制造这种电池所耗的电能经2～4年发电就可以回收。能量收益约为10倍。随着市场和产业规模的扩大、技术的进步，这个收益比还在提高。其实当前主流的煤电技术，其能量收益无法与此相比：每度电要耗煤约350克，除了设备、煤的开采和运输投入外，还有不断的煤耗，其中的化学能只有不到一半转变成电，可以说谈不上能量收益。物质不灭，燃煤发电不可避免地要产生温室气体二氧化碳，每度电要排放1千克，其后效又如何评估？

对这个问题也可以更简单地通过逆向思考定性回答：如果得不偿失，那为什么西方多国政府巨额补贴来发展它？为什么我国《可再生能源法》将它列入支持范畴？

二、关于光伏产业是否高能耗产业问题

中国国家和地方对高能耗产业有限制政策。所以这个问题也十分重要。光伏电池及其组件生产以及发电系统配套和安装都属电子行业和机电行业，不存在特殊的高能耗，上游高纯硅原料（又称多晶硅）的生产按单位重量计算却消耗大量电能。但我们不应该用单位重量电耗来评估能耗水平。如果这样，计算机芯片生产可能是最高能耗产业！更为科学客观的评估指标应当是单位增值电耗。笔者对炼钢、炼铝和太阳级高纯硅化工生产中每产生人民币100元产值所需耗电水平组织进行了调研和计算评估，结果是炼铝电耗水平最高，为113度

电，高纯硅生产最低，为10度电。

从总能耗来看，计算显示，依当前光伏产业技术水平，从石英矿到发电系统，制造安装每瓦发电能力需耗电2.65度，建设1000万千瓦光伏发电系统需耗电265亿度，仅占2007年全国总发电量的0.8%；而炼铝耗电要占到约5%，钢铁占到14%；实际上中国光伏发电系统装机还极其微小，2007年仅2万千瓦，2008年也仅4万千瓦，2007年中国光伏电池产量也只有约109万千瓦。因此从总电耗来看，光伏产业更称不上高能耗产业。

三、关于光伏产业是否高污染问题

这同样是个十分重要的问题，尤其是对于一个生产制造清洁能源装备的产业，不容回避。如前所述，光伏电池及其组件生产以及发电系统配套和安装都属电子行业和机电行业，基本不存在污染问题；污染问题同样出在上游高纯硅原料生产中。在高纯硅生产过程中有大量的废液和废气产生，主要的废液是四氯化硅，主要的废气是氯化氢（其水合物就是盐酸）。这两种东西无论从回收利用还是无公害处理都不存在技术困难。事实上当前国际上已经实现完全的闭环生产，即不对外排放任何废液废气，完全循环回收。国内也已突破国外技术封锁，实现了这项技术。因此光伏产业上游部分的高纯硅产业固然有大量废液和废气产生，但完全不是技术上回收处理不了的。

对这个问题也可以用更简单的逆向思考解决：高纯硅生产供应长期被控制在美国、德国、日本的七大企业手中，不向其他国家转移。这三个国家的环保控制和法规均十分严格，如果高纯硅生产是控制不了的高污染行业，它岂能在这些国家长期存在。

四、关于中国光伏产业是否是牺牲中国资源、污染中国环境为西方服务的问题

这个问题对于愿意冷静思考的人本来比较简单，几乎不成问题。但提出者往往慷慨激昂，令听者为之动容而忘却独立思考，从之者颇众。有必要辨析一下。

中国光伏产品90%以上销往西方，与任何制造业一样，其制造过程肯定会消耗一定资源并且造成一定环境污染，因此以上“罪名”看来成立！但是让我们对等地问一个问题：日本几十年来向我国出口了大量的汽车和电器产品，我们是不是应该欣喜日本汽车产业和电子产业牺牲了他们的资源和环境为我们服务了几十年呢？我们是否应该关闭我们的光伏产业，好让日本将来在光伏发电领域也牺牲自己为我们服务呢？希望这个奇怪的问题能够彻底消解慷慨激昂者们提出的上述同样奇怪的问题，还中国光伏产业之正名、之荣誉！

一个企业乃至一个行业的健康发展，需要有好的舆论环境，不良的舆论会影响到政府和公众的支持，甚至造成不必要的压制。很少有一个行业像中国光伏产业这样经历这样多的是非：“两头在外”（原料和市场两头在外）不好；打破西方封锁，自主发展高纯硅产业又是将污染转移到中国；希望政府补贴启动国内市场却又是千呼万唤难出来；西方有人指责中国光伏业占其市场、间接享尽其政府补贴政策，而国内却又有人指责它牺牲中国为西方服务。其中的不公相信已显端倪。中国光伏产业还将继续高速发展，尤其在金融危机中还可能一枝独秀，种种质疑将来还会有，本发言一方面传达笔者对中国光伏产业近年来面临疑虑问题的调研、分析和思考，还希望传达一种应对问题的方法、思路和态度，以科学冷静、基于事实的分析代替慷慨激昂、主观充斥的情绪，使中国光伏产业乃至未来任何民营主导发展的产业能有更客观健康的舆论环境。

关于进一步推广普及太阳能热水器的建议

龚建明

资源是社会经济发展的物质基础，经济愈发展，对资源的依赖性愈强。目前使用的大部分资源（如煤、石油、天然气等）是不可再生的，而且在利用过程中给人类生存环境带来极大污染，人类繁衍生息的物质和环境基础受到严峻挑战。加强清洁、可再生资源的开发利用，已引起全球普遍重视。太阳能作为可再生能源的重要组成部分，其寿命约为30亿年，对人类来说，太阳能是取之不尽、用之不竭的。太阳能热水器作为家庭生活用品，是太阳能进入千家万户最快捷最方便的形式，也是人们体会到太阳能方便、节能、安全、省钱的最直观的形式，其开发利用在我国已走过了20多年的历程，生产技术日趋成熟，具有明显优点：

1. 使用太阳能热水器不会对环境造成污染，节能减排效果明显。据测算，使用1平方米太阳能热水器，每年可节约310度电、340千克标准煤。使用太阳能热水器每户每年可减少2吨二氧化碳排放，大大减少了使用其他常规能源对环境的污染。在城镇推广应用太阳能热水器，可以减少天然气和电力等常规能源能耗；在农村地区推广应用太阳能热水器，可以改善农村用能条件，提高农民生活质量。

2. 太阳能热水器的使用寿命较长，经济实惠。若使用合理，太阳能热水器的寿命可达15年甚至更长。其日常使用费用只有燃气热水器的1/7，电热水器的1/6。购置太阳能热水器一次性投资3000元

作者系全国政协委员，农工党湖南省主委、湖南省政协副主席。

左右，使用5～6年就可实现与其他热水器的支出对比平衡。按装置寿命15年计算，其经济效益十分明显。

3. 太阳能热水器集热效果好，方便安全。家用太阳能热水器是我国技术最成熟、性价比好、应用广泛、产业化发展最快的太阳能利用技术。只要阳光能照射到的地方，就可以使用太阳能热水器，即使在高寒地区一年四季也可以正常使用。

二、对我国进一步推广普及太阳能热水器的几点建议

我国太阳能资源丰富，开发利用潜力巨大。据有关资料显示，1971～2000年的30年，平均每年太阳照到我国960万平方千米土地上的能量，相当于17000亿吨标准煤。年总辐射量大于1050小时的太阳能资源较丰富的可利用地区，约占我国国土面积的96%以上，为推广太阳能热水器提供了良好的自然条件。

近10年来，在没有任何国家补贴财税政策的支持下，我国太阳能热水器行业发展迅猛，基本形成了商业化发展格局，成为全球第一生产国，也拥有了全球第一大市场。在2006年，全国的总产量就达到1800万平方米，占世界总量的75%，总销售额约320亿元；总保有量为9000万平方米，占世界总量的60%以上，2007年全国安装总面积达到了1.1亿平方米，居世界首位。但从相对数看，太阳能热水器在我国并没有得到大面积的推广使用，特别是人均普及率并不高。当前我国人均太阳能热水器拥有量（38平方米/千人）仅为全球普及率最高的塞浦路斯（897平方米/千人）的1/24，是以色列（745平方米/千人）的1/20，是奥地利（341平方米/千人）的1/9，开发潜力巨大。按全国13亿人每人使用1平方米太阳能热水器来测算，太阳能热水器在我国还有非常大的市场发展空间。

为有效节约矿物能源资源、实现能源替代，保护环境，促进全面小康社会建设，建议将推广普及太阳能热水器作为一项重要举措来抓，在推广和使用方面做好以下工作：

一是尽快建立健全政策体系，加大政策引导力度。建议国家出台并建立以强制安装政策和税收激励政策为主、补贴政策为辅的政策体系，推动太阳能热水器的推广使用，促进太阳能热水器行业的发展。

二是加强规划把关。规划部门在对开发项目进行审批时，应要求太阳能设施与建筑一体化，即建设项目要做好配套设计，为安装太阳能热水器预留管道，提供方便，不符合要求的不予开工；房管部门对房屋检查验收时要将此作为硬性要求，不配套的不予验收。同时要积极引导房地产开发商转变观念，积极引进和安装太阳能热水器，实现为住户提供方便、节省开支，为国家节约能源，为企业创收、提升知名度的多赢局面。

三是积极实施推广。在城市推广使用太阳能热水器，可与建筑设计相结合、与锅炉加热相结合、与采暖日用相结合，带动太阳能热水器的普及。在农村，要把推广太阳能热水器作为贯彻十七届三中全会精神，推动农村节能减排，促进社会主义新农村建设的重要举措加以推广应用。

四是大力开展宣传普及工作。科技部门应加大对推广使用太阳能热水器的宣传力度，进一步提高社会各界的环保节能意识，做好太阳能热水器与其他热水器经济效益和社会效益的比较分析，改变群众的观念和认识，为进一步推广和使用扫清障碍。

抓住新能源汽车战略机遇
促进我国交通能源转型与汽车产业振兴

欧阳明高

经过改革开放30年的高速发展，我国已成为全球第二大汽车市场和第三大汽车制造基地。汽车产业直接和间接就业人数已达到全国城镇就业总人数的11%以上。今年以来，随着我国汽车产业振兴规划的发布实施，汽车市场快速回升，年初单月销量超过美国。预计全年产销将双双突破千万大关。与此同时，我国汽车保有量刚刚达到5000万辆，人均汽车拥有量仅为世界平均水平的三分之一，但其年耗油量却已接近全国成品油总量的60%，按目前的增长速度和油耗水平，我国汽车保有量到2020年将超过1.5亿辆，年耗油将突破2.5亿吨。巨大的市场需求与严峻的能源环境约束之间的矛盾异常尖锐。发展节能环保汽车，实现能源转型与产业振兴势在必行。

进入新世纪以来，以汽车动力电气化为主要特征的新能源电动汽车技术突飞猛进。油电混合动力技术进入产业化，锂动力电池技术取得重大突破，车用燃料电池技术不断进步。这一重大技术非常适合在我国能源资源状况及交通结构条件下推广应用。我国目前每天有超过9亿度低谷电，可供5000万辆左右电动汽车充电。我国锂资源、稀土资源和镁资源丰富，可以为电动汽车关键部件提供原材料资源保障。我国电动自行车、电动摩托车等轻型电动车保有量已超过5000万辆，

作者系全国政协常委、人口资源环境委员会委员，民盟中央副主席，清华大学汽车工程系主任。

在世界上遥遥领先，为新能源电动汽车产业化奠定了良好基础。总之，新能源电动汽车技术变革为我国车用能源转型和汽车产业振兴提供了历史机遇。

去年以来，全球金融危机引发实体经济滑坡，美、日、欧传统汽车业遭受重创。各国政府纷纷救市，重点支持新能源汽车发展。尤其是美国总统奥巴马力推新能源作为振兴经济的战略性产业，将新能源电动汽车技术从产业酝酿期推向了产业腾飞的临界点。目前，西方各国已经在实施二氧化碳减排战略，推进新能源汽车产业化方面达成共识，一场全球性的合作与竞争正在全面展开。中国汽车产业是一个比较国际化的产业，如何在新能源汽车产业发展过程中实现我国汽车工业的自主创新战略目标是我们目前面临的最大挑战。为此提出三点建议：

1. 以锂动力电池为重点，掌握自主核心技术。在国家科技计划的持续支持下，我国在新能源汽车电池、电机、电控三大核心技术方面取得丰硕成果，据不完全统计，已形成约1800项专利。在三大核心技术之首的电池方面，我国已有由上千家企业组成的电池产业集群，小功率锂电池产品占世界市场的三分之一。但在向车用动力电池产业升级转型中，仍需经历艰苦的二次创业。在全球新一轮的锂电池技术竞争中，我国仍面临重大挑战。为此建议：在研发方面将新能源汽车动力系统列入国家重大科技专项；在产业方面全面加强新能源汽车零部件产业的技术改造和结构调整力度，并组建跨行业产业技术创新联盟，联合推进产业化。

2. 以小型电动轿车为重点，推进自主品牌新能源汽车大规模商业化。继奥运新能源汽车科技示范圆满成功之后，国家通过财政鼓励政策在公交、出租车等公共服务领域开展的“十城千辆”新能源汽车示范推广工作已经启动。由此带动，在市场化的产业运作方面，基于我国年产千万辆轻型电动车产业优势开展的小型低速电动轿车研发与产业化和基于我国自主品牌小型燃油轿车产业优势开展的小型常规车速电动轿车研发与产业化，已在全国蓬勃展开。这些小型电动轿车符合世界潮流和中国国情以及电动汽车本身的发展规律。为此建议：将此作为“国情车”和“国民车”加以重视和支持，作为下一步产业化重点。

3. 以电动车标准法规为重点，建立自主产业政策体系。新能源汽车的发展将会对汽车能源供应模式、汽车产业商业模式和汽车用户使用模式等带来全新变革，我们必须改变传统汽车文化习惯以及跟踪模仿国外传统汽车标准法规和产业组织体系的常规做法。为此建议：进一步开展我国汽车产业发展战略研究，在技术选择和商业选择的基础上形成国家战略的政治选择，并据此修订我国汽车产业政策和标准法规体系。

推广先进适用技术促进节能减排

杨　岐

2008年9月，全国政协无党派界委员调研组到山东、重庆调研先进适用技术在节能减排中的应用情况。在调研中，我们看到，通过建立以企业为主体、产学研结合的科技研发体系，采用重点示范、积极推广的方式，使先进适用技术在节能减排中发挥了关键性、突破性作用。但我们也看到，“十一五”前两年，节能减排主要采用控制高耗能、高污染行业过快增长和淘汰落后生产能力等简单易行的办法，虽经多方努力，中央和国务院确定的目标仍未得到真正的落实。而近来在应对金融危机、拉动内需、灾后重建中，一些原受控受限的高耗能、高污染项目又重新上马。“十一五”国家节能减排总体目标难以完成，形势十分严峻。在此压力下，发挥先进适用技术的作用尤显重要。推广先进适用技术，促进节能减排的主要问题与困难是：

（一）认识不到位，自觉性不强

许多先进适用技术投资风险较高，经济效益较差，企业应用先进适用技术动力不足，自觉节能减排意识不强。同时，有的政府部门对节能减排认识不足，对于需要节能减排的地方经济的支柱企业、利税大户，政府难于进行强制性约束。

（二）资金投入和政策支持不够

政府对节能减排技术研发及应用上虽然给企业一定的政策倾斜及资金补贴，但不足以弥补企业节能减排技术的投入与运行成本，影响

作者系全国政协常委、人口资源环境委员会委员，中国核动力研究设计院名誉院长。

了企业投资节能减排技术研发与应用的积极性。

（三）节能减排的科技研发能力较弱

企业规模和赢利水平较低，无力建立节能减排技术研发机构；科研院所、高等院校的研究费用投入不足；专门从事节能减排技术研究的部门少，研究力量薄弱；节能减排技术积累满足不了实际需求。

（四）节能减排技术推广较慢

节能减排先进适用技术成果难以单靠企业推广；企业间节能减排先进适用技术信息交流不流畅；专利制度虽保护了创新成果，也阻碍了这些技术的推广与应用。因此，许多关键节能减排先进适用技术推广缓慢。

为此，我们建议：

1. 加强领导，统一规划。加强节能减排全民科技行动的组织领导，各级政府设立专门常设机构，制定节能减排计划、年度目标、攻关范围、考核办法，面向社会发布节能减排科技攻关课题，组织技术推广和交流、技术评审等；面向高耗能、高污染行业，推广和应用清洁生产、高效能源利用、污染控制等适用技术。将节能减排全民科技行动作为重要工作纳入工作计划和考核目标。同时建立对各级领导的长效问责制。

2. 建立健全法律法规，形成监督机制，提供政策支持。通过人大立法、政府制定规章，建立健全节能减排的法律法规体系，形成监督、奖惩机制。同时，开展节能减排技术政策、措施和推进机制的研究，优化节能减排技术创新与转化的政策环境（如调整清洁能源上网电价、给予资源依赖型地区特殊政策等），支持先进适用技术的开发与推广应用。

3. 发挥政府主导作用，多途径开拓项目资金渠道。将节能减排先进适用技术研究纳入政府各类科研计划并给予重点支持；建立节能减排政府专项基金和节能减排企业技改贴息资金；既发挥企业作为技术创新主体的作用，又多渠道、多层次筹集社会资金，增加投入；积极利用金融及资本市场，将科技风险投资引入节能减排领域。对于社会效益明显、易于推广的重大节能减排技术专利，可由政府买断并迅速免费推广。

4. 建立产学研结合技术创新体系，搭建科技创新平台。加快建立由政府主导、以企业为主体、产学研相结合的节能减排技术创新与成果转化体系，搭建技术共同开发、成果共同享用的节能减排科技创新平台，建设一批国家工程实验室、技术创新研发基地。组织节能减排科技开发专项，实施一批节能减排重点项目（如清洁煤多联产技术、秸秆气化炉技术等），攻克一批节能减排关键和共性技术，为节能减排提供技术支撑。积极建设技术推广网络平台，提供节能减排技术成果信息化服务。

5. 建立国家级节能减排项目示范区。选择具有代表性的地区为示范区，建立若干示范、推广项目。对示范区要给予灵活的政策，提供一定的财政支持，鼓励它们利用先进适用技术推动节能减排，总结和推广它们成功的经验，达到宣传和示范效果。

关于加强农业和农村节能减排工作的建议

武四海

节能减排是中央从经济社会发展全局和长远利益出发做出的一项重大战略决策。节能减排是贯彻落实科学发展观，指导国民经济社会持续健康发展的重大战略部署。农业和农村节能减排是国家节能减排的重要组成部分，包括农村生产生活节能、农村可再生能源开发和农业清洁生产等。多年来，在政府的正确领导下，节能减排工作取得了很大成绩，但因种种原因，在某些方面还存在一定的不足。

一、问　题

据调查，我国农业和农村经济增长方式比较粗放，存在资源消耗大、浪费严重、污染加剧等问题。目前，各地化肥、农药使用量大，但使用技术不合理，而且引发农药残留、重金属富集、地下水硝酸盐、亚硝酸盐超标与白色污染等农业面源污染；农田水利设施落后，灌溉节水技术滞后，管理粗放；农田秸秆和养殖业的畜禽废弃物再利用率低等。

1. 目前由于施肥技术不当，化肥的利用率只有30%左右，不仅造成大量的资源、能源浪费，而且造成农业面源污染。

2. 农药是防治农作物病虫害不可缺少的投入。由于农药过量使用或使用技术不当，目前农药平均只有20%~30%被农作物吸收，大

作者系全国政协常委，民建河北省主委，河北省政协副主席。

部分以大气沉降和雨水冲刷的形式，进入土壤、大气、水体和农产品中，造成农业面源污染，影响农产品质量。

3. 我省水资源较为紧缺，农业生产中一方面缺水，另一方面由于目前农田水利设施不配套，栽培技术落后，管理方式粗放，农业生产中浪费水资源的现象十分严重，加上目前“大水漫灌”的粗放方式，浪费更是惊人。灌溉水有效利用率自流灌区为40%，井灌区为45%，与发达国家相比，低20%~50%，作物的水分利用效率平均为1千克/立方米，与以色列的2.32千克/立方米相比，潜力还很大。

4. 目前部分地区畜禽饲养多是以分散饲养为主，由于设施不配套，大量畜禽粪便未经处理直接排出，极易造成环境污染。畜禽废弃物每年产生近千万吨，而畜禽废弃物是非常丰富的养分与能量资源，但综合治理率仍很低，大量小规模和散养的养殖场没有任何治理设施。大部分未经处理直接排放大量畜禽粪便，既浪费又污染，造成农村脏、乱、差，直接影响广大农民群众的身体健康。

5. 各地每年生产大量秸秆，折合标煤若干万吨，部分农作物秸秆没有得到有效利用，近三成焚烧和废弃，造成了视觉污染、空气污染和水质污染，同时也成了一些病虫害孳生和传播的场所。

二、建　议

1. 继续强化推广测土配方施肥技术，实现减量增效。测土配方施肥是以土壤测试和肥料田间试验为基础，根据作物需肥规律、土肥供肥性能和肥料效应，提出肥料的施用量、施肥时期和施用方法，做到因土施肥，因作物施肥。在保证农作物养分需要的基础上，可以有效控制养分损失，减少化肥施用量，降低生产成本，减少因不合理施肥造成的环境污染。

2. 推广合理用药技术，实现减量控害。要大力推广科学合理使用农药技术，引导农民科学用药、合理用药，严禁使用高毒、高残留农药和过量用药，使用高效、低残留农药。培训农民安全用药技术，提高安全用药水平。开展病虫害综合防治和生物防治，加大新型施药机械、施药技术的推广，实行专业机防队统一防治，合理控制施药次数，减少农药的使用量。

3. 推广农田节水技术，实现节能节水。据专家测算，农业用水量占全社会用水量的64%。若能加大推广保护栽培、喷灌滴灌的技术力度，将工程、农艺、生物和管理措施集成在农田，就能大大地节约农业用水。例如，河北衡水市桃城区种高村积极探索出分水到户、节奖超罚、有权转让的用水机制，亩节水100多立方米，用水量比过去节省了30%还多，全村还节约电费3万多元。

4. 推广免耕栽培技术，实现节本节能。免耕栽培是一种不翻动表土，直接在茬地上播种的栽培耕作制度，它是对传统农业的继承发展，是将少免耕、秸秆还田及机播、机收等技术综合在一起的配套技术体系。如麦茬直播玉米、麦茬直播大豆、棉花免耕移栽等，都是免耕栽培。免耕栽培一是可以节本节能，最直接的作用就是减少机耕费用，节约农业生产成本和能源。二是节水，通过作物秸秆覆盖地表，减少水分蒸发，提高农田保水蓄水能力。三是节肥，免耕可减少水土流失，加上秸秆还田，提高有机质含量。四是可以缓解季节矛盾，有效解决抢收、抢种时劳动力不足的矛盾。就以节能为例，每亩可节省机耕费25元、柴油约1千克。

5. 推广畜禽健康养殖技术，建设规模养殖小区，减少农村环境污染。解决畜禽粪便污染问题，必须从源头抓起，发展适度规模养殖和健康养殖，建设规模养殖小区。这样，一是有利于建设污染物处理设施，对畜禽粪便进行集中处理，保持环境不受污染；二是有利于动物防疫，减少动物疫病的发生；三是有利于畜禽饲养的稳定发展，保障市场供应，应加大工作力度，积极推广畜禽规模化健康养殖技术。

6. 促进农村生活节能。更新改造传统的省柴节煤炉灶和节能炕，加快省柴节煤灶（炕）的升级换代；推广应用保温、省地、隔热新型建筑材料，发展节能型住房，引导农民建造太阳能房和使用太阳能热水器。大力开发农村可再生能源——一是大力发展农村沼气：大力普及户用沼气，发展集约化养殖场大中型沼气工程，推进人畜分离养殖小区的沼气集中供气工程建设；二是推进秸秆气化、固化，以农村居民炊事和取暖为重点，推广秸秆裂解气化、生物气化和秸秆固化成型技术。

发展缓控释肥料产业刻不容缓

张亚忠

一、中国化肥使用与现实问题

改革开放以来，我国的粮食产量不断提高，从不足3亿吨增加到超5亿吨，用占世界约7%的耕地养活约占世界21%的人口。在粮食增产的众多因素中，化肥已成为我国粮食稳产、高产最重要的生产资料之一，对粮食增产起到了举足轻重的作用。但是在化肥用量不断增长、粮食产量不断提高的同时，也凸现许多问题。最为突出的有：

1. 化肥产量和用量大，消耗大量能源。至2006年，我国化肥产量已排在世界首位。目前化肥施用量已经达到5100多万吨（纯量），占全世界消费总量的30%以上。单位耕地面积施肥量已达到世界平均水平的3倍。

2. 我国化肥的利用率低，尤其是氮化肥施用的回报率呈明显下降趋势，其当季利用率仅为30%~35%，低于发达国家20个百分点。

3. 氮肥过量使用，导致一系列环境问题。中国科学院南京土壤研究所的研究显示，每年我国有123.5万吨氮通过地表水径流到江河湖泊，49.4万吨进入地下水，299万吨进入大气。长江、黄河和珠江每年输出的溶解态无机氮达到97.5万吨，其中90%来自农业，而氮

作者系全国政协委员，九三学社河南省主委，河南省政协副主席。

肥占了50%。此外，通过反硝化作用向大气释放出一氧化二氮等温室气体，造成温室效应。

因此，提高化肥利用率，减少因施肥而造成的污染，保障粮食安全生产，发展可持续高效农业已成为一个共同关注的问题。

二、中国缓释肥料研究与应用现状

缓控释肥料是指能适应作物不同阶段的养分需要控制释放且肥效期较长的肥料。包括缓释肥料和控释肥料，前者所含的氮磷钾养分能根据作物需求缓慢释放，后者能控制营养成分按一定速度释放以满足作物所需。因此，具有使用安全、节约能源资源、省工省力、提高养分效率和保护环境等优点。

中国缓释肥料的研究和开发起步较晚，但发展较快。至2002年，全国申请的关于缓、控释肥料已公开的专利达30项左右。研究内容涉及：抑制剂抑制氮素释放的机理、效果；碳铵长效化研究；尿素改性技术研究和控释材料等。从国内数十家科研教学单位的研究情况看，目前比较成熟的缓释肥料技术有中国科学院沈阳生态研究所的抑制剂型缓释肥、郑州大学的肥包肥型缓释肥、广东农科院的水稻缓释肥、北京农科院的聚合物包衣肥料、山东农业大学的聚合物包衣肥料、中国科学院石家庄农业现代化所的涂层缓释肥料。其中前三个产品已经有一定面积的推广应用，特别是大田作物。北京农科院与山东农业大学的聚合物包衣肥料也有中试设备与工厂，产品质量比较稳定，缓释期也比较长，而且成本低，有市场竞争力。这些研究与开发成果标志着中国缓释肥的研究已取得了较大的进展，研制的缓释肥已达到了国外同类产品的质量标准和水平。

中国缓释肥料的生产虽然已经多年，有几个技术相对成熟的产品，如尿酶抑制剂型缓释肥料累计推广了50万吨，聚合物包衣缓控释肥已由山东金正大肥业公司建成50万吨产能规模的生产线正式投产。但到目前推广应用状况不容乐观，最突出的问题是：养分释放与作物对营养需求的吻合程度不高；价格偏高，农民接受程度低。

三、发展缓控释肥产业刻不容缓

1. 发展缓控释肥产业是中国战略发展的需要。在保证农业产量不降低或者持续增长的前提下，要解决大量使用化肥带来的土壤肥力下降、农作物品质降低、环境污染严重等问题，必须发展新型肥料产业，科学合理施肥，减少传统化肥使用量。因此，缓控释肥产业发展不仅是解决我国人口吃饭问题的“大事”，也与人们生活质量与生存环境息息相关。

2. 发展缓控释肥产业是节能减排、生态保护的需要。缓控释肥产业发展和国家倡导全民的节能减排有着重要关联。从能源方面讲，我国每生产1吨尿素约消耗1.0～1.5吨标准煤或800千克油、气。我国化肥生产每年消耗的煤炭约近亿吨，天然气100多亿方。另一方面，由于目前我国的肥料有效利用率很低，氮肥当季作物吸收率仅为35%，综合损失高达60%。据中国化工信息中心高级工程师高恩元测算，如提高氮肥利用率10%，每年可以少损失氮肥250万吨，按通常生产1吨尿素需要1吨标准煤计算，就相当于每年节省540万吨标准煤。

3. 缓控释肥代表着现代新型肥料产业发展的重要方向。第一，发展现代农业，离不开现代肥料产业的支撑。通过缓控释肥料的研发，带动我们国家肥料产业的技术升级。第二，发展缓控释肥料是不断地降低农业成本、增加农业效益、增加农民收入的重要举措。第三，是实现国家节能减排目标的重要方面。化肥生产是能源的消耗大户，在节能和污染方面有许多问题需要解决。必须充分认识其在国民经济和社会发展全局之中节能减排的重要性。第四，目前农业的面源污染来自于化肥使用不当和过量使用形成的污染，数据触目惊心。发展缓控释肥料也是推动农业节能减排、更好地遏制全球升温的重要措施。

四、产业发展建议

1. 提高认识，创造缓控释肥产业发展环境。推广应用缓控释肥，符合“加快建设资源节约型、环境友好型社会”的要求，对促进农业与资源、农业与环境之间的和谐友好发展，促进粮食安全、清洁生产，增加农民收入都有重要意义。尽管缓控释肥行业的发展得到了相关部门的关注，但面对我国农业和农民的实际情况和存在的问题，需要进一步加大宣传和造势的力度，提高整个社会对科学施肥重要性和紧迫性的认识，创造良好的缓控释肥产业发展环境。第一，要充分认识到缓控释肥料的发展与农产品有效供给之间的密切联系问题。农产品有效供给离不开化肥。在化肥使用报酬递减的情况下，通过发展缓控释肥料充分提高肥料效率，保障农产品供给。第二，把缓控释肥料研发推广与农民增收结合起来。围绕增加收入和降低成本，通过科技创新，使缓控释肥料的使用成本降到农民能接受的范围内。第三，缓控释肥料的推广应用要与农村的环境保护结合起来。缓控释肥料怎么样与农村面貌和面源污染的控制结合起来是很重要的问题。

2. 加大科研投入，寻求缓控释肥产业技术突破。政府主管部门应增加研发资金的投入，把缓控释肥的研究应用列入国家重大科技专项。围绕现有技术产品存在的主要技术问题，组织项目，集全国科研力量，联合攻关，以求取得产业重大突破。

3. 加大政策扶持力度，积极探索缓控释肥推广路子。首先，政府应在政策、资金等方面给予扶持。建议成立一个由非盈利部门独立主管的平台，加强对缓控释肥进行鉴定和推广，借鉴外国经验（如美国佛罗里达州，农户使用控释肥可得到政府 20 ~ 30 美元/英亩的补贴)，通过对相关企业的扶持或对施用缓控释肥的农民实施补贴，以解决缓控释肥成本高、推 广难的问题。

其次，发挥企业在测土配方施肥活动中的积极作用。要让企业成为测土配方施肥的主体，推广“一袋子肥”工程，这样既可以满足作物前期对肥料的需求，也免去了后期的追肥，不但避免了资源的浪费和环境污染，降低了肥料生产成本和销售价格，也减轻了农民的劳动强度，增加了农民的收入，起到事半功倍的效果，有助于缓控释肥的产业化和大面积推广应用。

推广“膜下滴灌技术”促进农业节水增效

季允石

中央出台的关于进一步扩大内需、促进经济增长的十项措施中，第二项提出加快完成大型灌区节水改造任务。“膜下滴灌技术”是目前世界上田间灌溉最节水的技术，经过多年的引进、转化和创新，在促进我国农作物的节水、增产方面取得显著成效，灌溉成本也由原来的2400元/亩降到350元/亩左右。积极做好“膜下滴灌技术”的示范推广，对于提高农业综合生产能力、保障我国粮食安全、实现农业的可持续发展，意义重大而深远。

一、我国“膜下滴灌技术”取得重大创新成果

“膜下滴灌技术”是一种结合以色列滴灌技术和国内覆膜技术优点的新型节水技术，它将有压水源通过滴灌管道系统变成细小的水滴在作物根系范围内进行局部节水灌溉。由于覆膜可大大减少作物的棵间蒸发，使得作物根系在滴头附近集中发育，使水、肥作用更直接、效率更高。膜下滴灌还可在根系范围内形成一个低盐区，加之地膜覆盖使棵间蒸发甚微，盐分不易返回地面，在盐碱地上也可获得较高产量。

这项技术最先在新疆生产建设兵团资源型缺水垦区进行引进、试验和创新。近几年，在国家外国专家局支持下，兵团先后组织13个

作者系全国政协常委，人力资源和社会保障部副部长，国家外国专家局局长。

团组赴美国、以色列和澳大利亚等国家学习节水灌溉技术。培训专业和管理人员159人次。从瑞士、奥地利、德国等聘请外国专家25人次进行节水器材和节水技术有关知识的指导和交流，解决了许多开发节水设备和器材的技术难题，生产出“性能稳定、使用方便、农民用得起”的天业节水器材，创新了“膜下滴灌技术”，形成了自主品牌。目前在百万亩棉田使用的膜下滴灌全部设备，初始一次性投入已降到350元/亩左右，是国外同类产品投资的1/8。国家外国专家局在兵团农八师石河子市建立了“膜下滴灌技术”国家农业引智成果推广示范基地。经过不断试验、示范和推广，在大大降低滴灌技术成本的基础上，达到了节水、增产的双重目标。该技术大田使用后，较常规灌溉省水50%，省肥20%，省药10%，增产20%，增加综合经济效益40%以上，仅增产一项每亩地可增加收入200元、节水250立方米，大大推动了农业向精准化发展，为西部大开发中水资源的有效利用找到了捷径。“百万亩膜下滴灌高新技术农业开发项目”，已被列为西部大开发重点项目。

截至2008年底，我国大田膜下滴灌面积近千万亩。该项技术除了在新疆地区广泛应用外，还在宁夏、甘肃、陕西、内蒙古、黑龙江、湖北和广西等省区建立各类示范基地，辐射到全国20多个省（区、市），主要应用作物包括棉花、加工用番茄、西甜瓜、玉米等30多种，另外也适用于葡萄、红枣、脐橙等果树的栽培，在大棚滴灌方面也取得了良好效果。同时，积极向国外市场推进，已在塔吉克斯坦、巴基斯坦、津巴布韦、安哥拉等10个国家推广应用5.7万亩，并逐年扩大应用面积，推向更多国家。

二、推广高新节水技术尤其是膜下滴灌技术刻不容缓

我国是世界上13个贫水国之一，人均水资源拥有量排到第121位。全国600多个城市中，400多个缺水，其中100多个属于严重缺水。虽然农业用水量要占到全国总用水量的70%以上，但我国农业用

水特别是农田灌溉用水还是多以地面灌溉为主的落后灌溉模式，浪费十分严重，利用率一般只有40%左右，仅为发达国家的一半，严重影响着农业的可持续发展，威胁着粮食生产的安全。节水，是我国农业发展迫切需要解决的重大问题。前段时间，北方地区遭遇50年来的特大旱灾，抗干旱任务牵动着国家和全社会的心。加强农田水利基础设施建设、发展高新技术节水提高抗旱能力，已是刻不容缓。

目前，国内的节水灌溉技术主要有渠道防渗技术、管道输水技术、地面灌溉技术、喷灌技术、微灌技术以及注水点灌技术等。相比这些技术，“膜下滴灌技术”在发展精品高效农业尤其在西部大开发中，具有更加明显的发展优势和推广价值。

三、加强“膜下滴灌技术”推广的几点建议

水利是农业的命脉。“膜下滴灌技术”作为世界上田间灌溉最节水的技术，目前的推广面积与全国18亿多亩的耕地相比，以及与我国大面积的大水漫灌农田相比，微不足道。应该进一步强化措施加快推广，并确保取得实效。

一要进一步加强政策扶持，落实工作责任。建议尽快研究出台关于加强“膜下滴灌技术”推广的政策性文件，健全干旱半干旱地区“膜下滴灌技术”推广工作领导机构和办事机构，完善联动机制、技术信息共享机制，建立健全绩效评估制度，强化工作考核和监督，切实做到推广工作有人管、有人抓，一抓到底、抓出实效。

二要进一步加强技术研发，壮大推广队伍。在膜下滴灌技术的推广中及时予以资金、科研、项目上的倾斜和扶持。继续引进转化国外先进技术，不断创新提高，使膜下滴灌技术更加先进有效、投入更少、增效更大。不断加强技术推广队伍建设，让更多的人尽快掌握这项技术。

三要进一步整合各方资源，发展相关产业。积极整合水利、财政、科技、农业、外专等各方面力量和资源，形成推广工作的整体合

力。各种节水的灌溉措施都需要塑料薄膜和塑料管，因此要引导有关生产企业积极投入节水器材生产，生产膜下滴灌需要的相关产品，一方面为抗干旱作贡献，另一方面也可促进行业发展壮大。

关于完善占用耕地表土剥离制度的建议

谢德体

土壤表土一旦受损失掉，从它的母质中再生的速度将非常缓慢，即使在任何最优越的条件下，包括很好的森林覆盖、草地及其他的保护，形成2.5厘米厚的土层，也需要300～500年。石灰岩地区形成1厘米厚土壤需要2500～8500年。众所周知，农林牧赖以生产的肥沃表土层仅20～50厘米，而耕作层土壤属自然界风化并凝结人类劳动，经过几百年甚至上千年才能形成的，是可以种植耕作进行生产的物质资源，是土地的精华和很难再生的基础资源。

城市化扩张以及基础建设项目多占用肥沃耕地，而新开发出来的耕地熟化程度又较低，投入产出率低。目前，建设项目施工中，用地单位对于挖出来的耕作层土壤处理方式，要么将其深深地埋掉，要么将其用作填方工程，对土壤资源的浪费极大。《土地管理法》第三十二条规定："县级以上地方人民政府可以要求占用耕地的单位将所占用耕地耕作层的土壤用于新开垦耕地、劣质地或者其他耕地的土壤改良。"建设占用耕地前，耕作层土壤的剥离工作，是被作为一种资源抢救性的工作。吉林、广东、浙江、海南等省先后出台了相关被占用耕地耕作层土壤剥离的规定。

将被占用耕地耕作层的土壤剥离并合理利用，对有效保护现有耕地资源，提高补充耕地质量，保护生态环境，促进农业增产和农民增收都具有十分重要的意义。三峡库区"移土培肥工程"将淹没耕地

作者系全国政协委员，西南大学资源环境学院院长。

20 厘米肥沃耕作层土壤剥离，搬运至 175 厘米以上中低产田土，土层平均增厚 11 厘米以上，有机质等主要养分供给总量增加了 1/3 左右，有效改善了耕地质量。可以说，这是对耕地保护及其耕作层永续利用的重要实践。

建立被占用耕地耕作层剥离与利用的新机制，不仅可支持经济发展建设，而且更重要的是可通过被占用耕地耕作层土壤的剥离与再利用，使子孙后代有地可耕，具体建议如下：

一、建立完善占用耕地表土剥离的强制性法律条文

地方政府为了能在招商引资的竞争中，占得先机，尽快取得实际效益，在没有法律强制性规定的情况下，自然不愿在土地进行招、拍、挂以外提高用地的门槛，要求用地单位对被占用耕地的耕作层土壤进行剥离，而且，更重要的是部分地方政府根本就没有认识到被占用耕地耕作表层土的重要性。对好不容易弄来的招商引资项目，政府当然会要求早日启动建设，不会要求用地单位进行耕作层土壤的剥离而影响项目的建设进程，另外，被占用耕地耕作层表土的剥离在某种程度上会增加用地单位的用地成本，如土层剥离和搬运的机械工程费、人工费、设施费等。尽管《土地管理法》第三十二条规定：“县级以上地方人民政府可以要求占用耕地的单位将所占用耕地耕作层的土壤用于新开垦耕地、劣质地或者其他耕地的土壤改良。”然而，“可以要求”是一种“弹性管理”，这就导致实际操作过程中用地单位和地方政府往往为了节省耕作层剥离的成本，而钻法律的空子，根本不对被占用耕地的耕作层进行剥离与再利用，这必将大大浪费了不可再生的土地资源。因此，针对目前经济发展的实际和势头，如经济的跨越式发展对建设用地的需求等，应该从法律法规上做出规定，将建设占地的耕作层土壤进行剥离工作由原来的“可以”的弹性管理变成必须作为的“刚性”管理，形成一种强制性规定。强化保护和利用被占用耕地耕作层的土壤，对不采取措施保护和再利用耕作层土壤的建

设用地项目申报不予批准。

二、将耕地层表土剥离纳入补充耕地的责任与义务

依据“谁占用，谁保护，谁补充”的建设占用耕地原则，由占用耕地单位按经批准的方案负责耕地耕作层表土剥离与保护利用的实施工作。当然，针对不同立地条件的耕地，应制定不同的表层剥离厚度，如水田、不同坡度旱坡地等表土剥离应采取针对性方案。按照现行土地管理法律法规的规定，用地单位占用耕地时，交完耕地开垦费就已完成了补充耕地的法定义务，如果再要求用地单位剥离、留存耕层表土，或者剥离表土造成地表下降，用地单位再取回废土垫地，那么就需要投入资金。这样的话，用地单位就非常不情愿开展这项工作。因此，应调整耕地开垦费的交纳范围，明确补充耕地的责任与义务，凡能实现耕层表土剥离与保护利用并达到一定标准的，应减征部分耕地开垦费。同时，所需资金应列入建设项目预算，确保资金落实到位。

三、建立完善耕地表土剥离管理制度

耕作层土壤剥离与再利用主要由耕作层土壤剥离、土壤运输、土壤覆盖三个环节组成，剥离的耕作层土壤原则上应为被占用耕地耕作层的优质土壤，进行土壤覆盖的土地开发整理项目可涉及建设用地复垦项目（包括废弃矿山复垦和宅基地复垦等）、土地开发项目、灾毁复垦项目。因此，应从项目管理，包括覆土选址、测绘、可行性研究、初步设计，实施方案、招投标、施工、监理和验收等方面形成完善的管理制度。可以说，被占用耕地耕作层土壤剥离与再利用并不是简单的土壤的剥离和搬运，而是一项复杂的系统工程。在技术方面，包括耕作层土壤剥离、土壤运输、土壤覆盖等环节形成的完善技术标准以及技术方案。在选择对应的建设用地项目和土地开发整理项目

时，应注意在运输距离、开工时序上进行优化选择。而且，剥离和搬运、覆盖后，还必须组织相关部门的专家进行验收，如农业、水利、环保等，验收合格后，方能进行建设项目的进一步的开工建设。

提高我国耕地质量与综合生产能力　确保粮食安全

陈绍军

一、我国耕地资源现状

我国耕地资源的基本现状，可概括为“一多三少”，即耕地总量多，人均耕地少、高质量的耕地少、耕地后备资源少，人地矛盾突出。如何在坚守18亿亩耕地红线的前提下，采取有效措施，提高我国耕地质量和综合生产能力，对确保我国粮食安全生产而言至关重要。

耕地综合生产能力是由耕地面积和耕地质量所决定。面积方面：截止2007年底，全国耕地18.26亿亩，人均耕地资源只有1.39亩，不到世界平均水平的40%，一些省（市、自治区）的人均耕地已经低于联合国粮农组织确定的0.8亩的警戒线。耕地质量方面：受干旱、陡坡、瘠薄、洪涝、盐碱、耕地污染、有机质下降等多种因素影响，全国中低产田与高产田的比例约为7∶3，表明我国耕地总体质量不高，综合生产能力较低。据《国家粮食安全中长期规划纲要（2008～2020）》显示，2007年我国粮食总产量5016亿千克，人均消费量388千克，离联合国人口基金会提出的中等水平（人均450千克）还有一

作者系全国政协常委，农工党福建省主委，福建省农业厅厅长。

定差距。据专家测算，耕地土壤的基础地力占农作物产量的50%以上。耕地土壤的可持续高效利用，是保证粮食安全的根本。

随着我国经济快速发展，耕地面积减少趋势还将延续。并且，由于对耕地地力建设重视不够，我国耕地质量普遍呈下降趋势。究其原因，一是由于各类非农建设占用了大量高产稳产农田，占补的耕地基本上是中低产田，导致高中产农田面积减少，耕地总体质量有所下降。二是由于农业比较效益低，不少地方生产者缺乏科学的耕地用养意识，普遍重用轻养，导致土壤养分比例失衡、土壤板结、理化性状被破坏，直接加剧了耕地质量的下降。三是耕地污染严重。有些地方大量畜禽废弃物、工业污水、生活污水的直接排放，化肥、农药的大量施用，地膜残留等都造成耕地质量日趋下降。四是耕地质量建设与保护统筹协调机制不健全，各省的耕地质量管理行政主管部门不明确，统筹协调与长效机制尚未建立，财政补贴资金与政策不落实，影响了耕地质量保护和提高工作的开展。耕地面积的减少，耕地质量的下降以及山洪水毁等，不可避免地影响耕地综合生产能力的提高，给我国粮食安全生产带来极大的冲击。

《中共中央关于推进农村改革发展若干重大问题的决定》中明确提出“加快中低产田改造，鼓励农民开展土壤改良，推广测土配方施肥和保护性耕作，提高耕地质量，大幅度增加高产稳产农田比重”，要“提高单产水平，不断增强综合生产能力”，提高耕地质量、保障粮食安全生产已上升到国家战略高度。

二、提高耕地质量的建议

1. 尽快制订耕地质量管理法规。为了更好地保护和提高耕地质量，确保粮食及其他农产品数量和质量安全，促进可持续发展，建议根据《中华人民共和国农业法》和国务院《基本农田保护条例》等相关法律法规，尽快制订《中华人民共和国耕地质量管理条例》（以下简称《条例》）。《条例》应对耕地质量的保护、建设、监测、监督、管理、法律责任做出明确的规定，将耕地质量管理纳入法制轨道，并列入各级人民政府的国民经济和社会发展计划中加以实施。

2. 加强组织领导机构。建议成立由分管农业副省（市、自治区）长任组长的“耕地质量建设领导小组”，成员单位由各省（市、自治区）农业厅、国土资源厅、水利厅、发改委、农综办、财政厅、烟草局等单位组成，领导小组办公室设在农业厅内，并由各省（市、自治区）政府赋予其运行权限。

3. 重视耕地地力建设。应当全面理解和认识耕地质量建设的内涵，耕地质量是衡量耕地产能的综合指标体系，包括耕层土壤理化性状、田间排灌工程、机耕道路建设工程等内容。各级政府应从认真贯彻落实科学发展观，从全面保护和提高耕地质量的战略高度，统筹考虑耕地数量和质量的保护，杜绝占补平衡过程中的“占多补少、占优补劣、占而不补、补而不用、用而不养”现象。要充分认识到改良土壤、培肥地力等在耕地质量建设的重要地位，把提高耕地地力作为国家农业发展战略的重要内容来考虑。从土地出让金中安排一定比例的资金用于耕地地力建设内容。

4. 做好规范化和建后管理。所有耕地质量建设项目立项前，项目主管单位应当组织有农业行政主管部门参加可行性论证；项目竣工验收时，农业行政主管部门应出具耕地质量验收报告。各涉农部门还要积极研究后续项目建后管护工作的新模式，划拨项目部分资金，建立项目后期管护专项基金，做到专人监督、专人管护，发挥农业建设项目的长期效益。

5. 实施项目带动战略。保护和提高耕地地力是一项长期艰巨的任务。建议从以下项目着手进行：①沃土工程：通过种植绿肥、秸秆还田、增施有机肥等措施，实现耕地地力的提高；②测土配方施肥：通过“测土、配方、配肥、供肥、指导”提高化肥利用率、降低生产成本，减少化肥面源污染；③对大中型有机肥料生产企业给予资金扶持。鼓励大中型畜禽养殖场结合废弃物处理与综合利用生产有机肥，已有的有机肥料生产企业要扩大生产规模，以减少畜禽废弃物对环境的污染，又可“变废为宝”，增加有机肥料来源。

6. 建立长效机制。提高耕地质量与综合生产能力是一项长期性、战略性的工作，关系到国民经济、社会的可持续发展。要针对各省（市、自治区）耕地的具体情况，加强提高耕地质量各项措施的科研攻关；要研制耕地质量评价指标体系，开展耕地地力分等定级工作；建立耕地面积、耕地质量的动态监测信息系统，每年对耕地质量变化进行分析、报告，以便及时采取措施，不断改善、提高耕地质量与综合生产能力；财政部门每年都应增加相应资金加以扶持，确保我国粮食为主食品的足量生产。

我国转基因作物研究与产业化发展思考

黄大昉

一、从我国大豆产业危机看转基因作物发展战略

中国是栽培大豆的起源国，一度也是世界大豆生产大国和出口大国。但是，由于多年对大豆科研和生产缺乏扶植，特别是近年来对转基因大豆发展的忽视，导致我国大豆技术水平和生产能力的严重滑坡，目前年产量不足1500万吨，远远不能满足国内对食用油和饲用豆粕迅速增长的需求。美国孟山都公司等跨国公司多年来开发并垄断了抗除草剂转基因大豆的核心技术，这种大豆不仅有利于防除杂草危害，更具有含油率高的优良特性（国外品种含油率高达21%，国内生产品种仅17%）。对转基因大豆这项高技术研究开发我国长期未予重视，甚至曾想以不发展转基因粮食作物为由，利用“绿色壁垒”将国外转基因产品拒之门外。然而，加入世贸组织后，由于无力阻挡跨国公司的市场扩张，国外转基因质优价廉大豆如潮水般涌入，2008年数量已超过3700万吨，为国内产量的2.5倍，占全球大豆贸易总量的1/2。巨大的冲击使国内大豆种植、加工、贸易、流通各个领域全线失守，工厂停产、豆农弃种，目前国内大豆需求70%以上靠进口，85%的大豆压榨能力已落入四大跨国粮商之手。更令人担忧的

作者系全国政协委员，中国农业科学院生物技术研究所研究员。

是，近年世界粮食危机日趋严重，大豆价格忽涨忽跌全为跨国公司操控，国内大豆生产与市场已陷入受制于人、举步维艰的困境。

回顾我国转基因作物研究开发和产业发展历史，既有深刻的教训，也有宝贵的经验。拥有自主知识产权的转基因抗虫棉的研究开发则是我国独立发展农业转基因技术，打破跨国公司的垄断，抢占国际生物技术制高点的成功范例。

早在国外转基因抗虫棉研究初期，我国的科学家就自主开发了这项高技术，迄今已经过了 10 多年的发展历程。据不完全统计，10 多年来国家研究开发投入约 30 亿元，截至 2008 年底，各地审定的抗虫棉品种 155 个，推广应用面积达 380 万公顷，减少化学农药用量约 80 余万吨，棉农增产增收累计超过了 300 亿元。抗虫棉的应用不仅有效控制了棉铃虫的危害，还保护了农业生态环境，保障了农民健康；不仅显著提升了我国农业生物技术科研水平，而且有力推动了以创世纪转基因技术有限公司为代表的新型棉花育种产业的形成；拥有我国自主产权的抗虫棉产品不仅在国内市场上争得了绝对优势，而且开始走出国门，在国际棉花市场上占有了一席之地。2008 年 9 月，国际上具有权威地位的《科学》杂志（Science）发表了中国农业科学院植物保护研究所吴孔明等撰写的封面论文。根据该研究组在华北六省市长达 15 年的试验观察，证实转基因抗虫棉的推广应用不仅有效控制了棉铃虫的危害，还显著减轻了该杂食性害虫对玉米、大豆、蔬菜等多种作物的损害。文章的发表是对中国独立研究开发转基因抗虫棉的肯定，也对全球转基因作物产业发展起到了有力的推动作用。

正反两方面的经验教训告诉我们：唯有加快转基因作物的自主研发和产业化，才能推动农业产业结构的升级，保障我国农业持续稳定增长。

二、我国转基因作物育种产业发展面临严峻挑战

回顾全球转基因作物育种产业的发展历程，大致经历了三个阶

段：1983～1994 年：技术成熟期。标志性的事件是 1983 年首例转基因植物（烟草和马铃薯）问世；1994～2005 年：产业发展期。以转基因延熟保鲜番茄在美国成功进入市场，继而引发农业相关产业结构调整和规模化生产为标志；2006 年后：战略机遇期。其标志性事件是全球转基因作物种植面积突破 1 亿公顷，产业化规模与效益持续稳定增长，发展速度更是近代农业科技史上所未见。随着这项技术推动经济社会发展巨大效益的进一步显现，生物安全管理日趋规范和科学实践的不断积累，越来越多的国家对转基因技术的应用取得了共识，公众对有关转基因安全性问题的认识也逐步走向科学和理性，转基因产品已为越来越多的农民和消费者所接受。实践证明，这项技术今后的发展趋势不仅不会逆转，而且会更加迅猛。

中国作为发展中国家和产粮大国，促进农业增产、保障粮食安全可谓重中之重。生物技术对于未来农业可持续发展至关重要，而相对而言，它是国内外差距较小的高技术领域。正是基于这一认识，我国历届政府领导人高度重视转基因作物育种技术的发展。经过了 20 多年的努力，我国已初步形成了从基础研究、应用研究到产品开发的转基因作物育种技术体系，获得了一批拥有自主知识产权并具有重要应用前景的新基因，研制出一批转基因作物新品种和新品系，成为目前全球为数不多的、真正拥有转基因作物自主研发能力的国家之一，转基因作物育种的综合研究水平已处于发展中国家的领先地位，某些项目进入了国际先进行列。如果持之以恒，我国完全有可能实现转基因技术的自主创新和产业化的跨越式发展。然而，由于受到国外“转基因安全性争议”的影响，相关管理部门认识出现分歧，过去一段时间对转基因作物应用的审批速度放慢了，尽管生物技术研究成果累累，但 10 年来竟然没有一个转基因粮食作物品种获准生产应用。更须高度重视的是，我国转基因作物种植面积一度处于世界第四位，2003 年起却退居第五位，2006 年又降到第六位，竟落到印度之后！产业化速度滞后已经成为制约我国农业生物技术发展和提高国际竞争力的突出矛盾。

应当高度重视和警惕的是，在美、欧等发达国家政府的大力支持下，近年美国的孟山都、杜邦—先锋、瑞士的先正达、德国的拜耳等跨国公司通过企业并购重组，已成为全球农业生物技术研发的主体，转基因作物产业化明显提速，围绕基因、人才和市场的国际竞争日趋白热化。跨国公司多年来一直把中国作为全球市场开拓的重点，但我国农业生物技术产业的兴起和安全管理的严格限制曾一度使其望而却步。近年跨国公司在发展中国家转基因作物产品市场的快速扩张和利润的剧增，特别是我国转基因大豆进口壁垒的失守，又成为它们争夺中国市场的新的诱因。然而，面对近年中国转基因技术自主研发能力的提高，跨国公司不得不对原来单靠垄断技术和产品的发展策略进行调整，转而致力组建合资或独资的研究机构，以吸引中国本土人才与资源，积聚研发能力，争取未来技术竞争和市场开发的先机。因此，我们自己能否抓住转基因作物战略发展新的机遇，能否抢占技术制高点将成为中国农业生物技术产业生存与发展的关键。

三、对策与建议

1. 积极推进转基因粮食作物产业化。面对国际金融危机和粮食安全的严峻挑战，我国应尽快下决心推进转基因粮食作物，特别是高植酸酶玉米和抗虫水稻的产业化。理由是：第一、这两个产品分别能大大提高饲料玉米的营养价值和水稻的抗虫性，不仅可促进农民增产增收，创造巨大的经济社会效益，而且可发挥显著生态环境效益。据中国科学院农业政策研究中心等单位调查统计，如果我国一半面积的玉米或水稻种植这两种转基因作物，前者使农民年增收益 135 亿元，后者可达 300 亿元（大大超过目前抗虫棉的年增收益 80 亿元）；第二、严格进行了生物安全性评价，历经多年未发现对健康与环境有不良影响；第三、拥有自主知识产权，技术已基本成熟并居国际先进水平，产品具有国际竞争能力；第四、已列入“转基因生物新品种培育”重大科技专项，相关成果的转化不仅会有力促进我国农业转基因技术的研究开发，更能有效带动高技术产业链的形成和农业产品结构升级。

转基因粮食作物的推广应用不仅关系农业生产和科技发展，也与安全评价、监管能力、进出口贸易、以至国际政治等问题交织。但此事已议论和研究多年，面对国内外形势发展，已不容我们继续迟疑或拖延，希望有关部门加快协调，统一认识，迅速决策。

2. 高度重视转基因育种产业化机制创新。我国农业企业目前相对规模较小、经济实力不强、研发力量较弱，特别是“产学研”的分割和“产业链”的断裂已成为农业高技术产业发展的最大“软肋”。因此，从实际出发探索建立转基因技术成果转化和市场开发的新机制、新途径，是我国转基因育种产业发展必须突破的“瓶颈”。希望在认真总结我国农业产业自身发展并借鉴信息产业等高新技术产业发展经验的基础上，进一步发挥政府的引导作用，制定鼓励企业向转基因技术投入的特殊政策和扶持措施（如融资、知识产权、技术转让、减免税、产品自营出口等）；支持企业借农业生物技术发展之机调整方向、并购转型、引进人才、技术与资金；对于已拥有转让成果、前期研发基础较好的企业要给予更多的扶植和支持。由于民营企业机制灵活，富于创新活力，当前尤其要重视调动和发挥它们的积极性。

兴修农田水利工程刻不容缓

朱建军

水利是农业和农村经济发展的命脉，水事关乎民，水事大于天。兴水利、除水害，历来是治国安邦的大事。新中国成立后，我国大型水利工程建设取得了巨大成就，但农田水利设施基础依旧薄弱：农田水利工程毁损严重，众多小型水利设施功能丧失殆尽；河道、山塘和水库的淤积现象严峻，“夏涝蓄水，冬旱供水”的功能严重下降。以湖南双峰县为例，全县200余座水库中就有病险库123座，占水库总数的61.2%；5.6万口山塘，严重淤积，90%以上带病运行，一次50毫米的暴雨即可使数百处渠道被水冲毁。农田水利设施基础薄弱导致上游地区、山区蓄水能力锐减，“天晴三天有旱情、落雨三天发涝灾”，严重制约了农村经济的发展，并影响到下游地区及城市用水安全，影响生态环境。去冬今春的全国大面积干旱，给我国农业生产带来了严重影响，就湖南、江西等省份来说，降雨量并不是历史最少，可湘江、赣江等江河水位连创历史新低，不但影响农业生产，沿岸城市用水安全也受到了严重威胁。

农田水利建设滞后主要有以下原因：

作者系全国政协委员，民革湖南省副主委，中南大学信息物理工程学院教授。

一、小型农田水利工程产权不明晰，群众兴修水利积极性不高

过去各级水利工程（包括山塘）都是由政府或大队、生产队管理，产权与责任明确，每年冬天组织兴修水利，各种农田水利设施得到了充分的维护。改革开放后，小型或微型农田水利工程作为农村公益事业，其管理体制不全，维护投入不足，特别是农业生产成本的上升，青壮年劳动力的外出务工，农民对种地失去热情，投工出资建设农田水利的积极性受到较大影响。小型、微型农田水利难以修建与维护。不少水利工程超过规定使用年限，老化损坏，却得不到有效修固，导致水利设施利用率低下。以湖南省为例，至2006年底，全省大中小型水库加权平均灌溉水利用率仅为0.413，小水库、小坝塘蓄水功能不到原有蓄水量的60%，泵站机电设备老化，能耗高，出力一般不足60%。

二、农田水利建设资金缺口大，资金筹措困难

由于国家对水利建设的投入主要集中在大江大河等大工程，对农田水利建设投入很少，导致全国农田水利基础设施建设的严重滞后。根据2006~2015年湖南省小型农田水利建设规划，全省需要总投资120.54亿元，每年需投资13.74亿元，但目前实际投入还不到1/10；双峰县2007年维持水利工程现有能力需维修、养护费用4800万元，但中央、省级财政投入资金不足1000万元，县级财政要承担高达3000万元的配套资金，压力巨大，如需整修全部水库等水利基础设施，则需资金3.2亿，建设需要与实际投入存在巨大的反差。

三、农田水利设施建设服务体系薄弱，相关配套条件差

一是相关水利规划的不完善。虽然国家五部委制定出台了《关于建立农田水利基本建设新机制的意见》，但具体的水利规划却有所缺失，许多乡镇、村没有水利规划或规划不全，造成一些新建水利工程布局不合理，资源浪费或闲置；二是建设队伍的“青黄不接”。乡镇水利工程技术人员严重缺乏，水利站技术力量相当薄弱，最简单的测量施工也难以实施。

2009 年的中央 1 号文件明确提出，要加强水利基础设施建设，强化现代农业的物质支撑和服务体系，为此我们建议：

1. 兴修水利，加强农田水利设施建设。逐步修复各种小型、微型农田水利设施，恢复其夏（涝）季蓄水、冬（旱）季供水的功能；以乡镇为单位，组织返乡民工对农村小山塘和灌溉系统进行清理，消化剩余劳动力；进一步加快推进小型水利机械化。

2. 整合资金、增加投入。政府应有效整合各部门的惠农资金，充分发挥惠农资金的效率，并逐步建立农田水利建设资金稳定增长机制，提高农田水利建设资金利用效率。

3. 深化改革，创新农田水利建设管理机制。根据国家五部委制定的《关于建立农田水利基本建设新机制的意见》，各省应加快推进农田水利工程管理体制改革；特别要推进小型、微型农田水利设施产权改革；推广农民用水户协会，激发农民积极性。

关于减免公益性水利基础设施建设耕地占用税的建议

张红武

为了合理利用土地资源，加强土地管理，有效保护耕地，2008 年 1 月 1 日发布施行了《中华人民共和国耕地占用税暂行条例》（以下简称《条例》），对于落实全国土地利用总体规划确定的耕地保护目标，确保不突破保护 18 亿亩耕地规模的红线，具有重大意义。为促进公益事业发展和公共基础设施建设，《条例》规定耕地占用税的税额标准时，明确军事设施、学校、幼儿园、养老院和医院占用耕地免征耕地占用税，铁路线路、公路线路、飞机场跑道、停机坪、港口、航道占用耕地减按每平方米 2 元的税额征收耕地占用税。

水利是农业的命脉，是国民经济和社会发展的重要基础设施。几十年来，实施了大规模的防洪、除涝、灌溉、水土保持和水资源开发利用等工程项目建设，建成了一大批事关国计民生和发展全局的水利基础设施，以大江大河堤防为重点的防洪工程建设取得巨大进展，在修建控制性枢纽工程、水资源调配工程、大中型病险水库除险加固和农村水利基础设施、农村饮水安全工程等方面，均取得了很大成绩，农业抗御水旱灾害能力不断提高，对保障国民经济和社会快速发展发挥了重要作用。但随着全面建设小康社会、构建社会主义和谐社会的不断推进，国民经济持续快速发展和社会全面进步，对水利发展提出了更高的要求，故相对而言，我国水利基础设施建设仍显滞后，现有

作者系全国政协委员、人口资源环境委员会委员，清华大学黄河研究中心主任。

灌溉基础设施老化失修，防洪减灾体系和抗旱预警预报系统以及应急响应机制尚不完善，水利投入没有建立稳定增长机制。按照党的十七届三中全会《中共中央关于推进农村改革发展若干重大问题的决定》“搞好水利基础设施建设，加强大江大河大湖治理，集中建成一批大中型水利骨干工程”的精神，继续加强水利基础设施建设仍然是当前和今后一个时期十分重大和十分繁重的任务，水利建设投资需求还将大幅度增长。

水利工程除保障粮食增收的农田水利设施外，还有为保护农民、农田及城市安全而建设的堤防、河道整治等防洪工程，水库工程也大都以防洪、灌溉为主，直接保障广大乡村、农田及农业设施及城市居民的防洪和供水安全。其建设项目所使用的投资主要为各级政府投资，具有明显的公益性。此前，财政部根据《中华人民共和国耕地占用税暂行条例》（国发〔1987〕27号）制定颁布的《关于耕地占用税具体政策的规定》（财农字〔1987〕第206号）相关规定，对防洪除涝工程、农田灌排工程、水土保持工程、水资源保护工程等以社会效益为主的公益性项目均不计列耕地占用税，其他水利项目根据其效益构成比例分摊耕地占用税。据调查，在以往实际工作中，对于防洪、除涝、灌溉和河道整治等纯公益性项目均按此规定执行，综合利用水利工程项目，根据经济效益评价分析的防洪、除涝、灌溉等效益的分摊比例免征相应的耕地税。

新发布施行的《条例》由于没有明确水利工程执行耕地占用税的减征条款，从而对水利工程建设造成了较大影响，中西部地区尤其是地市县级财政大都十分困难，本来就难以承担繁重的水利建设投资压力，征收耕地占用税，水利投资压力将进一步增大。据有关部门初步测算，如水利工程按《条例》规定的税额标准全额征收耕地占用税，仅2005～2007年三年，中央审批的水利工程建设项目相应需要增加的投资就多达165亿元以上（不包括南水北调东、中线一期工程），平均增加幅度超过15%；若考虑面广量大的中小型水库建设、灌区改造、农村饮水安全等地方审批的水利建设项目，需要增加的投资还将有较大增长。近几年中央对水利投资规模尽管不断增加，但与实际需求还有较大差距，地方建设项目和中央补助项目的地方配套资金缺口更大。如按《条例》规定的标准计列耕地占用税，就要拿出大量投资来支付耕地占用税，水利投资的实际效率将会大打折扣，也必然增大工程投资需求，投资缺口将会进一步加大，水利基础设施建设将面临更加困难的局面。由此势必影响到全国水利发展规划目标的实现，并将对整个国民经济和社会发展产生重大影响。

水利是国民经济发展的重要基础设施，与铁路、公路、机场、港口、航道等基础设施建设项目相比不仅同具公益性，而且防洪、除涝、灌溉、河道整治等水利工程建设项目，均直接为农业生产服务或直接关系人民群众的切身利益，公益性更强，且税负承受能力更弱。为了解决《条例》发布后水利工程建设在耕地占用税征收方面面临的上述问题，根据《条例》对公益性基础设施建设项目免征或减征耕地占用税的有关规定，建议修改《中华人民共和国耕地占用税暂行条例》，或修改该条例的实施细则，也可出台相应的补充规定，按照统一的减免税原则，充分考虑水利的公益性特点和行业税负能力，明确将水利工程占地纳入减免耕地占用税的范围，以实行结构性减税，优化财政支出结构。例如，对于直接为农业生产及人民安全服务的堤防工程、河道整治工程、蓄滞洪区安全建设以及除涝、水土保持、水资源保护、防汛通信、水文设施等公益性水利建设项目，按《条例》第八条规定，免征耕地占用税；对于兼有一定经济效益的水利项目建设，纳入与铁路、公路享受相同减免税规定的范围，即按《条例》第九条规定，“减按每平方米2元的税额征收耕地占用税”。

大旱促使加快考虑实施“引雅济黄”工程

李国安

2008 年我国北方遇到了 30～50 年一遇的大旱。

来自农业部最新的农情调查显示，截至 2009 年 2 月 6 日，河南、安徽、山东、河北、山西、陕西、甘肃、江苏等主产小麦受旱 1.60 亿亩，其中严重受旱 6753 万亩，有 632 万亩出现点片死苗现象。

“中新网 2 月 6 日电据水利部黄河水利委员会主办的黄河网消息，随着黄河流域旱情不断加剧，6 日 8 时，黄河防汛抗旱总指挥部再次提高预警级别，发布黄河流域干旱红色预警，启动一级响应。”

截止到 2 月 5 日 8 时，黄河干流龙羊峡、刘家峡、万家寨、三门峡、小浪底五大水库可调节水量仅为 146 亿立方米，比去年同期少 34.2 亿立方米，其中小浪底水库可调节水量仅为 17.8 亿立方米，比去年同期少一半多，黄河水调形势异常严峻。

截至 2 月 11 号，京城无降水日记录已升至 110 天。

去冬今春我国北方遭遇的 30～50 年一遇的旱情，促使我在全国政协第十一届二次会议上再次提出提案，建议尽早、尽快实施“引雅济黄”工程（这也是我第四次提出该提案）。原因是我国的华北、西北严重缺水。造成这种现状的历史旧账还远没有还清，而全球变暖导致的多变极端气候，给我国生态环境又造成了新的严重影响，严重地制约了西部地区的经济发展、人民生活水平的提高，缺水已经成为一个导致一些地区不能改变恶劣的生态环境、不能彻底摆脱贫困的重要

作者系全国政协委员、民族和宗教委员会委员，内蒙古军区原副司令员。

原因。这些年来各级政府做了大量工作，国家也做了很大的投入，在一定的时期内，也曾经取得了阶段性成果。但是从广袤的地域环境来看，特别是从长远的环境质量来看，生态环境恶化的总趋势没有得到有效的遏制。地表水越来越少，黄河水越来越少，水库里沉积的泥沙却越来越多，地下水超负荷开采现象严重，个别地区地下水和地表水污染严重。怎样解决这些问题，在全民节水、节水先行和大力储存天降水，以及合理使用调配水资源的基础上，给中华民族的母亲河黄河源头补水、增大黄河水量是最重要的举措之一。黄河流经北方十几省区，效益惠及半个中国，应当说给黄河补水是最重要的民生工程之一，是当务之急、万事之先。因此，要想尽一切办法，给黄河补水，而且，当前我们有办法能够做到给黄河补水，这就是从雅鲁藏布江调水，沿青藏铁路进青海，在青、甘两省边界交汇处补入黄河，因为我们国家有一个得天独厚的优势——西高东低，西南部特别是青藏地区是我们国家的水塔，有比较丰沛的水资源，过去我们工作中很少考虑这些地区，偶尔想及，也为山高路远恶劣的自然环境、艰难的施工条件所影响而搁置。但是现在的情况不大一样了，国家经济实力大大提高，技术条件、施工能力也有长足发展，青藏铁路已全线贯通，给“引雅济黄”工程提供了宝贵经验和有利条件。

“引雅济黄”工程就是要沿着青藏铁路这条线路的一侧向黄河调引西藏雅鲁藏布江水，每年能调水 200 亿立方米左右进入黄河，使黄河的流量增大 1/2，其意义十分重大。如该工程能够实现，西部缺水状况将会得到有效缓解。对拉动内需、增加国民经济的总体发展量，会起到无法替代的作用。

从雅鲁藏布江调水，是因为雅鲁藏布江有向外调水的条件，从这条江的下游水文站测算，每年流出境外的水量达到 2000 亿立方米，相当于四至五条黄河的年径流量，而且水质极好，多为高山冰雪融水，流经我国境内 2000 余千米，到现在基本上还没有得到利用，白白流走。结果是一方面我国缺水的地方太缺水，有水的地方水资源又得不到合理的利用，这种状况不能再继续下去了，如果说，以前没有考虑利用雅江水是因为综合国力或者是技术、施工条件等诸多因素，那么今天，这些问题已经不是调水的主要障碍，比如，调水线路、水坝坝址（数量、容量、发电量等）、水位提升及多级泵站的建设，以及开凿降低调水高程长隧洞等高新技术，已被我国水利工程技术人员完全掌握，青藏高原施工环境保护、高原冻土带等复杂地质地貌施工作业也都有成熟技术可以借鉴，而且，这条引水线路和以前人们所提的各种调水的线路完全不同，是一条前人没有提及的新线路，主要调水线路完全与青藏铁路伴行，因有铁路，大部分施工地域交通较为方便，所调水源穿越唐古拉山和念青唐古拉山后即形成自流，自流段约占调水段全程的4/5。同时，这条线路几乎没有人为的征地移民压力，不会因此增大建设施工费用，“引雅济黄”线路总长度约为1500千米，其投入初步估算为目前正在施工的南水北调工程的1/2。该工程如能建设成功，其效益与南水北调工程相得益彰，造福于中华大地。

但是，考虑到这项工程毕竟是十分艰巨，特别是渠首至念青唐古拉山段水位需抬高一千余米。正式施工前的前期工作量极大，也就是说从勘察设计可行报告，一直到总体设计批复，还有一个漫长艰巨的过程，我认为“引雅济黄”作为一个特例应该尽早考虑立项，并展开前期工作，建议尽快成立“国家水利部雅鲁藏布江水利委员会”及“国家水利部内陆河水利委员会（新疆）”，系统地考虑、研究综合保护开发利用雅鲁藏布江，以及向黄河调水的问题，同时也研究新疆地区内陆河保护及“引雅济疆”问题。

总的来看，“引雅济黄”事关国本，事不宜迟。越早展开工作越对国家有益。

在这里也有两个问题需要说明一下，我们现在还没有展开工作，甚至还没有取得“引雅济黄”的共识，仅在个人的看法上有一些表述，就已经听到了中外舆论的各种各样的反馈，有人说：“现在的南水北调工程还没有完工，怎么又要引雅济黄?”在这里我要说：从这次大旱就可以看出来“引雅济黄”工程即使已经完成了，调来的水也是填补河北、河南、山东、北京、天津等省市的部分用水缺口，而且随着经济的发展，上述地域的用水量只增不减，而西部多省区，用水缺口会增加得更大，现在的“南水北调”工程完工了，新的缺水矛盾又会以多种形式出现，我们考虑问题，就是要尽可能地为了长远的经济持续平稳发展，尽可能地考虑得细一些全一些，能做的就尽可能早一点去做，特别是像关系到水是人的生命之源这样的要务，千万不能掉以轻心，所以，我们一定要未雨绸缪地早想，早准备，早做工作，尽早尽快地掌握生态建设的主动权、水资源合理分配的主导权，不能再让宝贵的雅鲁藏布江水白白流走。确保我国有限的水资源得到恰当的分配和使用，这是关系中华民族健康发展的大事，是最贴切的拉动内需、花多少钱做多少工作都是值得的。即使是现在开始做工作也不能说是早了，此外，国外还有媒体危言耸听地说中国要截断雅鲁藏布江向北流，这完全是无中生有的无稽之谈，开发利用大江大河，是中外皆有的常见做法，修筑水坝蓄洪发电既有利于上游也有利于下游，例如，对下游的防洪会有极大的益处，发电也可输出国外，支持邻邦建设，修筑水坝，洪蓄枯放，上游适当调用一些对下游有益无害，这是水利常识，有人利用我国和平发展科学利用国内水资源说三道四，结果只会引起世界有识之士的嗤笑，搬起石头砸自己的脚，我们不必对此多虑。

历史终将证明：“随着这条江的开发利用，雅鲁藏布江必定会建成和平的大江，友谊的大江，成为连接中国和南亚国家友谊的纽带”。

黄河流量急骤减少拯救黄河刻不容缓

王承德

我国是最严重的缺水国之一，淡水资源仅占世界人均的1/4。由于全球气候变暖和过度砍伐、开垦造田、围湖种地、过度放牧等自然和人为诸多因素，使河流流量明显减少，甚至干枯，森林覆盖率下降，水源涵养功能减低，雨量减少，地下水超采到了极限，河水污染，荒漠化未能有效控制等。黄河流量也在急骤减少，用水需求倍数增长，形成恶性循环，其后果不堪设想。黄河流量的减少不仅威胁到工农业生产、居民饮用，而且危及国家盛衰，民族兴亡。拯救黄河已经到了刻不容缓的地步。

一、黄河流量明显减少

我出生在黄河中上游的甘肃靖远县的黄河边，又在黄河源头工作12年。自古就有黄河之水天上来之说，这个天就是指甘、川、青三省交界之处（四川的阿坝、若尔盖、甘肃的甘南玛曲县、青海的河南县、甘德县等）。这里也是三江源头。上世纪50～60年代原始森林茂盛，草原丰美，雪山连绵，湖泊密布，沼泽成片，水源丰富、大小河流300多条，真是天地一体、天水一色，被誉为亚洲第一大优良牧场，黄河第一湾，也是黄河第一蓄水池。黄河流经玛曲全长433千米，出境时黄河流量增加65%（补充水量超过40%多）。近几十年由

作者系全国政协委员，国家中医院管理局对台港澳中医药交流合作中心主任。

于无计划砍伐树林、耕草种田、过度放牧等原因，原始森林所剩无几，草原退化，雨量减少，沙化加剧。据玛曲县水文站资料：黄河在玛曲境内的流量上世纪 70 年代为 472. 6 立方米/秒，90 年代为 393. 3 立方米/秒，其中 1996 年达到 303 立方米/秒。今天的黄河在甘肃靖远段近 60 年已减少大约 2/3，在黄河源头玛曲县减少 1/3。当年红军长征过草地的许多沼泽湖泊已变成沙滩。黄河如此，长江的流量也在明显减少。长江上游由于过度采伐，水土流失严重，长江的水一年四季变成了黄的，成为第二条黄河，还导致了 1998 年长江发洪水。2007 年底长江水位为历史最低，长江航运也受到严重影响，船舶运行困难，还出现船舶搁浅事件，有的航段被迫停航。南水北调工程是解决北方水危机的重大措施，但要防止南水北调工程建成后，出现无水可调情况的发生，除黄河外，还有淮河、海河、滦河、辽河、塔里木河等流量也明显减少甚至枯涸，如北京的永定河、湖南的洞庭湖、河北的白洋淀等已干涸数次。

二、雨量明显减少

2006 年是北方历史上罕见的大旱之年，降雨很少。今年北方又逢大旱，100 多天未见雨雪，达到 38 年来最长纪录。今年春季黄河流域的河南、甘肃、陕西、山西、山东受旱面积 1. 37 亿，有的地区出现了人畜饮水困难。

就拿我家乡靖远县靠天吃饭的曹岘、若笠、石门、兴隆、双龙、永新、高湾等乡镇来说，上世纪的 50 ~ 60 年代，雨水丰沛、粮食丰收、牧草茂盛，农民的生活比较富裕。但自上世纪 90 年代以来，连年干旱，甚至颗粒不收，人畜用水十分困难，大部分农民搬出祖祖辈辈生活的地方。国家也很重视该地区的缺水问题，2007 年回良玉副总理亲自视察人畜饮水工程。此外甘肃河西走廊雨量减少，民勤县的许多乡镇因天旱不下雨无水而全部成为生态移民。2006 年四川、重庆也出现百年不遇的少雨干旱现象。年降雨量减少已从北方向南方扩展。照此下去，雨量减少的情况将会一年比一年严重。

三、荒漠化程度严重

甘肃是沙化的主要省份之一，民勤县位于腾格里沙漠和巴丹吉林沙漠的交接地带，是我国四大沙尘暴发源地之一。民勤的沙化面积是总土地的94.3%。两大沙漠逐渐合拢，吞噬民勤绿洲，迫使人们离开家园，并向我国中心地带推进，每年吞噬大约4000平方千米的土地，民勤将变成第二个罗布泊。民勤的生态恶化，已得到党中央和国务院的高度重视，温家宝总理多次指示，“绝不能让民勤成为第二个罗布泊，更不能让民勤这个沙漠中的绿洲从我们的视野里消失”。敦煌绿洲的沙化以每年20000亩的速度扩展，月牙泉的水位由10米深降到2米，面积由22亩减缩到8亩，流向敦煌的党河、塔里木河等几条大河已全部断流，土地沙化日趋加剧，绿洲严重萎缩，这种沙进人退的局势如不及时遏制，敦煌将重蹈“楼兰”覆辙，世界文化遗产莫高窟和月牙泉将不复存在。温家宝总理曾先后两次就敦煌生态问题做出重要批示：“敦煌生态保护工作必须高度重视、科学规划、综合治理，加快进行”。草原退化不断加剧，根据甘肃省沙漠普查监测资料，黄河源头的甘南玛曲县上世纪60年代沙化草地仅是零星分布，到1980年，1985年沙化土地面积增加到1400公顷，1994年增加到4798公顷，1999年增加到6080公顷，最近达到7136.77公顷，采用TM遥感影像数据分析，沙化从零星分布向局部集中连片发展，沙化面积迅速扩展，沙化程度不断加剧，占总面积的41.38%，属于重度沙化。荒漠化从甘肃、青海、新疆、内蒙向其他省份扩大，沙尘暴频发已创新高，危及北京，远至日、韩等国。

四、地下水到了极限

地下水是水资源的一种自然储备方式。它作为淡水资源的库存，主要是应急备用。但是长期以来，黄河流域大量开采地下水，把它当作解决水资源短缺的普遍做法。我国约有300多大中城市主要依靠地下水供给生产、生活之用。由于过度超采，现在以每年1米的速度下降，导致地下水严重匮乏，并出现地面沉降，如河北、山东、天津等部分县市地面沉降，被抽空的地层不会长期保持疏干，若没有洁净地面水补充，造成海水和污水乘虚而入，其后果是极其严重的，一旦发生，就很难逆转。地下水的超采又导致地面湿地减少而干燥，形不成湿气又加重雨量减少。地下水普遍超采是水资源危机进入极端恶化的标志。

五、河水污染严重

在经济快速增长的同时，污水处理落后和滞后，导致我国污水排放总量居世界第一。黄河流域的工业城市将污水排入黄河，使黄河污染严重。我家乡位于黄河流经的工业城市白银的下游，几十年来，白银市区内的各大工厂将污水排入黄河，使位于黄河下游的——我的家乡鱼类减少甚至消失，土质酸碱度改变，附近居民长期饮用，癌症发病率升高，近几年经过治理稍有改善，但依旧很严重。据调查，不能饮用的河水，占七大水系的近40%河段和流经城市的78%河段，许多河流已无法让鱼类继续生存。中国的水污染已从点向面、从城市向农村、从大江大河向小溪流扩散。卫生部2008年2月18日公布了我国首次针对农村饮用水与环境卫生开展的大规模调查表明，未达到基本卫生安全的超标率为44.36%，地面水超标率为40.44%，地下水超标率为45.94%，集中式供水超标率为40.83%，结果表明，我国农村饮用水和环境卫生状况与国家经济社会快速发展和社会主义新农村建设的要求有一定差距。

以上举例说明，黄河由于全球变暖、植被破坏、灌溉方式落后等因素，黄河水浪费严重，黄土高原失去了天然的保护层，引起严重的水土流失。黄河流量急骤减少，而经济社会发展对水资源的需求量则以倍数增长，已形成恶性循环，进一步加速了水的危机。我们要居安思危，防患于未然，特提以下建议。

1. 党和政府要把拯救黄河水资源当作一件重大事来抓。黄河水的抢救关系到中华民族的生死存亡和振兴，关系到我国改革开放30年成果能否巩固，关系到我国的经济能否持续发展，关系到党的十七大确定的目标能否顺利实现。

2. 国家对黄河水的抢救要采取果断、有力、强硬措施，集全国的人、财、物统一规划，分步实施。在国家拉动内需的4万亿投资中，要充分考虑对黄河水资源拯救的投入。

3. 西南水资源丰富，应尽早将西南的雅鲁藏布江、怒江、澜沧江的水引入黄河，缓解西北和华北水资源紧张，改变整个北方生态环境，减轻对南方的压力。此项目望尽早论证、立项、上马。

4. 加强黄河水源涵养营造和保护，加大退耕还林，退耕还湖工程，凡是黄河源头居住的农牧民尽可能搬迁，切断贫困—生态破坏—贫困的恶性循环链，遏制人为破坏，让脆弱的草原、林地静养生息、恢复元气。

5. 加强黄河水源的保护。在黄河水源周边严禁建立污染环境的企业，已经建的企业要通过技术改造使各类排放物达到国家规定的排放标准。不能达标的要不惜一切代价坚决搬迁；同时严禁居民生活污水、医院饲养场污水向水源排放，确保水源不被污染。

6. 加大湿地、湖泊再造工程。尽可能让黄河水少流入大海，将其部分截流再造湿地和湖泊，补充地下水。

7. 大兴植树造林工程，加大对三北防护林工程的投入。

8. 节约用水，建立节水型生活、生产体系，制定生活、农业、工业节约用水的措施和管理办法，开展循环利用。大幅提高水价，加大水再生的研究与利用。

加强农田水利基础设施建设发展节水型农业

蔡　玲

2008 年冬季以来，河北、山西、山东、河南、安徽、湖北、陕西等地部分地区的气象干旱已达重度干旱或特旱，农业专家认为干旱成灾已成定局。国家防总办公室统计，2009 年 2 月 6 日全国耕地受旱面积 3.01 亿亩，比常年同期多 1.11 亿亩，增加 58%，有 437 万人、210 万头大牲畜因旱发生饮水困难。此次旱情暴露出我国目前客观上存在的水资源总量严重不足、时空分布极不均匀、干旱地区灌溉设施不配套、水利设施老化失修等问题极为严重。农业是我国第一用水大户，农业用水状况直接关系国家水资源的安全。目前，一方面，我国灌溉用水总量已经十分紧缺，全国农田每年受旱面积近 3 亿亩，灌区中等干旱年缺水 300 亿立方米，因旱减产粮食数百亿千克。另一方面，用水效率不高的问题十分突出。地面灌溉约占总灌溉面积的 96%，土渠占 90% 以上，全国在 2/3 的灌溉面积上灌水方法十分粗放，灌溉水利用率仅为 47%。据水利部网站提供的数字，我国农田水利工程大多建设于 20 世纪 60 ~ 70 年代，由于近 20 多年来管理维护较差，工程普遍存在老化失修问题。全国大型灌区骨干工程建筑物完好率不足 40%，工程失效和报废的占 26%，个别地区可灌溉面积减少 50%；全国拥有较完善灌溉设施的水浇地 8 亿多亩，仅占耕地总面积的 45%。2003 年，在我国 19.5 亿亩耕地中，仅有 8.38 亿亩为灌区面积，1.5 亿亩有抗旱水利措施，11.1 亿亩为“望天田”，旱涝保收

作者系全国政协委员、提案委员会委员，民建中央调研部副部长。

面积仅有5.92亿亩，实际上已经无法满足确保粮食安全需要，这都与我国农田水利建设落后密切相关。

形成这种局面的主要原因：一是明显偏低的农业比较效益很难激发起农民参与农田水利建设管理的积极性。由于农业是弱质产业，加上我国人多地少，农民很难从农业生产中获得理想的收益，大量青壮年劳力外出务工经商。农村新的田间水利设施难以建设，老的因年久失修，效益衰减的现象相当普遍。二是农田水利建设的投入缺乏稳定的机制。尽管国家从1998年以来，对部分大型灌区进行以节水为中心的续建配套与技术改造，但由于管理体制没有理顺，国家投资规模小，改造速度慢，而且地方配套资金不落实，田间工程配套建设跟不上，造成"上通下阻"，使骨干渠道续建配套节水改造的效益不能充分发挥。据统计资料显示，我国对农业支持的力度与财政收入增长的状况不相匹配，呈现上下波动和下降状态。财政支农资金占中央财政收入的比重"七五"时期为9.38%、"八五"时期占9.75%、"九五"时期占9.29%、"十五"时期降为7.4%，尤其对农田水利的投入呈总体下滑趋势。三是农田水利建管体制不顺。量大、分散、需长期维护的特点使农田水利设施管理的任务比建设更加艰巨。大中型农田水利工程普遍存在经费不落实，水价不到位，水费征收难，管理措施难落实等问题。小型农田水利工程由于产权不清、管理主体缺位，以及一家一户的小规模分散经营与农田水利工程公共集约化经营、社会化服务体制之间的不适应，很多工程处于有人用、无人管的状态。

目前，我国人均占有淡水资源仅为世界平均水平的1/4，已有半数以上城市严重缺水，许多地区出现水生态危机。这次特大干旱中因农田水利设施不配套造成水资源浪费和大片农田不能浇灌已给我国农业生产安全敲响了警钟！为了从根本上缓解我国北方干旱地区严重缺水状况，改善农村水污染和生态环境，加快我国现代农业建设步伐，我认为，在保增长、扩内需、调结构、促改革的宏观政策背景下，建议中央政府把加大农田水利基础设施投入，建设节水型农业作为扩大内需的切入点。一方面，加大中央政府对大中型农田水利设施的投入力度，同时，支持地方政府通过以工代赈方式修建与其配套的小型水利设施，鼓励发展喷灌、滴灌等设施农业，加快节水型农业建设步伐；另一方面，继续深化农田水利建设管理体制改革，建立有利于建设节水型农业的体制机制。这样，不仅可以通过组织农民兴修水利工程吸收大量农村劳动力就业，增加农民收入，启动农村市场，而且又会拉动对钢材、水泥、管材等需求，从而达到既节约水资源、美化农村环境，又拉动内需、优化结构、提高农业现代化水平的目的。为此建议：

1. 强化政府对农田水利建设的责任，加大中央政府投入力度，建立以公共财政为主体的农田水利建设投入机制。水利是农业的命脉，必须从统筹城乡发展的全局和发展现代农业、推进新农村建设的高度，认识和对待农田水利的性质和事权划分，统一思想，进一步强化各级政府对搞好农田水利的责任，对大中型农田水利工程，由政府投资建设；小型农田水利工程实行“民办公助”。

2. 加强协调，统一编制省、县级农田水利建设规划。这是保证农田水利事业健康发展的前提和基础。通过编制省、县规划，优化省、县区域内大中型农田水利建设总体布局，完善与其配套的中小型水利设施建设体系，协调有关部门、整合投资，提高资金使用效率。规划编制完成并经批准后，作为省、县农田水利建设和安排国家投资的重要依据。

3. 创新管理，建立健全有效的农田水利建管体制与机制。一是建立专业管理和农民自主管理相结合的农田水利工程管理体制。大中型农田水利工程，由政府设立专管机构，实行专业管理，其公益性支出由财政承担。小型农田水利工程由农民用水合作组织、村组或农户自主管理。政府支持农民用水合作组织能力建设。二是支持小型农田水利设施产权制度改革。允许通过承包、租赁、拍卖经营权等方式，实现经营权的流转。政府对依规取得的小型农田水利设施经营权予以保护。三是不断完善基层农田水利管理和服务体系。在防汛抗旱等水利建设管理任务较重地区，以乡镇为单元设立水利管理机构，其他地区按灌排区域设立管理机构，管理经费纳入财政预算。逐步建立村组水管员享受财政补贴制度，稳定村组水管员队伍。

4. 深化农业用水资源价格改革，加大对农田水利的保护和保障程度。一是为调动农民节水的积极性，促进农业产业结构调整，认真总结推广北京市开征农业用水资源费的经验，制定农业用水水资源费管理暂行办法。二是建立和完善农田水利法规体系。加快农田水利立法进程，对农田水利的地位、作用、性质、投资体制、建设和管理体制、经营方式、各级政府和部门的职责等做出明确规定，为农田水利建设与管理提供法律保障。

环境篇

生态文明——人与自然和谐之道

王玉庆

中国共产党十七大将建设生态文明作为贯彻落实科学发展观必然要求和全面建设小康社会的重大任务，这是构建社会主义和谐社会、实现中华民族可持续发展的重大战略部署。当前，面对全球金融危机催生的经济秩序变革和中国经济发展模式的转型，探讨如何建设社会主义生态文明，具有重要的理论价值和现实意义。

一、生态文明概念与内涵之辨析

文明是人类改造世界的物质和精神成果的总和，是人类社会进步的标志。美国的罗依·莫里森（Roy Morrison）1995年在《生态民主（Ecological Democracy）》一书中明确提出了“生态文明（Ecological Civilization）”的概念。我国生态学家叶谦吉在1987年就提出要大力倡导生态文明建设。然而生态文明的思想，可以追溯到人类文明的源头，古代四大文明都孕育了朴素的生态文明思想，特别是中国传统文化的道家、儒家思想中，蕴含着深刻的人与自然和谐思想，如“天人合一”、“道法自然”等，这些都为今天的生态文明提供了哲学基础与思想源泉。

从广义上讲，生态文明是指人类遵循人、自然、社会和谐发展的

作者系全国政协委员、人口资源环境委员会副主任，原国家环保总局副局长，中国环境科学学会理事长。

客观规律，改造世界而取得的物质与精神成果的总和。从狭义上讲，生态文明则是人类文明的一个方面，即人类在处理与自然的关系时所达到的文明程度，是指人类社会与自然界和谐共处、良性互动的状态。生态文明与物质文明、精神文明、政治文明等共同组成了人类社会文明的多个维度。

生态文明的本质或中心思想，就是人与自然相和谐。首先是何谓“和谐”。和谐是指一个系统内不同主体之间的一种特定关系，亦可指这种关系所处的一种状态。自然生态系统的和谐是指在一定外部条件下，自然生态系统的组分、结构和功能达到一种动态平衡和良性循环的状态，并朝着结构从简单到复杂，类型从单一到多样，功能从低级到高级的方向进化。把人与自然作为一个系统来看，和谐讲的是人与自然的关系，是一种相互影响、对立统一、不断发展变化的矛盾关系，是在一定条件下达到的适合人类生存的稳定平衡状态。

马克思、恩格斯充分肯定自然界对人的生存及人类社会发展的优先存在地位，认为自然界制约和规定着人的生存和发展，随着社会进步和生产方式的变革，人将走向与自然的和谐。人与自然和谐，既不是人类社会的进步与发展完全依赖于自然的原本状态，也不是自然的发展变化完全服从于人类自身发展的需要，而是将人类自身的发展融入自然的演化之中，实现人类社会发展与自然演化的和谐统一。其主要内容包括人类的生存和健康得到保障，生物多样性和其他自然遗产尽可能得到保存，各类自然生态系统的服务功能得到基本保障。

其次是怎样才能实现“和谐”。人类的存在与发展，势必改造环境、干预自然的演变过程。现代科技使我们可以移山填海，也可以在分子原子层级上干预自然过程。这种干预力度越大，对生态系统的影响愈烈、风险愈大。这种改造和干预应保持在何种程度，才能保证人与自然的和谐呢？这既要考虑人类活动对自然的影响程度，又要考虑人类自身的发展。

一方面，人类活动对自然生态系统的干预，不能超出其稳定的限度，即不能导致较大范围生态系统结构的失衡和功能的降低。普遍指标是人类活动排放的污染物不能超过环境的自然净化能力，对可更新资源的开发不能超过其更新速度。两项根本指标是生态系统生产力和生物多样性的变化。例如，若人类开发活动使森林、草原变成荒漠，该生态系统的生物生产力及多样性严重下降，可判定这种行为是不和谐的。

随着人口的增加和经济社会的发展，大量自然条件（环境）被改变了，森林、草原、湿地变成了农田和城镇，这几乎是难以逆转的。在当前阶段，完全消除人类活动对自然环境的不良影响是不可能的。为此就需要取得一种平衡，把握一种度。很重要的是影响或破坏了自然就要努力给自然以补偿，使对生命维持系统极为重要的自然界洁净空气、水和土壤的循环得以持续。

另一方面，要考虑人类社会自身有序发展问题。首先是人口的控制。地球能承受的人类这一物种的数量是有限度的。自然生态系统中各类物种生存和扩张存在相互制约的关系。人类作为一种理智的生物，要对自身行为进行约束。如果到了靠自然规律来调节人类过度扩张时，人类社会也就走到了尽头。其次是要明确人类生活的目标是什么。高质量的生活绝不是无节制地追求物质享受，而应是一种适度物质消费、有丰富精神文化的生活。

总而言之，生态文明以环境资源承载力为基础、以可持续的社会经济政策为手段，以致力于构造一个人与自然和谐发展社会为目的，遵循自然规律的文明形态。生态文明的内涵可包括以下几个方面：

第一，生态文明是一种积极、良性发展的文明形态。生态文明绝不是拒绝发展，更不是停滞或倒退，而是要更好地发展，要通过生产力的进一步提高、生产生活方式的根本转变，提高人类适应自然、利用自然和修复自然的能力，实现人与自然和谐、健康地发展。

第二，生态文明是可持续发展的文明。这包括人类的可持续和自然的可持续，二者是相统一的。人类所有利用环境、开发资源的活动，都必须以环境可承载和可恢复、资源可接替为前提，必须兼顾后代人的利益，是一种可持续的开发利用。

第三，生态文明应是一种科学的、自觉的文明形态。原始文明、农业文明包含着朴素的、自发的生态文明，未来的生态文明应是自觉的生态文明，仅有“天人合一”这样的哲学观念是不够的，还必须以科技的发展为基础，自觉地转变生产生活方式。

第四，生态文明与物质、精神、政治文明共同构成了人类文明的整体框架。四种文明在人类发展的不同历史时期都有，只不过各种文明的内涵和形式有所变化。从自然是人类社会生存的基础来看，生态文明可以看作是其他三个文明的基础。中央提出的生态文明，是与物质、精神、政治文明相对应使用的，是国家处理人与自然关系的伦理要求，是一种治国的理念。

二、建设社会主义生态文明

实现人与自然和谐的生态文明是共产主义理想的题中之义。在社会主义初级阶段，建立与之相符的社会主义生态文明，必须从国情出发，以转变发展观念，减少环境污染，实现资源能源节约及资源的循环利用等为重点。主要包括：

（一）转变发展观念

首先，要转变对经济与环境关系的认识。过去从经济发展的角度把环境看作经济的子系统，这导致了对资源环境的过度掠夺和破坏，反过来威胁到人类的可持续发展。现在应转变观念，把经济看作是环境的一个子系统，使经济社会发展建立在环境承载力基础上。现在各国发展绿色技术、低碳经济，就是经济与环境关系的转变。我国广东、江苏、云南、海南等地区提出“环境优先”的发展战略，也是这种观念转变的体现。

第二，要转变过度追求物质利益的经济主义发展观念。发达国家虽然经济发达、环境良好，但很大程度上是通过资源的输入和环境影响的转移实现的，让广大发展中国家为他们的资源环境买单，这不是真正的生态文明。追求高质量的生活是人类的天性，但过分追求经济利益和物质享受，不但降低了人的精神境界，而且使人类与自然的冲突日益激化。因此必须改变这种经济增长至上、高投入高消费的生产和生活方式，树立一种以适度节制物质消费，避免或减少对环境的破坏，有利于健康，有丰富的精神文化生活，崇尚自然和保护生态的生活观念。

（二）建立促进生态文明发展的体制

在体制上，要将生态文明建设纳入到全面建设小康社会的整体部署中去，将资源节约和环境保护融入综合决策和经济社会发展全局。首先要综合运用政治、经济、法律、行政和科技的力量来推进生态文明建设和环境保护工作。第二，各级政府要担负起环境保护的职责。要明确中央与地方的环保职责，强化协调机制和考核奖惩机制。第三，要建立政府为主导、企业为主体、社会组织推动、全体公民参与的生态文明发展体制。要强化社会监督，公开环境信息，维护公众的知情权、参与权和监督权，发挥社会团体的作用。

（三）完善有利于环境保护和资源节约的机制

要建立包括资源环境要素的市场经济制度，形成有利于环境保护和资源节约的经济政策体系，让资源环境成为主要的市场要素，参与市场竞争和分配；实行严格的环境保护制度，建设完善的法律制度和标准，提高环境执法能力；根据环境功能与资源环境承载力开展功能区划，作为区域经济社会发展的依据。

（四）大力发展绿色技术，引领未来可持续发展

科学技术一直是经济发展和社会变革的直接推动力，建设生态文明同样需要依靠科技的进步。过去新技术研发强调的是提高劳动生产率和经济效益，现在新技术研发应更多地强调提高资源生产率和环境承载力，即发展绿色技术，包括污染防治技术、环境友好技术、生态保护技术等。发达国家在绿色技术研发方面有几十年的积累，当前美、英等国纷纷将发展“绿色经济”作为新增长点，力图领导新一轮绿色技术革命。作为人口众多的发展中大国，我们已没有发达国家工业化初期那种充裕的资源和环境条件，因此在现代化进程中，要发挥后发优势，把握未来技术发展的方向，占领绿色技术制高点。

（五）加强环境教育，弘扬生态文明

广泛开展环境宣传教育，弘扬环境文化，倡导生态文明，营造全社会关心、支持、参与生态文明建设的舆论氛围，让绿色消费成为社会风气。

（六）开展国际合作，共同应对全球环境挑战

在经济全球化、生态环境问题全球化的今天，建设生态文明离不开全球合作。要依照共同但有区别的责任原则，建立全球和区域合作机制，制定共同行动目标，加强沟通对话和交流合作，走可持续发展的道路。

大力弘扬生态文化　携手共建生态文明

江泽慧

党的十七大报告第一次把建设生态文明作为我们党和国家为实现全面建设小康社会奋斗目标的新要求之一。这一新要求，丰富和拓展了科学发展观理论的深刻内涵，指明了中国未来社会发展的方向。中国生态文化博大精深，源远流长；中国生态文化顺应潮流，与时俱进。弘扬生态文化，倡导绿色生活，共建生态文明，必将成为构建社会主义和谐社会的强大力量。

一、大力弘扬生态文化，凝聚全社会文明进步的力量

生态文化是一种社会现象，是人们长期创造形成的产物；又是一种历史现象，是社会历史的积淀物。广义的生态文化是指人类历史实践过程中所创造的与自然相关的物质财富和精神财富的总和。狭义的生态文化是指人与自然和谐发展、共存共荣的意识形态、价值取向和行为方式等。生态文化是反映人与自然关系的文化，也是人类尊重自然，崇尚科学，实现可持续发展的强大动力。

弘扬生态文化，源在认知。生态文化源于人类对自然的认知。以人为本，实现人与自然和谐共存，既是生态文化的核心，也是人类社会追求的目标。深入贯彻落实科学发展观，正是要求我们在所有社会生产和生活中，尊重自然，善待自然，正确认识和处理生态与经济、

作者系全国政协委员，人口资源环境委员会副主任，中国生态文化协会会长。

环境与发展、保护与利用、当代人与后代人的利益关系，不断深入探讨、认识和解决人与自然之间复杂矛盾与内在关系，实现全面协调可持续发展，充分发挥自然资源和生态系统的多种功能、多种效益和多重价值，不断满足人类社会发展的多样化需求。

弘扬生态文化，功在实践。人类生存与发展，每时每刻都离不开维系生命的支撑系统——自然环境和生态系统。人类包括衣食住行在内的所有生产生活，都与生态文化直接相关。比如，城市生态文化能创造舒适清新的人居环境；企业生态文化能促进清洁生产，节能减排；美食生态文化能让人们享受绿色健康食品；旅游生态文化能使人放松心情，陶冶情操，如此等等。可以说，生态文化的实践活动几乎覆盖了社会生活的每一个领域，渗透到现实生活的每一个角落，让人们在享受生态文化带来幸福愉悦的同时，影响着人们的生活方式、行为规范、思维方式和价值观念，渗透和贯彻到精神、物质、制度和行为等各个领域之中，实现人与自然和谐共存，协调发展。

弘扬生态文化，重在参与。群众性、多元化、开放式和参与式，是弘扬生态文化的基本原则和活动形式。重在参与，不仅尊重文化的多元性、形式的多样性和内容的丰富性，还要提高文化的层次性、参与的主动性和普及的广泛性。要用“海纳百川，有容乃大”的胸怀与气魄，“天人合一，道法自然”的认知与追求，“传承创新，发扬光大”的智慧和勇气，组织开展不同类型的生态文化活动，满足不同人群、不同层次、不同界别的需求，浓淡相宜，雅俗共赏。

二、全力推动绿色生活，拉动内需促进经济持续增长

倡导和推动绿色生活，就是把绿色理念融入人类生存发展的各种生计活动。人的物质需求与精神需求，不单纯指衣食住行的富足和文化娱乐的享受，还包括自然资源的富有和生态环境的美好。坚持生产发展、生活富裕、生态良好的文明发展道路，把生产、生活、生态融入文明发展范畴，不仅包含了绿色生活的全部内容，同时也赋予了绿

色生活在拉动内需和推动经济社会可持续发展中的重要使命。

推动绿色生活，遵循“5R”原则。这就要求社会每一个成员的言行举止，力求符合“节约资源，减少污染（Reduce）；绿色消费，环保选购（Reevaluate）；重复使用，多次利用（Reuse）；分类回收，循环再生（Recycle）；保护自然，万物共存（Rescue）”的“5R”原则。让绿色生活成为我们时代的发展理念、社会的行为准则和生活的时尚追求，让所有人都分享到绿色生活带来的福祉。

推动绿色生活，促进绿色发展。绿色发展以节能减排、环保降耗为手段，以调整产业结构、转变增长方式、发展循环经济为路径，推进科学发展，创造绿色生活。中国林业为绿色发展做出了出色的贡献。据联合国粮农组织统计，2000～2005年间，中国净增的森林面积居世界首位，其增加森林面积的总量，相当于过去五年全球森林砍伐面积的近一半。中国现有森林年均生长量达到5亿立方米，年吸收二氧化碳的数量在逐年增加。据国内专家初步估算，2004年中国森林净吸收了约5亿吨二氧化碳当量，相当于同期全国温室气体排放总量的8%。然而，我们必须清醒地看到，中国正以历史上最脆弱的生态环境承载着历史上最多的人口，担负着历史上最空前的资源消耗和经济活动，面临着历史上最为突出的生态环境挑战。中国不能再重复高消耗、高污染、低效率的传统发展模式，必须在全社会大力倡导绿色生活，全力推进绿色发展，才是科学明智之举，改革发展之策。

推动绿色生活，改变消费模式。生产拉动消费，消费促进生产。绿色生活所倡导的是绿色消费和可持续消费。即优先选择具有绿色标识的健康产品，采购有利于环保和节约资源能源的产品，注重消费后废弃物的回收利用。要通过倡导和推动绿色生活，把绿色消费观融入到社会生活、职业生活、家庭生活和个人生活之中，实现发展秩序、生产秩序、社会秩序、生活秩序、心态秩序与自然生态秩序之间的和谐、融合与平衡；要通过倡导和推动绿色生活，培育绿色消费市场，拓展绿色消费空间，有效开发和拉动内需，在推动经济稳步增长的同时，不断提升经济发展的质量和效益。

三、协力共建生态文明，建立人与自然和谐共存的社会

生态文明是继原始文明、农业文明和工业文明之后的一种更高级、更复杂、更进步的人类文明形式和社会形态，也是人类社会发展所共同追求的目标。我国目前正处在工业化、城市化和农业现代化的快速发展阶段，并努力向生态文明发展阶段迈进。

共建生态文明，承担社会责任。当今世界所面临最严峻的全球性挑战，莫过于资源、环境和气候问题。而有效的资源保育、环境治理、控制污染、减少排放，将为人类提供最迫切、最短缺的公共产品——生态产品与服务。我们的责任就是牢牢抓住这些涉及面广、参与性强、响应度高的社会热点问题，运用生态文化的力量，即广大民众对自然资源与生态环境的亲和力、影响力和聚合力，动员和组织全社会各方面的力量共同努力，把构建资源节约型、环境友好型社会的各项任务，落实到每一个工作单元、生产单元，乃至每一个家庭及成员，自觉履行各自的生态责任和生态义务。

共建生态文明，夯实社会根基。良好的生态意识和社会风气是建设生态文明的根基。一个国家、一个民族、一个社会，只有全民具备了共同的生态道德、生态良知和生态行为，生态文明才能由理想变为现实。要高度重视生态文化基础设施，完善各级各类自然保护区、森林公园、湿地公园、地质公园、海洋公园、自然博物馆、科技馆、城市森林与园林等生态文化载体，积极探索和丰富新的宣教形式和内容，采取“政府推动、群团操作、专家指导、全民参与”的方式，从少儿教育抓起，从生产生活的点点滴滴做起，开展经常性生态文化宣传、教育、普及活动，在全社会牢固树立关注生态、热爱自然的生态文明观念，养成珍惜自然资源，保护生态环境的良好习惯，共同推进生态文明建设。

共建生态文明，搭建协会平台。经国务院批准，中国生态文化协会于 2008 年 10 月 8 日在北京已正式成立。中共中央政治局常委、全

国政协主席贾庆林致信祝贺，中共中央政治局委员、国务委员刘延东出席成立大会并致辞，全国人大常委会副委员长路甬祥、全国政协副主席孙家正出席成立大会。按照“弘扬生态文化，倡导绿色生活，共建生态文明”的协会宗旨，中国生态文化协会将与相关部门和单位密切联系，加强合作，重点做好八项工作：宣传生态文明理念，普及生态文化知识；传播绿色生产、生活方式，引导绿色消费；组织开展生态文化领域的理论研究，推动成果应用与示范；定期评选“中国生态文化示范基地”；定期举办“中国生态文化高峰论坛”；繁荣生态文化产业，丰富生态文化产品；开展生态文化领域的国际合作与交流；开展各种生态文化交流活动，组织生态文化业务培训，出版生态文化宣传刊物。通过中国生态文化协会平台，让生态融入生活，用文化凝聚力量，稳步推进生态文明建设。

加强 IPCC 科学研究工作

秦大河

近 100 年来，全球大气 CO_2 浓度增加持续加速，2005 年大气 CO_2 浓度为 379. 0ppm，2008 年达到 385. 2ppm，2009 年将达到 387ppm。由此导致全球气候系统发生了重大变化，如全球地表气温升高、冰冻圈退缩、海平面升高等。

12 月 7 日，IPCC 主席帕秋瑞在哥本哈根气候大会上就 IPCC 第四次评估报告发表声明，强调评估报告的科学性和严肃性。次日，第一工作组联合主席托马斯和我联名就 IPCC 第四次评估报告第一工作组科学结论也发表了声明。

刚才丁一汇院士谈了气候变化的科学结论和不确定性，以及 2℃阈值问题。关于 2℃阈值，IPCC 给出了六种选择，并没有讲 2℃和 350ppm 是危险阈值。而是欧盟只选择最低一档，即 2℃阈值。IPCC 和 UNFCCC 特点是政治谈判限定在科学研究的基础上。

刚才周大地等几位专家的发言反映了一个问题，就是支撑政府间政治谈判的基础是科学研究成果。但坦率地讲，我们在这一方面做的不够。IPCC 第一工作组是 IPCC 三个工作组的理论基础，第二工作组谈气候变化的脆弱性、影响和适应，第三工作组谈减缓气候变化，它们的所有结论都是建立在第一工作组的科学研究基础上的。所以，第

作者系全国政协常委，人口资源环境委员会副主任。中国科学院院士，政府间气候变化专业委员会（IPCC）第一工作组联合主席。此文为作者 2009 年 12 月 11 日，在温家宝总理主持的应对气候变化座谈会上的发言（略有删减）。

一工作组的作用很关键，我是奉中国政府指定，经过竞争当选为第一工作组联合主席，而且第五次评估报告也拿到了这个职位。

第四次评估报告过程中，当时的美国小布什政府是否定《京都议定书》和《联合国气候变化框架公约》的。此时，我们中国也正处在经济快速发展时期，科技含量低，碳排放比较高。我们的判断是，碳排放美国世界第一，中国第二。那个时候在气候变化问题上美国和我们是同路人。现在美国换了总统，情况发生了变化，国际谈判中就把我们中国放在前面，成为很显眼的排放大国。我说过不要以为我们是多好的朋友，形势一变我们就被放在“案板”上，不幸言中，就变成了现在这么一个局面。但是，温总理，我想您作为一位政治家，政治谈判是有它自身的规律，您非常娴熟和自如。当我们科学家吵得死去活来的时候，政治家一个会议可以解决无数纷争，我相信您有这样的能力和智慧，在哥本哈根会议上，通过谈判为我们中华民族再赢得一段发展的时间和空间。但是有一点，为了我们中华民族的生存发展，也为了全人类的生存发展，减排是必需的！

支撑气候变化的政治谈判需要科学研究做后盾。但是，这方面看我们中国确实还有许多工作要做。刚才丁一汇已经讲到 IPCC 第三次、第四次评估报告的所有科学结论，都源于经过审核的正式发表的科技文献，而且不受语言限制，中文、英文，或其他语言都可以，关键是科学文献。所以，一个国家的科学家发表成果被引用率的高低，反映他对气候变化科学贡献的多寡。我们中国科学家的贡献率很低。第三次评估报告结束后，我做过一次统计，贡献率大概在 1.3% 左右。第四次评估报告第一工作组一共引用了 6339 篇科学文献，中国科学家（指来自大陆的科学家）只有 88 篇，大概占总量的 1.2%~1.3%，而且在最关键的科学问题“气候变化的检测和归因”一章里，中国既无主要作者参加，也没有一篇文章被引用。《气候变化研究进展》已经把 88 篇被引用的科学文献的作者和单位都列出来发表在杂志上了，目的是鼓励科学家做这方面的研究。但很不幸，对 IPCC 第五次评估报告我很难乐观起来，因为第五次评估报告在 2013 年的 3 月份将要封笔，意味着有关研究应当已经结束或接近尾声，只有这样才有可能被第五次评估报告引用，但实际情况很不乐观！我们如何是好？

西方发达国家是怎样对待像气候变化这样的重大科学问题的呢？我在担任中国气象局局长时，曾应邀做过德国环境部门有关环境与气候变化项目申请的国外评审专家。德国请了许多国外专家做评委，包括 IPCC 报告的主要作者。评审要求里有一条是，你所评审的申请书符不符合 IPCC 工作的方向？如果不符，申请书便被淘汰。这就是为什么发达国家通过政府努力，推动气候变化科学研究工作快速超前发展，并将科学成果应用到政治谈判中，为国家和政府应对气候变化公约谈判起支撑作用，产生了很好的效果。我还记得 2000 年我到中国气象局工作之前，参加过 IPCC 航空排放的特别科学评估报告的会议，作报告的科学家很年轻，多为博士和博士后，而且几乎是清一色的美国、英国和德国等发达国家的科学家。这意味他们开展这项工作已经很久了，十年以前就开始了，十年后的结果主导了世界研究的方向，为各自的政府参加政治谈判提供了支撑。从这里可以看出，我国政府要有自己的科技支撑力量，必须是国内有关部门，从科学研究机构到高等院校，到农、林、水、气等业务部门，以及经济、社会、外交等领域的专家和领导，共同努力，协调关系，加强应对气候变化方面的研究工作。

刚才在照相之前，温总理对气象工作提了四点：第一是基本建设，第二是科学研究，第三是在这些基础上要提供优质的气象服务，第四是应对气候变化。应对气候变化不但要靠技术，更要靠科学研究。所以我希望中央领导高度够重视这一点，提出具体要求。我这里呼吁国内各部门重视这一点。

温总理刚刚视察了“冰冻圈科学国家重点实验室”，作为实验室主任，我代表实验室全体同志真诚感谢总理莅临兰州检查和指导工作！关于中国冰冻圈研究，因为孙鸿烈院士发言已谈了中国冰冻圈的变化问题，重复的我就不讲了。但是，我这里还要特别强调，中国是世界冰冻圈发育大国，我国现代有冰川 46377 条，总面积 60123 平方千米，储量5600平方千米。中国多年冻土面积约2.2×10^6平方千米，加上季节冻土，中国冻土面积占国土面积的70%以上。中国冰冻圈变化目前的状况是总体退缩加快，局地变化不显著。预测未来几十年我国冰冻圈将呈继续退缩趋势。冰冻圈不断退缩将给我国西部、北部地区的气候、生态、工程以及流域水资源变化等带来巨大负面影响。

从《哥本哈根协议》看我国应对气候变化战略

林而达

作为专家顾问代表团成员，我全程参加了哥本哈根气候变化大会，亲身经历了中国代表团认真贯彻执行党中央关于应对气候变化的方针政策，和广大发展中国家一道，坚守了我们的核心利益即发展中国家的根本利益，取得了尽可能的积极成果的艰苦过程，深感中央的方针政策是正确的，我国应对气候变化的战略是有前瞻性的。

会议的成果《哥本哈根协议》坚持了共同而有区别责任的原则，区分了发达国家实行量化的绝对减排义务，发展中国家实行自主的相对减排行动和公约规定下的报告制度的不同。这种制度（公约 4.7 条）规定了发展中国家的报告和准备采取的适应、减排行动与收到的资金帮助和技术转让挂钩的原则，因此，协议根据发达国家的承诺，明确了到 2020 年这些国家每年共提供 1000 亿美元，帮助发展中国家实行减缓和适应行动。虽然与世界银行预计 2030 年发展中国家适应与减缓的资金需求合计要 4750 亿美元相差很远，但还是表明了发达国家已经开始认识到资金是解决气候变化问题的重要因素。协议同时还指出：应当在为尽早达到全球和国家排放峰值方面开展合作，并认识到发展中国家达到排放峰值的时间范围将更长，并时刻牢记社会经济发展和消除贫困是发展中国家的首要任务。这就是说协议承认发达国家要在中近期以超过发展中国家排放增长的强度大幅度减少自己的

作者系全国政协常委，人口资源环境委员会委员，气候变化专家委员会委员，中国农科院农业与气候变化研究中心主任。

排放。这些重要的结论体现了发展中国家的意愿，展现了发展中国家力量已经变得逐步强大，任何重大国际事务的决策过程都不能忽视发展中国家的诉求。

从协议中也可以看出为了推进谈判，我们采取了灵活态度，做了两点让步，一是首次承认了将全球温度的升幅限制在2℃以下，并要求在公平的基础上采取行动实现上述与科学相一致的目标；二是把提交透明信息的国家信息通报的时间间隔缩短到两年。我不认为承认2℃阈值是发展中国家失败的开始，2℃阈值是一把双刃剑，既可能限制我们远期的减排行动，也可以作为现在要求发达国家中近期大幅度减排的依据。从协议中保留了评估审议小岛国家从受害者角度要求的温度升高低于1.5℃的长期目标，以及不把2℃阈值与2050年全球排放比1990年减半挂钩看，这种让步的效果应该主要还是提高了对发达国家中近期大幅度减排的压力。另一方面，发展中国家承诺提供自主减排效果的透明信息是在拒绝了发达国家提出的，可能模糊有区别责任的MRV（可测量可报告可核查）要求，以确保发展中国家主权得到尊重的条件下做出的。我国已有六名专家参加过气候公约组织的对发达国家温室气体清单的核查，因此，提供透明信息，这在技术上对我们是没有困难的，与公约的要求以及温总理在会议上宣布的“我们将进一步完善国内统计、检测、考核办法，改进减排信息的披露方式，增加透明度，积极开展国际交流、对话与合作”是一致的。

本次会议的最大成果是继续坚持了气候公约和议定书“共同而有区别责任”的原则，这是经历了两周乃至两年多的艰苦斗争而保住的。中国的外交人员和科技人员曾经为气候公约确立这一原则，使其成为“联合国历史上对发展中国家最为公平的国际公约”（联合国来自发展中国家的某高级官员，1998），做出了巨大且关键性的理论贡献。2002年在法国里昂第八次缔约方大会上，77国集团主席、尼日利亚环境部长为此曾代表尼日利亚总统和尼日利亚人民向因病刚刚去世的中国外交战士表示崇高的敬意，并引发全场1700多会议代表的一致默哀致敬。这在20年气候公约的谈判史上是绝无仅有的。现在，我们有理由更加充满信心地坚持气候公约共同而有区别责任的原则，使这一原则继续成为我国应对气候变化战略的理论基础。

支持这一理论的科学方法，包括人均排放、人均累计排放的公平计算，以及世代的公平性计算等，可能还有若干不足，但该理论在哥本哈根会议上继续得以坚持的现实说明，这些方法是有科学基础的；实施要求发达国家大幅度减少温室气体排放，发展中国家根据自身发展需求采取适当行动自主控制温室气体排放的双轨制是经过考验的、是广大发展中国家拥护的，这也是逐步减少博弈、加强合作的基础。

发展中国家根据本国国情，在发达国家资金和技术转让支持下，尽可能减缓温室气体排放，适应气候变化，确实需要建立国家有关数据支持系统。我国在联合国的支持下，曾经编制了1994年国家温室气体清单，现在正在编制2005年国家温室气体清单，其准确性对于考核2020年减缓排放的目标十分重要。编制的基础方法是根据缔约方大会通过的指南，基础数据一部分是根据国家统计局公布的数据，编制的队伍是各个领域的研究人员。落实国家关于减缓温室气体排放的目标，并“坚定不移地为实现、甚至超过这个目标而努力。”（温家宝，2009）需要国家统计系统全面介入，承担起统计、监测和考核任务。

哥本哈根会议还不是解决气候变化问题的结束，为了落实《哥本哈根协议》及我国应对气候变化战略，我建议：

1. 继续坚持共同而有区别责任的原则，把哥本哈根会议当作新的起点，通过有效的国际谈判积极开展国际交流、对话与合作，加强对最脆弱发展中国家适应气候变化的支持，为保护全球气候做出我们新的努力。

2. 各部门各地方都要提高认识、凝聚共识，把应对气候变化纳入“十二五”及以后几个五年国民经济和社会发展规划和工作计划，围绕落实中央应对气候变化方针政策和减缓温室气体排放的各项措施，把自己的事情做好。

3. 科技界要为落实中央应对气候变化的方针政策和减缓温室气

体排放的各项措施开展有针对性的研究，提供更多更有针对性的科技支持，要以实际行动为减少科学不确定性做贡献。

4. 新闻界要大力宣传各地各部门落实中央应对气候变化的方针政策和减缓温室气体排放各项措施的成功经验，凝聚力量，迎接全球面临的挑战。

我相信，经过不断的努力，我们应对气候变化的战略目标一定能达到，并继续对全世界应对气候变化的行动产生积极而重要的影响。

建设生态健康的两型社会

鲁志强

“生态健康”是一个新词。什么是“生态健康”？农工党的学者创造这个新词的初衷是什么？农工党坚持使用这个概念，不断探讨的深意又在哪里？这是我最初对“生态健康”的关注点 。

我同意第四次“生态健康”论坛上桑国卫主席对生态健康的定义。即，我们应该讨论的生态，是指包括社会、经济和自然环境的“大生态”概念，所谈论的“生态健康”是对这个大系统复杂关系和状态的测度。从这样的界定出发，我觉得有四点是我们应该关注的：

一、“生态健康”反映了国际发展潮流

自上世纪 70 年代开始，世界出现了反思传统工业化的思潮，到 90 年代形成了共识——即世界必须可持续发展，必须落实到人的发展。一些国际权威机构发展指标的变化，清晰地反映了这一变化：

世界银行基本发展指标：1980 年代，仅关注人口、国土面积、人均国民生产总值、通货膨胀率和预期寿命。而到了 21 世纪，增加了成人识字率，人均二氧化碳排放三个指标，有几年还加入了儿童死亡率。并列入联合国千年发展目标完成情况。

联合国千年发展目标：共八个领域 15 个指标，关注的是贫困和

作者系十届全国政协委员，国务院发展研究中心原副主任。此文为作者在第五届中国生态健康论坛上的发言。

饥饿，儿童营养，普及教育，性别平等，儿童死亡率，母亲健康，艾滋病和其他基本防疫情况，等等。

联合国开发署人类发展指数：包括人均GDP，人均可支配收入，文盲、半文盲率，识字率，入学率，失业率，预期寿命，婴儿死亡率等涉及健康、教育和经济的指标。

生态现代化指标：近20年，国际理论界提出了生态现代化概念，将之称为继工业化后的第二次现代化。核心理念是从“改变自然、征服自然”的索取理念，转向“守护自然、互利共生”的和谐理念。

这些指标的建立和变化趋势，明确地昭示我们：评价一个国家的发展水平，判断一个国家的现代化程度，标准和依据不是单一的GDP，而是多指标、多领域的测度。其总的趋势，是更加关注人的全面发展，更加关注人与自然的协调。也明白无误地告诉我们：改变经济和社会发展模式，改变人的行为模式，争取世界的可持续发展，是人类发展的必由之路，舍此无它。

30年改革开放，我们走出了贫困，成为世界第三大经济体。在社会、环境和人的发展等领域也取得了长足进步，这些进步得到了国际权威机构的高度评价：

联合国2009年的评价：“总体而言，中国在实施千年发展目标方面取得了巨大进展，已提前7年大部分完成甚至超越了消除贫困、饥饿、文盲、降低婴儿和五岁以下儿童死亡率等目标。”其中有些评价非常高。例如，“如果没有中国在扶贫领域的显著成就，世界将很难达到该项千年发展目标的要求”。“中国人工林已占到世界人工林面积的近1/3，中国人工林面积年均增量占全球年均增量的53.2%，成为森林资源增长最快的国家。”

中国人类发展指数：1978年为0.53，略高于低人类发展水平线0.5。到2005年就迅速上升到0.777，提高近50%，2009年较2008年排名又上升7位。中国的人类发展指数增长速度是其他国家的两倍，已经接近高人类发展水平的国家。

二、“生态健康”提出了一个新的价值取向和评价标准

什么是“健康”？各种辞海、辞典、百科全书对“健康”定义不一，但核心和关键词是两个：一是“正常”，二是“无缺陷”。即“健康”的本质，应该是消除缺陷，保持正常。但用“健康”测度由社会、经济和环境组成的复杂大系统，什么是正常？什么算缺陷？如何判定生态是否“健康”，则是一个难题。因为，不存在统一的判别标准、价值追求和观察视角。换言之，这是一个涉及价值取向，涉及利益诉求的复杂问题，不是简单的学术问题。庆幸的是，经过30年的改革，经过多年对传统计划经济，对市场取向改革的反思和总结，目前已经取得了一些共识，获得了一些认同的准则。中央将其归纳为“科学发展、以人文本”，建设“物质文明、精神文明、政治文明、生态文明”的现代化，坚持可持续发展等指导原则，这是我们讨论生态健康的前提和价值基础。这是我们引用“生态健康”作为测度体系可行性的理论基石。

把“健康”引进经济社会环境组成的“生态”，至少有两点值得注意：

（一）“健康”以整体为测度目标

健康追求的是正常为好，无缺陷为佳。任何一项指标超乎“正常”，过高过低都是病态。采用的多指标体系，各单项指标有重要性之别，却无相互替代之能。这样的评价逻辑和我们现在的一些思维惯性差别很大。用这样的视角观察一些现象，例如个别地方争建亚洲第一、世界第一工程，动辄大广场、大办公楼、光亮工程，却忽视能力、基础、民意等问题，恐怕就有亚健康，甚至不健康之嫌。追求总体状况的完好，就要做到不过分强调某个指标，不忽视任一指标，对缺陷零容忍。就要求我们建设的现代化，必须是完整的现代化，不是瘸腿的现代化，更不是不可持续的工业化。

用前面谈到的一些指标分析中国，总的概念是中国进步很快，但

差距客观存在。

由此，可以有两点启示：

1. 中国经济排名已经进入中等收入国家，在100多个国家中至少不会在尾部，且排名不断上升。但生态现代化指数、人类发展指数都很靠后，显然，我们发展相对滞后的是社会和人类发展领域。

2. 排名靠前的国家，与按GDP排名结果很不相同。我们不能不考虑一个问题：中国现代化的目标模式是什么？现代化的榜样国家应该怎样选取？

（二）“健康”是一个承认个性的开放概念

人们可以有高矮胖瘦、美丑贤愚的不同，只要身体、生理、心理各项指标正常，都可以归为健康。用同样的视角分析经济社会，分析不同国家、不同地区，我们同样可以说，各个地区可以有不同的产业结构、不同的消费模式、不同的社会形态，不同的制度设计。其发展指标构成可以完全不同，有的高些，有的低些，只要不失调，只要无缺陷，只要可持续，就都是健康的。

从这样的价值取向和评价标准出发，争取区域协调发展，减少东中西部差距，就可以对不同地区，设立不同的目标体系，选择不同的发展战略和发展路径，可以形成各具特色的、具有个性的区域。这样说，不是否认经济水平、增长速度对中国欠发达地区的重要性，只是想强调，今天的世界已经不是唯以经济比高低的状态，经济发展未必能保障全国人民满意的现代化。同时，要求全中国都建成东部沿海，既不现实，也无必要。如何实现区域协调发展有太多的问题要研究，但可以肯定，生态健康的社会，才可能是和谐的社会，才能是真正稳定的社会，才可能是可持续发展的社会。

三、“生态健康”提供了一种新的思维方式

从方法论看，生态健康追求均衡协调，防止缺陷，整体优化。处理的思路，是监视正常值的变化，只要不超越正常值范围，就不加干

预，干预的重点是纠正不正常的病态。其次，强调事前的预防重于事后的修补。

用我们常用的木桶理论比喻：生态健康考虑问题的角度，强调弥补短板长度，争取容积最大化。这与努力做大长板，增大容积的思路完全不同。显然，这种思维方式更科学、更经济、也更合理。

但实际上，任何一个经济体，任何一个社会，都不可避免弱项和短板。中国快速的现代化同样不能幸免。实现均衡发展，防治各类缺陷，任重而道远。

2009 年联合国开发署报告："中国面临着重大挑战，包括环境压力较大、城乡区域不平衡、人口老龄化等。中国的收入不平等情况现居亚洲第二。

10 月 23 日新加坡联合早报："中国社会的各种问题和矛盾，也正在加速积累和激化。权力腐败、黑恶横行、贫富悬殊、社会不公、法纪不彰、风气不正、人心不平等等问题，侵蚀着改革成果，阻碍着发展繁荣，也威胁着社会稳定，带来不少令人忧心的变数。"

有统计：近年来，我国因环境问题引发的群体性事件以每年 30% 左右的速度上升。即，环境危机已经具备了向社会危机转化的倾向。

中国人多地少，高效利用土地资源是节约资源的首要问题。但事实是，我国城市人均建设用地达 130 多平方米，既高于发达国家的人均 82.4 平方米，也高于发展中国家的人均 88.3 平方米，相比香港人均建设用地仅 30 平方米，差距高达 4 倍。

世界上存在着不同的消费模式：美国是大房子（人均住宅 60 平米）、大汽车、私人交通（公共交通比重仅为 3.7%），典型的资源消耗性社会。日本则是紧凑型住宅（人均住宅 30 平米）、小排量汽车、公共交通（比重 37.6%）。美国人均非工业能耗达到日本的 2.5 倍。问题是中国正不知不觉地滑向美式消费。

这些问题可以统称为"发展后的问题"。中国传统工业化的任务还没有完成，经济发展的压力依然很大；传统发展思路和体制机制的惯性还很大；还没有形成有效的制度及保证。要形成健康的经济结构、健康的增长方式、健康的生活方式和消费模式，我们还有一段路要走。

四、生态健康概念的缺憾

“生态健康”还不是一个成熟概念。表现在两点：

一是，接受而采用的人还很少。

二是，生态健康概念本身界定还不够严密。即使是生态健康论文集里的作者，对“生态健康”的理解也不完全相同，有的是理解为生态与健康，有的理解为生态的健康。同时，也缺乏公认的测度指标。

这些，都影响了“生态健康”的推广和应用，深感可惜。

保增长　促环保　经济与环保并行

贺定一

近年，我国政府越来越重视环境保护，节能减排作为调整经济结构、转变发展方式的重要着力点，已经上升到了我国的国家战略层面高度，我国在保持经济平稳增长的同时，资源节约型、环境友好型社会的建设也取得了积极进展。国际金融危机快速扩散和蔓延，我国经济也难独善其身，2009 年经济发展形势非常严峻。保增长、促发展的同时，如何切实做好环境保护工作受到各界高度关注。在 2008 年 12 月举行的中央经济工作会议上，节能减排作为 2009 年经济工作的重点任务被提出，中央政府确定的节能减排战略并未因为全球经济危机的加剧而动摇，这对进一步推进和加强我国的环境保护工作，继续推动经济社会又好又快发展有着重要的意义。

一、地方政府应进一步大力推进环保工作

当前经济环境下，各地政府促就业、保增长的压力不小，企业经营困难不小。企业要降低成本，减少运营费用，增强市场竞争力，但无论如何，都不能再走先发展、后治理的老路，这样是得不偿失的。在经济发展与环境保护出现矛盾时，应避免以牺牲环境为代价换取暂时的经济效益。各级地方政府都应认真贯彻落实中央经济工作会议精神，在推动经济的同时，继续大力推进环境保护、节能减排的目标坚

作者系全国政协委员，澳门特区立法会议员，澳门中华总商会副理事长。

决不能动摇。任何企业如果为谋求经济效益，而造成污染环境的违法行为，各地政府职能部门都应依法严肃处理，不可姑息迁就，一定要做好环保的管理和监控工作。

二、地方政府应协助企业发展和环保兼顾

在企业面对生存和发展的困难时期，都会想方设法减少生产工序、减少资源浪费、资源循环利用，以降低生产和运营成本及费用。但对于很多资源、技术和规模都不占优势的中小企业来说，知易行难。各级地方政府应发挥组织和统筹的作用，集中高等院校和科研院所的力量，为企业、特别是中小企业提供技术和管理方面的有效支持，如：完善产品设计、减少原材料使用、优化工艺流程、安装节能装置等，一方面使企业合理减少消耗，有效降低了成本；另一方面，使生产到消费的全过程都实现污染的减量，事半功倍，达到发展与环保双赢。政府部门应及时将节能减排促发展的有益经验尽快总结推广，使更多企业受益。

三、政府部门应推动太阳能等新型能源的健康发展

近年，以太阳能为代表的新型能源在我国得到了迅速的发展。太阳能产品在使用过程中，不消耗任何传统石化能源，也没有任何污染，可以说是节能减排产业中的优秀代表。但以太阳能热水器为例，目前，我国相关标准的覆盖面严重不足，对企业规范生产、质量监控难以有效监查，生产及安装企业良莠不齐，监管职责不清，行业声誉难免受到影响，长期下去，不利于整个行业健康发展。太阳能产品相对传统能源产品成本较高，因此，政府财政补贴政策是广泛推广使用的有效手段。以德国为例，政府对购买太阳能光伏产品的家庭给予一定的财政补贴，鼓励居民购买和使用。政府的财政支出是增多了，但是减少了能源消耗和污染排放，居民的能源费用减低了，实际的经济

效益是远远大于政府补贴及环保治理的费用。我国政府应尽快完善标准体系，明确行业监管职责，规范行业经营秩序，从财政中适当划拨经费，支持行业发展。

保持经济与环保的协调发展，兼顾并行，切实执行可持续发展战略是一项长期的艰巨的任务。只有通过政府、企业及社会的共同努力，才能真正实现经济效益、社会效益和环境效益的共赢。

践行科学发展观　着力促进环保产业发展

李　说

坚持和落实科学发展观，促进人与自然的和谐，实现经济发展与人口、资源、环境相协调，走可持续发展之路。这是当代中国通过对中国国情进行分析，并在总结国内外发展经验的基础上作出的明智而又必然的选择，也是党的十七大确定的战略任务，而落实科学发展观，实现环境保护目标，则需要环保产业提供物质基础和技术保障。当前，世界金融风暴的冲击愈演愈烈，实体经济面临重新洗牌，对此，我们必须审时度势、冷静应对，进一步理清发展思路，通过推进环保等新兴产业的加速发展，拉动经济结构调整优化和战略升级，为我国经济社会的平稳较快发展和振兴打下坚实基础。

经过 20 多年的发展，我国环保产业已经走过了盲目、粗放型发展阶段，目前已形成领域广泛、产业门类基本齐全、具有一定经济规模、跨行业、多种所有制形式并存的综合性产业。特别是经过“十五”以来的快速发展，产业总体规模迅速扩大，运行质量和效益进一步提高，环保产业已成为国民经济的重要组成部分。据初步估算，目前全国环境保护相关产业从业单位 3.5 万家，从业人员约 300 万人，年产值总额 6000 亿元。“十一五”时期，环保产业年均增长率将达 15% 以上，预计到“十一五”末，我国环保产业年产值将达到 1.1 万亿元。当然，尽管我国环保产业发展迅猛，但总体而言，尚不能完全

作者系全国政协常委，民建中央副主席，中国通用技术（集团）控股有限责任公司董事长。

适应经济发展与环境保护的需要，还存在一些深层次的问题和矛盾，威胁并阻碍着环保产业的进一步发展和壮大。

一、目前环保产业存在的突出问题

1. 管理体制不畅，缺乏有效的宏观调控和政策引导。由于市场配置资源的基础性作用尚未充分显示出来，我国环保产业还没有引导产业发展的总体规划，缺乏统一的管理部门来统一负责环保产业的政策、计划、产业结构和产业结构调整、环保产业管理及综合协调。由于产业政策不到位，缺乏吸引人才、技术、资本资源投入的市场氛围，导致环保产业发展具有很大的自发性和盲目性。

2. 企业结构不合理，市场竞争力不强。近20年来，我国环保产业已形成了一定的规模，但产业结构不合理。突出表现在企业规模结构不合理，环保产业企业数量多、规模小，造成产品技术水平低、质量差、价格低、缺乏名牌、市场竞争无序化，且基本上是在国内竞争。尚未形成一批大型骨干企业或企业集团。目前，大型环保企业只占全国环保企业总数的2.8%（其中约有65%为兼营），而近90%的小型企业技术装备落后，专业化水平低，难以形成规模效益。

3. 技术相对落后、产品科技含量较低。虽然不少环保企业有了自己的研究和设计队伍，但产业的技术开发力量主要是大专院校、研究院所。绝大多数环保企业的科研、设计力量薄弱，且技术开发投入不足，无法形成以企业为主体的技术开发和创新体系；产品主要为常规产品，技术含量低，竞争能力弱。

4. 投入不足，投资主体不明确，投融资机制不健全。缺乏资金和多元化投融资体制是制约我国环保产业发展的瓶颈之一。据统计，环境投资在国民生产总值中的比例达到1.0%~1.5%时，可以基本控制污染，当该比例达到2%~3%时，环境才可得到逐步改善。因而为遏制生态环境的恶化并不断改善环境质量，“十一五”期间，我国在污染治理和生态保护领域的投资应达到同期GDP的1.5%左右，而我国目前仅为1.2%左右。我国城市生活污水、城市生活垃圾处理设施几乎全部依靠财政投资进行建设和运行维护，适应市场经济体制要求的投融资机制还没有建立起来，由于缺乏环保投入切入点和投资回报信心，企业受利益驱动，不愿投资建设污染治理项目。致使一方面大量企业资金闲置；另一方面政府特别是经济欠发达地区的政府不堪环境污染治理投资费用的重负，造成城市生活污水处理和城市生活垃圾处理处置发展滞后，运行和管理不善，城市污水二级处理率不足20%，危险废物堆置缺乏相应的处理处置设施。

5. 缺乏规范监督，产业市场化程度有待提高。目前我国的环保产业由于缺乏严格的市场规范和监督机制，全国统一有序的环保市场尚没有完全形成。在环境管理办法中推行“谁污染谁治理”的原则，城市公用水、垃圾处理则由当地政府想办法治理，环保企业的这种各自为政的状况，不但分散了环保的力量，形不成规模效益，而且还造成重复投资、重复建设的资源浪费。环保产业的非市场化和非企业化行为，加上目前政企、政事尚未完全脱钩以及行业管理的影响，最终导致我国环保产业中地方保护主义和行业垄断现象仍在一定程度上存在，造成环保产业市场的人为分割和不公平竞争，极大地挫伤了经营者和投资者的积极性。

二、发展环保产业的若干建议

1. 把环保产业纳入国民经济和社会发展总体规划。针对环保产业跨越多行业多部门的特点，由各级环保部门牵头，计划、科技等部门共同参与，在进一步搞好环保产业发展趋势及市场需求预测的基础上，尽快形成环保产业中长期发展规划，将环保产业纳入国民经济的整体发展战略，根据产业前景和国情，对环保产业进行合理布局，逐步形成环保产业的生产和服务体系；通过政府实施有效的宏观调控，促进环保产业整体推进和结构升级，避免因产业的自发盲目发展而导致低水平重复建设，造成环保资源的巨大浪费。

2. 加快结构调整，培植骨干企业。抓住我国经济高速发展和经济结构调整，经济增长方式转变的有利时机，努力培养环保产业的骨干企业，引导一些有条件的国有大中型企业，加盟环保产业行列，加速环保产业发展。对于众多中小规模的企业，通过机制创新和资源整合，组建具有独立法人资格的产业集团，向规模化、集约化方向发展，使之尽快成为能够提供环保设施运营和污染治理及其他环保活动社会化服务的主体。同时进一步放宽市场准入，积极鼓励各类经济成分进入环境咨询服务领域，提高环境咨询服务业在环保产业总体中的比重，推动我国环保产业总体技术水平、产业布局及产品结构的全面优化和升级。

3. 探索建立符合市场化运作机制的环保产业投融资体系。要大力倡导各类社会资本及国外投资采取入股、合资、合作、收购等多种形式参与环保产业的发展。按照明晰产权、明确投资主体的要求，对环保设施的投资经营，引入现代企业制度，实现产权股份化，由几家或数家企业合作，或者由商业银行或其他金融投资机构联合进行投资，实行股份制合作。积极探索由政府、企业、银行合作投资，国内企业与国外企业合作投资，国外企业与金融机构独立投资，环保企业上市融资，发行企业债券，设立开放式环保产业发展基金等形式，实现投资主体的多元化和投资方式的多样化。

4. 大力推进环保产业的技术进步。针对我国环保科研与生产脱节、技术转化难的现状，应全面加强科研机构与有关环保企业经济合作的力度，鼓励和引导环保产业单位与大专院校、科研机构，按利益共享、风险共担的原则，采取联合兴办技术中心、中试基地，或通过联营、投资、参股等多种形式形成产学研合作机制。同时进一步加强与国际环保产业集团在核心技术领域的深层次合作，引进国外先进技术与设备，通过消化吸收和自主创新进行综合集成与应用开发。各级科技部门应组织高等院校和科研机构，围绕重点国产化项目、环保新产品试制、科技示范工程进行联合攻关，尽快形成具有自主知识产权的核心技术和主导产品。

5. 加强监督管理，培育和规范环保产业市场。各级政府应下决心治理地方保护、行业垄断、分割市场、阻碍环保产业发展的市场环境，要综合运用经济、法律和必要的行政手段，建立统一开放、竞争有序的环保产业市场。依据国家产品质量、标准、招投标、反不正当竞争等方面的有关法律法规，严格依法行政，加强对环保市场的监督管理，规范市场行为。要依法保护企业参与市场竞争；加快建立和完善我国环保产品标准体系，尽快制定和颁布主要环保产品标准，包括制定部分重点环境工程项目技术标准和规范；进一步采取措施，加强对环保产品质量的监督检验工作；建立规范的环保产品认证制度，按照企业自愿、国家统一管理和第三方认证的原则开展规范的认证工作。

产业园区开发建设中要始终贯穿循环经济的发展理念

武献华

近年我国产业园区的生态化建设已经渐入正轨，逐渐确立起按照循环经济模式，科学规范各类产业园区发展内涵的自觉选择，正对区域经济发展方式转变起到积极影响和示范作用。同时也必须看到，多数产业园区循环经济发展还处在受规划指导下的初步实施阶段，循环经济的发展中还面临有效形成产业循环链、更好实现循环经济发展收益等难点问题，需要政府相关部门在战略思路、政策引导等方面给予深入的支持。

一、产业园区发展循环经济面临的难点问题

1. 老工业园区按循环经济理念改造发展的任务相当艰巨。老工业园区建区前期缺乏发展循环经济的系统规划和设计，园区公共基础设施建设相对薄弱、园区废弃物的无害处理率和综合利用率较低。同时建区前期引进企业规模较小、行业分布杂乱，园区企业之间协调合作的广度和深度都比较有限。按照循环经济的发展理念，面临园区企业的布局调整、公用基础设施的改扩建、环保企业的引入等诸多发展问题。

2. 发展循环经济型产业园区需要靠一定规模的前期和过程投入

作者系全国政协常委，民建辽宁省主委，东北财经大学副校长。

支持。遵循循环经济的理念进行园区的前期总体规划设计、基础设施建设、企业清洁化生产建设，由于蓄涵高智力投入、高科技支持等因素，一般在前期的规划建设时期的先期投入比较高。

3. 缺少鼓励工业园区发展循环经济的具体扶持政策。目前还只有各级各类循环经济发展示范型园区，切实享受到了一些国家财税支持政策。从整体而言，有利于推动生态工业、循环经济的法规、政策体系还没有形成，财税、金融激励机制和科技等方面的服务政策没有真正到位。

二、促进产业园区循环经济发展的对策和建议

要把园区发展和循环经济衔接起来作为实现园区和谐发展的优选路径，策划、构建产业园区发展循环经济的推动机制。

1. 推行和完善清洁生产运行机制，把好企业的清洁生产关。工业园区一般分为过程工业的工业园区和产品工业的工业园区。如石油化工等流程型工业园区，上下游企业间产业链条延伸关系和物料互用关系比较明确，相对容易形成整体的循环经济型工业园区。而产品工业型的工业园区，可能在园区中散布几种不同类型的产业集群，产业集群内部及产业集群间产业链条关系和物料互用关系并不十分鲜明，同时按特定行业的特定企业招商存在一定程度的不易实现性等，都对在工业园区内形成理想的整体的循环经济体系形成一定的制约。因此工业园区发展循环经济一定要从实际出发，不能强求不同类型的工业园区都形成整体的系统循环经济体系。发展生态工业的首环就是企业的清洁生产，要倡导园区企业开展ISO14001环境管理体系认证，提高企业的环境自净和自修复能力。

2. 园区的决策层要有熟谙特定行业衔接机理的专业技术型管理者。生态型工业园区的一个重要内容就是把某些具有内在关联关系的特定企业按“承上启下”的位置衔接成产业链，新建设中的产业园区和开发改造中产业园区怎样按产业园区的产业定位和布局设想，发展

或引入理想的核心企业，对工业园区的竞争力和可持续发展至关重要。而熟谙特定行业衔接机理的园区专业技术型管理者，由于能够较好地把握行业发展背景条件和产业发展内在规律，因而，在园区科学的招商选资决策中，可以发挥重要作用。

3. 如何综合考虑园区发展循环经济的投入成本和资金来源。从长期和综合成本的角度考虑，园区发展循环经济系统的规划、设施、技术投入，可以为园区和企业率先奠定环境友好和节约资源的可持续发展的基础，也就为园区和企业后续顺畅发展和降低运营成本提供了空间，可以具有经济效益和社会效益的双赢的效果。发展循环经济要靠企业的自主投入，同时政府要制定有利于推动工业园区循环经济发展的支持政策，逐步增加包括清洁生产和再生能源、资源在内的与循环经济相关领域的资金支持力度。如各级政府利用财税政策为园区基础设施投资、项目建设、循环经济技术研发等提供投资补助、研发经费补贴等。

加强对大小兴安岭生态功能区的保护和建设

王巨禄　赵雨森

大小兴安岭林区位于祖国的东北，和俄罗斯远东地区毗邻，山势走向呈“人”字形，中怀松嫩平原，西邻呼伦贝尔草原，东接三江平原，对遏制东北和华北地区气候非正常变化，维护我国东北地区农牧业健康发展，历来都发挥着无可替代的生态屏障作用。但其现状却越来越令人担忧。生态环境的严重破坏，已使边缘近千千米次生林向后退缩50千米以上。优势树种面积不断萎缩，龄组结构失衡，森林质量下降，采育比例严重失调，森林总蓄积量减少近40%。与80年代初期相比，气候异常，草地减少60%，湿地减少50%，水土流失面积已占全区域土地面积的10.3%，著名的黑土地已出现了严重沙化，能向国家提供千亿斤商品粮和肉蛋奶的生产供应基地已面临严重威胁。为此，2007年国家把大小兴安岭规划为生态功能区。

黑龙江省委、省政府对生态功能区建设工作非常重视，不等不靠，制定了规划，出台了实施意见。但是，由于历史和体制上的原因，过度砍伐、单一经营、生态资源透支严重，致使林区财政十分困难，职工的生活水平比当地农民还低。当前，生态功能区保护和建设遇到的许多实际问题都是地方政府无力解决的。因此，建议国家对大小兴安岭生态功能区实施特殊政策。

作者王巨禄系全国政协委员，黑龙江省政协主席；赵雨森系全国政协委员，民盟黑龙江省主委，东北林业大学副校长。

1. 保护生态环境和气候，人人有责。大小兴安岭生态功能区仅森林面积就达1356万公顷，占全国的6.5%。生态功能效益至少覆盖东北三省和华北地区。建议国家尽快健全和完善生态保护的长效工作机制，由国家建立生态保护补偿基金，面向全社会征收生态保护税，专门用于森林生态功能的恢复和功能区保护和建设的劳动支付，切实解决区域间经济社会发展的不协调和不公平问题，使绿色GDP在国民经济发展中的作用逐步成为全社会的共识。

2. 从国家长远发展战略考虑，尽快停止商业性采伐。大小兴安岭通过开发建设已累计向国家提供4.7亿多立方米的木材。现在大兴安岭成过熟林每公顷蓄积量已由过去的135.8立方米下降到74.6立方米，小兴安岭已由194.4立方米下降到73.6立方米，远远低于国家林业局规定的安全蓄积量。如果不能坚决贯彻保护优先的方针立即停止商业性采伐，木材资源特别是珍贵树种的木材资源将很快枯竭。曾被美誉为“千里绿色走廊，万里香格里拉”的大小兴安岭将无力顶起“国家最大木材生产供应基地”的桂冠。大小兴安岭虽然气候寒冷、生长期较长，但是，只要从现在起停止商业性采伐，遵循生态规律，科学育林，加强管护，前景并不悲观，再过20年至40年，大小兴安岭森林蓄积就可从现在的8亿立方米左右增加到15亿立方米以上的水平。届时按年生长量的30%采伐计算，每年又可为国家生产木材1200万立方米，实现可持续发展。同时，也为我国进一步树立对保护全球生态环境、抑制气候变暖负责的大国形象增添新的光彩。为此，建议国家继续减轻林业企业的负担，把现在由林业企业负责的社会性和行政性开支改成由国家和省级财政共同承担，统筹解决国有林区拖欠职工工资和富余职工安置等历史遗留问题，补足大小兴安岭全面停止商业性采伐后每年发生的森林管护费缺口和减少的育林基金，为停止商业性采伐创造必要的经济环境。

3. 区别对待，在大小兴安岭实施天保工程应当采取特殊政策。“天保工程”是国家对生态保护实施的一项重要政策，深受林区职工群众的欢迎。考虑到大小兴安岭对国家木材供应的贡献大大超过全国其他林区，加之又地处寒带，木材生长期比其他地区要长20～30年时间的特殊情况，我们建议把在大小兴安岭生态功能区的综合补贴标准再提高30%，把2010年到期的天保工程至少延长至2030年，并增拨林木管护的专项经费。

4. 实施生态移民，探索新的保护发展之路。停止商业性采伐，实施封山育林和人工植树造林相结合，原部分专司伐木的林场、经营所、储木场内职工和生态脆弱地区，需要结合小城镇建设，统一规划、重新布局，大约10万人应实施生态移民。建议国家比照资源型煤城棚户区改造政策，分期分批给予政策性补贴，鼓励林区居民向小城镇居住和就业。

5. 转变发展方式，积极扶持大小兴安岭地区发展替代产业和后续产业。历史上形成的资源依赖型经济，严重地损害了生态环境，也阻碍了产业结构的优化升级。生态功能区必须深化体制和机制改革，在保护中发展，在发展中保护，走生态型经济的可持续发展之路。大小兴安岭地区可以利用森林特有的生物资源和毗邻俄罗斯的区位优势，在良好的生态基础上发展具有自然垄断性的林特产品和特殊旅游，形成发达的绿色产业体系。建议把这一地区尽快纳入国家级的生物产业园区和风景名胜区的发展规划。

按照以上建议，在未来30年至40年，大小兴安岭地区每年争取国家支持的资金只有几十亿元，换来的却是一个具有无穷价值的生态环境和国家未来可持续的木材供应基地。

建立环境公益诉讼制度　推进生态文明建设

万鄂湘

中共十七大报告提出：要“建设生态文明，基本形成节约能源资源和保护生态环境的产业结构、增长方式、消费模式。”国务院《关于落实科学发展观、加强环境保护的决定》规定，要“完善对污染受害者的法律援助机制，研究建立环境民事和行政公诉制度。”由此，我们认为，建设生态文明，创新环境保护机制，充分发挥司法机关的能动作用，其中最重要的，是应当借鉴一些国家的经验，建立环境公益诉讼制度。

公益诉讼是维护社会公共利益的诉讼，除法律有特殊规定以外，凡民事主体都可以提起，起诉人与案件没有直接利害关系，而有间接的利害关系。美国早在1970年就在《清洁空气法》中确立了环境公益诉讼制度。之后，英国、德国等国家也都逐步建立了这样的制度。在我国，随着生态环境恶化及公民环境保护意识的提高，开展公益环境诉讼具有十分重要的意义。但是，现行法律制度存在着一些阻碍环境公益诉讼的理论研究和司法实践的障碍。

第一，除《刑事诉讼法》规定检察机关对侵害社会公共利益的行为提起诉讼外，另外两大诉讼法均未对公益诉讼作出任何规定。

第二，有关法律限制了公益诉讼的提起。如《行政诉讼法》和《民事诉讼法》均规定提起诉讼的原告必须与案件有直接利害关系，而环境公益诉讼有时并没有直接利害关系人。

作者系全国政协常委，最高人民法院副院长。

第三，我国《宪法》、《环境保护法》、《水污染防治法》等法律均规定直接受到损害的人才有权获得赔偿，这就排除了因社会公益受损而获得赔偿的实体权利。

第四，由于法律制度的限制，司法实践中也很难受理公益诉讼案件。这样的法制环境不利于保护公益，也不利于保护公众维护公益的热情，影响公众参与环境事务的积极性。

尽管存在着法律制度滞后的问题，但在学术界开展环境公益诉讼制度研究的同时，司法界也已经开始进行了有益探索。2003 年 4 月、2003 年 11 月、2008 年 12 月，山东德州、四川阆中、广州市海珠区都已经出现了环境公益诉讼案件的起诉和判决案例，人民法院事实上已经向社会敞开了环境保护公益诉讼的大门，已经为我国环境公益诉讼的理论研究和制度建设提供了较好的范例。

为加快建立我国环境公益诉讼制度，我们建议：

1. 修订相关法律，建立环境公益诉讼程序。应修改《环境保护法》第六条，明确规定“一切单位和个人都有保护环境的义务，也有保护环境的权利，有权对污染和破坏环境的单位和个人进行检举和控告。对造成环境污染，危害公共环境利益的单位和个人有权提起环境公益诉讼”。建议在该法第四十一条中增加一款，规定“造成环境污染危害的，有责任排除危害，并对直接受到损害的单位或个人赔偿损失。造成环境污染、危害公共环境利益的，应当承担赔偿责任。”

同时，《民事诉讼法》、《行政诉讼法》中也应当分别增加民事环境公益诉讼和行政环境公益诉讼的程序。主要应当解决以下几个问题：

一是起诉主体。除了检察机关以外，行政机关也有权提起民事环境公益诉讼，并且一切单位（含法人、社团组织、企事业单位）、公民，均有权提起民事环境公益诉讼。

二是诉讼管辖范围。可由被告住所地、侵权行为地的中级人民法院管辖。跨省行政区域的河流污染案件，可由高级法院指定某中级法院或海事法院集中管辖。

三是根据举证责任倒置的规定，对损坏行为与损害结果之间的因果关系鉴定应当由被告申请，对损害后果的鉴定则应当由原告申请，申请鉴定费用由败诉方承担。

四是环境公益诉讼的成本原则上应当由社会承担，如果原告败诉则应当免交诉讼费；如果被告败诉则应当判决被告承担。

五是在污染行为可能造成生态环境难以弥补的损失的情况下，提起民事环境公益诉讼的原告可请求人民法院作出禁止被告为一定行为的禁令判决。

2. 建立综合性的环境保护审判庭。由于环境诉讼案件具有涉及面广、专业性强、法律适用难、诉讼周期长等特点，应当建立综合性的环境保护审判庭，形成专业化的审判队伍，将涉及到环境保护诉讼案件全部集中审理，也以此解决审判实践中“行民交叉”、“刑民交叉”的问题，充分发挥司法审判的宣示和教育功能。

3. 建立环境保护公益基金。基金可由政府拨一点、社会力量捐一点、从环境公益诉讼败诉方赔偿金中支付一点，在省、自治区、直辖市以及省会城市、地级市等层级依法设立。基金应当由基金会信托管理，用于环境公益诉讼和恢复被破坏的生态环境。

4. 建立环境污染强制责任保险制度。一定要改变“污染企业受益、政府买单、公众受害”的现状，改变环境污染责任保险的自愿险种属性，借鉴英、法等国家的经验，对化工、电力、石油、造纸、采矿等特定行业的企业，在设立企业、项目设计、企业年检等程序中进行监管，没有购买强制环境污染责任保险的项目不得通过审批、年检等。

构建绿色工业体系是加快“两型社会”建设的当务之急

叶金生

建设资源节约型、环境友好型社会是经济社会发展的必然选择，是从工业文明迈向生态文明的重要标志。2007 年底，国家批准建立全国“两型社会”综合配套改革试验区。我们在改革试验中认识到，建设“两型社会”走新型工业化道路，必须以构建绿色工业体系为突破口。绿色工业体系是建立在循环经济基础上的经济形态，是科技含量高、能源消耗少、生态化、零排放、资源循环利用、可持续发展的工业体系，主要特征是低投入高产出。然而在现实生活中反映出的问题是不利于绿色工业体系建设的：

一是观念滞后。以 GDP 为中心，干部出数字、数字出干部问题尚未解决。重速度轻效益、重开发轻节约，依赖消耗资源做大 GDP 的倾向没有得到根本遏制，有的甚至为了财源不惜保护污染环境的落后企业。

二是能源利用效率低下。我国经济总量已居世界第四位，但也成为世界第二大能源消耗国。我国能源综合利用效率仅为 34%，单位 GDP 能耗比世界平均水平高 2.4 倍。重化工业占工业增加值比重已达 70.6%，电力、钢铁等 8 个高耗能工业的单位产品能耗比国际水平高 40%。

三是生态环境污染严重。全国 600 多个城市，大气质量符合国家

作者系全国政协委员，武汉市政协主席。

一级标准的不足1%；每年污水排放达360亿吨，仅10%的生活污水和70%的工业废水得到处理，城市垃圾和工业固体废弃物累计堆积量超过66亿吨。全国七大水系和内陆河流的110个重点河段中，属Ⅳ类和Ⅴ类水体的占39%。

四是支持科技创新不够。2006年，我国科技研发投入只占GDP的1.42%，全国人均科研经费投入仅为世界经合组织平均水平的1/50。大中型企业科技研发投入占销售收入的比重只有0.76%，而发达国家企业一般不低于5%。科技成果市场转化率不到20%，最终形成产品的只有5%左右。科技型中小企业融资难、成长慢。

随着环境资源对经济社会发展的制约日益增强，转变发展方式、构建绿色工业体系、加快“两型社会”建设十分必要。为此建议：

1. 建立科学的政绩考核体系。按照科学发展观要求，建立科学的政绩评价、利益导向体系。根据区域经济一体化发展要求，解决行政区划下的地方利益问题。建议国家率先在“两型社会”综合配套改革试验区探索建立一套突破行政区划、综合考核的绿色经济核算制度，将绿色工业体系建立与绩效评价制度结合起来，监督实施。

2. 大力推进科技创新。支持引导高校、国家实验室和科研机构加强攻关，提高在发展现代装备制造业和信息产业等方面的自主知识产权。建议国家加强对有较好工业基础和科教实力的老工业基地创新指导。组织实施863计划、973计划、科技支撑计划等，允许这些地方率先创建各类产学研合作创新组织和科技研发中心，引导和支持创新要素向企业集聚，支持组建为科技型企业服务的金融机构。

3. 完善相关配套政策。安排财政专项资金，重点支持循环经济和高新技术产业、老工业基地技术改造和生态修复。调整和完善现行资源税，对非再生性、稀缺性资源的开发使用逐步提高税率。扩大增值税抵扣和优惠范围，对同一行业和生产同一类产品的低能耗、低排放企业实行低税率，对高能耗、高排放企业实行高税率。从政策上解决违法成本低、守法成本高的问题。建立政府优先采购自主创新产品制度、消费激励和约束制度，让绿色消费行为从市场交换或价格体系中得到补偿。支持综合配套改革试验区突破性发展高新技术产业，在光电子、新材料等重点产业中对涉及低能耗技术、环保技术开发与转让等项目给予政策扶持。允许抵扣行业购置和进口用于污水处理、节能减排等方面的投资增值税进项税源，对高科技企业开发研制的新产品和属于高新技术范围的试制品实行增值税即征即退政策和资金扶持。

4. 加强体制机制创新。研究解决以行政区划管理为主的发展体制问题，研究解决环保法规局限于末端治理问题，研究解决风险投资和知识产权保护问题，出台有利于构建绿色工业体系的法规制度。从整体上调整重化结构和产业布局。积极开展突破行政区划的大循环经济区改革试验，在试验区内统一使用土地和环境容量等关键生产要素，探索建立区域内企业和项目转移、资源共享的利益协调与补偿机制，形成符合绿色工业体系要求的产业集群。

进一步加强极端气候灾害防御与研究

赖明勇　龙国键

一、充分认识加强气象灾害防御工作的重要性

我国是世界上自然灾害最严重的国家之一。在各类自然灾害中，气象灾害占70%以上。据统计，我国每年因各种气象灾害造成的农田受灾面积达3400万公顷，受干旱、暴雨、洪涝和热带风暴等气象灾害影响的人口约达6亿人次，造成的经济损失约占国内生产总值（GDP）的3%~6%。20世纪90年代以来，在以全球变暖为主要特征的气候变化背景下，几十年一遇的极端气象事件呈明显上升趋势。极端气象灾害对人民生命安全构成极大威胁；对国家和人民财产造成巨大损失；对经济社会发展的影响日益加剧。随着我国经济的快速增长，极端气象事件（灾害）造成的经济损失越来越大。考虑到气象灾害引发的生态、环境、地质等次生灾害，则损失更为严重。

1995年以来，我国每年因气象灾害而造成的直接经济损失均超过1000亿元。

1998年长江流域大范围洪涝灾害，造成直接经济损失高达2998亿元。

2006年7月，强热带风暴“碧利斯”横扫中国南方七省（区）。

作者赖明勇系全国政协委员，民建湖南省副主委；龙国键系全国政协委员，民建湖南省主委。

福建、江西、湖南、广东、广西、贵州、云南七省（区）出现大范围持续性强降水天气，发生严重暴雨洪涝、山洪和山地灾害。“碧利斯”共导致福建、江西、湖南、广东、广西、贵州、云南七省（区）3000多万人受灾，因灾死亡 843 人，直接经济损失 348.29 亿元。人员伤亡为近 10 年单个热带气旋之最。

2006 年 8 月 10 日，百年一遇超强台风“桑美”登陆中国。“桑美”在浙江苍南沿海登陆，登陆时中心附近最大风力达 17 级（60 米/秒），是新中国成立以来登陆中国大陆最强的一个台风。

2007 年 8 月，超强台风“圣帕”近中心最大风力 17 级以上（65 米/秒），台风 7 级风圈半径 400 千米，台风 10 级风圈半径 180 千米。19 日 2 时，“圣帕”在福建登陆影响。据统计，“圣帕”造成福建、浙江、江西、湖南、广东五省 811.7 万人受灾，因灾死亡 39 人，失踪 8 人，因灾直接经济损失达 67.1 亿元。

2007 年的严重秋旱，对农业生产、城市供水、河流水质、水力发电、航运交通等造成严重威胁。

2008 年 1 月中旬到 2 月上旬，中国南方严重低温雨雪冰冻灾害。（据 2008 年 2 月 12 日统计）此次严重低温雨雪冰冻灾害造成上海、江苏、浙江、安徽、福建、江西、河南、湖北、湖南、广东、广西、重庆、四川、贵州、云南、陕西、甘肃、青海、宁夏、新疆和新疆生产建设兵团等 21 个省（区、市、兵团）不同程度受灾，107 人死亡，8 人失踪，因灾直接经济损失 1111 亿元。单在湖南，因灾死亡 17 人，直接经济损失 680 多亿元。

2009 年春初，中国北方严重干旱，其中河南、安徽、山西、山东四省为特大干旱。全国作物受旱最大面积（2009 年 2 月 7 日，高峰）为 1.61 亿亩。部分受旱地区人畜饮水困难。

由此可见，台风、暴雨（雪）、雷电、干旱、大风、冻雹、大雾、霾、沙尘暴、高温热浪、低温冻害等灾害时有发生，由气象灾害引发的滑坡、泥石流、山洪以及海洋灾害、生物灾害、森林草原火灾等也相当严重，对经济社会发展、人民群众生活以及生态环境造成了较大影响。近年来，全球气候持续变暖，各类极端天气事件更加频繁，造成的损失和影响不断加重。为进一步做好气象灾害防范应对工作，最大程度减轻灾害损失，确保人民群众生命财产安全，需要高度重视极端气象灾害的防御工作。

二、目前在极端气象灾害防御工作中存在的突出问题

1. 科学技术研究方面。因极端气象灾害事件个例少，形成机理尚不清楚，对其研究非常欠缺，预测预报准确率低，这是世界性难题；实时监测系统不完善，科学的监测手段和先进的监测设施设备非常缺乏，因而第一手科学数据很不完善；灾害评估（包括预评估、实时动态评估、综合评估）研究工作尚属起步阶段，灾害评估业务尚未开展；防灾抗灾减灾救灾技术（措施）体系不全面、不系统，针对性还不强等。

2. 管理与实施方面。气象灾害防御应急（指挥、响应等）系统不完善；气象灾害防御的部门协调联动机制不完善，执行力不够；民众灾害防御知识缺乏。

3. 设施设备系统建设方面。气象观测（监测）仪器与世界同类先进产品比较，其观测（监测）精度存在明显差距，在国际上认可度不高；气象灾害综合观测监测系统建设明显滞后；防灾救灾应急设施设备落后。

三、建　议

党中央、国务院高度重视气象灾害防御工作。党的十七大报告明确提出了“加强应对气候变化能力，强化防灾减灾工作”的要求。十一届全国人大一次会议上的政府工作报告中明确提出：“加强对现代条件下自然灾害特点和规律的研究，提高防灾减灾能力。”胡锦涛总书记、温家宝总理等中央领导还多次就防御气象灾害工作作出了明确

批示。

据悉，湖南省非常重视气象灾害防御工作。继支持自动气象观测系统建设、气象灾害预警系统建设之后，2008 年又支持启动了湖南省第一个涉及社会公共安全领域的科技重大专项《湖南省极端气象灾害预警评估技术体系研究与示范》。

加强极端气象灾害防御工作，是贯彻落实科学发展观、维护国家安全、保护人民群众生命财产安全、维护社会公共安全与和谐稳定的重要举措，是坚持以人为本、关注民生的大事。

1. 加强对极端气象灾害防御的科学技术研究。在全球气候变暖的背景下，大气环流特征、极端天气气候事件等也在发生相应的变化，要把防御极端天气气候事件摆在应对气候变化的重要位置。建议由国家科技部门牵头，在全国范围内组织气象、农业、林业、交通、电力等多部门、相关科研院所、高等院校的跨领域的专家开展合作研究，集中科学攻关，争取在极端气象灾害的形成理论上有重大突破；在灾害监测、预测预报预警和评估技术上有重大突破；在防灾避灾减灾救灾技术上有重大突破。以此来为增强预报预测和服务能力，提高预测预报的准确率，提高预测预报服务时效和服务的针对性、敏感性，开展极端气象灾害影响评估和预评估业务，指导防灾抗灾减灾救灾提供强有力的理论和技术支持。

2. 重视和加强极端气象灾害防御系统工程建设。极端气象灾害防御系统工程，重点从三个方面加强和加快建设。一是综合观测（监测）系统建设，按照相关国际组织提出的标准要求，加快制定我国气象及其次生衍生灾害的综合监测系统建设规划，科学合理设计观测网点布局，增加相关科学要素的观测，加强建设事关经济社会发展大局的、防御极端气象灾害的重点系统（如：交通大动脉、国家电网系统、骨干通信枢纽等）和重点行业的观测网点。二是应急（指挥、响应等）系统建设，建立健全重大气象灾害应急部门联动和信息共享机制。尽快出台《气象灾害防御条例》；加快推进重大气象灾害的政府专项应急预案的制定和施行；加强与交通、铁道、民政、民航、电力、安监等多部门的联动；尽早完成分灾种应急预案和应急工作流程的制定；建立健全气象应急预案库；加快建设气象与各部门的响应网络系统。三是加强气象灾害预警信息发布系统建设。建设针对不同群体的发布接收子系统，完善和扩充气象手机短信、12121、96121 预警发布系统；要做好中国气象频道落地接收工作；利用数字卫星广播系统和专业信息网站功能发布预警信息；在学校、医院、车站、码头、体育场馆等人员密集场所设立或利用现有电子显示屏、公众广播、警报器等设施接收和发布气象灾害预警信息，扩大预警信息覆盖面；充分利用各种渠道，采取多种形式，推进气象信息进村入户。

3. 加强重大工程气候可行性论证，提升应对极端气象灾害的能力。2008 年初罕见的低温雨雪冰冻灾害给电力、交通、农业等造成严重影响。其中重要原因之一是目前一些地区的电网、基础设施和公共建筑等设计标准难以适应气候变化背景下的极端气象灾害的影响。要高度重视和加强城市规划、重大基础设施建设、公共工程建设、重点领域或区域发展建设规划的气候可行性论证。气候可行性报告应该作为项目建设开工必备条件。有关部门在规划编制和项目立项中要统筹考虑气候可行性和气象灾害的风险性，避免和减少气象灾害、气候变化对重要设施和工程项目的影响。

4. 加强应对极端气象灾害科普宣传，提高民众自救互救能力。充分利用各种媒体和手段加强防灾减灾宣传教育，增强民众的灾害意识和忧患意识，提高民众对气象灾害的科学认识和防灾减灾意识，进一步提升民众防灾避灾、自救互救水平。

采取切实有力措施 加强我国北部湾地区生态环境建设

彭 钊

美丽富饶的北部湾三面陆地环抱，大陆架宽约260海里，水深在10~60米，海底比较单纯平坦，从湾顶向湾口逐渐下降，从陆地带来的泥沙沉积在上面。北部湾天蓝海碧，近岸大部分海域保持一类水质，为中国目前少有的洁净海域。北部湾海洋属于半封闭状态，海流较弱，水交换速度滞缓，污染物不易扩散，生态具有一定的脆弱性。近年来，随着工业化、城镇化、农业产业化的推进，我国北部湾地区经济快速发展，生态环境建设的问题越来越突出，主要表现在：

1. 海洋生态环境压力增大。由于北部湾地区发展势头强劲，工业废水、废渣和城市中有害物大量排入海洋，使沿岸水质受到不同程度的污染。一些地方仅一天就有28件海域污染损害系列案在地方海事法庭审理，其中一件由数十个文蛤养殖场的经营者抱团向法院起诉的糖厂排污案，所涉及的3500多亩养殖场几乎绝收。红树林能够抵御和降低风浪危害，具有滞留、消浪和扩大滩涂、陆地面积的功能。20世纪50年代，海南全岛红树林面积1万多公顷，如今，全岛红树林只剩下3930公顷，减少了60%。中越北部湾划界后，获准进入共同渔区和过渡性安排水域作业的船舶数量受到限制，北部湾渔业资源枯竭与过度捕捞成了互为因果的恶性循环，使生态系统日趋衰落，生物多样性明显降低，海洋生物不断减少。

作者系全国政协委员，广西壮族自治区政协副主席，农工党广西区委会主委。

2. 城市生态环境建设面临挑战。北部湾地区主要污染物的总量减排任务艰巨，主要环保设施不完善，污水处理厂日处理量不到污水总量的1/5。工业企业中水污染排放大户多属高能耗，技术含量低、规模较小，结构性污染严重。城市生活垃圾填埋处理过于简单，造成处理场周围的环境污染，尤其是地下水质污染严重。北部湾一些城市发展规划环境影响报告书提供的数据表明，COD（化学需氧量）的排放量已超过地表水环境理想容量，甚至已超出最大允许排放量。

3. 农村生态环境面临失控。随着农业产业结构调整，养殖业快速发展，规模化畜禽养殖粪便的直接排放，成为北部湾次级河流被污染的主要污染源，加重了地表水和次级河流的污染。畜禽养殖专业户及企业逐步成为新的污染大户。尤其是水产养殖，由于大量投放富含氮、磷的饲料、化肥及畜禽粪便进行肥水养鱼，池塘、水库、河道污染面积呈高速发展之势，地表水富营养化问题日益严重。由于缺乏正确引导和监督不力，农用化学物品使用不合理，致使大量化肥的有效养分流失进入水环境，加重了水体污染。

我国有两个著名海湾：渤海湾、北部湾。目前，渤海湾约22%的海域遭受无机氮污染，约20%的海域遭受磷酸盐污染，海洋检测专家警告，渤海的环境污染已到了临界点，如果再不采取果断措施遏制污染，渤海将在10年后变成“死海”。北部湾地区有多个大港口以及流经众多城市的数条入海河流，如果不能有效控制沿岸的排污数量，这片蔚蓝的美丽海湾将会很快成为第二个“渤海湾”。2008年10月4日，温家宝总理在广西北海考察时强调指出：“要处理好人与自然的关系，把保护生态环境放在第一位”。北部湾地区要避免走渤海湾地区“先发展、后治理”的老路，在加快经济发展的同时，使天更蓝，海更碧，空气更清新，环境更优美，就必须抓住新的发展战略机遇，走出一条又好又快的发展之路，采取切实有力措施，加强北部湾地区生态环境建设。

为此建议：

1. 建立区域性协调管理机制。建议由国家环保部牵头，水利部、国家海洋局和有关省、区参与，建立北部湾地区生态环境建设区域性协调管理机制，加强北部湾区域、流域和海域合作，强化各省、区协同治理，解决北部湾地区生态环境保护和建设问题。

2. 建立环境与发展的综合决策机制。建立部门生态保护和建设目标责任制，逐步形成由多部门的分散管理协调到统一监督管理的轨道。北部湾地区各级政府要加强生态保护工作，提高监管人员素质，形成由环保、发改委、农业、林业、水利、国土等部门齐抓共管的局面。建立环境保护党政“一把手”负责制，将生态环境质量作为对党政领导干部实绩考核的重要内容，进行考核奖惩。

3. 倡导生态工业，延伸绿色产业链。严格实行环评制度和污染物排放总量控制制度，优化产业结构和工业布局。严格执行环保准入制度，大力引进“科技型”、“环保型”、“效益型”等无污染的高新技术产业和劳动密集型产业。加大执法力度，而形成有利于低投入、高产出、少排污、可循环发展的机制和政策，促进北部湾地区工业发展与环境保护相协调。

4. 推进农村生态环境建设。积极发展生态经济，实施生态家园富民计划。控制北部湾地区农村生产和生活污染，改善农村环境质量，发展低污少废的生态农业、有机农业和节水农业。强化污染控制，促进种、养业废物资源化。加强渔业资源和渔业水域生态保护，合理确定养殖容量和捕捞强度，优先推进规模化养殖场的污染治理。加强农药环境安全管理，减少不合理使用造成的危害。加强化肥施用的环境安全管理，减轻农业面源污染。加强农膜使用的环境安全管理，控制农膜严重污染。

5. 加大环保基础设施投入。大力推进环境污染在线监控能力建设，加大环保监控设备投入，及时更新和配套完善环境在线监测监控仪器设备和基础设施，着力解决污染源监督管理机制问题。解决跨北部湾区域跨流域环境管理问题，防止推诿扯皮、消极管理、权力纷争等管理矛盾的发生。

6. 加大宣传力度和公众参与力度。加大环保宣传力度，宣传科学发展观、环保法律法规、国家和地方产业政策、国内外环境保护发展情况和新技术新工艺。鼓励群众参与环境保护，充分行使公众环保权益。开展绿色创建活动、社区宣传活动、环保纪念日活动等形式，提高北部湾地区广大群众的环保意识，主动维护自身的环境权利，促进环境保护的健康发展。

加大江河湖海生态建设力度
提高防旱抗灾能力

马志伟

温总理在报告中强调，要实施应对气候变化国家方案，提高应对气候变化能力。加强气象、地震、防灾减灾、测绘基础研究和能力建设。下面，我就加大江河湖海生态保护和建设，预防干旱灾害谈一点认识。

一、近年来我国干旱灾害频发，损失严重，须引起高度警觉和重视

我国是一个水资源严重短缺的国家，旱灾相当频繁，我国又是一个农业大国，农业人口约占70%，而在广大农村节约用水观念不强，农业用水利用率相当低，造成了巨大的水资源浪费，加之工业化、城镇化的快速发展，工业用水、城市用水量增大，形成了我国水资源供需之间的矛盾，且由于我国水资源在地区之间、季节之间分布的极不平衡，矛盾有加剧之势，我国抗旱能力不强，干旱灾害具有频发性、长期性、危害性、广泛性，目前对于干旱灾害还不能很好的防范，抗旱工作任重而道远。近年来，我国水旱灾频发，2004 年入秋以来，我国湖南、广西及广东三省区发生了 54 年来最严重的旱情。2005 年 5 月以来，云南大部分地区遭 50 年来最大的旱灾。2007 年 7

作者系全国政协常委，民革青海省主委，青海省政协副主席。

月以来，重庆遭50年特大干旱。2008年11月以来，北京、天津、河北等北方小麦主产区又出现了50年一遇旱情。为切实抓好当前冬麦区抗旱工作，国家防汛抗旱总指挥部启动了Ⅰ级抗旱应急响应。这是《国家防汛抗旱应急预案》级别最高的应急响应机制，也是中国首次启动Ⅰ级抗旱应急响应。面对这样一场无声无息的天灾，全国上下都在行动，如何科学应对旱灾，也是摆在各级政府面前的一道考题。

根据记载，新中国成立以后河南曾经发生过几次大的旱情，一次是在1995年，一次是在1998年，2008年底至2009年初的这次旱情是第三次较大的旱情。这次旱灾具有时间长、范围广、灾情重、危害大的特点。尤其要引起重视的是，根据气象部门的预测，旱情难以迅速解除，不仅会给作物的生长带来影响，而且会造成人畜疾病多发，影响群众生产生活，影响社会大局稳定，使本来因为金融危机就已经出现困难的经济发展更加雪上加霜、难上加难。来自国际组织的统计资料表明：在气候波动的大背景下，世界进入了一个水旱灾害频发并重的阶段。我国的情况与这一国际趋向基本一致。近年来，一方面旱灾的影响范围在扩展，危害性在增大；另一方面局部高强度暴雨引发的山洪、滑坡、泥石流、中小河流超标准洪水及城市暴雨洪涝灾害事件愈演愈烈。我国因气象灾害造成的经济损失占所有自然灾害的70%，其中旱灾造成的损失最大，达50%，旱灾已成为我国“头号”气象灾害。

二、我国干旱灾害的成因及预防

干旱灾害是我国最严重的自然灾害之一，严重阻碍经济的健康发展，我国每年旱灾不断，几乎年年有灾，专家分析研究认为旱灾频繁的原因如下：①水资源区域性缺水严重。我国水资源与人口、土地、经济发展组合状况不理想，水资源区域性分布南北不均衡，我国降雨量南方比较充沛，年平均降雨超过1000毫米，而北方内陆地区降雨量少，年平均降雨量少于400毫米，这种降雨分布的区域性导致我国北方资源性缺水严重。这种南北水资源分布的极不均衡造成的区域缺水，是我国干旱灾害频发的重要原因之一。②降雨的季节性导致季节性缺水。我国降雨受典型季风气候影响，全年降雨在年内时间分布极不平衡，水资源呈明显的季节性，水资源供需矛盾显现，季节性缺水严重，降雨的季节性造成灾害的季节性，大洪之后又遇大旱，汛期抗洪汛后抗旱，严重阻碍我国经济发展。③人为因素。我国水资源短缺与经济发展之间的矛盾由来已久，但旱灾频繁有较大的人为因素存在，具体表现在对水资源的过度开发利用、水土流失的加剧、生态环境的严重恶化。水污染严重、水利用率低、用水浪费严重，这些都进一步加剧了水资源供需之间的矛盾，加大了旱灾发生的机率。

建国以来，虽然党和国家投入大量资金，坚持兴建水利工程，狠抓防洪、治水和江河湖海综合治理工作，工程建筑物标准渐趋提高，防洪抗灾能力得到进一步加强，取得了巨大的成绩。但是，由于我国地域辽阔、地形复杂、河湖众多、气候异常，且降水分布不均、防治旱灾面临投入不足，管理落后，无法可依，水利工程老化失修，效益衰减，抗旱能力不断减弱。水资源利用率不高和水环境的破坏，加剧了干旱缺水危机。对防治旱灾减灾工作研究不够。因此，抗旱工作能力不适应经济社会发展的问题十分突出，全面提高防御干旱灾害的能力是当务之急。

三、强化我国干旱灾害应急管理机制建设的建议

实践证明，防洪抗旱减灾仅有工程措施是不够的。经济有效的减灾途径是：第一，继续修建防洪抗旱工程以制约灾害的发生；第二，调整和规范社会发展和改善生态环境，以减轻旱灾发生时的损失。因此，我建议：

1. 充分认识加强抗旱工作的重要性。近年来，随着经济社会发展带来的用水需求增加，以及受全球气候变暖影响，干旱缺水问题越来越严重，干旱灾害呈现频次加快、范围扩大、损失加重的趋势，受旱

区域由北方、西部地区向南方、东部地区扩展，旱灾影响范围由农业向工业、生态等领域扩展。据预测，在充分考虑节水的情况下，2030年我国用水量将达到或接近可利用水资源的总量，抗旱形势更趋严峻。同时，当前抗旱减灾工作基础仍然薄弱，全国一半以上的耕地缺少灌溉设施，现有水利工程大部分标准偏低，一些工程不配套，老化失修严重；城乡供水体系抵御旱灾能力弱，大部分城市供水水源单一，防范突发性水危机能力较低；水污染和水资源浪费现象比较严重；抗旱管理体制、机制仍不健全。加强抗旱减灾工作，应对日益严重的干旱灾害，对于确保国家粮食安全，保证广大人民群众生活和工农业生产用水安全、保护生态环境具有重要意义。

2. 调整旱灾管理思路，促进人与自然和谐相处。国家经济发展、社会进步、生态安全等宏观形势对防汛抗旱工作提出了很多新的要求，迫切需要调整防汛抗旱工作思路，坚持以人为本、尊重自然规律、实现人与自然和谐相处的治水新理念，建立抗旱预案体系。

抗旱工作要从被动抗旱转变为主动防旱。积极推广农业高新节水技术，发展管灌、喷滴灌；工业企业配置节水设施，采取循环用水、一水多用、中水回用等节水措施，提高水的重复利用率。加强用水的考核监督，限制和取缔不合理用水，建设节水型社会。

积极探索城市防洪抗旱的新模式。城市要以保障防洪安全、供水安全、生态环境安全和建立节水防污型社会为重点，加强城市河湖水系综合整治，搞好水环境建设，美化城镇人居环境。

3. 加强生态环境建设是抗旱减灾的战略措施。开展以水土保持为重点的生态环境建设，走以小流域为单元的综合治理路子，抓好水源涵养林建设，是改变干旱气候条件的战略措施。我国的江河湖海的负荷太重了，太需要进行一场大规模的治理了，以治理三江源头为突破口，打一场江河湖海保卫战。其战略目标是：科学发展，还我“河山”；恢复源头，整饬流域；深化改革，合理设计；建立机制，保护生态。从国务院研究室调研组调查的情况看，应把流域整治的重点放在六个方面：一是要研究在大江大河建设水电站的合理布局和合理负荷，整治这些年自行修建和破坏生态环境的水电站，解决不合理开发的问题。二是要研究在大江大河上建设水坝过多的问题，整治不合理的坝体，解决肢解河流的问题。三是要研究在大江大河上建设的跨江跨河大桥的布局和合理性，整治随意设立的和不符合标准的跨江跨河大桥，解决疏浚水运通道的问题。四是要研究防治全流域污染的措施，整治污染严重的河段和流域，解决一些河流有河皆污的问题。据水利部提供的资料，我国64%的城市河段受到中度和严重污染，近80%的污水未经处理直接排入江河湖库（2000年数字），必须下决心解决这些问题。五是要研究全流域水资源的分配使用方式，整治浪费水资源的行为，解决粗放用水的问题。建立国家初始水权分配制度和水权转让制度，建立节约用水、循环用水和科学用水的管理体系。六是要研究全流域的水土流失状况，整治水土流失的重点区域，有步骤地解决严重水土流失问题。纳入江河湖海治理的地区，在考核领导班子及干部时，要从过去以经济指标为主，转变到以生态环境保护与建设为主上来，转变到保障生态功能最大发挥和可持续发展上来，转变到实现人与自然的和谐相处上来。总之，要用解决“三江源”生态保护和建设的办法，对全国江河湖海进行一次详细的“体检”，将江河湖海治理上升为国家战略，制定出一套治理的规划，拨付专项资金，进行生态恢复、保护与建设，为防洪抗旱长远计议，为全面建设小康社会，构建社会主义和谐社会，创造良好的生态环境。

总之，应对干旱是一项全社会性的工作，范围广泛，对于抗旱工作应科学规划、统筹兼顾，以实现水资源的最优配置，充分调动全体公民的责任心、积极性，通过水法宣传，提高全民抗旱减灾意识，为我国实现经济持续、健康、快速发展而奠定坚实的基础。

保护长江水环境刻不容缓

陈清华

长江是中国第一大河，水资源总量占全国的35%，流域面积约占全国的1/5，人口占全国的1/3。保护好长江水资源和长江流域的生态环境意义重大。

一、长江水环境已处于“亚健康”状态

长江流域经济发展和水资源开发利用的现状令人堪忧。目前，长江正面临水资源、水灾害、水环境、水生态等问题困扰，全流域污水排放量正以年均3%的速度递增，2007年已占全国的30%以上。干流各沿江城市的江段岸边水域大都存在明显的污染带，特别是超过40%的省界断面水体质量低于Ⅲ类水标准，沿江90%以上的湖泊呈不同程度的富营养化状态。随着东部腾飞、中部崛起、南水北调、西部大开发等，长江水环境压力还将进一步加剧。

二、产生长江水环境污染的主要原因

1. 管理体制不顺。一是管理体制不能适应实际管理的需要。长江从生态角度上看是一个完整的系统，但其干支流、上下游却形成了实际上分割管辖的现象。现有的担负长江流域管理职能的长江水利委

作者系全国政协常委，民革江西省主委，江西省政协副主席。

员会只是一个“没有委员的委员会”，没有独立的执法资格。二是各相关机构职责相互协调配合不够。水利、环境保护、交通、计划行政等主管部门都对长江负有责任。但各自的职责及彼此间的协调与配合，都没有明确的界定。三是水资源所有权主体严重缺位，使得地方利益、部门利益、个体利益的考虑远远大于长江流域资源保护的考虑。

2. 法律法规不全。一是没有综合性的关于跨行政区域水环境管理的法律。二是缺少国家确定的重要江河流域的单行立法。三是现有跨行政区水环境管理专门立法的级别和层次太低，缺乏权威性。四是污水处理的立法滞后，至今连一个管理条例都没有。

3. 整体规划缺位。长江流域面积大，牵涉范围广，可是至今仍没有一个综合管理的流域整体规划。各地“跑马圈水”现象非常突出。如：长江干、支流水资源争相开发，已建4万多座水库，还有2400多座在建，完全改变河流的自然水文和理化特性，对河流生态产生了不良影响。

4. 化工企业过多。全国21000家化工企业中，位于长江沿岸的有近万家，目前正在建设或规划的化工园区还有20多个。沿江重化工产业的疯狂无序发展，更进一步增加了长江的生态负荷与压力。如果沿江各省市均按已制定的“十一五”规划布局相关产业，长江流域水环境不但不能控制，还将面临更大的风险。

5. 污水处理滞后。一是部分城市忽视了污水处理厂的建设。二是部分城市集水管网不配套，使一些已建成的污水处理厂不能正常运转。三是有的地方因污水处理厂运行成本过高无力负担而经常开开停停，致使长江流域的城市污水处理厂有三分之一处于关闭状态。四是排污费的转移支付机制尚未建立，流域内上下游之间缺乏利益补偿政策。

三、保护长江水环境的主要建议

1. 创新管理模式，实行水资源流域管理。建议成立国家长江流域水资源管理委员会，其委员由中央有关部委、流域内各省市地方政府领导以及专家代表等组成，由国务院主管副总理担任主任，负责长江流域生态环境的建设保护和资源的有效利用，统一协调和决策流域范围内各项管理事务。

2. 打破地区界限，尽快制定《长江水资源保护总体规划》和《长江水资源保护工程》，全面协调长江流域的产业布局。

3. 建立水资源保护法规保障体系。建议修改《水法》、《环境保护法》、《水污染防治法》。尽快制定综合管理长江流域生态建设、环境保护和资源利用的专项法律，合理规划流域管理和区域管理的职权，划分中央和地方各级政府事权。建立沿江地区政府水质达标责任制和上下游交界断面水质交接制度。实施排污总量控制，建立排污权交易制度，根据长江纳污能力和自我净化能力，对污染源排污量进行分别核定和动态管理。

4. 强化水污染防治，加快建立激励长江流域污染物减排的长效机制。主要是以扩大内需，应对金融危机为契机，切实加大城市污水处理设施建设的力度，切实加快工业布局、产业结构调整的步伐。通过“区域限批”和提高项目环境准入条件，从发展源头控制新增污染。通过深入开展环保专项行动，加大企业排污监督检查力度，加强水环境污染事故应急预案和体系建设。

5. 建立生态补偿机制。一是设立专门用于长江流域上中游的生态建设和环境保护基金。二是抓紧建立统一的生态环境补偿税制度，解除部门交叉、重叠收费的现象。三是按照谁破坏、谁恢复，谁污染、谁治理，谁受益、谁付费的原则，对生态破坏者采取缴纳补偿费或完成生态恢复工程等措施，使之负担起与生态环境损害相应的经济责任。

关于加快建立湘江流域生态补偿机制的建议

杨维刚

2007年，国务院批准长株潭城市群为“两型社会”试验区，按照“两型社会”建设“坚持环境优先”的要求，管理模式创新应首先从观念更新入手，着眼于体制机制创新，通过积极大胆试验，率先创新发展，探索走出一条可持续发展之路。随着国家“十一五”重大科技专项“湘江水环境重金属污染整治关键技术研究与综合示范”落户湘江，以及湖南省未来三年内投资174亿元对湘江流域水污染进行集中整治，湘江流域的环境治理必将取得重大突破。

一、湘江作为水流域治污试点的优势

首先，湘江污染为跨界污染，在我国具有普遍性。湘江作为湖南省境内最大和最重要的河流，是长江水系第五大支流。湘江流经广西、湖南，在湖南流域内人口和GDP分别占全省的57.1%、72.4%，全省70%以上的大中型企业都分布在湘江沿岸。随着多年来经济的高速发展，工业结构偏重与布局不够合理、污染治理欠账较多，湘江成为湖南污染最严重的河流，工业废水和生活废水排放分别占全省59.6%和62.5%，严重影响沿岸千万人民群众的饮水安全。其次，省内协调能力较强。湖南省内湘江占总长度的五分之四，相对于多数跨省河流而言，省内进行行政协调比较有利。第三，老工业基地环境问

作者系全国政协常委，湖南省国土资源厅副厅长。

题比较突出。湘江流域分布着株洲、衡阳等传统老工业基地，产业结构偏重，节能减排压力大、任务重，环境问题历史欠账多，工作比一般城市更难，因此更具有试点价值。第四，对于改善洞庭湖、长江水质有直接影响。通过治理好湘江的污染，就能极大地减少对洞庭湖的污染，这是治理洞庭湖污染的根本之举。随着洞庭湖环境的好转，由洞庭湖流入长江的水质状况将显著改善。第五，有国家给予长株潭“两型社会”试验区先行先试的权利。在环境保护方面，沿湘江的长株潭地区可以充分利用这个权利，率先建立新的机制和政策，为我国其他地区环境治理起到示范作用。

二、建立生态补偿机制治理湘江流域污染

建立湘江流域生态补偿机制是彻底治理湘江流域污染最佳方案。因为，目前环境污染治理最主要的难点就是“九龙治水”、各自为政，各方利益难以协调。多年来我国环境治理工作进展缓慢，就在于利益关系没有协调好，许多环境治理的办法不能治本。而通过建立生态补偿机制，根据生态系统服务价值、生态保护成本、发展机会成本，综合运用行政和市场手段，调整生态环境保护和建设相关各方之间利益关系的环境经济政策，协调各方利益，彻底解决环境污染问题成为可能。

建议国家将湘江流域生态补偿作为国家级水污染治理的试点，通过加大治污力度，关停并转一批严重污染企业，加大技改强度，实现产业升级，创造一批新型环保产业，对于保持我国经济平稳持续增长，促进长株潭“两型社会”建设是十分重要的。

三、建立湘江流域生态补偿的意义和框架建议

建立湘江流域生态补偿具有七大意义：一是能促使实现湘江水质水量达标；二是有利于产业、区域之间科学合理均衡协调；三是实现

环境公共资源的公平公正使用；四是为长株潭“两型社会”建设管理模式创新取得示范作用；五是促进各市地方政府加强环境综合管理；六是促进提高省政府环境问题综合决策与管理协调能力；七是为跨行政区河流污染利用生态补偿综合整治提供示范和借鉴。

湘江流域生态补偿采用上下游河流界面水质和水量目标补偿法。针对跨行政区域的河流，如果出境水水质或水量不达标，上游给下游补偿；反过来，如果出境水水质和水量达标或者优于标准的，下游要给上游补偿（奖励）。通过确定目标、问题分析、科学研究、科学规划、执行规划、问题反馈等步骤最终达成目标。湘江流域生态补偿的补偿主体为沿岸各级地方人民政府。

湘江流域生态补偿达成途径及补偿标准：①水权交易。上游地区采取一系列节约使用水资源的有效措施，使其出境水量超出了规定值，即初始水权没有被完全使用。当这部分水量被下游地区利用后，利用这部分水量的地区就要通过水权交易平台向上游地区缴纳使用费，并以此作为对上游地区的生态补偿。②排污权交易。上游地区采取一系列防止水污染的有效措施，使其出境水质超出了规定值，即入河排污权没有被完全使用。下游地区向上游地区交纳交易费，作为生态补偿。③上游地区对下游地区水质水量超标的赔偿。若上游地区对水资源管理和水污染防治没有采取积极而有效的措施，造成了超量使用初始水权和超量排放污染物，给下游地区造成了经济社会发展的不良影响，上游地区向下游地区作出赔偿。各级地方政府设立生态补偿专项资金，并由本级财政设立专户管理。补偿资金可以通过向水资源使用者（受益者）征收水资源费、水污染治理费等方式筹集，还可通过国家、国际的渠道获得。除了上下游政府之间的横向生态补偿以外，还应有纵向补偿机制，即国家向地方政府、上级地方政府向下级地方政府进行流域水环境保护的补偿，谁做了贡献谁就可以得到资金补偿。

四、实施湘江生态补偿机制试点的建议

为推动长株潭“两型社会”建设，为全国环境污染治理起到良好的示范作用，有效实施湘江生态补偿机制试点工作。建议：

1. 将湘江流域生态补偿机制建设列为国家生态补偿试点。这是长株潭城市群“两型社会”建设的需要。通过湘江流域生态补偿机制和体制的建立促进“两型社会”管理模式的创新，避免湘江水资源开发过度，弥补生态足迹赤字，保障经济社会可持续发展，同时调整区域、产业发展的不均衡，体现社会公平、公正，促进社会稳定，应当得到国家的高度重视和支持。这也是湘江示范作用的需要。湘江的跨行政区代表了河流流域最普遍的特征，建立湘江生态补偿机制并取得经验不仅为湖南境内河流污染整治、洞庭湖生态保护和长江水质安全提供保障，而且为全国类似河流的污染整治提供借鉴和示范作用，这也应当得到国家的支持。

2. 将湘江流域纳入全国重点流域治理项目重点扶持。株洲、衡阳等老工业基地过去50多年以来为国家经济建设做出了巨大贡献，历史欠账过多，单凭湖南之力，无力解决。将湘江流域纳入全国重点流域治理项目，国家水污染治理专项资金向湘江流域倾斜。全面治理沿岸污染严重企业，进行技术改造、结构调整，实现产业升级。全面治理区域内地表水、地下水、土壤、底泥等污染源，确保长沙、湘潭二市及湘江下游其他区域的饮用水源安全和洞庭湖、长江中下游水质达标。

3. 成立湘江流域生态补偿机构。生态补偿就是协调各方面错综复杂的利益关系，因此，有必要成立湘江流域生态补偿行政机构，主要职责是协调上下游各级政府间的关系，执行生态补偿机制。下设权威的评估、协调、行政、监督等机构。湘江流域涉及株洲、湘潭、长沙、衡阳多个行政区，建议成立由这些行政区组成的多边合作组织，以便达成共同整治湘江的协议。根据需要，可考虑设置执行组、监测

组、研究组、法律政策组、灾害组、水文组和宣传工作组等七个专业小组实施湘江生态补偿机制。

4. 加快生态补偿的研究、规划和试点。作为推进长株潭城市群“两型社会”建设的重要突破口和重要标志，湘江流域水污染综合整治的成败举足轻重，必须加快生态补偿的技术和政策层面的科学研究，制定生态补偿相关规划，并不失时机地开展湘江流域生态补偿机制试点工作，在总结完善的基础上早日全面实施，力争从根本上解决湘江水污染问题，为长株潭“两型社会”的建设打下坚实的基础。

加强生态文明建设　让三峡库区水更清

金义华

民生问题，是我们党和国家始终高度关注和着力解决的重大问题。水是保证民生的重要基础之一，是人类生存和发展的基本物质条件。近年来，随着经济社会的快速发展、人口增长以及城镇化速度的加快，长江流域水污染逐年加剧，已经影响到了沿江城市的饮水安全。尤其是2003年5月三峡成库后，因流速下降，自净能力下降，库区水域防污形势变得更加严峻。这些水污染主要是工业废水、生活污水和垃圾的污染，航运量激增也带来一定的船舶污染。

一、三峡库区水污染防治的基本情况

一是城市生活污水、生活垃圾污染防治情况。宜昌市现有污水处理厂15座，其中城区5座，城区污水集中处理率达到了90%，另有在建污水处理厂4座；生活垃圾处理厂8处，年无害化处理垃圾60万吨，尚有近20万吨垃圾未经无害化处理。巴东县现有污水处理厂3座，垃圾处理厂5处，基本满足需要。

二是船舶污染防治情况。船舶污染分日常营运性污染和事故性污染。日常营运性污染主要有油污水、船舶垃圾、生活污水等。三峡库区湖北段现有船舶垃圾和油污水接收单位5家，接收船12艘，2007年船舶油污水处理率为95%，接收船舶垃圾近3000吨。除少数大型

作者系全国政协委员，长江航务管理局原局长。

旅游船外，其他船舶生活污水基本未经处理直接排放入江。船舶事故性污染近年来逐步减少，2004～2007年三峡库区未发生重大船舶污染事故。

二、存在的主要问题

三峡库区水污染防治工作尽管取得了很大成绩，但也存在一些不容忽视的问题，必须引起各级政府的高度重视。

一是生活污水和垃圾处理设施运行艰难。主要原因是运行经费严重不足，没有保障。现有的生活污水、垃圾处理厂一般规模都较小，难以推行产业化、市场化的运行机制，单位处理成本高。如一般的集镇污水处理厂处理每吨污水直接成本0.4元，但收取污水处理费是每吨0.3元，每年资金缺口达60万～80万元，尚不包括土地使用税、房产税、工商管理费等相关费用。另一方面，库区沿江各乡镇长期以农业经济为主导，基本上没有工业，加上免征农业税，财经比较困难，难以对生活污水、垃圾处理厂提供充足的经费补贴。

二是生活污水、垃圾处理厂设计规模和实际需求不匹配。如郭家坝镇污水处理厂设计处理能力为2000吨/日，而目前只有600吨/日。兴山县城污水处理厂设计为日处理污水2万吨，目前只有6000吨；兴山县新城垃圾处理场垃圾处理量也只达到设计能力的70%。而秭归县近年来由于人口迅速增长，生活垃圾产生量远大于处理能力。同时，秭归港翻坝转运流动人口和待闸船舶上的垃圾也交由秭归县垃圾处理厂处理，使该厂的使用年限大为缩短。另外，宜昌市每年还有近20万吨生活垃圾未经无害化处理，在城市周边堆放或倒入溪沟。

三是三峡库区水面清漂任务艰巨。三峡库区由于水位变化频繁，水面漂浮物较成库前大幅增多，清理工作量变大，加之缺乏专业的清漂设备，目前主要靠租用民间船只，清漂手段落后，效率低下，不能满足清理需要。同时，从长江上打捞起的漂浮物，均采用就近上岸，经晒干后焚烧处理的方式，又造成了大气污染。

四是船舶污染应急反应能力亟待提高。近年来，库区水上危险品运输发展很快，2007 年通过三峡船闸的危险化学品达 610 万吨，比 2006 年增长 20%，船舶溢油和危险化学品落水的风险增大，这种船舶污染事故具有污染物排放量大、排放集中、突发性的特点，目前三峡库区配备的船舶污染应急设备数量少，设备简陋，远不能满足污染应急的需要。另外，三峡库区段船舶溢油事故应急预案还没有制定出台，船舶污染损害赔偿机制也尚未建立，一旦发生船舶污染事故，船方无力承担清污及民事赔偿费用，致使事故善后工作难以顺利进行，造成的损害难以控制。

五是船舶生活污水防治压力大。虽然《水污染防治法》规定"船舶排放生活污水，必须符合船舶污染物排放标准"，原交通部也颁布了船舶生活污水的排放标准，但由于相关配套规定尚未完善，目前对船舶生活污水直接排放入江没有进行有效管理。虽然库区船舶生活污水仅占城市生活污水排放量的4‰，但对其加强管理已是迫在眉睫。

六是支流及溪沟水域富营养化程度正在加剧。我们调研组乘船专门考察了神农溪水域及部分溪沟网箱养鱼情况，发现这些水域蓝藻严重，水质变坏。由于支流及溪沟水面相对干流而言几乎是静水，自净能力差，据秭归县和巴东县有关人员介绍小溪河、清港河等 5 个一级支流的污染情况正在加剧。

三、对三峡库区水污染防治的几点建议

一是尽快建立库区环保治理项目运行保障机制。上级财政需要对库区生活污水和垃圾处理项目实行补助，确保治理项目正常运行。考虑到三峡库区防污是三峡工程的一项重要内容，建议国家设立库区环境保护专项基金，在三峡电厂发电收益中提取一定费用用于补贴库区污水和垃圾处理等环保基础设施的运行维护，保证这些设施的正常运行。

二是加快实施库区水污染防治项目的规划和建设。随着三峡水库

175 米蓄水的到来，又将产生一批对三峡库区防污有重大影响的支流流域，这些重点支流及沿岸乡镇尚未列入三峡库区水污染防治规划，建议扩大原规划范围，同时对规划中的生活污水和垃圾处理厂的布局和规模，根据实际情况进行调整和加快建设。如巴东县饮用水源地万福河及重点流域神农溪污染治理项目已经纳入规划，但该县尚有小溪河、清港河等 5 个一级支流流域污染防治工作没有纳入规划。

三是逐步建立库区水面清漂长效机制。建议由省环保部门牵头，地方政府给予财政支持，规划建设专门的清漂码头，配备专业的清漂设施，落实清漂工作专项资金，加大清漂工作力度，确保库区清漂工作取得实效。

四是进一步完善政策和措施，加强库区船舶防污监管。建议船检部门制定严格的船舶防污染设备配备标准，特别是危险化学品船舶必须推行“双底双壳”船型。地方政府应对三峡库区船舶的油污水、垃圾和生活污水处理实行补助，对于低于标准的船舶应制定淘汰或技改的时限，并从资金上给予支持。监管机关要加强监管，对船舶污染物产生、储存、交岸处置等全过程实行监督管理，对库区船舶污染应实行“船上储存交岸处置为主”的零排放治理模式。同时，调整现有船检机制，实施一个检验机构检验，避免检验偏差。

五是加大库区船舶防污投入，建设三大工程，完善两大体系。建议国家有关部门和地方各级政府进一步加大资金投入力度，建设库区船舶污染物接收工程、化学品船舶清洗舱基地工程、库区流动源监测工程，完善日常执法监督管理体系、污染事故应急反应体系建设。

六是加强支流水域治理和网箱养鱼管理。支流水域的污染不仅直接影响到沿岸老百姓的饮水安全，而且还在每年三峡水库水位消落期流入干流污染干线水域。据调查，三峡水库上游的重庆市出台政策，严格控制网箱养鱼。建议湖北省也要加强支流水域治理和网箱养鱼管理。

最后，让我们共同努力，加大三峡库区水污染的防治，使三峡库区的天更蓝，水更清，空气更洁净，人与自然更加和谐。

加强草原保护建设　巩固国家生态安全

董恒宇

生态是文明的载体，生态安全是国家生存安全的底线之一，是国家发展的重要保障。文明的消失往往是从这一地区植被的沙漠化开始的。在四大文明古国中，古埃及和古巴比伦文明已淹没在一片黄沙之下。我国草原资源十分丰富，面积仅次于澳大利亚，居世界第二位，占国土总面积的41%，是耕地面积的3倍左右，林地面积的2.5倍多，其中可利用草原面积为3亿多公顷，占草原总面积的81%。

近些年来，我国草原生态治理取得了显著成效，同时由于自然气候、人口增长、经济开发等诸多因素长期的交叉影响，生态十分脆弱的态势并未发生根本性改变。草原退化呈逐年加大趋势，退化面积从上世纪70年代占总面积的10%，扩大到80年代占30%，90年代达到60%以上。草原生态保护和建设面临的形势十分严峻。

一、从建设“生态安全屏障”的高度统一思想认识

我国草原主要分布在北部和西部，其中内蒙古、西藏、新疆、青海、甘肃被誉为“中国五大牧区”，约占全国草原面积的70%。其中三个是少数民族自治区，并与10个国家毗邻。这一地区的草原沙漠戈壁占我国国土面积的半壁江山。纵观四大文明古国，只有中国享有这么一块广袤的生态屏障，否则几千年的中华文明不会流传至今。

作者系全国政协常委，民盟内蒙古自治区主委、内蒙古自治区政协副主席。

胡锦涛总书记在视察内蒙古自治区时曾作出重要指示："内蒙古是我国北方的重要生态屏障，切实把生态环境保护好、建设好，事关全国的生态安全"。在草原生态问题上，我们要树立高度的危机意识和安全意识，把巩固国家的生态安全放在维系民族生存和国家富强的位置。

要从建设生态文明的高度重新认识草原的价值与功能。草原牧区不仅仅是"资源库"，同时也是"绿色屏障"。我们应像重视森林一样重视草原，像重视"三农"一样重视"三牧"。通过一系列改革和政策调整，加大草原治理力度，统筹经济建设、生态保护与人民致富三者的关系，确保国家长治久安。

二、完善行之有效的政策并加大扶持力度

坚持实行已见明显成效的"退牧还草"、"禁牧舍饲"等政策，保障这些政策的补偿措施继续实行，延长退牧还草、禁牧休牧饲料粮补助年限，加大扶持力度。在此基础上，国家在"扩大内需，促进增长"的项目资金中应加大支持草原生态建设的力度。一是对草原生态保护与建设实施战略性投资；二是针对草原退化沙化面积仍在继续扩大的趋势，加大禁牧安排比例；三是出台完善草原地区生态移民的专门政策，给予相应的资金支持，保证移出农牧民的正常生产和生活；四是国家应像补贴"三农"一样补贴"三牧"，参照"惠农"政策，在暖棚、饲料基地、牧业机械、养牛养羊等方面，给牧区、牧业以补贴，提高牧民收入；五是草原地区普遍缺水，在水利建设项目上要予以重点支持。

三、研究建立草原生态补偿长效机制

现行的草原生态补偿项目具有时限性，一旦补偿结束，生态问题随之反弹，项目之间相互割裂，缺乏整体性、综合性和可持续性。为

从根本上解决问题，我国草原生态治理要从现在的项目实施向制度建设转变，由限期补贴向建立补贴长效机制转变。

建立草原生态补偿长效机制的主要内容是：建立健全资源有偿使用制度和生态环境补偿机制，对生态环境资源开发与管理、生态建设、资金投入与补偿的方针和政策进行统一协调，科学确定生态环境补偿标准、补偿方式和补偿对象，逐步建立政府引导、市场推进、社会参与的生态环境补偿和生态环境建设投融资机制，努力形成多元化投资格局。

要把草原生态建设列为国家级大型生态建设计划，以国家补偿为主设立专项资金，实行中央、地方、社会和牧民共建的草原生态补偿机制，把休牧、禁牧、轮牧、退牧还草、草畜平衡等确定为长期的草原行政管理制度。

四、大力发展沙产业、草产业

第一，要鼓励地方建立林沙草产业资源培育和利用的责任机制，制定科学的林沙草产业的发展规划。第二，林沙草产业是一项投资大、周期长、见效慢、风险大，具有公益性的产业，建议国家和各地区政府要在税收、信贷、财政补贴等方面提供优惠政策，在技术、市场等方面提供优质服务。第三，要突出重点，按照创建知识密集型产业的要求，支持各地企业开发新产品，延伸产业链，提高资源利用效益与效率。重点抓好木材加工类、饲料加工类、药材和特种养殖类、生物质发电类林草、沙漠旅游等特色优势产业。第四，要借鉴国家集体林权制度改革的成功经验，尽快推进可治理沙区的荒漠化土地经营管理制度改革，确保林沙地规模化、集约性和经营的长期性、可靠性，为社会力量治理沙区、发展林沙草产业开辟通途。第五，要加强生态产业技术的研究开发和应用推广。第六，培育一批紧密结合生态建设，具有市场竞争力、科技开发能力、精深加工生产能力、辐射带动能力的优势项目和龙头企业。

五、建立健全草原生态保护的法律法规，加强综合执法

目前，我国生态保护与建设的法律法规主要体现在各个单项的资源法中，如水法、草原法、森林法、渔业法等，迫切需要建立涉及农牧林水等各个领域的综合性法律、法规。为此，建议：第一，应该以建设“生态文明”的新理念，确立生态统一立法的新思路，整合出台生态保护与建设的综合性法律、法规，完善囊括森林管护、草原监理、沙漠治理、水务监察、渔政管理等生态环境保护与建设的法制体系；第二，在实践的基础上修订原有法律；第三，通过地方立法不断加强对不同生态系统的保护，尤其要加大对自然保护区、草原湿地立法的力度。

六、解放思想，改革不适应生态文明建设的管理体制

现行管理草原的体制与生态文明建设工作不相适应，基层同志对此反应很强烈，一致感到保护和建设工作操作起来很难，因为现有体制把生态保护和建设分割在环保、农业、水利、林业等各个部门中。我国牧业归农业部管理，但农业部的主要职责和精力是放在粮食和肉食方面，草原牧区的生态建设存在事实上的体制缺失。

著名科学家钱学森曾经建议成立“草业部”和“国家总体设计部”，现在看来，这两项建议都是很有价值的。从我国体制改革的现状来看，很有必要在农业口设立“沙草产业司”，同时筹划设立“国家总体设计统筹部”，统筹研究设计解决带方向性、战略性、根本性的重大问题，集中力量办好像生态文明这样关系国家安全、影响国家全局和长远利益的大事。

加强和完善草原管理　健全严格规范的草地管理制度

艾努瓦尔

中共十七届三中全会进一步明确了坚守18亿亩耕地红线的目标。18亿亩耕地红线将成为土地管理与宏观调控的国策。然而与耕地同样重要的草地，在开垦、人为破坏和超载放牧的影响下，进一步退化的趋势尚未得到遏制，90%以上的天然草地面临着不同程度的退化、沙漠化、盐渍化，天然草地仍以每年200万公顷的速度继续退化。西部是我国天然草原分布区，草原面积约3.2亿公顷，占我国草原总面积的80%。广袤的草原覆盖着恶劣环境下的贫瘠土地，一方面维系着西部至关重要的生态平衡，另一方面也承担着西部人所需的物质保障。然而，草地退化导致生产力大幅度下降，沙尘暴频发，水土流失加剧，成为影响西部可持续发展的重要因素。加强和完善草地管理，健全严格规范的草地管理制度势在必行。为此，建议：

一、修改完善《草原法》，明确基本草原保护制度

在全国的草原主要分布区，根据我国的草原状况和今后畜牧业发展规划，划定基本草原底线，进一步明确草地的占用、使用、受益、建设等权利，国家要制定《全国草地保护、利用规划纲要》，以制止垦荒、超载放牧和人为破坏。

作者系全国政协常委，新疆维吾尔自治区环境保护局党组书记、副局长。

二、建立草地生态补偿、保护长效机制

针对草原生态系统平衡和生态环境效益价值，建立草原生态补偿机制，通过经济手段促进实现草畜平衡以及解决区域性的草原生态量化的问题。补偿包括：

一是建立超载减畜的补偿机制。目前，一般草原牧区经济发展滞后，牧民生活还未脱贫或者刚刚脱贫，难以承担减畜损失，需要各级政府给予补偿，促进超载地区实施减畜出栏。

二是建立草畜平衡的补偿机制。对实现草畜平衡的草地，给予补助或者奖励，以激励牧民主动控制养殖规模。

三是建立草地生态保护管理和草原建设的补偿机制。对保护草原生态、日常管理、草原更新改造、围栏休牧给予资金补助，提高个体牧户保护基本草原的积极性。

四是建立草地资源有偿使用制度，谁破坏谁治理。凡在草地上开矿、修路、修建筑，均收取补偿金，以恢复草原生态。

三、完善家庭草原承包制，创新草地保护机制

我国实行草原集体所有，家庭承包制度。基本草地划定后，牧区人工草地应谁建谁有，以地定草，以草定畜，长期不变，鼓励农牧区对草地的投入。

四、加大草原建设投入力度，建立草地保护、保障制度

要以政府为主导大力推进各项草原水利、更新、恢复、改造等工程建设，大面积推进草地建设。帮助建立人工草地建设，减轻牲畜对天然草地的放牧压力。实施天然草场的置换，减少天然草场的载畜量；同时以牧户为主，对草原实行禁牧、休牧、轮牧，使不堪重负的

草原休养生息。同时引导牧民改进生产生活方式，实行定居、半定居，从根本上解决草原生态保护与经济发展矛盾，建立草原生态保护的长效机制。进一步优化草原地区农牧业和经济结构，实施牧民舍室养畜，改良畜种，提高单位草地的经济产出。

调整退耕还林政策布局　促进西南岩溶地区生态环境建设

温香彩

实施退耕还林是党中央、国务院为改善生态环境做出的重大决策，受到了广大农民及各级领导干部的拥护和支持。自1999年开始试点以来，成效显著。实施退耕还林地区，在恢复生态、遏制水土流失的同时，促进了当地农业产业结构调整和农民增收，实现了较好的生态、经济和社会效益。

2006年前后，由于退耕还林范围和规模的不断扩大，部分地区出现了林粮争地现象。为保护我国粮食安全，国务院在2007年下发《国务院关于完善退耕还林政策的通知》（国发［2007］25号）是完全正确的。

在我国西部有些岩溶山区，人口密度大，贫困集中度高，资源环境形势严峻。长期以来，盲目开荒、广种薄收，陷入"越垦越穷，越穷越垦"的恶性循环，支付了巨大的生态和环境成本。水土流失严重，25度以上陡坡耕地问题，成为水土流失和石漠化形势不断加剧的重要成因。贫困人口主要集中在生存条件较为恶劣的深山区、石山区，农民收入低的问题未从根本上得到解决。由于对退耕还林政策响应和落实的滞后，在已进行的第一批退耕还林工程中除一些试点外，少数开展。第二批分的退耕还林指标远不能满足当地生态环境的要求，25度坡耕地随处可见（如贵州纳雍县的姑开苗族彝族乡、毕节

作者系全国政协委员，中国环境监测总站研究员。

市的撒垃溪镇等），仍然存在“山有多高，庄稼就有多高”。而西部又位于多个水系上游（如长江、珠江），在当地实施退耕还林工程不仅对当地生态建设与恢复具有重要作用，也直接影响到水系中下游地区的可持续发展，继续延续退耕还林政策对全流域的生态建设、经济社会发展、人民生活水平提高和社会稳定十分重要也很必要。

另外，在某些地区，造林树种单一，林种比例不合理，难以实现经济发展与生态建设的有效结合。

建议：

1. 国家在继续完善退耕还林政策的同时，应根据《国务院关于完善退耕还林政策的通知》（国发〔2007〕25 号）的精神，在进一步摸清 25 度以上坡耕地实际情况的基础上，调整退耕还林政策布局，突出重点，启动西南岩溶地区陡坡耕地退耕还林项目，进一步巩固退耕还林成果。

2. 对实施退耕还林地区加大农田水利等基础设施建设和良种补贴的力度；适当提高退耕还林补助标准。

3. 在退耕还林时，将农民长远利益与当前利益结合，将生态目标与农村经济发展相结合，走生态经济复合型退耕还林路子。根据地理位置和自然环境差异，结合当地实际，结合农民脱贫致富和主导产业建设，科学选择生态、经济兼用树种，并同时进行林药、林草间作，使广大农民在造林种草、改善生态环境过程中，调整生产结构，培育新的致富生产门路，建立起与造林种草相关联且有稳定收入的绿色产业，使农民退耕还林后的生计得以长远保障。只有正确处理生态治理与农民增收的关系，才能确保退耕还林持续巩固提高。

4. 对退耕还林立法，建立生态建设的长效机制，实现退得下、稳得住、农户富得起来。

关于重视并加强西部地区小城镇和农村环境治理的建议

陈勋儒

西部地区为我国大江大河上游，其环境保护和生态文明建设不仅关系西部地区农村发展，而且关系到中下游地区环境安全和经济社会发展，应引起足够重视并切实予以加强。

一、西部地区小城镇与农村环境治理存在的主要问题

1. 投入不足，城乡环保基础设施建设严重失衡。长期以来，环境建设投入主要集中在大中城市和县城，对西部地区小城镇和农村重视不够、投入不足，环保基础设施建设严重滞后和失衡。以云南省为例，截至2007年末，全省已建成无害化垃圾处理场29个，污水处理厂37个，全部在县城以上城市。全省城市垃圾和污水集中处理率分别为45.6%和43.8%，而小城镇和农村垃圾集中处理率仅18.9%，农村污水多数不经处理直接排放。全省农村每天约产生垃圾1.6万吨，生活污水160万吨，分别是城市的1.1倍和1.2倍。农村随意堆放垃圾和排放污水，既影响村容村貌，又严重污染人居环境。

2. 规划滞后，法规及监管体系严重缺失。西部地区小城镇及农村缺乏环保建设规划，小城镇规划中基本没有环保内容，即使有环保规划，亦未能落实，饮用水源水质安全监测基本是空白，加之乡镇工

作者系全国政协常委，农工党中央副主席，云南省政协副主席。

业无序发展，产业结构不合理，企业布点分散，规模小，污染难以集中控制和治理。

小城镇和农村环保法规政策体系缺失，现有环保标准不适用小城镇和农村，环境监管难。县级环保部门编制少，难以开展小城镇和农村环境执法监管。乡镇无环保派出机构，环保规划难以落实。一些建设项目和企业未经“环评”就开工建设生产，地方保护现象普遍，农村环保法规及监管严重缺失，环保执法难。

3. 污染严重，生态环境安全受到严重威胁。一是土壤污染严重，威胁农产品质量安全。超量滥用化肥现象普遍，造成土壤污染板结、质量降低，农产品硝酸盐含量超标，威胁消费者健康。据对云南省滇池流域种植业调查，有的化肥施用量是发达国家安全施用量上限的15～34倍。如昆明市呈贡县大溪办事处化肥用量超限34倍；晋宁县晋城镇河涧铺村化肥用量超限18.6倍。据云南省大理州农业环保站监测，大理市大庄村土壤pH值由原来的6～7降低到4～3.5，土壤严重酸化。云南省楚雄州受污染的农田达1216.6公顷，其中重金属污染600多公顷、固体废弃物污染266.6公顷、畜禽粪便污染350多公顷。部分地方土壤重金属污染严重。过量使用农药，造成农产品农药残留超标。禁用的甲胺磷等有机磷类高毒农药仍不时在粮食、蔬果、茶叶等农产品中检出。农村白色污染严重，大量使用的农膜约30%残留在土壤中。农村垃圾已由易腐烂的菜叶瓜皮发展为塑料袋、废电池、农膜、腐败植物等混合体，不可降解物比例加大，处理难度增加。二是水体污染严重，威胁饮用水安全。不规范的畜牧和水产养殖场，加剧了农村水体污染。以云南省为例，每年产生畜禽粪便超过1.5亿吨。规模化养殖场大多没有污水处理设施，90%的养殖污水未经处理直接排放，畜禽粪便随意堆放、外溢渗透严重，导致饮用水源硝酸盐含量超标，加之化肥、农药超限超量施用造成的污染，污染河流、湖泊、库塘及地下水，威胁饮用水安全。云南省星云湖、抚仙湖的农村面源污染已占入湖污染的80%以上；牛栏江入河污染基本来自农村面源污染。部分小城镇和农村，浅层地下水质不达标。云南省滇池流域的上可乐村浅层地下水（井水）总氮为118.7毫克/升，基本不能饮用。云南省农村有1500万人饮水不安全，其中因水体污染造成的占60%。三是村镇工业污染日益严重。以云南省为例，共有乡镇企业88.56万个，其中96.7%为私营小企业，且多为小化工、小水泥、小冶金和食品加工企业，废水、废气、废渣未经处理随意排放。一些地方违背科学发展观，不顾小城镇和农村资源条件、环境容量，以牺牲环境为代价，单纯追求经济效益，盲目引进高能耗、高污染企业，大中城市落后产能和项目向小城镇和农村转移加剧，加重了当地环境污染。四是污染物处理方式单一，缺乏适合农村使用的小型处理技术和设施，无害化处理水平低。

二、加强西部地区小城镇和农村环境治理的建议

1. 加大投入，切实加强小城镇和农村环境治理。一是建议国家切实增加对西部地区小城镇和农村环境治理的投入。尽快研究制定有利于西部地区农村环境治理建设的生态补偿机制，提高财政转移支付中对西部地区小城镇和农村环境污染治理的投入比例。把小城镇和农村污水、垃圾处理设施建设列入年度预算。多渠道筹集资金，整合建设、农业、水利、环保、扶贫等部门的农村环保整治资金，形成合力，提高效益。建立政府、企业、社会多元投入机制。探索建立与市场相适应的小城镇和农村垃圾、污水处理投融资和运营管理体制。二是建议国家把西部地区农村饮用水源作为农村环保工作的重中之重。做好人口集中的农村饮用水源地监测工作，逐步建立农村饮用水源地环境监测预警体系。加大对西部地区乡村自来水工程建设资金投入力度，让农村居民喝上放心水。加快小城镇和农村垃圾收集、简易填埋、排水沟等基础设施建设。在村寨附近的适宜地方修建污水氧化塘及湿地。在县城周围人口相对集中的乡镇推广“村收集——镇转运——县处置”的城乡垃圾处理模式；在远离县城的山区、半山区农村，采用堆肥或简易填埋处理。

2. 强化监管，建立健全法规政策体系。一是建议结合社会主义新农村建设，科学制定小城镇和农村污染设施建设规划，重点突出饮用水源地、江河湖泊集水区、基本农田、生态敏感区保护。农村环保设施建设可打破行政区界限，实行乡与乡、村与村之间跨区域联建共享。二是强化小城镇和农村环保监管，增加基层环保执法编制，强化基层环境执法能力建设。重点加强规模化畜禽养殖场污染物排放监管，对新建、改扩建的规模化养殖场，严格执行环境影响评价“三同时”制度，严格治理超标排放。三是尽快研究制定《农村环境保护条例》、《农村垃圾、村镇生活污水处理规范》，为小城镇和农村环保工作提供法律政策保障。四是加快研发符合西部地区农村实际需要的小型垃圾、污水处理技术和设施，加大推广应用成熟技术力度。

3. 综合防治，有效遏制农村面源污染。一要加大农村产业结构调整步伐，加强农业科技推广服务体系建设，加强技能培训和技术指导；开展土壤污染治理，大力推广测土配方施肥、节水灌溉、农作物病虫害综合防治技术，推广生物农药和高效、低毒、低残留农药，加强科学施用化肥、农药的指导。二要加强市场监管，严禁生产销售高毒农药，鼓励农膜回收再利用，农作物秸秆资源化利用。国家应安排专项资金用于西部地区农村发展生态农业、循环农业，加大无公害、绿色和有机农产品种植基地建设，加快现代农业建设步伐。三要加强畜禽养殖污染防治，积极发展规模化畜禽养殖固体废物“资源化”、“无害化”处理，加大对西部地区农村沼气工程和节柴改灶投入力度。四要加强工业污染防治，严防工业污染向小城镇和农村转移，因地制宜地加快西部地区县城垃圾、污水处理建设步伐，确保正常运行，减少城市对小城镇及农村的污染。加强对分散在小城镇和农村中的个体私营小企业污染排放监管，减少“三废”对小城镇和农村的污染。

防治污染转移　促进可持续发展

卢晓钟

改革开放以来，东部沿海地区利用率先开放和得天独厚的区位优势，抓住发达国家和港澳台地区产业转移的机遇，大量承接和发展以劳动密集型产业为主的加工业，有力地推动了当地经济发展。经过多年发展，东部沿海地区资本相对饱和，土地、劳动力、能源等生产要素供给趋紧，产业升级压力增大，企业商务成本居高不下，资源环境约束矛盾日益突出，必须进行产业结构调整和升级，完成从规模扩张向结构提升的转变。这种转变有力地推动东部沿海地区加工业和低端的劳动密集型产业向中西部地区转移。通过产业转移，东部沿海地区的企业不仅可以克服企业成本不断上升的“瓶颈”，推动产业升级，而且可以利用中西部地区广阔的市场，进一步提高企业竞争力；中西部地区通过承接东部沿海地区的产业转移，吸引投资、拉动经济增长。但是，产业转移在促进中西部地区经济发展的同时，可能带来污染转移的问题要引起关注。

1. 随着产业转移，产业承接地区的污染物排放总量增大。在长三角、珠三角等较早承接国际产业的地区，出现了局部区域的环境恶化：如苏南地区在城郊、工矿区及污灌区普遍存在土壤重金属污染；太湖地区的水稻田安全状态约50%，蔬菜地安全状态约29%~39%，主要是印染、化工、造纸等高能耗、高污染企业产生的重金属污染所致；现在部分中西部地区接受了发达地区淘汰的产品、技术、工艺和

作者系全国政协常委，民建重庆市主委，重庆市人大常委会副主任。

设备。在转移的产业中，制革、化工、造纸、印染、纺织、电镀等污染较重的行业占有相当大的比重，将带来产业承接地工业污染物排放总量的增加。

2. 环境问题成为影响社会稳定的一个重要因素。产业转移可实现经济繁荣，但伴随其中的污染转移将影响环境质量，甚至有的转移危及饮水及粮食、蔬菜等食品安全，降低人民群众的生活质量，危害人的健康。

造成污染转移的主要原因主要表现在以下方面：

1. 传统发展模式仍未从根本上得到转变。由于一些污染企业投资比较大，又是利税大户，局部地区为了在短时间内出政绩，增加地方政府财政收入，开辟了招商引资的“绿色通道”，将降低环境准入作为招商引资的优惠条件。在政府利益和项目业主的经济利益与人民群众利益之间的博弈中，个别地方政府和项目业主之间结成“统一”联盟。由于信息不对称，有的引进的污染项目自开工之日就形成污染。

2. 缺乏科学规划，地方出现同质竞争。有的地方产业发展规划以追逐经济数量增长为重要目标，从公布的各地产业规划来看，一些地方规划目标任务、发展模式基本雷同，未形成成熟的具有地方特色的产业发展思路。事实上，通过简单承接淘汰的落后项目难以真正实现欠发达地区经济崛起。在国家加强宏观调控的趋势之下，淘汰的落后项目转移后同样面临极大的产业政策风险。刚投产的项目可能就被列入国家淘汰目录，投资赶不上淘汰快，这不利于欠发达地区的可持续发展。

3. 环保准入把关不严，环境监管乏力。一些地方急于引进项目，引进项目质量不高，把关不严，监管不力，产生企业投产得益、政府治污买单、群众利益受损的“外部效应”。由于环保基础设施建设滞后，部分工业园区废水处理由单个项目自行解决，造成治理效率低、环保监管难，入园企业偷排、漏排、超标排放的现象时有发生，直接威胁群众健康和饮用水源安全。

4. 环境治理技术成本高，难以全面治理污染。制革、化工、造纸、印染、电镀等属污染较重的行业，其中化工、印染、制革等污染治理的技术要求高、难度大，部分排放指标还缺乏国家标准，因缺乏法定依据而致直接排放；部分高污染行业的治污技术不成熟，其治理投资大，如碳酸锶行业的废渣及硫化氢气体污染治理难以有效解决；随着科技进步，化工行业产品日新月异，伴随产生的污染物种类增多，其治理技术研究滞后，不少新产品产生污染目前还缺乏治理技术。

针对上述问题，我们认为应以科学发展观为指导，统筹规划，在承接产业转移的过程中，做好产业转移过程中污染转移的预防和治理；统筹兼顾经济效益、社会效益、环境效益，促进经济发展方式转变，使产业转移承接地成为该地区发展的重要增长极，促进经济社会可持续发展。对此，提出如下建议：

1. 以科学发展观为指导，加强制度建立。进一步开展绿色 GDP 研究，并在现行的、对地方领导干部和领导班子的政绩考核体系中，增加资源环境的考核权重，从考核制度上校正地方领导片面追求 GDP 的现象；进一步完善领导干部的环境问责制；进一步清理国家和地方已出台的不利于环境保护的政策法规，严防地方政府或部门擅自降低环境准入标准；有关部门应结合产业转移过程中出现的新情况、新问题，及时出台引导产业转移健康发展的指导性意见。

2. 明确产业方向，科学规划布局。考虑生态环境的承载能力，高标准、高起点做好产业空间布局规划，并根据国家实施主体功能区发展规划，细化东、中、西部地区产业发展规划、产业发展方向和产业布局；在承接产业转移工作中，各地应结合自身资源禀赋、城市发展功能定位和结合发展地方特色产业的要求，实行“招商选资”；按照循环经济的要求，科学规划各类工业园区，合理配置产业链，最大限度地实现污染物资源化利用，最低限度削减污染，确保经济发展与环境容量相适应。

3. 完善环境监管体系，加强环境执法力度。大力推动战略环境影响评价和规划环境影响评价；严格执行项目环境影响评价制度，禁止建设不符合产业技术政策的项目以及工艺设备落后、选址不当、污染严重和破坏生态的项目，严格控制能耗高、污染大的项目；进一步完善国家环境排放标准体系和环境准入制度；加强企业、工业园区环境监管，严厉打击环境违法行为。

4. 完善环境经济政策，促进健康发展。加快出台环境税，针对行业特征、污染排放情况实行差别税收政策；实施有利于环境的财税、土地价格优惠，制定有利于节能减排、废弃物资源化利用的激励政策；建立并完善排污权交易制度，实行严格的总量控制制度，在产业转移过程中，相应的污染排放指标由产业转出地划转至产业承接地，并对落户企业或园区实行严格的总量减排考核。

5. 提高全社会的环境意识，建立社会公众参与机制。建立企业环境信息披露制度，定期发布环境状况公报、空气质量周报和日报。通过媒体监督保障公众的知情权，让公众了解企业真实的污染情况、达标排放情况。重大项目建设前期论证中，充分征求公众意见。通过形式多样的环境保护的法制教育，促使公众了解环保的相关知识及自身的环境权益，提高其环境意识，从而使公众参与环保成为一种自觉行为，营造监督环境违法行为的社会氛围。

关于积极参与碳汇交易的建议

周宜开

植树造林不仅可以保护环境，而且还蕴涵着巨大的碳汇交易潜力。由发达国家出资到发展中国家购买二氧化碳等温室气体额外减排量的碳汇交易机制已经在我国逐步形成。胡锦涛主席也对碳汇非常关注，在亚太经合组织第15次领导人非正式会议上，呼吁“增加碳汇，减缓气候变化”。

森林、湿地等可以快速、大量地吸收、汇聚和储存二氧化碳，称为碳汇。而所谓碳汇交易，就是指发达国家出钱向发展中国家购买碳汇指标，是通过市场机制实现森林生态价值补偿的一种有效途径。《京都议定书》规定，因发展工业而制造了大量温室气体的发达国家，在无法通过技术革新降低温室气体排放量的时候，可以投资发展中国家造林，以碳汇抵消排放。按照《京都议定书》中的规定，中国目前为发展中国家，还不需要承担温室气体的减排义务，所以我国可以在同发达国家的碳汇交易中获得巨大商机。

2006年12月12日，我国造林碳汇项目优先发展区域选择与评价项目通过专家验收。项目基本确定了我国开展清洁发展机制下碳汇项目的优先区域主要分布在我国中南亚热带常绿阔叶林带，南亚热带、热带季雨林、雨林带，青藏高山针叶林带及暖温带落叶阔叶林带。

作者系全国政协委员，农工党湖北省主委，湖北省政协副主席。

一、开展研究探索，借鉴成功经验

碳汇交易是一个新兴课题，涉及到国际环境法学、林学等学科。相关政府职能部门、高等院校和科研机构应当通力合作，研究相关国际法律文件，理解碳汇交易实施机制，学习成功经验，为实施碳汇交易项目做准备。

我国国家林业局与意大利环境和国土资源部根据《京都议定书》清洁发展机制（CDM）造林再造林碳汇项目相关规定而签署的合作造林项目——“中国东北部敖汉旗防治荒漠化青年造林项目”，是我国与国际社会合作的首个碳汇造林项目。该项目双方确定，在第一个有效期的5年时间内投资153万美元，在我国内蒙古自治区敖汉旗荒沙地造林3000公顷。其中意大利环境和国土资源部投资135万美元，其余18万美元为当地配套。双方确定，到2012年，该项目产生的可认证的二氧化碳减排指标归意大利所有。通过实施该项目，即可以促进我国可持续发展，又可以满足意大利对减排二氧化碳的承诺。该项目为开展其他的碳汇项目提供了一个范式，值得认真研究。

除了以上例子之外，在中国西南山地也进行试点，取得了可喜的成绩，他们的成功经验都值得研究。

二、争取多重效益、加强生态保护

碳汇交易的好处在于它不仅具有经济效益，而且具有环境效益。从经济意义上讲，碳汇交易可以帮助筹集植树造林的资金，加速植树造林的步伐。从延缓全球气候变化来看，它是一种间接减排的方式，对于整个人类的环境保护都具有重要意义。同时，碳汇林也增加了森林覆盖率，对于改善局部气候和生态环境都具有重要意义。我国应当统筹考虑，积极创造条件，选取适当的地点，开展碳汇项目。

三、加强组织领导，相互协调配合

碳汇项目既需要林业部门专门负责，也需要各级政府综合协调，领导和组织工作至关重要。林业部门已经成立了碳汇办，着手进行相关工作。各级政府以及各级林业局应当积极参与，共同努力，加快推进，为在我国开展碳汇项目打好基础，为实现经济和环境的多重效应作出贡献。

实施污染物减排中存在的问题与对策

陈英旭

国民经济和社会发展第十一个五年规划纲要将主要污染物排放总量列为约束性指标，要求到2010年二氧化硫和化学需氧量排放总量比“十五”末期减少10%。2006年以来，各级政府有关部门和有关重点企业对污染物减排工作高度重视，出台了各类关于节能减排的政策措施，对减排任务进行了层层分解落实，污染减排的约束性指标开始发挥了政策导向的作用，但完成总量控制目标的任务还非常艰巨，许多问题有待解决。

一、我国污染物减排存在的问题

1. 基层政府减排目标不具体，措施不到位。污染物减排是“十一五”期间环境保护的重点工作之一。国家把国有大中型企业减排当作重点领域来抓，而县区级地方政府是减排工作的基层和直接责任单位，承担污染物减排工作的组织、协调和落实的职能。当前一些县区级政府对本地区的污染物减排总量具体目标不够明确，没有有效措施，通常对减排目标任务采取“以文件贯彻文件，以会议贯彻会议”的方式，导致各地污染物减排工作流于形式。

2. 污染物总量本底不清，减排重点不明确。长期以来因财力、物力、人力等原因，我国的环境统计仍存在覆盖面不全、统计手段单一

作者系全国政协委员，民进浙江省主委，浙江大学环境与资源学院常务副院长。

等问题，各地环境统计仍局限于一些重点污染企业，而对量大面广的中小污染源和农业面源排放总量缺乏深入调研，污染物排放家底不清晰，减排的重点和难点不明确，造成数字上污染物排放量减少了，但环境质量并未得到明显的改善。

3. 环保体制不健全，环境执法监督不严。我国各级环保部门特别是基层环保部门机构不健全，制度不能有效落实，一些明文规定淘汰的企业死而不僵、死灰复燃。再加上环境执法监督偏软，地方执法不到位，有法不依、执法不严、违法不究的现象较为普遍。地方保护主义、环保慢作为及不作为等现象都直接导致环境执法困难重重，环境问题久拖不决，减排工作推进缓慢。

4. 配套政策措施不完善，减排刺激性不强。虽然国务院及国家部委制定了一系列关于污染物减排的相关政策和配套措施，鼓励全民参与，实行源头预防、过程控制和末端治理三管齐下的策略，并实施分区减排，分类减排，但当前的财税、金融、价格、贸易等政策不配套，鼓励污染物减排的力度不够，高耗能、高污染和资源型的产品仍有较大的盈利空间。资源价格既不能反映资源的稀缺程度，又不能反映污染治理成本，对资源节约和污染物减排缺乏应有的调节作用。

二、推进我国主要污染物减排的对策建议

1. 强化减排目标责任评价考核制度。加强对各地污染物排放调查，在科学测算的基础上，把减排各项工作目标和任务逐级分解到各市（地）、县和重点企业。要将环保工作的情况纳入考核评价体系，强化对减排目标和责任的考核，实行一票否决。对没有完成环保指标的主要责任官员，在晋职、升迁等方面进行限制。对于违反环保法律法规的官员要进行责任追究，责任重大还将问责免职，实行减排工作责任制和问责制。

2. 完善污染物减排监测与统计体系。各省、市、县政府负责建立本地区的主要污染物总量减排指标体系和监测体系，及时调度和动态

管理主要污染物排放量数据、主要减排措施进展情况以及环境质量变化情况，建立主要污染物排放总量台账。各责任单位要建立本单位主要污染物排放总量台账，及时掌握本单位主要污染物排放量数据、主要减排措施进展情况。

3. 推进中小污染源及农村面源的减排工作。中小污染源及农村面源量大面广，监控比较困难，但对环境影响较大，因此须重视中小污染源及农村面源污染减排，将其纳入污染物减排范畴。建立循环经济孵化基地，鼓励企业走多企业、跨行业、区域间循环经济之路，大幅提高中小企业减排成效。通过开发生物质能源，农作物秸秆、畜禽粪便和农产品加工业副产品等农业废弃物的综合利用等措施，推进农业清洁生产，有效削减农村面源污染负荷。

4. 加强制度创新推动污染物减排。调整与创新现有的政策、法规、标准，建立科学的资源能源专项审核制度，构成一种与现行环评制度相辅相成的社会性污染物减排监管体系，从能源、资源、环保方面制订更为严格的产业准入标准和准入制度，建立对重点耗能产品的市场准入制度，对高污染技术设备坚决强制淘汰。另一方面调整提高企业的污染排放标准，严格环境执法，督促企业落实污染减排的责任，促进污染物存量减排。

5. 进一步完善现有经济激励机制。通过改革现有的财政支出政策、税收政策、收费政策和价格政策，按照公共财政原则加大对污染减排监测、执法、标准等基础性工作的支持力度，加大对环境基础设施建设、农村环境保护工作的经济投入力度；明晰环境资源产权，建立可交易的排污权，构建影响范围广泛的环境诚信系统；建立健全促进减排的税收政策体系，实行鼓励减排的税收优惠政策，加大对减排技术改造项目的信贷支持。加快推进结构调整，逐步建立污染企业的退出机制，根据企业主要污染物减排量、关停企业给地方财力影响等因素，建立相应的补助和奖励机制。

6. 加大科技创新推动污染物减排。强化环境科技创新，对传统工艺进行技术革新减排，重点支持一批减排关键技术和共性技术的开发与推广，如水污染防治技术、洁净煤技术等。加快减排技术支撑平台建设，组建一批国家工程实验室和国家重点实验室。优化减排技术创新与转化的政策环境，加强高技术领域创新团队和研发基地建设，推动建立以企业为主体、产学研相结合的减排技术创新与成果转化体系。

关于进一步加快污水处理回用的建议

陈星莺

全世界探索淡水资源的途径：一是节流，二是开源。前者已被重视，但不能从根本上解决水资源短缺的问题。跨流域调水、海水淡化、污水回用和雨水蓄用是目前普遍受到重视的开源措施。污水回用经常被作为首选方案，一个很重要的原因在于污水就近可得，水量稳定，不会发生与邻相争，不受气候的影响，基建投资比远距离引水经济，运行费用也较低。因此搞好中水回用、建立多种形式的中水系统是解决我国水环境问题的战略需要，对北方城市尤为重要。

一、回用水现状及存在问题

我国“七五”、“八五”期间完成的重大科技攻关项目“城市污水资源化研究”，针对北方部分城市在经济发展中急需解决的缺水问题，研究开发出适用于部分缺水城市的污水回用成套技术、水质指标和回用途径，完成可规划方案和政策法规等基础工作，并相继在太原、大连、天津、泰安、淄博等城市建设了回用于市政景观、工业冷却等示范工程。但我国污水回用还存在以下限制因素：

1. 建设、运营资金限制。污水处理系统除运行管理费外，已无需较大的固定资产投资，而中水回用子系统仍处于起始阶段，需要新

作者系全国政协委员，民革江苏省副主委，河海大学水资源高效利用与工程安全国家工程研究中心常务副主任。

建中水生产厂和中水供给管网，尚需较大规模的投入。

2. 中水产量限制。理论上讲，城市的污水排放量一般为自来水用量的70%左右，如果城市污水处理率约为80%计算，目前中水的最大产量不会超过城市自来水用量的56%，因此中水生产厂的设计最大规模、城市规划设置中水供给管网均受限制。

3. 中水处理技术问题。现有中水系统采用的处理流程以生化和物化两种方法为主，其中又以生化处理工艺居多，其存在问题包括：①水量平衡计算不切实际，从而使设计与实际处理规模相差较大，运行成本高；②调节池容积的不确定，容积太大增加投资，容积偏小在运行中必须交替进行中水溢流和自来水补充；③处理水质不达标，所选工艺流程的处理能力和处理效果有限。

4. 中水用途与价格限制。目前大部分中水主要还是应用在生活杂用水等方面，因此要求其价格低于自来水，而中水回用价格体系的规范和明确也远不如自来水价格体系。

5. 用户的心理接受能力。受限于我国教育发达程度和中水回用方面宣传的缺乏，中水回用在很多地方并不为最终用户接受和支持，特别是以污水处理厂尾水为中水水源的再生水。

二、建 议

针对以上我国污水回用发展的瓶颈和回用水的技术问题，从法规、政策、体制、机制、技术等方面提出如下建议。

（一）政策和法规方面的建议

1. 制定合理的水价格体系。制定合理的地表水、地下水、自来水、中水、污水处理费之间的比价关系，只有当中水水价比地表水、地下水的价格低一定幅度，较大幅度低于自来水价，使人们感到中水“有利可图”，具有经济上的优先性时，才能发挥中水水价的价格杠杆作用，才能引导合理的用水消费，促进中水的推广。

2. 建立完善的法制法规体系。目前还没有一部关于中水回用方面的法律或法规来明确中水的应用范围，使用中水与其他水（如地下水）的关系，不按要求使用中水应受到惩罚等相关内容。因此，需用法律强制性条款保障中水回用。

3. 总体规划、分步实施。坚持集中和分散相结合，技术可行与经济适用相结合的原则，统筹制定中水回用的近期和中长期规划，建立城市用水的综合规划，在城市范围内对水源、供水、污水处理、中水回用、工业用水、农业用水等进行统筹规划，制定城市可持续发展的用水规划。科学地安排城市各类水源的供水次序和用户用水次序。

4. 制定适度超前的技术规范体系。目前关于中水回用的技术标准主要有《建设中水设计规范》、《生活杂用水水质标准》等，这些标准在中水回用的初期发挥了一定的作用，但也存在着权威性不够、技术规范不全面等问题。

5. 进行管理体制改革，理顺城市水业管理关系。实施城市中水回用是一项庞大而复杂的系统工程，涉及城市规划、建设、环保、市政、工业、农业、水利、卫生等众多单位与部门。目前还没有一个具体的机构来统一协调，规划及管理城市的中水回用，合理安排地表水、地下水、自来水、中水的使用量，实现环境和经济效益的双赢。

6. 大力培养中水市场。由于中水回用市场还不成熟，国内中水设备的生产、销售缺乏规范，质量得不到保证，国外进口设备价格昂贵。所以，需要按照市场机制，以中水回用“市场化、产业化、企业化、专业化”为目标，大力培育市场经营主体，降低成本和提高效率，提高城市中水回用的能力和水平。

7. 拓宽融资渠道，加大投入力度。中水回用工程的建设不能仅仅依靠政府的财政投入，单一的政府投资体制会严重制约中水产业的发展。要尽快建立起与市场接轨的多元化投资体制，通过实施“谁污染、谁治理、谁用水、谁花钱”的以水养水政策，解决资金来源。拓宽融资渠道，鼓励和吸引社会资金和外资投向中水回用项目的建设和运营。

8. 坚持政策导向，大兴使用中水。在城市中水回用初期，除了从法律法规方面进行强制推广外，还应从政策方面予以扶植。如对自筹资金建设中水设施的企业，政府可优先提供一定的环保项目贷款，或给予财政贴息；减免中水生产企业的增值税、所得税及用水增容费等税费；对于具体的中水回用项目减免相关的市政配套费，或无偿提供土地使用权；使用中水的单位可酌情减免污水处理费，其新鲜水的水质和水量应优先得到保证，可成立专项基金资助中水处理科研项目等。

（二）技术和机制方面的建议

1. 向深度和广度发展。从污水源看，污水回用首先从污染程度较轻、水质较好的城市污水开始，随后发展到水质较差的生活小区、工业园区、工业企业内部污水，广开回用污水水源。从污水回用对象看，首先是从对水质要求较低的农田灌溉用水、生活杂用水、绿化用水、景观用水、循环冷却用水开始，再发展到回用于饮用水、化学脱盐用水和锅炉给水，回用到对水质要求不同的各种水用户。

2. 向技术集约化方向发展。污水回用包括进一步提高污水水质和再生水水质稳定两个方面，不同水用户对水质要求不同，因而在技术上表现出从单元技术向组合工艺技术，再向多种技术集成等方面发展。在目前，技术上可以做到处理多种性质的外排污水，处理水质也可以满足各种水用户的不同要求。

3. 向零排放方向发展。在工业发达国家，已经完成了对低污染水质如城市外排污水的回用，当前正进行较高污染水质回用的研发工作，并开始向污染物零排放方向发展，比较典型的是美国公司开发的高效结晶器技术，已在美国西部和中东地区的一些国家推广应用，可以全部回用污水，全部回收污染物，实现真正意义上的零排放。

开展企业节能减排小组活动
把节能减排战略性任务落实到基层

蒋以任

节能减排、实施可持续发展是贯彻落实科学发展观的必由之路。党中央、国务院非常重视节能减排工作，我国“十一五”规划为此提出了约束性指标：单位国内生产总值能耗降低20%左右，主要污染物排放总量减少10%。

近年来，我国能源建设发展较快，生产能力不断增强，消费结构不断优化，能源效率不断提高；环境保护逐步加强，环境综合治理状况不断改善。但是由于经济持续较快增长，工业化和城镇化加快发展，资源环境压力不断增加，可持续发展面临严峻挑战；能源消费增长较快，新世纪头七年，我国能源消费年均增长9.7%；能源利用效率相对较低，能源生产和使用方式仍然粗放，2003～2005年，单位GDP能耗上升，2006年和2007年我国的单位GDP能耗有所下降（2006年下降1.23%，2007年下降3.27%），但要实现持续下降，难度相当大。

一、节能减排活动呼吁以企业为主体的全民参与

面对严峻的能源形势，除通过大规模产业结构调整、节能减排新项目落实外，应当强化企业主体、全民参与的力度。国际上，很多国

作者系全国政协常委，上海市政协原主席，上海市经济团体联合会会长。

家已行动起来，纷纷呼吁以企业为主体，全民参与节能减排：

美国政府出台了“能源之星”计划，要求所有企业从2007年起在美国销售的家电产品综合能耗要比2003年下降30%~50%，达标者可使用“能源之星”标识。

德国发起“节能减排从娃娃抓起”活动，环保教育从幼儿园开始，延伸到小学、中学、大学，形成了完整的环保教育体系。

日本制定了“领跑者”制度，用“鞭打慢牛”的办法来促进企业节能。所谓领跑者（Top Runner）是指在汽车、电器等产品生产领域中能源消耗最低的行业标兵。强制要求其他企业向标杆看齐，也就是确定家电产品、汽车的现有最高节能标准。

当前，我国各级政府正在根据国务院关于节能减排的目标要求，大力推进节能减排工作，节能减排的目标也十分明确。各有关方面也正在按照国家发改委等部门制定的《节能减排全民行动实施方案》全面组织推进。但是，在落实节能减排目标、进行节能减排任务分解时，往往是政府对政府布置工作，而本应作为主体的企业，多数情况下只是一个动员对象，主动性、积极性不够。节能减排是一项重要的约束性指标，但在执行过程中，往往视作软指标，重视不够，落实不力。在重视结构调整、技术进步的同时，全民动员、全民参与节能减排的可操作性措施缺乏等。

在节能减排过程中，强化结构优化、技术进步，可以使节能减排取得实效；加强法制建设和企业管理，可以使节能减排成果得到巩固和提升；而强化全民参与、发挥员工主力军作用，更可以使节能减排工作落实到基层，落实到工作第一线，落实到每一个岗位。

二、开展JJ小组活动把节能减排工作落实到实处

为了贯彻落实党中央、国务院关于节能减排工作的一系列重要部署，形成以政府为主导、企业为主体、全社会共同参与的强有力的工作格局和长效机制，上海市经济团体联合会（以下简称上海市经团

联）在调查研究的基础上，建议企业开展节能减排小组活动，简称“JJ 小组活动”。

第一，上海市经团联建议开展的 JJ 小组活动，就是发动企业组织技术、生产和管理一线员工，组成各种改进小组（或团队）的形式，发挥员工自身的主观能动性和聪明才智，围绕节能减排目标，解决企业（包括生产型企业和服务型企业）在生产、服务过程中存在的能耗、污染等问题，推动企业节能减排工作，提高全民节能减排意识，确保节能减排工作提升到一个新的水平，从而保证全企业、全社会节能减排任务的完成。

第二，上海市经团联建议开展的 JJ 小组活动，其内涵包含以下四层内容：

一是组建一个团队：成员构成可以包括企业领导、技术人员、经营管理人员、基层员工。成员可以来自部门、本班组，也可以由不同部门和班组，甚至供应商、产业链上相关方的成员组成。

二是围绕一个目标：聚焦于企业节能减排开展活动，开展各种技术攻关和技术革新，目的就是为实现企业节能减排的目标。

三是运用一种模式：通过课题阐述（Question）、现状了解（Understand）、因素分析（Effect）、对策实施（Solution）和结果验证（Test）等五个阶段，形成 QUEST 模式。

四是开展一系列活动：通过有计划、有步骤地开展技术和管理改进活动，攻克生产、服务和运营过程中能源耗费、污染排放问题，促进企业实现节能减排的工作目标和任务。

第三，上海市经团联建议开展的 JJ 小组活动，其活动的内涵和特征，决定了开展 JJ 小组活动，对于节能减排具有十分重要的作用。

一是激发员工积极性和自主创新精神。员工通过参与 JJ 小组活动，激发出创新激情，可以产生各种新技术、新方法，运用在各个环节。例如宝钢的员工自主管理项目每年都会产生多项技术秘密、专利、创新成果等，成为促进企业持续创新的有效手段。

二是促进节能减排目标实现。JJ 小组围绕企业节能减排目标，通过一套系统的方法，必然能够帮助企业从各个环节、通过不同视角来发现平时不易被觉察的“隐蔽”问题，并把它作为攻关目标，解决节能减排中“跑、冒、滴、漏”等难点和问题，确保企业节能减排战役的全面胜利。

三是提高企业管理水平和竞争力。企业开展JJ小组活动，将对企业建立、实施和完善环境管理体系起到非常重要的作用。JJ小组活动有着严密的科学程序，活动中实施的有效改进措施，经“标准化”后，纳入企业管理体系，成为制度、程序或标准，有助于管理体系的完善。

四是增强社会责任意识。搞好节能减排工作首先需要正确的意识。通过在各行各业宣传、发动和组织开展JJ小组活动，分享JJ小组活动成果，可以不断培育各行业、企业和全社会的节能减排意识。企业开展JJ小组活动，按节能减排目标、要求等进行展开，倒逼每一个小组和员工，既是压力又是动力，有助于增强员工节能减排的社会责任意识。

同时，通过员工亲身实践，改变观念，从节约一滴水、一张纸、一度电做起，从我做起、从现在做起、从身边做起，自觉养成健康、文明、节约、环保的良好习惯，并在其工作生活中带动和影响周边人员，共同促进全社会节能减排意识的提高。

第四，上海市经团联建议开展的JJ小组活动，可以通过拟订行动计划，分行业有重点积极开展试点工作；通过组织编写“节能减排小组活动通用读本”，开展企业领导和专业管理技术人员培训，以推动企业开展节能减排小组活动的开展。

研究和实践表明，这种JJ小组活动将具有鲜明的广泛性、群众性、专业性和长期性，适合于二、三产业的各个领域的推广。对企业来讲，JJ小组活动贯穿生产经营的全过程。这个活动可与企业产品、技术结构调整相结合，可与企业技术创新、技术革新相结合，可与企业班组活动和人才技能提高相结合。所以，JJ小组活动的领域和范围将比较广泛，其活动的舞台空间比较大。

比如上海市一个试点企业中，在“降低中央空调制冷电能耗”活动中，除了制定26度温度标准，还通过制定空调新风控制方法，制定不同气温情况下空调开机的时间表，使2007年6～8月三个月空调用电量比2006年同期相同气温条件下所需的空调耗电下降了6.18%。

企业是节能减排的主体，职工是节能减排的主力军。节能减排小组活动，是全民参与节能减排活动的一项新举措，是开展节能减排活动的有效形式，是推进节能减排工作的重要措施。JJ小组活动的开展要建立政府主导、企业主体、行业协会配合推进的领导体制。加强领导，积极引导，克服形式，讲求实效，坚持长效，必有成效。

我们相信，只要进一步增强责任感和使命感，扎扎实实地开展以政府为主导、企业为主体、全民参与的节能减排小组活动，我们就能够为实践科学发展观、实施可持续发展道路作出贡献。

关于加强淮河水污染防治的几点建议

夏 涛

经过多年努力，淮河水污染防治工作虽取得一定成效，但与国务院确定的目标还有差距。2007 年中国环境状况公报显示，淮河干流总体为轻度污染，水质与上年相比有所下降。淮河支流总体为中度污染，水质与上年相比无明显变化。淮河水污染防治工作仍任重道远。

一、存在的主要问题

1. 水质未达标，严重污染事故仍有发生。淮委水保局提供的数据显示：2007 年全流域 47 个主要跨省河流省界断面中Ⅲ类水的比例占 21.3%、Ⅳ类水占 23.4%、Ⅴ类水占 14.9%、劣Ⅴ类水占 40.4%；2007 年监测的 153 个重点水功能区中仅有 33 个水功能区水质达标，达标率为 21.6%。由此可见，淮河水质没有得到根本改善甚至有继续恶化的趋势。

2008 年 11 月 3 日，因河南商丘市民权县一企业超标排放含砷废水，造成大沙河下游的亳州小洪河受到严重污染，300 万吨含砷超标河水随时可能下泄。淮河治污时至今日，这样的严重污染事故依然发生，令人震惊。

2. 入河排污量削减难度大。资料显示：2007 年淮河流域污水入河排放量 44.47 亿吨，主要污染物化学需氧量（COD）和氨氮入河排

作者系全国政协常委，民革安徽省主委，安徽农业大学副校长。

放量分别为 73. 35 万吨和 7. 97 万吨，分别超过总量控制目标 0. 92 倍和 2. 00 倍。但由于城镇污水处理厂大多建成运行，下一步 COD 等污染源削减难度会更大。

3. 生态用水被挤占，进一步加剧水污染。长期以来，在水资源开发利用和水利工程的调度中对生态用水重视不够，河道断流、湿地萎缩问题越来越突出。根据淮河流域水资源综合规划，淮河流域最小生态需水量 112 亿立方米，现在被挤占约 20 亿立方米。水量的减少导致水体纳污能力下降，在一定程度上加重了水污染。

二、加强淮河水污染防治工作的对策建议

1. 完善淮河流域水污染防治法规，依法治污。以安徽为例，《安徽省淮河流域水污染防治条例》（以下简称《条例》）自 1993 年 9 月颁布实施以来，为依法加强淮河流域水污染防治发挥了积极作用。但由于淮河流域十几年来各方面情况变化很大，而且《条例》与《淮河流域水污染防治“十五”计划》、《淮河流域水污染防治目标责任书》、《淮河流域水污染防治规划（2006 ~ 2010 年）》之间还有不协调之处，难于充分发挥作用。国家关于环保的法律法规和政策规章均发生了重大变化，如《环境影响评价法》颁布实施、《水污染防治法》的修订出台、节能减排政策等，《淮河流域水污染防治暂行条例》已经不能满足目前形势和实际工作需要，因此，建议国家尽快充实修订《淮河流域水污染防治暂行条例》，依法治污。国家要从法律上对淮河流域水污染防治工作提出更高更严的要求，解决好“守法成本高，违法成本低”的问题，进一步完善水污染防治工作责任追究制。

2. 致力于工业污染治理，加快城镇污水处理厂建设。淮委水保局对入河排污口多年监测结果表明，2004 至 2007 年，淮河流域入河排污口达标排放率只有 60%。工业污染问题还很严重。

解决工业污染问题，一要严格执法。加大对工业污染源的监督检查，将企业的排污置于公众监督之下，对于超标排污企业一律实施停

产整顿，对违反产业政策的企业一律关闭。二要下决心对淮河流域目前不合理的产业结构进行调整。淮河流域是一个农业地区，而围绕着农业生产和农副产品加工的工业较为发达，这些行业恰恰是高耗水、重污染行业，如化肥厂、造纸厂、味精厂、酒厂等。这样的产业结构与水资源短缺的条件极不匹配，造成了目前的水资源短缺和水污染严重的恶性循环局面。因此，要调整目前不合理的产业结构和布局。建议国家制定淮河流域限制性的产业名录，并从政策、资金上引导和扶持产业结构的调整，将污染控制在源头。

城镇污水处理建设步伐也要加快。目前淮河流域除了安徽外，县县都建成了污水集中处理厂，污水处理率平均超过60%。但是从解决淮河流域水污染需要考虑，污水集中处理率平均要达到80%以上。污水处理厂建设规模还需要进一步扩大，完善管网建设，合理制定、严格执行污水处理收费标准和政策，提高运行负荷和处理效率，同时要增加污水处理厂脱磷脱氮处理装置。

3. 制定更严格污水排放标准，推动污水深度处理。目前，淮河流域每年入河污废水排放量44亿立方米，COD平均排放浓度为165毫克/升。要实现2010年COD入河排放量46.6万吨的控制目标，COD平均排放浓度要控制在105毫克/升左右；2020年实现水功能区COD 38.2万吨的限制排污总量控制目标，COD平均排放浓度要控制在87毫克/升左右。

目前，国家污水排放标准不适应淮河流域治污要求，建议根据淮河流域水资源短缺、水环境承载能力弱的特点，组织制定更为严格的淮河流域污水排放标准，以推动污水深度处理。

4. 强化省界水质目标考核，建立补偿机制。淮河流域跨省河流较多，省际水污染纠纷频发。由于目前跨省水污染赔偿机制不健全，制约了治理污染的积极性。要改变“上游发展GDP，下游承担COD”局面，必须建立省界水环境质量考核制度，落实目标责任制。要按照水功能区划要求和经济社会发展的需要，确定省界水质目标，加强省界断面水质监测装置的建设，建立相关的评价指标体系和考核办法。

制定上游省份出境水质超标污染补偿标准，上游省份出境水质超过目标的，要承担法律责任，并按照超标程度和补偿标准给予下游相应的污染补偿。

5. 团结治污，发挥各部门积极性。淮河治污是一项复杂的系统工程，关系到经济社会发展的各个方面，如产业结构的调整、工业污染源治理、城镇生活污水的治理、面污染源的控制等等。环保、水利及其他有关部门要认真履行法规赋予的职责，相互支持和配合，进一步把淮河水污染防治工作做细做实。

[illegible]

[illegible]

[illegible]

调研报告篇

关于进一步加强青藏高原气候变化监测服务工作的建议

政协全国委员会人口资源环境委员会

（2009年2月）

近日，全国政协人口资源环境委员会与西藏自治区政协联合召开座谈会，邀请有关政协委员及专家学者就进一步加强青藏高原气候变化监测服务工作进行了研究讨论。

一、青藏高原是我国应对气候变化的重点和敏感地区

全球气候变化及其对自然生态和人类经济社会系统造成的影响，已经成为事关生态环境、能源与水资源、食物安全、人类健康以及各国经济社会可持续发展、国家政治、外交和安全的重大问题。我国气候类型复杂、自然灾害较重、生态环境脆弱、能源结构相对单一、人口众多、经济发展水平较低，这一国情决定了我们适应气候变化的能力更弱，在应对气候变化工作中面临的问题更多，付出的环境经济成本更高。在全球变暖的背景下，进一步加快实施《中国应对气候变化国家方案》，增强适应气候变化的能力，争取更大的发展空间，是确保国家经济发展与人口、资源、环境相协调的重大问题。

青藏高原是我国气候变化的敏感区和生态环境的脆弱区，在全国应对气候变化工作中具有极其特殊重要的地位。青藏高原对我国与东

调研报告起草人：王亚男

亚地区地理环境格局产生着深刻的影响，是我国与东亚气候系统稳定的重要屏障；青藏高原冰川、湖泊、河流蕴藏着大量的水资源，对众多亚洲重要河流的水源涵养和河流水文调节具有重要作用；高原积雪、冰川、冻土和湖泊等地表特征的变化，会直接影响到长江、黄河等大江大河的水量分配，水资源安全战略地位极为突出；青藏高原是我国重要的生态安全屏障，是全球25个生物多样性热点地区之一，有着“高寒生物自然种质库”之称。该区域属于典型的生态脆弱区，抵御外界环境扰动和人为干扰的能力较弱，生态环境破坏后几乎不可恢复。几十年来，世界各国科学家围绕青藏高原的形成机制、演化过程及其对气候变化的影响、响应等方面的国际合作考察与研究活动从未间断，使青藏高原成为国际社会关注的热点地区。因此，实施《中国应对气候变化国家方案》，青藏高原必将是重点和优先考虑的地区。

目前，青藏高原地区因气候变化所导致的雪线上升、冰川退缩、冻土北移、湖泊消涨、草场退化、荒漠化扩张、火灾和病虫害加剧等一系列不利影响也开始显现，对区域的粮食、能源、水资源、生态环境和公共卫生安全等已经构成严重威胁，也影响到了国家安全和可持续发展。近30年来，在气候变暖的背景下，青藏高原冰川年均减少131.4平方千米，而且近年来有加速消减的趋势。高原边缘部分雪线退缩强烈，腹地逐渐趋于平衡，退缩最大距离为350米，一般为100~150米。高原周边湖泊和湿地正在萎缩或消亡。大面积的永久冻土退化，其储存的大量CO_2释放大大加快了温室效应的进程。尽管近年来国家加大了对草场退化和土地沙化的治理力度，但目前西藏仍有45%的草场出现了沙化、退化现象，沙化土地面积已经占全区土地总面积的18.1%，与1995年相比，年均增长12.1万公顷。许多脆弱物种正面临灭绝，高原生物多样性遭到严重破坏。

二、青藏高原气候变化监测和服务工作存在的问题

目前，有关青藏高原气候变化影响情况的数据，除现有气象站的

观测资料外，主要来源于为数不多的卫星遥感或短期科学考察资料，利用这些资料难以进行全面、系统、准确的分析。而现有气象台站网的功能又达不到气候变化监测的要求。因此，对于气候变化导致青藏高原冰川、积雪退缩、湖泊消涨、草场退化的具体情况还不十分清楚，对当地经济社会发展和人民生产生活的影响程度如何也难以把握，只能进行定性解释，缺乏科学准确的数据，难以提出有效的应对措施。

一是现有常规气象探测不能满足气候变化监测需要。目前的青藏高原气象观测网缺乏对气候变化响应敏感的积雪、冰川、冻土、湖泊等要素变化的监测数据，不能给出因气候变化导致的一些普遍反应的量化结果。监测功能不完善致使我们对青藏高原气候变化及其影响缺乏明确、客观、全面的认识，给青藏高原地区气候变化应对工作带来不利影响。

二是观测站点密度不足。全国平均为每 1 万平方千米 3 个气象站，青藏高原地区平均每 3 万平方千米只有 1 个气象站，尤其是高原西北部，还存在大量的观测空白区。在气象台站布局上，基本上是按照行政区划设置的，不能达到气候变化监测的要求。研究资料不足和资料数据精度不够，使得在认识气候变化基本事实、生态环境对气候变化的响应等方面的研究工作遇到了极大的阻碍。

三是气候变化业务服务体系尚未形成。多年来，气候变化及其影响问题一直是作为科学问题研究，在业务体系和服务能力建设方面没有受到足够重视。目前的气候变化业务和服务在省级及以下气象部门多数还没有开展，国家级的气候变化业务服务系统也不完善。同时，气候变化业务工作所必备的框架、流程、标准和规范等尚未完整地建立起来，气候变化业务产品种类较少，且缺乏足够的系统性和针对性，向决策者、科学界以及社会公众提供服务的能力较弱。

三、进一步加强青藏高原气候变化监测服务工作的建议

受全球变暖的影响，青藏高原生态环境、水资源安全正面临着日益严重的威胁，迫切需要建立针对青藏高原气候变化的监测系统，实现对高原气候变化以及由此导致的冰川、湖泊、积雪、河水流量以及植被（草场）等变化情况的全面、系统、长期、连续的观测，逐步积累起青藏高原气候变化情况的高时空分辨率监测数据，详细把握青藏高原气候变化及其影响的具体情况。同时，还要建立科学评估气候变化对青藏高原地区及国家经济可持续发展、生态安全和水资源安全产生影响的服务系统，为及时采取适应和应对措施，确保区域经济、资源、环境的协调发展提供科学决策的依据。

建议国家就“建设青藏高原气候变化监测服务系统”立项，并以国家投入为主建设，提高应对全球气候变化的能力。

具体建议如下：

1. 在实施《中国应对气候变化国家方案》中，把青藏高原作为重点地区，优先考虑。把开展青藏高原气候变化监测服务工作，作为中国履行《联合国气候变化框架公约》的具体举措，向全世界表明中国政府对全球气候变化工作的高度重视，提升国际影响力。通过实际观测和观测数据的应用和研究，为我国在应对气候变化外交领域争取更多的国家利益提供科技支撑。

2. 以青藏高原区域现有的观测站网为基础，针对气候和生态环境监测需要，采用国内外先进的观测技术和设备，以西藏为主，联合周边青海、四川、云南、甘肃和新疆5省（区）及有关科研院所，遵循一站多用的原则，通过提升现有气象观测站点的功能和建设新的观测站点，实现对青藏高原地区气候、生态环境、水文、冰雪冻土、大气成分、沙尘等方面较为全面完整的观测，逐步建立以地面观测为主、遥感监测为辅的青藏高原气候变化监测系统。

3. 建立青藏高原分布式气候变化数据库与共享服务平台。为满

足观测数据的传输、监控、服务需要，建立以西藏为主，连接青海、甘肃、四川、云南、新疆的宽带数据传输系统。建立西藏及新疆、青海、甘肃、四川、云南气候变化监测分布式数据库，涵盖地面监测站监测数据及卫星遥感监测资料。同时，研制开发统一的共享服务平台，形成地面观测与遥感监测数据相结合的综合数据体系与服务平台，供区域内及全国相关部门用户使用。

4. 进一步加强青藏高原气候变化服务工作。主要包括：拯救、保护和有效利用青藏高原周边各省（区）气象档案馆珍贵的历史气候资料，实现历史气候资料的重建与恢复；开展及时、全面、准确、长期的气候变化检测工作，综合分析现有的各种气候资料，提供近现代气候及各种极端气候事件发生、发展的时空特征，向社会公众及时传递气候变化信息；开展短期气候预测服务，向政府、社会及公众提供方便、快捷的预报服务产品和资讯，提高全社会防御气象灾害的能力；建立青藏高原气候变化综合影响评估业务平台，开展气候变化对农牧业、水资源、生态系统等方面的综合影响评估，为政府决策以及重大工程项目建设提供气候变化综合影响评估服务，促进青藏高原国家生态安全屏障建设；开展太阳能、风能资源综合评价，建立资源数据库，为太阳能、风能资源开发利用选址服务。

5. 对西藏及周边各省（区）相关人员进行气候变化和生态环境观测、历史资料拯救和气候系统数据库、高性能计算机等方面的培训，提高业务人员专业技能与应用水平。

关于把金沙江龙头水库作为国家水电枢纽工程加快实施滇中调水的调研报告

政协全国委员会人口资源环境委员会

（2009 年 3 月）

为贯彻胡锦涛总书记、温家宝总理、贾庆林主席关于积极关注云南科学发展，帮助云南各族人民加速实现生活富裕社会和谐目标的重要指示，全国政协把实施滇中调水作为服务党和国家工作大局的一项战略调研课题，并以此专题为纽带作为加强政协专委会作风建设的重要实践活动。从 2008 年 11 月到 2009 年 2 月，做了大量艰苦细致的调查研究与科学论证工作。去年 11 月，由全国政协副主席罗富和率领的以人口资源环境委员会委员为主体的、有关部门和专家参加的调研组，先后赴丽江、迪庆、昆明开展实地考察，分别对位于龙盘、塔城、其宗的金沙江龙头水库比选方案进行缜密论证，并在成都召开座谈会认真听取四川省有关部门的意见。期间，罗富和副主席、人口资源环境委员会张维庆主任和刘泽民副主任等多次主持召开政协委员和专家学者专题论证会，到有关科研院所进行专项调研。现将有关情况和建议报告如下。

一、滇中调水是共和国成立近 60 年来，云南各族人民热切期盼、党中央国务院近几年高度重视的战略工程

调研组了解到，党的三代领导集体和以胡锦涛同志为总书记的

调研报告起草人：白煜章

党中央，对云南巩固边疆、发展经济、改革开放和构建社会主义和谐社会十分关心，倾注了大量的心血。特别是胡锦涛总书记在云南视察时，要求云南省委省政府充分利用资源优势，全面加快小康社会建设。在中央的亲切关怀和支持下，云南各族人民奋发图强，致力于又好又快发展，贫困人口大幅度减少，生活水平显著提高，边疆稳定，民族团结，社会和谐。从省会昆明，经当年红军长征渡江的石鼓，沿金沙江上游，直至香格里拉的其宗峡谷，随处可见各族父老乡亲们笑逐颜开的欢乐景象，各族群众对科学发展所带来的实实在在的利益表示满意，对科学发展将会带来更多的幸福充满着向往。

调研组同时了解到，要实现云南的更大发展，希望在于走科学发展道路。而制约科学发展的，却是水资源不能得到合理开发利用，特别是由此造成的滇中严重缺水。滇中调水是云南各族人民期盼了半个多世纪的生命线工程。据介绍，新中国成立伊始，全国政协原副主席、时任云南省副省长的张冲同志就曾向中央提出滇中调水的建议。虽然中央的关心从未间断，但改革开放以前国家财力不足，滇中调水一直没有条件摆上议事日程。目前，这里的人均水资源量仅为188立方米，远低于缺水严重的京津唐地区。按联合国划定的标准，滇中地区已经属于典型的极度缺水地区。云南的同志反映，金沙江等几条江河水流淌了多少年，国家经济社会发展急需的清洁可再生能源眼巴巴地看着一天又一天、一年又一年的白白流去。建国近60年了，我们盼望实现滇中调水的富民工程也近60年了，不能再拖下去了。

二、滇中调水龙头水库坝址比选方案，应早决策，早选定，早建设

调研组在调查中发现，滇中调水项目迟迟没有上马的原因，主要是对龙头水库的坝址选择有争议。而龙头水库不确定，不开工，滇中调水就无法实现。其争议的焦点，有部门利益、企业集团利益因素，也有对从不同角度推荐的龙盘、塔城、其宗三个坝址缺乏综合比

较。针对这个难题，调研组按照建有据之言、献务实之策的原则，站在没有局部利益、部门利益、地方利益的客观角度，集政协委员和专家学者的智慧之大成，对三个坝址的优劣因素，拟作比选，客观地作出初步对比的看法：第一，龙盘坝址。库容量最大，坝高 276 米，最大蓄水可达 386.4 亿立方米，比塔城、其宗加在一起还大，与三峡库容 393 亿立方米相差无几。由于库容大，能够承担金沙江上游龙头水库的功能。蓄水多、调洪能力强，发电量大，对减少煤炭开采燃用，减少二氧化硫排放，对全国的节能减排都具有不可替代的作用。尽管要占用一些土地，只要国家大力支持，就能妥善安置好移民。第二，塔城坝址。呈湖盆状，库容仅为 120.5 亿立方米，不仅最大坝高 315 米，而且地下工程太大。地质方面也存在一定的安全隐患，塔城不能满足长江防洪规划对金沙江中上游梯级水库所提出的防洪要求。第三，其宗坝址。位于香格里拉生态敏感区，原著藏民定居地，最大坝高 356 米，蓄水库容 170.4 亿立方米，防洪和发电能力均不理想。而且，从其宗调水要修远距离的大渡槽，过 10 个冲沟，成本太大。

从经济效益角度分析，龙盘具有显著优势。据专家测算，水库建成后调水到目的地，仅水价一项，三址之间差距甚大，从塔城、其宗调水水价每立方米都是 4 角 5 分钱左右，从龙盘调水水价每立方米仅为 1 角钱左右。

调研组也同时对龙盘坝址的负面因素进行了认真分析，主要有三条：一是要占用 19 万亩耕地；二是约 10 万移民需要安置；三是对生态环境会有一些影响，比如稀有鱼类物种的生存条件等。这些劣势问题，都需要认真对待，应积极研究把损失降到最低的可行方案。

在经过科学的比选基础上，调研组的委员和专家基本达成共识，认为龙头水库宜选在龙盘坝址较为合适。主要是基于从国家长远利益考虑，因为综合经济效益越大，补偿移民和回报地方的能力也越强。国家应推动有关部门早决策，部署有关部门早规划，支持企业集团与地方共同合作早建设。

三、上升到国家发展战略层面，把龙头水库建设和滇中调水及滇池污染治理作为保发展、扩内需、调结构的重大举措，全面加快实施

滇中调水是一项促进云南省统筹城乡发展的战略性工程，投资规模大，长远效益也十分巨大。限于目前云南省的财力条件和建设龙头水库所面临的移民安置压力，建议由国家投资进行建设。罗富和副主席提出，有必要将滇中调水上升到国家发展战略的大局中来安排。同时紧紧抓住世界金融危机的机遇，通过上马这个特大项目来实现西南地区保发展、扩内需、调结构，促进社会建设，实现社会和谐的目标。为此建议：

1. 将滇中调水和龙头水库工程列入国家近期重点建设项目计划。建议国务院专门就金沙江龙头水库比选，实施滇中调水工程召开一次常务会议专门研究，作为扩大内需的国家重点项目，早日审批立项，列出时间表，争取在“十一五”内开工，“十二五”内完成。

2. 制定移民利益优先的兼顾国家、地方、群众三者利益关系的政策。一是除实行现有对移民的经济补偿和安置政策之外，建议试行由发电企业按移民人数划出适当股权，交由安置移民的地方政府掌握，使被安置群众能长期受益。二是研究建立移民最低生活保障制度。有条件的地方也可通过建设小城镇，集中进行安置。三是研究建立区域间新增效益分享机制，拟定科学的流域利益共享、义务分担的核算与补偿办法，统筹协调全流域可持续发展。

3. 切实重视生态环境保护。金沙江龙头水库处于三江并流世界自然遗产保护地域边缘，要切实按照“在保护生态基础上有序开发水电”的要求，及早制定保护条例，并注意主动加强与国际环境组织合作，努力争取得到各方面的理解和支持。

4. 对邻省四川淹没的地区及直接受影响的地区，建议国家也能给予相应的补偿。

加快实施滇中调水工程调研组人员名单

组　长：

罗富和　全国政协副主席

副组长：

刘泽民　全国政协人口资源环境委员会副主任，山西省政协原主席

成　员：

李铁军　全国政协人口资源环境委员会委员，国务院南水北调工程建设委员会办公室原党组成员、副主任

翟浩辉　全国政协人口资源环境委员会委员，水利部原副部长、党组成员

王光谦　全国政协常委、人口资源环境委员会委员，清华大学水利水电工程系泥沙研究室主任

倪晋仁　全国政协人口资源环境委员会委员，北京大学环境工程研究所所长

马洪琪　中国工程院院士，云南省政协人口资源环境委员会副主任

王　浩　中国工程院院士，中国水利水电科学研究院水资源所所长

白煜章　全国政协人口资源环境委员会办公室主任

卫　宏　全国政协人口资源环境委员会办公室巡视员

张海霞　全国政协办公厅研究室新闻局副巡视员

闻连利　民进中央参政议政部副部长

赵宏生　山西省政协办公厅副巡视员

刘志明　水利部水利水电规划设计总院副院长

谭培伦　水利部长江水利委员会科技委委员，教授级高级工程师

熊敏峰　国家能源局新能源和可再生能源司副调研员

王　勇　水利部规划计划司调研员
常仲农　环境保护部环评司副调研员
顾洪宾　中国水电水利规划总院规划处处长，教授级高级工程师
钱钢粮　中国水电水利规划总院规划处副处长，教授级高级工程师
蒋云钟　中国水利水电科学研究院水资源所教授级高级工程师
罗致明　全国政协人口资源环境委员会办公室资源处处长

大力发展环保产业 促进节能减排和经济持续稳定增长

政协全国委员会人口资源环境委员会

（2009年6月）

为贯彻落实科学发展观，促进环保产业发展，扎实推进节能减排工作，2009年4月中下旬，全国政协人口资源环境委员会副主任王玉庆率调研组就环保产业发展进行专题调研。调研组听取了国家发展和改革委员会、科技部、环境保护部、中国科学院和地方有关部门的情况介绍，赴广东、山东两省走访了广州、番禺、东莞、深圳、济南、青岛6个城市，先后召开了18场座谈会，考察了近20家企业和园区，较为深入地了解了我国环保产业发展状况和面临的问题。

一、环保产业发展现状与展望

环境保护产业是一项新兴产业，随着环保事业的发展，日益成为国民经济的重要组成部分。根据2004年国家发展改革委、环保总局、国家统计局联合开展的“环保产业调查”，环保产业分为环境保护产品、资源综合利用、环境保护服务、洁净产品四大类。与其他产业相比，环保产业是一个跨部门、跨行业的产业，门类多，差异大；具有明显的环境效益和社会效益；市场需求主要靠严格执行政府环保法令和政策来创造，政策依赖性强。

调研报告起草人：王亚男、周涛

大力发展环保产业是完成节能减排、改善环境质量的重要技术支撑和物质基础；是落实科学发展观，转变经济增长方式，建设资源节约型、环境友好型社会的重要手段；也是面对国际金融危机，保持经济平稳较快发展新的经济增长点。

（一）发展速度不断加快，整体水平有了大幅度提升

近年来，国家环境保护力度不断加大，有力地拉动了环保产业的市场需求。1997到2006年的10年间，我国环保产业从业人数增加了约77%，产业收入总额从459.2亿元增加到6000亿元，占GDP2.76%，年均增长超过15%，高于GDP的增速。2008年达到7900亿元，从业人员超过300万。山东省近十年来环保产业年增长率均在20%以上，2008年产值已达700亿元。广东省“十五”以来环保产业收入总额年均增长率超过30%。

我国环保产业总体规模迅速扩大，已经形成门类齐全、领域广泛、具有一定规模的产业体系；供给能力明显提升，企业效益提高；逐步形成了若干个具有比较优势和特色的环保产业集群，涌现出了数十个（如龙源、桑德、凯迪等）年产值超过10亿元的现代化环保企业。

（二）技术不断进步，自主创新能力显著提高

国家科技创新体系中更加突出环保科技创新。863计划、国家科技支撑计划等分别设立环境领域，近三年已累计投入专项经费约20亿元。广东省科技厅2006至2008年以产学研联合攻关方式共投入2000万元开展环保技术研发。山东省设立“资源节约型社会科技专项资金”、“可持续发展十大科技示范工程”，每年各投入1000万元支持环保技术研发。

通过自主研发与引进消化国外先进技术相结合，我国环保技术与国际先进水平的差距不断缩小，一般技术与产品可以基本满足市场的需要。目前，我国环保产品已达3000多个品种，覆盖了污染治理的各个领域。在大型城市污水处理、工业废水处理、垃圾焚烧发电、除尘脱硫等方面，已具备成套设备自行设计和制造能力，降低了污染治理成本。掌握了一批具有自主知识产权的关键技术，如山东十方环保能源公司通过生物厌氧技术处理高浓度有机废水，解决了长期的环保难题。

（三）市场化机制初步建立，促进了污染防治机制转变

通过市场化改革，原来由政府承担的城镇污水和垃圾处理等社会公益事业，转为企业为主体、政府支持、社会投资、市场运作的现代产业，调动了企业发展环保产业的积极性，扩大了环保投资来源，带动了技术创新，提高了环境治理的效益和效率。如深圳市危险废物处理站有限公司原为深圳市环保局下属事业单位，1988 年成立靠政府陆续投入 2 亿多元支持运营，2006 年进行企业化改制后，目前已发展成为拥有资产 6.78 亿，年产值 4.12 亿，利税超亿元的国家级高新技术企业。

环保市场化改革吸引了许多国内外大型企业集团、民营资本进入环保市场。如光大集团自 2002 年起成立了一系列环保公司，在城市污水处理、垃圾发电等方面投资已达 68 亿元；法国威立雅环境集团自上世纪 80 年代进入中国市场，投资已超过 20 亿美元，到 2013 年将达 25 亿美元。这些企业的进入增强了环保产业的实力，提高了集中度，加快了环境基础设施建设的步伐。

（四）环保产业将持续高速增长，成为国民经济支柱产业

过去十多年间，全球环保市场发展迅速，2006 年市场总额已经超过 7000 亿美元，其中 OECD（经合组织）发达国家占 83%。1988 年至 2000 年，美国、德国、日本等国环保市场增长率为 GDP 增长率的 2.65 倍。发达国家环保产业在国民经济中占据越来越重要的地位，例如 2003 年美国环保产业的总产值已达化学工业产值的三倍，预计 2030 年德国环保产业产值将达到 1 万亿欧元，超过汽车、机械行业等成为德国第一大产业。目前，美欧等发达国家应对金融危机实施的“绿色新政”，很重要的内容就是发展环保产业。

据《中国环境宏观战略研究》显示，随着科学发展观的贯彻落实和人民群众对环境保护要求的提高，我国环保产业将持续高速增长。

预计到2010年，全国环保产业产值将超过10000亿元，占GDP比例超过3%，“十二五”末期将达到2万亿以上，到2020年将有望成为国民经济的支柱产业。

二、加快环保产业发展需要解决的突出问题及建议

从调研情况看，虽然环保产业发展比较快，但还存在不少问题，与环境保护要求仍有较大差距。调研组认为，应加强以下四个方面的工作：

（一）健全体制，形成合力

环保产业具有跨部门、跨行业的特点，其管理涉及多个部门。各有关部门为促进环保产业发展做了许多工作，但由于缺乏统筹规划和综合协调的机制，也未能充分发挥行业协会的作用，造成对环保产业宏观调控和行业管理不力，出现“政出多门、政出无门”，环保企业的困难和诉求难以及时有效反映等诸多问题。建议：

1. 加强环保产业的统筹协调，调动各方面的积极性。国家和省级政府建立促进环保产业发展的联席会议制度，由发改委、环保、财政、科技、工信、建设、工商、税务、环保产业协会、环境科学学会等部门和单位组成，拟定扶持产业发展的政策，协调解决发展中遇到的重大问题，统筹规划产业发展。

2. 充分发挥行业协会、学会的职能，为企业服务，反映企业诉求，起到政府和企业之间桥梁纽带作用。包括开展产业政策研究、信息统计、技术产品评估、成果推广服务、促使企业自律等工作。

（二）加快建立以企业为主体的科技创新体制

技术创新是环保产业持续发展的根基所在，当前环保技术（又称绿色技术）已成为世界科技发展的潮流，许多发达国家都将其作为科技发展的重点领域和未来国家科技竞争力的战略制高点。随着我国环保科技投入不断加大，环保技术研发将成为科技界最具活力的重要领域。目前存在三个突出问题：一是环保科技研发以科研院所和大专院

校为主，尚未形成以企业为主体的科技创新体系；二是环保新技术、新产品评价和推广问题没有很好解决；三是环保新技术和产品研发以环境效益为主，风险较大，利润空间有限，国家支持力度不够。建议：

1. 依托现有的各类高新技术开发区和产业园，推动建立以政府为主导、企业为主体、科研单位密切参与的环保科技创新和成果转化平台。广东省建立的“珠三角环境技术联合研发平台”，山东省成立的“山东省环保研发基地”，都提供了有益经验。明确财政支持的重大科研项目必须由科研院所和企业共同承担，把研发和成果的转化应用统一起来。在科技部、国家发展改革委支持的国家工程（技术）中心、国家工程实验室、企业创新中心等项目中，加大对环保企业的倾斜力度；鼓励大的环保企业成立研发中心和博士后流动站。

2. 充分发挥环保产业协会和科学学会的作用，组织规范的环保产品和新技术评价工作。实施国家环保产业新技术、新产品专项推广计划，以《国家先进污染治理技术示范名录》为基础，资助一批推广应用工程。对于企业自主研发的实践效果好、经济适用的新技术，采取政府买断或给予资金奖励等措施加以推广。加强环保技术管理体系建设，制定各类污染防治技术政策、技术导则，特别是重点环保产品的标准、各类技术的工程规范，正确引导环保新产品和技术的评价及推广工作。

3. 各级政府加大对环保技术创新的财税扶持力度，可采取“先期贷款、后期以奖代补”的形式；参照火炬计划、星火计划，设立国家级环保科技创新计划。

（三）完善优惠政策，充分发挥政策效能

近年来，国家陆续出台了一些环保优惠政策，但直接惠及环保企业的不多。政策不配套，力度不够大，或因条件过高和缺乏具体实施细则，使得多数中小企业无法受益。建议：

1. 国务院及早发布《关于加快环保产业发展和新技术研发的指导意见》，为环保产业科学发展规划道路、明确方向。

2. 参照中央最近印发的十大产业调整和振兴规划，通过预算内投资、财政奖励资金等多种方式支持发展一批骨干环保企业，在中央预算内设立一期规模为50亿元的环保产业专项资金，支持环保企业技术创新和扩大产能。

3. 在税收政策方面，建议扩大增值税优惠范围，对更多的节能环保产品生产企业和污水、垃圾处置企业减免增值税；尽快颁布企业享受所得税优惠的环境保护、节能节水项目的具体条件和范围，出台《环境保护专用设备企业所得税优惠目录》、《节能节水专用设备企业所得税优惠目录》的实施细则，并根据产业发展趋势，适时调整和扩大优惠鼓励范围。

4. 加快设立"环保产业投资基金"，吸纳更多民间资本进入这一领域，批准设立专业金融担保公司，支持环保企业发行债券。

（四）加快发展环境服务业，提高环保产业效率和效益

环境服务业是环保产业的主体，标志着一个国家环保产业和环境保护的发展水平。我国环境服务业发展严重滞后，社会化、专业化程度较低。主要问题有：市场机制不完善，环境咨询服务大部分由事业单位承担，市场化程度低；环境服务业的特许经营制度缺少国家层面的法律法规，所涉及的产权、税收、土地、价格等问题难以协调，相关优惠鼓励政策缺失；环境服务标准化程度不高，服务不规范，市场监管乏力；产业分散，市场集中度差。建议：

1. 全面推进环保设施建设运营的市场化，使城镇污水、垃圾处理厂和固废处置厂等环保设施运营单位真正成为产权清晰、独立核算、自主经营的企业；尽快出台《环境污染治理设施运营管理条例》，鼓励国内外有实力的投资运营商参与环保设施的建设、运营和咨询服务。

2. 制定并落实有关优惠政策，对污染治理设施运营企业除所得税优惠外，还应适当降低其营业税、土地使用税，对污染治理设施用电应适用优惠电价。

3. 环保部门和产业协会要抓紧完善环境服务业行业标准，建立环保企业诚信制度，做好信息公开。

环保产业和新技术专题调研组名单

组　长：

王玉庆　全国政协人口资源环境委员会副主任，原国家环保总局副局长，中国环境科学学会理事长

成　员：

李铁军　全国政协人口资源环境委员会委员，国务院南水北调工程建设委员会办公室原副主任

鲁志强　十届全国政协委员，国务院发展研究中心原副主任

严慧英　全国政协人口资源环境委员会委员，奥斯卡利亚集团董事长

林宗寿　全国政协人口资源环境委员会委员，武汉理工大学材料学院教授

倪晋仁　全国政协人口资源环境委员会委员，北京大学环境工程研究所所长

温香彩　全国政协委员，环境保护部中国环境监测总站研究员

张燕妮　全国政协人口资源环境委员会办公室副巡视员

苏　曼　全国政协人口资源环境委员会办公室环境处处长

姜　宏　环境保护部科技司技术处调研员

陆　军　中国资源综合利用协会技术装备委员会秘书长

王亚男　全国政协人口资源环境委员会办公室环境处干部

周　涛　环境保护部干部

关于太湖治理和生态修复重建的调研报告

政协全国委员会人口资源环境委员会

（2009 年 6 月）

胡锦涛总书记要求把治理太湖作为生态文明建设的重中之重，下决心根治太湖，努力让太湖这颗“江南明珠”早日重现碧波美景。温家宝总理、贾庆林主席、李克强副总理等中央领导同志十分重视太湖的环境保护工作。5 月下旬，全国政协人口资源环境委员会遵照钱运录副主席兼秘书长的指示，在与江苏无锡、浙江湖州两市政协联合举办“携手保护太湖，实现永续发展”议政建言会的同时，就太湖治理和保护进行实地调研。现将主要情况报告如下：

一、太湖治理和保护的进展概况

江苏、浙江两省以及环太湖无锡、苏州、湖州、嘉兴、常州等市认真贯彻党中央、国务院的战略决策，紧紧围绕“两个确保”、“三个下降”的目标任务，全力以赴，密切配合，采取多种措施治理和保护太湖，取得初步成效。

（一）严格实行控源截污

铁腕治污是减少入湖污染物总量、控制外源污染的根本途径。一是深化工业污染防治，严格执行国家发布的太湖流域水污染特别排放限值和太湖地区地方环境标准，完成提标改造和深度处理工程。加大循环经济和清洁生产审核推进能力。2008 年，江苏省深化工业源点

调研报告起草人：苏曼

防治，1174 家工业企业实施提标改造工程；浙江省 2005 年实施 "811" 环境污染整治行动，2008 年启动 "811" 新三年行动。二是提高生活污水处理率。江苏省强化污水处理厂建设管理，136 个城镇污水处理厂项目开工建设，106 座污水处理厂开展脱磷脱氮改造，206 个农村居民点生活污水处理设施开工建设。三是细化农业面源治理。江苏省大力实施绿色农业工程，清除整顿太湖一级保护区经营性畜禽养殖，清除东、西太湖等网围养殖 17.36 万亩。

（二）大力调整产业结构、转变经济发展方式

把保增长、扩内需、调结构有机结合，抓好太湖流域重污染行业治理，促进太湖流域转变经济增长方式，提高生态保护和可持续发展水平。实行扶优限劣的产业导向，有效促进产业结构提升，污染能耗降低。一方面积极推动高新技术产业集群发展，大力发展循环经济，推行企业清洁生产考核；另一方面坚决淘汰落后产能。以江苏省无锡市为例，2008 年，9 个工业园区、57 家工业企业开展省、市级循环经济试点，实施节能和循环项目 85 个；900 多家企业完成清洁生产审核，600 多家企业通过 ISO14000 环境管理体系认证；累计关停"五小"及"三高两低"生产企业 1421 家。

（三）实施生态清淤和生态修复

科学实施生态清淤是治理太湖湖泛的有效措施。苏、浙两省及环太湖各市全力做好蓝藻打捞工作，精心组织，扎实推进。江苏省建立健全组织体系，指导沿湖地区组建蓝藻专业队伍，逐步由人工打捞为主向机械打捞为主转变，2008 年累计打捞蓝藻 60 万吨，超过 2007 年的 3 倍。同时不断提高打捞能力，累计购置机械蓝藻打捞船 95 条，组织编制蓝藻水藻分离处置及配套能力建设方案，规划建设 9 座固定式、14 套移动式水藻分离站，具备日处理藻浆 1.52 万吨的能力。

2008 年江苏省出台《关于加快实施太湖生态清淤工程的意见》，省发改委和水利厅编制太湖生态清淤实施方案，精心组织实施。入湖河流疏浚整治完成土方 769 万立方米，部分湖区实施生态清淤工程，截止到 2009 年 4 月，累计清淤 38 平方千米，土方 1200 多万立方米。

（四）加快入湖河道水环境综合整治

治湖先治水，治水先治河。编制实施小流域综合整治规划，加快主要入湖河流治理的步伐，从而有效控制太湖外源污染。2008 年，江苏省委、省政府在太湖主要入湖河流实行“双河长制”，以 15 条主要入湖河流为重点，全面治理太湖流域水环境。

（五）启动引江济太工程

太湖流域河网密布，但水系不畅。太湖北部水体流动性差，换水周期长，水生态环境脆弱。实施引江济太工程，科学调水引流，实现长江与太湖之间的畅引畅排，既能进一步提高太湖地区防洪保安能力，又能有效改善太湖及周边河网的生态环境，促进湖体水质改善，工程效益十分明显。2008 年累计调引长江水 21.4 亿立方米。2008 年，太湖平均综合营养状态指数为 60.0，同比下降 1.8；53 个国家考核断面平均达标率为 67.9%，同比提高 28.3 个百分点。

二、当前太湖污染防治存在的问题

1. 整个太湖流域还缺乏生态治理的总体规划，对整个流域水资源、水环境进行科学规划、优化配置、有效保护和综合治理的统一性和协调性不够。区域内上下游协调联动机制和共同治理太湖的会商制度需要建立。

2. 太湖流域内有关各方在信息资源共享方面有待进一步加强。特别是在定期开展太湖治理技术经验交流、完善气象水文水质信息采集系统和加快信息数据共享交换平台建设和畅通环境监测信息渠道等方面要强化沟通和协调。

3. 太湖治理专家工作机制需要进一步完善。进行科技基础研究和合作攻关缺乏国家级专业机构，以及时研究与太湖治理相关的学术问题，加强技术合作与基层技术指导，并针对太湖治理过程中碰到的现实问题开展专项课题研究和决策咨询，特别是对太湖水环境综合治理的重大工程和当前为应对蓝藻暴发采取的一些应急措施，组织相关各方的专家进行全面评估，分析利弊，权衡得失，科学决策。

三、加强太湖生态修复重建的六点建议

（一）编制流域生态治理规划

在国家现有《太湖流域水环境综合治理总体方案》的基础上，通过全面系统的调查研究，编制《太湖流域水生态综合治理规划》，加强对流域生态治理的规划导向。规划要根据区域社会经济结构、污染物排放总量和湖泊河道承载能力等，对整个流域水资源、水环境进行科学规划、优化配置、有效保护和综合治理。规划重在合理调整流域水系，统筹协调调水引流；划定生态敏感区和重点保护区，依据资源禀赋和环境容量，确定保护和治理的目标任务；明确监管措施和办法，重在建设绿色流域、清洁流域。

（二）建立区域水环境治理协调机制

在现有太湖流域水环境综合治理省部际联席会议指导下，建立苏、浙两省及环湖五市工作协调机构，明确职责和权限，进一步完善水环境治理协调机制，形成综合治理整体合力。重点是建立太湖流域行政区界上下游水体断面水质交接责任制和生态补偿机制，制定生态补偿办法，建立水污染事故赔偿基金，真正做到“谁污染、谁补偿”。探索建立跨行政区的排污权交易市场，在实践中科学界定排污权交易量和交易办法，限定需求方市场主体，完善可操作的排污权储备交易平台，鼓励地方运用经济杠杆控制污染物排放总量，实现低成本截污、治污。

（三）实施联合监控管理和应急处置

由水利部太湖局牵头，充分利用环太湖城市现有监测系统，组建跨省和市县两个层面的监测站网，加强对重点污染源、入湖河流省市界断面和饮用水水源地及取水口水质的联合监测。建立信息交换汇集制度，各地环保、水利、气象等部门的信息数据及相关情况实时或定期汇集，统一基础信息标准，形成太湖流域水环境中心数据库，完善

传输、应用、服务功能，实现信息资源共享。环太湖省、市联合执法、联合监管，共同查处重大污染事件；建立水污染监测预警和应急处置合作机制，联手防止和化解水危机。

（四）加强科技基础研究和合作攻关

加快筹建“太湖研究院”，集聚国家级科研院所、高等院校和环太湖地区环保、水利、气象、生物等方面的专家，建立太湖治理专家库和专家工作机制，组织跨学科、多领域合作攻关团队，系统调查、研究有关蓝藻种类、分布及其暴发机理、氮磷去除、清淤脱水、藻水无害化资源化处理、沿湖生态修复等相关技术，为太湖治理提供良好的技术支持。加大对先进科技成果、适用技术的推广应用力度，制定实施规范和工作方案，加强指导，加大投入，努力在全流域推广应用。针对太湖治理过程中遇到的现实问题开展专项课题研究，对跨地区水环境综合治理重大工程的实施和效应，组织相关专家进行政策层面和技术层面的评估，分析利弊、权衡得失，促进科学决策。

（五）搞好太湖治理工程重大项目的协调

对于列入规划的换水通道、生态清淤、水源地建设等重大工程项目，建议国家有关部委加快调研、评估程序，及时批复，加强协调，以利实施。

（六）加大国家财政扶持力度

根据太湖水环境综合治理规划，结合重大项目的实施，下达专项资金，加大国家财政投入的力度。同时探索征收水资源税，地方留成部分专项用于水资源保护和水环境治理。允许地方政府发行政府债券，以地方财政收入增收部分作为偿债保证，募集资金专门用于太湖流域水环境保护治理。进一步加大对高效生态农业、环保工业、生态旅游项目的引资力度，通过开展国际合作，积极引进国外资本和国外先进适用技术，为水环境治理和水资源开发增加助力。

关于把衡水湖湿地列为国家生态建设重点示范工程项目的建议

政协全国委员会人口资源环境委员会

（2009年6月）

为贯彻中央关于加强生态文明建设的战略决策，按照全国政协的统一部署，人口资源环境委员会把推进保护湿地工作列入重点调研计划。5月下旬，在中央林业工作会议召开之前，人口资源环境委员会与河北省政协、国家林业局组成调研组，在委员会副主任刘志峰的带领下，联合对典型内陆湿地衡水湖国家级自然保护区进行了实地调研考察；6月上旬在京联合召开了“衡水湖保护与发展”论坛。全国政协副主席兼秘书长钱运录对搞好调研和论坛作出部署，提出明确要求。全国政协副主席罗富和、人口资源环境委员会主任张维庆、全国政协副秘书长林智敏，人口资源委员会副主任江泽慧、刘志峰、张黎，河北省政协主席刘德旺、副主席王玉梅，天津市政协副主席陈质枫，河北省石家庄市政协主席王华清，有关部委领导同志和部分专家学者参加了调研与论坛活动。大家一致认为，鉴于衡水湖湿地不仅对京、津、冀地区生态环境有着直接的影响，而且备受国际社会关注，因此，建议将该湿地恢复和保护列入国家生态建设重点示范工程项目。

调研报告起草人：白煜章

一、衡水湖作为华北明珠，是东亚地区的一颗“蓝宝石”，一直得到党和政府的关注

衡水湖湿地处在环京津、环渤海、沿京九铁路的位置，距北京和天津均为200多千米，是京、津、冀经济圈的生态敏感地带。目前蓄水面积75平方千米，如规划到位可达100多平方千米，约3亿立方米的蓄水量，被誉为华北明珠，一直得到党和政府的高度关注。最近几年，国际湿地组织将衡水湖喻为东亚的一颗“蓝宝石”。

2001年，江泽民同志在视察衡水湖时，希望河北省好好宣传，保护好衡水湖这块湿地。胡锦涛总书记视察河北时，强调要把包括白洋淀、衡水湖在内的华北平原的生态环境保护好，努力实现可持续发展。2003年在温家宝同志和马凯同志的关心支持下，衡水湖由省级保护区晋升为国家级湿地自然保护区。河北省委、省政府将衡水湖保护与发展作为“十一五”期间的重点生态项目。国家发改委、财政部、国土资源部、水利部、环境保护部、国家林业局为衡水湖保护做了许多工作。衡水市委、市政府根据全市人民的共同愿望，在经过充分的科学论证基础上，提出了把衡水湖这个京南第一湖保护好、恢复好、建设好，构建“水市湖城”的目标，把衡水湖建成为继“老白干”酒业闻名全国、鼻烟壶内画畅销世界之后的又一靓点。

联合国将湿地与森林、海洋、生物多样性并列为地球的几大生态系统，将湿地喻为“地球之肾”。西方发达国家和一些主要发展中国家的政府都对其靠近首都的湿地给予密切关注。实践证明，国家早在几年前就把衡水湖作为生态建设与保护的战略工程，是有远见的，是完全正确的。

二、衡水湖湿地保护和恢复具有加强生态文明建设的基础条件，对保障京、津、冀经济圈总体规划的实施和树立良好的国际生态形象具有重要意义

参加调研、论坛活动的政协委员和专家学者认为，衡水湖虽然面积不大，但具有独特的自然基础条件。从国内看，衡水湖与白洋淀及京津其他湿地构成了一个完整的生物圈；从国际看，衡水湖湿地是连接印度洋、南亚大陆、东亚和西伯利亚生物多样性的中心点，对京、津、冀经济圈建设有重要的生态价值，而且对提升我国的国际生态形象具有重要意义，有必要纳入到国家生态文明建设的大局之中，从宏观上进行统筹布局。

1. 衡水湖湿地生态圈的区位和生物多样性的优势，对北京、天津的气候及生态质量具有直接影响。衡水湖湿地是极具典型性和稀缺性的国家重要湿地，在持续干旱的华北及京、津、冀地区，更显弥足珍贵，被赋予比南方水乡湿地更多的内涵和承载。在涵养水源、净化空气、降解污染、维护生物多样性，调节京津冀气候等方面起到一定的作用。同时，也是北温带动植物聚集地和数以百万计的候鸟南北迁徙的密集交汇区。这里有植物 383 种，鱼类 34 种，鸟类 310 种，其中，国家Ⅰ级保护鸟类 7 种，Ⅱ级保护鸟类 46 种，对于我国履行鸟类保护相关国际协定和湿地公约具有重要意义。

2. 衡水湖湿地的保护与发展一直受到了有关国际组织的高度关注和多方援助。长期以来，衡水湖这一处于平原内陆、人口密集、水资源紧缺、同时又具有人文优势的典型湿地，吸引了一些国际政要的目光。世界自然保护基金会、世界自然保护联盟荷兰委员会、世界银行、英国国际开发署、世界人与生物圈、湿地国际、亚太地区迁徙水鸟保护委员会等很多国际组织，在可持续管理、资源合理利用、社区调查与扶贫减贫等多个方面给予很大关注，也提供过一些贷款支持或技术援助。2006 年 10 月，衡水湖湿地加入了东亚—澳大利西亚鸻鹬

鸟类保护网络。2008 年在衡水湖保护区成功举办了由国家林业局、美国大自然保护协会主办的“中国自然保护区可持续发展战略研讨会”。2008 年实施完成的“世界银行第五期技术援助项目（即中国经济改革实施项目，简称 TCC5）衡水湖子项目，成为世行在我国地级市援助的惟一标杆项目。世界人与生物圈（中国委员会）出版发行了《人与生物圈——衡水湖》专辑。加强衡水湖的保护与发展，是我国履行湿地公约的一项重要内容。

三、衡水湖湿地地处经济欠发达地区，实施有效保护、恢复和发展离不开国家的大力支持

委员和专家在调研中了解到，衡水市经济欠发达，财政收入不及长三角等发达地区一个县的水平，仅仅是“吃饭财政”。河北省委、省政府虽然给予了积极支持，仍然满足不了实际需要。衡水在历史上不仅是九州之首，而且在战争年代一直是革命老区，新中国成立以来，衡水为京津发展、为根治海河做出了巨大贡献和利益方面的牺牲，是我们党探索中国特色社会主义道路的第一块试验田，被毛泽东同志称赞为“社会主义之花”、“五亿农民的方向”。改革开放以来，特别是党的十七大以来，衡水人民又在生态文明建设的道路上走在了前列，作出了新的贡献。我们切身地感受到，在中央提出建设资源节约型、环境友好型社会，大力推进生态文明建设的新形势下，衡水坚持自觉走生态文明之路的经验值得重视，对衡水在保护湿地过程中遇到的自身无力解决的困难应予以关注和支持：一是，缺水问题日益突出，其 32. 5 平方千米的西湖多年无水可蓄、部分已被耕种，湿地面临消失。二是，湖区人口密度过大，高于其他自然保护区。三是，资金投入严重不足，难以满足湿地生态保护建设的现实需要。

为此，建议国家帮助解决四个问题：

1. 建议将衡水湖湿地恢复和保护项目列为我国生态建设重点示范工程项目，尽快由国家发改委立项投资。据专家测算，衡水湖湿地

恢复和保护项目需要投资46.65亿元，主要包括衡水湖西湖湿地恢复、地表饮用水源地、滏阳新河滩地湿地恢复、湿地生物多样性保护等工程。将加快衡水湖湿地保护和发展工作列入新一轮扩大内需工程项目；列入“十二五”发展规划，把衡水湖国家级自然保护区建成中国特色环保发展新道路的示范区。通过项目实施将有效恢复衡水湖湿地生态系统的健康活力及生态完整性，为更多鸟类提供更加适宜的栖息环境，有力促进我国生物多样性保护，提升我国湿地保护的国际形象。项目建成后，可为80万个农民工提供就业岗位。随着“一湖跨两城”工程的推进，衡水市区和冀州市区将消灭零就业家庭。

2. 建议在国家第三轮土地利用规划修编中，一次性调整衡水湖保护区土地利用规划，以确保生态用地需要。衡水湖保护区总面积187.87平方千米，内有耕地90平方千米（13.5万亩），其中基本农田76.7平方千米（11.5万亩）。这些耕地和基本农田历史上都属于衡水湖湿地的范畴（解放初期衡水湖面积120平方千米），1997年国家实施“一亩补一块钱”的政策，当地因经济落后，对这一块钱看得很重，把这些历史上的“湖地、湿地”都报成了基本农田，且因连年干旱少雨，湿地水域缩小，一些区域又被逐步开垦为耕地。农业生产中农药、化肥的使用，不断对湿地造成面源污染，严重威胁着湿地生态功能的发挥。因此，应在第三轮土地利用总体规划修编中，调整衡水湖保护区土地利用规划，对衡水湖湿地恢复和保护等生态用地给予保障。

3. 建议国家加大调水支持力度，确保衡水湖湿地以优惠价格使用生态用水。迄今，国家从黄河调给河北省的用水指标能够满足衡水湖湿地生态用水需求量。为充分发挥衡水湖的水资源调蓄功能，请水利部给予适当优惠，进一步协调。同时，对位于衡水湖保护区核心区和缓冲区内的30个村、1.56万人的搬迁，给予国家大中型水库移民政策。

4. 建议尽快研究启动对衡水湖湿地的生态补偿，并把衡水湖列入第一批湿地生态效益补偿试点。针对湿地周边群众收入和生活水平受到一定影响的现实，希望研究尽快将衡水湖等部分湿地列为生态效益补偿试点，参照三江源和甘南湿地的补偿标准，通过政策给予一定支持。

衡水湖湿地保护与建设专题调研组名单

组　长:

刘志峰　全国政协常委、人口资源环境委员会副主任，原建设部副部长、党组副书记

副组长:

赵学敏　全国政协人口资源环境委员会委员，国家林业局原副局长，中国野生动物保护协会会长

成　员:

李铁军　全国政协人口资源环境委员会委员，国务院南水北调工程建设委员会办公室原副主任

张玉钧　北京林业大学园林学院教授、生态旅游发展研究中心主任

白煜章　全国政协人口资源环境委员会办公室主任

卫　宏　全国政协人口资源环境委员会办公室巡视员

袁继明　国家林业局湿地保护管理中心副主任

宋常青　国家发改委农经司林业处副处长

扈才彪　环境保护部生态司自然保护区处副处长

王福田　国家林业局湿地保护管理中心调查规划处副处长

魏立忠　国家旅游局规划财务司规划处副主任科员

段启明　全国政协人口资源环境委员会办公室干部

许瑜波　全国政协人口资源环境委员会办公室干部

刘新锋　刘志峰同志秘书

杜　荣　赵学敏同志秘书

关于我国水电可持续发展问题的建议报告

政协全国委员会人口资源环境委员会

（2009 年 7 月）

水电开发关系国家经济社会发展全局、关系生态环境安全。鉴于目前国际、国内的严峻形势，以及节能减排和生态环保的巨大压力，如何深入贯彻落实科学发展观，科学有序利用我国水能资源，实现水电可持续发展，是迫切而重大的问题。

全国政协人口资源环境委员会和国家发展改革委、国家能源局不久前在北京联合召开了“中国水电可持续发展高峰论坛”，邀请民革、九三学社等民主党派中央，财政部、国土资源部、环保部、水利部、国家林业局和中国地震局等部门，以及有关政协委员、专家学者、非政府组织、企业代表等各方人士，共同就我国水电发展战略、水电开发与环境保护、经济社会协调发展、地震地质安全等重大问题进行了深入探讨，为我国水电开发提出了许多意见建议：

一、发展水电对实施可持续发展战略意义重大

水能是相对优质清洁的能源，是我国能源的重要组成部分。截至 2008 年底，我国水电装机容量达 1.7 亿千瓦，年发电量 5633 亿度，居世界第一，分别占全国发电装机容量的 21.6% 和发电量的 16.4%。国家发改委去年公布的《能源发展“十一五”规划》提出，将要按照流域梯级滚动开发方式，建设大型水电基地。规划到 2010 年，全

调研报告起草人：张定

国水电装机容量将达 1.9 亿千瓦，其中大中型水电 1.4 亿千瓦，小水电 5000 万千瓦；到 2020 年，全国水电装机容量将达 3 亿千瓦，其中大中型水电 2.25 亿千瓦，小水电 7500 万千瓦。

我国水能资源主要富集在西南地区，用好这里丰富的水电资源对保障我国能源安全，实现我国经济社会可持续发展意义重大。西南地区水电开发需要兼顾促进地方经济社会发展、流域生态平衡、环境友好和谐、减少贫困落后、民族团结共处和边疆长期稳定等众多目标，必须科学确定西南地区水电开发的比例、程度和速度，统筹考虑全流域的经济社会发展状况。

二、我国水电开发中的问题

当前，我国水电开发中存在无序和过度问题。我国西南地区多是少数民族聚居的贫困山区，经济十分落后，地方政府开发水电资源的愿望十分强烈，甚至不分梯级指标优劣，实行同步开发。目前，长江上游河流从干流到支流，水电项目几乎“遍地开花”，而且基本上是从单纯的水电专业规划角度考虑，未充分考虑全流域的综合利用问题。

（一）水电开发管理无序

目前的项目核准制存在明显缺陷。由于水电工程前期工作与正式开工界限不清，许多工程以开展勘探性施工或“三通一平”为名，同时进行移民和导流洞开挖，甚至实施截流和主体大坝建设，大干快上，“先斩后奏”。这已成为水电建设的“潜规则”。而许多大的项目仅前期“三通一平”就占总投资的 10%～20%，涉及几十亿元资金，形成项目核准的“倒逼”状态。

（二）流域综合利用规划滞后

长期以来，政府综合部门“重建设、轻规划”，流域综合利用规划严重滞后。目前水利部对《长江流域综合利用规划》的修订由于协调难度很大，至今尚未完成，而长江流域水电资源已基本分割完毕。

（三）地震地质风险问题

整个西南地区的横断山脉是全球地壳运动最剧烈最复杂的造山带，地震地质灾害高发，在如此复杂的地质构造条件下进行大规模的水电建设，必须要有充足的地质科研数据支撑，要绝对避免将高坝大库建在地质断裂带上。汶川地震及其次生地质灾害对许多中小电站造成毁灭性打击，对高坝大库也产生重大深远影响，必须引起高度重视。

（四）生态环境问题

密集的梯级开发会使河道渠化，对必须在流水中才能繁殖的鱼类等生物的生态环境造成不可逆的毁灭性破坏，生物多样性面临重大损失，所在流域和区域相关的生态系统会发生改变，部分功能会丧失，而且这种影响具有累加性和系统性的特点。现实中，水电开发与自然保护区甚至水源保护区的矛盾与冲突，也往往以保护区的不断调整而告终。由于缺乏流域综合环评，长距离输变电对生态环境的影响也未予充分考虑。生态环境补偿机制缺失。

（五）移民问题

“重工程、轻移民”的倾向仍旧存在，移民的人力资本、生产资料、社会资源和无形资产没有得到合理补偿。移民的长远生计没有得到高度重视。虽然近年来有的地方政府采取了发电销售收入按比例上缴地方财政，按装机容量补贴和解决移民养老保险等措施，但是，移民得到的补偿和水电开发企业获得的利益仍旧存在巨大反差，影响社会长期稳定。

三、建　议

水电开发必须以科学发展观为指导，贯彻全面协调、统筹兼顾和可持续发展的基本要求和根本方法，根据中国经济社会发展状况，在保护生态环境基础上，统筹进行科学规划、有序开发，优先选择具有控制性、综合性功能的水利水电工程，为将来开发利用储备经验和技术。

（一）加快出台流域综合利用规划

水电开发无序和过度与流域综合利用规划滞后直接相关。要将防震减灾规划、生态环境规划和移民规划位置前移。鉴于流域综合利用规划涉及区域、城乡、经济社会、资源环境的统筹协调，应明确由国家发改委来牵头，会同水利部等相关部门共同制定，明确时间表，限期完成。按照主体功能区规划要求，科学划分重点、限制和禁止开发区的范围。

（二）改革完善水电项目核准程序和标准

建立清晰的项目核准程序和标准，是保证水电资源有序开发的前提。水电项目投资巨大，必须清晰界定前期工作和正式开工的界限，针对不同规模、不同类型的水电项目，制定出一套清晰合理的核准程序和标准，坚决防止先开工再审批或边设计、边施工、边勘探，遏制"跑马圈水"。

（三）理顺水电管理体制

目前，水电建设按不同规模分别由国家、省、地、县四级核准，属于多头多级管理。水电开发无论大小河流均关系到城乡、区域协调发展问题，宜实行国家和省二级管理体制，由发改委行使水电项目核准职能，审核过程须经水利、环保、地震等相关部门同意。由水利部门行使水资源综合调度管理职能，并牵头建立河流梯级调度中心，协调好水利调度和发电调度的关系。鉴于汶川地震的教训，必须加强电站与电网建设的统一合理规划，明确授权国家相关机构加强监管。同时，明确政府地震部门负责水库大坝地震监测。

（四）加快建立移民和生态环境补偿长效机制

贯彻全面科学的水电环保观念，加强水电环保的科学研究，健全水电生态环评指标体系，强化流域综合环评。采取切实可行的措施，确保重要物种延续和重点保护区域。因地制宜创新移民安置思路，向水电企业征收水资源使用费和生态环境补偿金，主要用于移民补偿和生态环境恢复。参照农村土地使用制度改革和草地、林权制度改革模式，积极探索将库区淹没耕地以土地使用权入股等多种方式，建立移民利益共享长效机制，完善移民安置的内、外部监督机制。

（五）理顺水电价格机制

深化电力市场化改革，完善水电价格机制，按照“同网同质同价”原则，科学合理确定水电上网电价，客观反映水电真实价值。同时，根据经济发展和电力市场的需求，当前重点加强城乡电网的改造。

关于我国水土保持补偿机制建设的建议报告

政协全国委员会人口资源环境委员会

（2009年6月）

水土流失是我国最为严重的环境问题之一，是各类生态退化的集中反映，全国政协委员对此十分关注。2009年6月，全国政协人口资源环境委员会组织以任启兴副主任为组长、杨岐常委等参加的考察组，赴陕西省考察水土保持情况。考察组考察了中石油长庆油田分公司第一采油厂，神华集团神东分公司榆家梁煤矿、活鸡兔煤矿，榆林市榆阳区茆沟小流域综合治理区，神木县大保当万亩臭柏林保护区，沿高速公路植被和水土保持情况等，了解能源开发造成的水土流失情况，以及当地政府、能源企业为保护和恢复生态环境所做的工作。通过多种形式与陕西省、市、县有关部门和企业进行座谈，听取当地干部群众的意见。

考察组了解到，陕西省政府于2008年11月颁布了《陕西省煤炭石油天然气资源开采水土流失补偿费征收使用管理办法》（以下简称《办法》），2009年1月1日执行。考察组认为，《办法》的出台，标志着陕西省能源开发水土保持生态补偿机制的基本建立。现将考察情况和意见建议报告如下。

调研报告起草人：苏曼

一、我国水土保持和陕西省建立能源开发水土保持补偿机制基本情况

（一）我国水土保持基本情况

党中央、国务院高度重视水土保持工作，要求各级政府和有关部门从战略高度认识水土保持工作的重要性，明确指出水土保持“是国民经济和社会发展的基础，是我们必须长期坚持的一项基本国策”。截至2008年底，全国累计治理水土流失面积100多万平方千米，为改善水土流失地区农业生产条件和城乡生态环境，维护国家生态安全、防洪安全、饮水安全和粮食安全，促进经济社会又好又快发展作出了重要贡献。

但是，我国自然条件复杂，生态环境脆弱，水土流失严重，水土保持工作还面临着一些亟待解决的问题。特别水土流失防治进程与国家生态建设的总体目标还有很大差距。目前，全国亟待治理的水土流失面积仍有180多万平方千米，有3.6亿亩坡耕地和44.2万条侵蚀沟亟待治理，东北黑土地保护、西南石漠化地区土地资源抢救的任务十分迫切。但中央投资不足导致水土流失治理速度难以适应经济社会发展和干部群众生产、生活的需求。目前，年度中央水土保持资金只有20亿元左右，治理水土流失面积还不到2万平方千米，远远满足不了生态文明建设要求。同时，生产建设过程中由于急功近利、忽视生态保护而造成的人为水土流失现象仍较为普遍。为此，建立水土保持生态补偿机制，提高生态保护理念和意识，拓宽水土保持建设资金渠道，加快水土保持防治步伐，非常紧迫。

（二）陕西省建立能源开发水土保持补偿机制情况

陕西是全国水土流失最严重的省份之一，全省国土面积占全国的1/50，但土壤流失总量占到了全国的1/5，黄河三门峡以上年均输沙量16亿吨，陕西“贡献”一半。同时，陕西省又是全国能源大省。煤炭、石油、天然气等能源资源开采在带动陕西乃至全国经济发展的

同时，也使陕西本就非常脆弱的生态环境遭到了严重破坏。据统计，全省目前煤炭、石油、天然气资源开发造成的水土流失面积达 12 万多公顷，并且继续以每年 20% 左右的速度递增。

陕西省原执行的水土流失补偿费制度，仅对损坏原地貌、植被及水土保持设施致使水土保持功能降低或丧失的按面积一次性征收水土流失补偿费。由于煤、油、气资源开发本身占地面积小而对环境潜在危害大，按面积征收水土流失补偿费不够科学，远不能满足实际治理的需要。因此，为加快能源开发区尤其陕北地区水土保持生态环境的恢复与重建，陕西省研究和建立了煤炭、石油、天然气资源开发水土保持补偿机制与制度，这是水土保持生态补偿机制工作的一项重大进展。

（三）陕西省能源开发水土保持补偿机制的主要内容和特点

《陕西省煤炭石油天然气资源开采水土流失补偿费征收使用管理办法》及《实施细则》的主要内容和特点是：

一是征收方式。对从事煤、油、气开发的企业，按照产品的实际产量计征水土流失补偿费，改变了过去一律按损坏面积计征补偿费的方式，符合煤炭、石油、天然气资源开发造成水土流失的特点，比较科学、合理。

二是计征标准。根据各类资源开发对不同区域造成的影响程度，综合考虑各方面因素，《办法》确定按照原煤陕北每吨 5 元、关中每吨 3 元、陕南每吨 1 元，原油每吨 30 元，天然气每立方米 0.008 元的标准征收水土流失补偿费。

三是税务代征。考虑到地税系统自上而下征收网络比较健全，为了降低行政成本，方便企业交纳，提高工作效率，《办法》规定水土流失补偿费由煤炭、石油、天然气开发企业所在地地税部门在征收税费时一并代为征收。

四是资金分解比例。考虑到煤、油、气资源开发造成的水土流失给资源所在地带来的危害更大，而治理水土流失也主要依靠当地政府和群众。为了调动基层工作的积极性，《办法》规定：水土流失补偿费按照征收总额省级40%，市、县两级60%的比例划解使用。市、县两级之间的划解比例，由市级财政部门会同水土保持行政主管部门提出，报该区市人民政府同意后执行。省直管县征收总额的50%留本级使用。

五是资金的管理和使用。水土流失补偿费纳入财政预算管理，专项用于水土保持项目支出。水土保持行政主管部门依据批准的水土保持总体规划，编制水土保持项目投资计划，报财政部门审定后，下达专项支出预算。

（四）陕西省建立能源开发水土保持补偿机制的意义

考察组认为，陕西省出台《办法》，是陕西省贯彻落实科学发展观，促进生态文明建设的一项重大举措，有利于构建生态环境和经济社会协调发展的长效机制。2008年和2009年，连续两年的中央一号文件，都对建立水土保持生态补偿机制提出了明确要求。陕西省出台能源开发水土保持补偿机制，是贯彻落实党中央、国务院关于水土保持生态补偿制度要求的具体实践。《办法》实施后，陕西省煤炭、石油、天然气资源开采每年可征收水土流失补偿费15亿元，不但可以加大各级财政对水土保持的投入，还可以解决中央水土保持项目配套资金不足的问题，对于协调资源开发和生态建设，加强水土流失防治，保障陕西经济社会持续发展提供了制度保障。

二、对我国建立水土保持生态补偿机制的建议

建立水土保持生态补偿机制，是贯彻落实科学发展观的必然要求，也是我国加快水土保持治理工作的迫切需要。为此建议：

1. 重视、研究和推广陕西省能源开发水土保持补偿机制的经验和做法。生态补偿机制是一项复杂的系统工程，涉及不同的地域、行业。陕西省建立能源开发生态补偿机制，是根据陕西实际，从能源开发补偿水土流失的角度，制定出台的一项生态补偿措施，在生态补偿机制领域具有创新意义。陕西省出台能源开发水土保持补偿机制，在

全国尚属首例，对于全国的生态补偿机制，特别是水土流失方面生态补偿机制的建立，具有借鉴意义，值得在研究、总结的基础上进一步完善和推广。建议有关部门认真研究和总结，推动出台国家层面的政策文件，推动全国水土保持生态补偿机制工作。

2. 加快《水土保持法》修订工作，在法律中明确规定水土保持补偿费制度。水土保持补偿费政策目前得到了各行业的认可，各省、市、自治区人大常委会制定出台的实施《水土保持法》办法，也都规定了水土流失补偿费制度，但是，由于《水土保持法》中没有水土保持补偿费的有关规定，使得水土保持补偿机制的建立存在法律依据的先天性不足。建议加快《水土保持法》修订工作，在法律中明确规定水土保持补偿费制度，为水土保持补偿机制的建立提供更高层次、更具权威、更充分的法律依据。

3. 抓好试点工作，推进全国水土保持生态补偿机制的建立。2009年中央一号文件要求启动水土保持等生态效益补偿试点。开展试点工作是健全和完善水土保持生态补偿机制的重要途径，是有序推进水土保持生态补偿机制工作的有效手段。建议在认真研究陕西省能源开发生态补偿机制经验的基础上，在全国选择不同类型、不同情况的地区，开展水土保持生态补偿机制试点工作，为加快水土保持生态补偿机制的建立提供更多实践经验和借鉴。

4. 进一步加强基础研究，为全国水土保持生态补偿机制的建立提供理论支持。与国外和国内相关行业生态补偿相比，我国水土保持生态补偿工作还存在一些不足之处，特别是理论研究还滞后于实践，对水土保持生态补偿概念、机制、标准和实现途径等缺乏深入、系统的研究。在能源开发方面，其造成的水土保持生态补偿标准、技术路线以及监测评价方法与指标方面的研究也滞后于实践需要，需要加强研究，早出成果，为水土保持生态补偿机制提供理论支持，推动水土保持生态补偿制度不断完善。

5. 加大宣传力度，营造有利于建立水土保持生态补偿机制的良好氛围。以多种途径和形式大力宣传党中央国务院关于建立生态补偿机制的要求，大力宣传保护水土资源和生态环境的重要性，介绍和推广陕西等省水土保持生态补偿机制的先进经验和做法。加大宣传力度，减少实施水土保持生态补偿的人为干扰，创造“保护水土资源、保护生态环境”的良好条件和社会氛围。

水土保持补偿机制考察组名单

组　长：

任启兴　全国政协人口资源环境委员会副主任，宁夏回族自治区政协原主席

成　员：

杨　岐　全国政协常委、人口资源环境委员会委员，中国核动力研究设计院名誉院长

卫　宏　全国政协人口资源环境委员会办公室巡视员

张学俭　水利部水土保持司巡视员

苏　曼　全国政协人口资源环境委员会办公室环境处处长

乔殿新　水利部水土保持司副处长

张树仁　任启兴同志秘书

高云才　人民日报社高级记者

秦纪民　人民政协报生态周刊主编

关于加强我国"走出去"开发利用矿产资源的建议报告

政协全国委员会人口资源环境委员会

（2009 年 7 月）

为全面贯彻落实科学发展观，促进我国经济社会可持续发展，全国政协人口资源环境委员会将加强我国"走出去"开发利用矿产资源列为 2009 年度重点课题之一，组织有关政协委员和专家成立课题组，先后邀请相关部委、行业协会、企业和金融机构，进行多次研究，就矿产资源"走出去"开发利用方面形成了相关建议。现报告如下：

一、我国矿产资源开发利用现状

（一）我国矿产资源概况

全球矿产资源分布具有明显的地域特征，主要矿产分布相对集中。我国探明的矿产资源总量虽然位居世界第三，但人均矿产资源拥有量仅为世界人均量的 1/3，位居世界第 58 位。从资源种类看，占有色金属产量 94% 的铜、铝、铅、锌等大宗矿产储量严重不足。据中国地质科学院有关报告预计，今后 20 年，中国将短缺 30 亿吨铁、5 亿到 6 亿吨铜和 1 亿吨铝。同时，我国矿产资源贫矿多、富矿少，小矿多、大矿少，如我国铁矿石平均品位仅 33%，而巴西、澳大利亚、南

调研报告起草人：张定

非等国都在 60% 以上；我国 70% 以上的铝土矿、80% 以上的铜矿、90% 以上的镍矿都需要坑采，开采成本较高。

我国矿产资源的禀赋状况，决定了合理开发利用境外矿产资源、形成多渠道的资源储备是事关我国经济发展安全的重大战略问题，而不仅是金融危机背景下的短期策略；决定了矿产资源开发利用必须利用好两个市场特别是国际市场、利用好两种资源特别是境外资源，保障国民经济发展安全。

（二）我国矿产资源开发利用现状

面对严峻的资源供应形势，国家发改委、商务部、财政部、国土资源部、国家外汇管理局等有关部门相继出台多项政策，加强国内矿产勘查与有序开发，加大对境外矿产资源开发的支持力度。在国内，钨、锑、稀土等战略性资源整合已取得一定成效；在境外，有关部门也做了大量工作，支持国内矿业企业积极实施“走出去”战略，境外矿产资源投资大幅增长，资源权益量稳步增加。

截至 2008 年底，经国家发改委核准的境外矿产资源领域限额以上项目 76 个，中方协议投资额累计超过 332 亿美元，投资集中在铁、铜、铝、镍、铬、钾、天然铀、铅、锌等矿种，分布在 30 个国家和地区。但与长期资源需求量相比，我国矿业对外直接投资的规模存量仍然偏小，权益储量与权益产能控制偏少，储量大、开采成本低和周期长的世界级矿山资源控制几乎空白，特别是在铁、铜、镍、铀等品种上，存在较大缺口。

当前，主要矿产资源国政府开始采取回收采矿权、增加税收、提高国有公司在项目中股份等方式，加强对境外资本开采本国矿产资源的限制；世界矿业巨头也纷纷通过兼并、收购、合作等方式提升对资源的垄断程度，如近期力拓在宣布撤销与中铝的交易后，与必和必拓成立了合资公司，我国获取境外矿产资源的难度不断加大。

二、境外矿产资源开发利用存在的问题

（一）政府部门多头管理，统一规划与协调不足

90 年代以来，我国陆续撤销了石油部、煤炭部、冶金部等专业部委，成立相应的总公司，原管理职能现分散在有关部委及行业协会等。为加强资源开发的协调，有关部门建立了多个部际联席会议制度。但目前的联席机制往往限于参与部门的管理职能，难以统筹考虑境外资源开发各方面因素，进行统一引导和协调各部门、金融机构和企业间的关系。

2007 年，《国务院关于鼓励和规范企业对外投资合作的意见》及国家发改委《境外投资“十一五”规划》等文件，提出“完善鼓励政策，加大重点支持”等战略举措，要求研究建立外汇储备与重要资源战略储备合理转化机制等。但由于落实责任不明确，始终没有制定出兼具指导性与操作性的统一规划与实施方案，一定程度上影响了境外资源开发利用的整体效果。

（二）政策支持力度不够，开发主体实力普遍不强

与美国、加拿大、日本等发达国家相比，我国目前对境外资源开发的支持力度明显不足。例如，我国政府为鼓励国内企业到境外投资，设立的对外经济技术合作专项资金规模，与一些发达国家对某些矿种探矿进行的资金补助规模相比还很小，对于境外矿产的开发支持作用有限；而且，现有的国外矿产资源风险勘查专项资金申请难度较大，且仅集中在风险勘探领域，效果也有限。

政策支持的力度与针对性不足，是造成国内矿产企业缺乏国际竞争实力的原因之一。改革开放 30 年来，我国在能源领域培育了中石油、中石化、中海油、神华等一批世界级企业，然而在矿产领域尚缺乏领军企业。2008 年，全球最大的矿业企业必和必拓，销售收入近 600 亿美元，利润超过 200 亿美元，国内企业与其不在一个数量级上，很难与之在国际市场展开有力竞争。

（三）国有企业往往遭遇政治歧视，民营企业缺乏政策通道

目前，境外资源开发的主体仍是国有企业特别是中央企业，2008年，经国家发改委核准的境外矿产资源投资项目中，中央企业协议投资额占比在90%以上，项目数量占比50%以上。但是，国有背景企业在开发境外资源过程中非常容易遭遇政治歧视。

另一方面，民营企业由于自身实力较弱，又缺乏国家政策支持，境外资源开发成效不大。目前，我国实施的“走出去”政策支持，支持对象以国有企业为主，民营企业能够享受的政策较少。同时，在融资方面，国内银行也主要向国有企业特别是中央企业倾斜，民营企业很难获得境外资源开发大额贷款。海外收购所需资金是一般企业难以承受的，即便是大型国有企业都需要银行的支持，缺乏政策支持与融资渠道的民营企业要收购大型矿山资源难度更大。

三、相关建议

当前，应充分利用中国改革开放30年取得的经济发展成果，利用中国作为世界最大资源需求方的市场地位，发挥中国在世界经济政治舞台上的重要作用，对内协调各部门、金融机构、行业协会、企业，加强统筹规划，形成合力；对外依托中国的政治、经济地位，多渠道统筹运作，提升话语权与谈判地位。

（一）加强部际统筹协调机制，实施统一规划与指导

针对当前“走出去”开发利用矿产资源中存在的突出问题，必须强化部际统筹协调机制，可由国务院相关领导同志负责，由相关部委、金融机构和企业形成“三位一体”的综合协调机制并明确职能：一是加强统一规划。国家发改委要联合国土资源部加快编制《境外矿产资源开发利用统一规划》，明确境外矿产开发利用战略、开发的重点品种、区域与全球布局，为领导层决策提供参考建议，为企业投资提供方向指引。二是协调各政府机构、金融机构、企业间的关系，简化现有境外投资审批手续，提升审批效率；三是加强技术审查。设立技术审查委员会，在规划布局、项目审批等方面提供专家意见，供决策参考。

（二）加大政策支持力度，将部分外汇储备转化为资源储备

由于矿产领域的投资大、风险高、回收期长，单纯依靠企业的力量很难达到国家战略目的，国家应加大在税收、基础勘查等方面的财税支持力度，加强政策支持针对性。要加大对国外地质信息勘查方面的投入，加强对国外法律法规和风俗等软环境的研究，为企业“走出去”提供基础支持。

当前，我国外汇储备已达2万亿美元，若将部分外汇储备转化为资源储备，不仅有利于外汇储备多元化，分散投资风险，而且能够对境外矿产资源利用发挥重要战略作用。外汇储备与资源储备的转换机制，可考虑以下几种方式：一是设立矿业开发基金。由中国投资公司联合金融机构、国内大型矿业集团或国外战略投资者等发起，以国内外特别是境外矿产资源为投资对象，通过对国内企业包括民营企业提供股权性融资安排，支持其境外资源开发项目，或直接对境外优势矿业公司进行投资收购。二是加大资源储备力度。增加资源储备量，利用外汇储备进行金、铜、镍、铀等国内短缺矿产资源的收储，加大矿产资源储备在外汇储备中的比重，优化外汇储备结构，实现外汇储备保值增值。三是通过国家财政安排将部分外汇储备注入部分中央企业，将储备转化为中央企业资本金，用于企业对外矿产资源投资，增强企业竞争实力。

（三）探索国有企业资源获取新形式，加大对民营企业政策扶持力度

在开发境外资源的过程中，应多条腿走路，多种所有制企业并行。对国有企业而言，应支持其探索新的开发形式，最大程度回避政治问题。例如可以通过政策支持，鼓励其通过充分利用已成功收购的海外公司，打造国际化的海外资源开发平台；鼓励设置并培育发展离岸公司，谋求海外上市与国际资本运作，规避潜在政治风险。

同时，应从保障国内资源供应安全的国家战略高度出发，加大对民营企业的政策扶持力度。一是在现有支持政策中考虑民营企业的需求，为其提供相应的政策获取通道。如在对外经济技术合作专项资金、国外矿产资源风险勘查专项资金等中拿出一部分专门分配给民营企业。二是鼓励民营企业与国有企业合作开发境外资源。对于民营企业获得的国外矿权，为其在国内提供矿权交易平台，鼓励其与有开发能力的国有企业共同开发。

（四）充分发挥行业协会作用，落实行业协会相应管理职能

在市场经济体制比较完善的国家，行业协会在行业管理、国际议价方面发挥着举足轻重的作用，尤其是在管理成员企业上起主导作用，其中以日本的行业协会最为知名，地位也最为强势。但在我国，现在的行业协会定位，使其作用难以充分发挥。如在铁矿石谈判中，我国的行业协会难以协调行业内企业一致对外。

在矿产领域，我国的钢铁工业协会与有色金属工业协会对政府、行业、企业的情况都比较熟悉，在对外谈判等方面比政府和企业有更多优势。建议相关政府部门厘清与行业协会的职能分工，科学定位行业协会的市场管理职能，如企业资源开发资质审查、对外统一谈判权等，以促进行业健康、有序发展，提升行业国际竞争力。

关于“我国生物基因科学及产业发展”的建议报告

政协全国委员会人口资源环境委员会

（2009年7月）

当前，世界许多国家都把加速生物产业发展作为国家的战略重点，尤其是为应对国际金融危机，各国在加快培育新的经济增长点，为促进复苏、重振经济创造条件，加快发展生物产业成为许多国家的重要选择。为深入贯彻落实科学发展观，促进我国生物基因科学研究总体水平不断提高，推动生物基因产、学、研整体发展，全国政协人口资源环境委员会、中国致公党中央委员会、九三学社中央委员会和科学技术部于2009年6月2日至3日在北京联合组织召开了“中国基因科学暨产业发展高峰论坛”。多名国内生物科学研究前沿的院士专家出席论坛并发表演讲，提出了许多真知灼见，现将有关建议报告如下：

一、我国生物基因产业发展现状

近20年来，全球生命科学和生物技术的研究不断取得重大突破，为解决人类社会发展面临的健康、食物、能源、生态和环境等重大问题提供了强有力的科技支撑，正在农业、医药、能源和化工等领域孕育和催生新的产业革命。过去10年，生物技术与医药领域的论文占

调研报告起草人：张定

全球自然科学的49%，一些国家把政府基础研究经费近一半用于生物与医药领域，近年来全球生物产业销售额几乎每5年翻一番，增长速度是世界经济平均增长率的近10倍。越来越多的事实表明，生物经济正在成为新的经济生长点，发展生物经济已经成为许多国家应对金融危机的重要措施之一。

我国历来十分重视生物技术及产业发展，特别是从“十五”期间开始，对生物科技的投入大幅增长，“十五”期间国家“863”计划生物领域经费是“九五”期间的3.8倍，专利申请总数增长到11.4倍，投入产出比大幅提高，使我国生物技术成为高科技领域与发达国家差距最小的领域，在疫苗、生物医药和工业发酵等领域取得多项世界第一。“十二五”期间，生物科技作为未来我国高技术产业迎头赶上发达国家的重点，将突出加强生物技术在农业、工业、人口和健康等领域的应用，生物经济将成我国新的经济增长点。

目前，我国已进入全面建设小康社会和加快现代化建设的新阶段，经济总量已较大，但发展中面临的资源供给“瓶颈”更加突出，生态环境约束更加明显。加速生物产业发展，对于满足经济可持续发展和人民健康需要，缓解资源、环境等瓶颈约束，走新型工业化道路，实现又好又快的发展，更具重要战略意义。

二、我国基因产业发展中存在的问题

几十年来，我国生物基因产业有了长足的进步，其发展速度大大高于我国其他行业发展速度。但是，也必须清醒地看到，我国发展生物基因科学及产业不仅面临发达国家竞争的巨大压力，同时也面临国内体制机制不完善和产学研结合不紧密等问题的严峻挑战：

（一）产业政策不适应生物基因产业发展规律

我国对于高新产业的优惠政策不适应生物基因产业发展的规律，也不利于调动生物基因科学从业人员的创造性，这大大限制了我国生物基因产业的国际竞争力。生物基因产业不像电子、材料、计算机等高新产业，生物基因企业需要很长的研发周期，至少3～5年其产品才能获批上市，目前的许多高科技产业政策尚无法对生物基因行业带来明显的发展支持。

（二）生物基因产业融资渠道滞后于产业发展

没有健全的、符合市场规律的金融体系来推动生物基因产业的发展，特别是对于技术成分高、风险大的项目。没有一个有效投资机制来帮助解决不同阶段的资金需求，其中最重要的就是没有像西方国家的风险投资机制。而国家的财政力量又相对有限，对生物基因科研攻关投入的不足，影响了我国的基因科学创新能力。

（三）国内企业在生物基因技术领域的创新能力不足

研究表明，近几年，国内生物技术发明专利申请中，企业所占比重由四成降至不足二成。2004～2008年，在基因技术领域，专利申请数量排名前十的国内专利权人中没有一家企业，八家是大专院校，其余两家是科研单位。与之形成鲜明对比的是，排名前十的国外申请人均为企业。这种状况表明我国企业在基因技术领域的创新能力不强、后劲不足。

由于基因资源的有限性，基因序列专利申请一个便减少一个，这就使得国外企业对于基因序列的克隆研究趋之若鹜，以期抢占先机。目前许多国家，主要是发达国家，积极配合本国基因产业界的需要，不断扩大可授予专利权的技术范围，降低专利法上的授权标准，试图使更多的基因序列能够为本国的发明人所垄断，以抢占基因技术研究的先机。

三、建　议

（一）加大对人类基因组学研究的投入

人类功能基因组学研究涉及众多的新技术，包括生物信息学技术、生物芯片技术、基因表达谱系分析、蛋白质组学技术等。基因研究又是一个长期的过程，需要长线投资。而我国目前对于基因的投入和国外比起来有些随意性。“十五”期间，投入很多，但因为效果不明显，“十一五”便大幅削减，这种作法势必影响科研成效。国家对于基因研究的支持必须保持连贯性，应该尊重科学规律，避免急功近利，对我国已经建立的人类功能基因组研究平台给予稳定、长期的支持，保证功能基因组研究健康、持续发展。

（二）为企业营造良好的自主创新环境

基因组药物及相关领域研发具有高投入、高风险和高回报的特点，由于国家投入有限，我国功能基因组研究需要企业支持，保证其可持续发展。因此，国家要积极支持建立大学研究院所与产业界沟通的平台和机制，并通过相应的政策给予鼓励和支持。通过产学研联盟等多种途径，促进具有优势的科研院所与企业的战略合作，培育具有国际竞争力的生物技术龙头企业，加速企业成为技术创新的主体。

在生命科学的前沿领域，建设一批国际一流的重点实验室、国家工程技术研究中心和国家生物信息资源中心，提高生命科学和生物技术领域的原始创新能力，缩小我国在基因研究领域与发达国家的差距。国家科技计划和重大工程项目要向企业开放，鼓励多单位合作承担课题，调动多方面的积极性，特别是民营企业的参与，重大产业化项目要建立企业为主的组织实施机制。鼓励企业自主研发、申请专利，创建自主品牌，打造自主知识产权，发挥先进科技企业的带头作用，从而带动我国生物基因产业水平的整体提高。

鼓励创新型企业取得更多的自主知识产权。加大对相关创新型企业的支持力度，鼓励这些企业选择具有一定研究基础的技术方向作为突破口，努力突破国外专利技术，形成自主知识产权。此外，在基因检测、基因治疗、细菌性基因重组疫苗等领域，我国技术已达到或接近国际先进水平，且国内专利申请已有初步规模，应鼓励国内申请人及时采用 PCT 国际专利申请等来保护自主知识产权。同时，鼓励企业通过对竞争对手的核心专利进行改进，提高技术效果，申请更多的改进型外围专利。

（三）加强行业管理，发挥基因组学在疾病预防中的重要作用

中国医药卫生未来发展的主基调是以预防为主，基因组学及易感基因检测无疑是这一前移的重要技术和手段，基因健康检测对提高卫生医疗事业的效率，降低患病率和发病率将发挥重要作用，基因检测及基因导向下的预防保健及其治疗将是未来中国人群医学健康新模式的必然选择。

作为新兴高技术产业，为促进基因检测可持续发展，我国应在行业管理制度、准入制度、行业标准等方面出台切实可行的配套政策，发挥生物技术龙头企业的带动作用，保证整个行业的健康可持续发展。目前，国内一些具有雄厚基因组学科研背景的机构，像上海的联合基因集团、南北方基因组研究中心等，正在牵头制定适合国民疾病预防的可行性方案。通过基因检测、预测分析，根据个体基因组信息有针对性地制定个性化健康管理与疾病干预办法。在基因组信息的指导下，再进行个性化的分类体检，这样可以大大提高疾病检出率，同时根据基因组信息对重大疾病的预防和用药方案进行指导，在最大程度上杜绝重大疾病发生的隐患。

（四）加强生物基因科学的技术储备、人才储备

生物基因技术革命是继工业革命、信息革命之后对人类社会产生深远影响的一场革命。它在基因制药、基因诊断、基因治疗等技术方面所取得的革命性成果，将极大地改变人类生命和生活的面貌。同时，基因技术所带来的商业价值无可估量，从事此类技术研究和开发企业的发展前景无疑十分广阔。为保证未来基因科学和产业可持续发展，在基础研究、技术储备、人才储备方面都应做相应的部署，以防止技术和人才后继乏力。人类功能基因组研究要充分重视复合型人才的培养和使用，加速培养训练有素的专业技术人才和管理人才，特别是交叉学科人才，这是生物医药科技及产业创新的基本保证。通过体制创新和机制创新，加速引进和培养一批国际一流的生物技术人才。

我国生物资源丰富，市场潜力巨大。当前，我们必须抓住世界生物科技革命和产业革命的重大机遇，无论是为应对近期的金融危机，

还是为长期推动经济转型升级，都要大力发展包括基因科学在内的生物技术和产业，以生物医药、生物农业、生物能源、生物制造和生物环保产业为重点，将生物产业培育成为我国高技术领域的支柱产业，努力使我国成为生物技术强国和生物产业大国。

关于江西省规模养殖面源污染情况的调研报告

政协全国委员会人口资源环境委员会

（2009 年 8 月）

近年来，我国畜牧养殖业由农户分散畜养向规模养殖发展，生产方式明显转变。在规模化集约化程度迅速加大的同时，畜禽粪污造成的农业面源污染问题也日益突显。为了更好地贯彻落实科学发展观，推进社会主义新农村建设，今年上半年，全国政协人口资源环境委员会和江西省政协人口资源环境委员会组成联合调研组，对江西省规模养殖特别是生猪养殖造成的面源污染情况进行了考察。在多次座谈研讨的基础上，形成以下报告。

一、江西省生猪规模养殖基本情况

1. 规模养殖发展迅速。畜牧业是江西农业的支柱产业之一。近几年来，江西省生猪规模养殖发展迅速，生产保持稳定发展，2008 年，全省生猪出栏 2800 万头，生猪存栏 1780 万头，生猪出栏率达到 170%，生猪销外省达 1100 万头；全省生猪规模养殖场年出栏比重达到 68%，有的县高达 96%，规模化比重比 2000 年增加了 20 个百分点。

2. 生态环境压力沉重。生猪养殖规模化程度高，养殖密度大，

调研报告起草人：苏曼

集中排污量大，是当前农业面源污染的主要来源。江西省生猪生产取得长足发展同时，也给生态环境带来沉重的压力。据测算，1 头猪每年所产生的污染负荷相当于 10 ~ 13 人，1 个万头猪场的污染负荷相当于 10 万 ~ 13 万人口的城镇。土地和水体对粪污的消纳是有限的。此次调查的 6 个县（市、区）单位面积耕地生猪承载量平均为 1.78 头/亩，最高的达 2.58 头/亩，单位耕地面积载畜量远超过欧盟发达国家生态承载量的规定。目前规模养殖户的粪污多数处于自然排放状态，造成了一系列生态环境恶化事件。

3. 生猪规模养殖粪污问题突出。主要有：一是对动物废弃物处理缺乏积极性和主动性。由于生猪养殖税取消、屠宰税收取不在产地而在消费地，生猪养殖的效益归养殖业主，地方政府得不到收益，国家对养殖大县的补贴远低于对种植大县的补贴，导致一些地方政府抓养殖污染防治的财力不够，动力不足。二是业主压力大。政府对粪污处理设施建设资助项目少，单纯依靠猪场业主承担，业主普遍反映压力太大，难以承受。三是畜牧生产工艺落后，污水处理设施与畜牧规模生产不相适应，沼液无后续处理措施及合理利用。四是规模猪场粪污利用在养殖业和种植业之间还没有建立一种联结机制。

二、江西省规模养殖废弃物处理存在问题和原因分析

江西省委、省政府高度重视规模养殖带来的农业面源污染问题，相关职能部门根据省委、省政府要求提出“减量化排放、无害化处理、资源化利用”的原则，采取污染防治和资源利用相结合的方式，从源头抓起，在治污技术上提出了采取干湿分离、雨污分离厌氧发酵工艺或采取三级沉淀池、人工湿地净化工艺，对收集的干粪集中堆肥或制成复合有机肥产品后施用，要求对发酵后的沼液用于农田、果园、鱼塘等。这项处理和利用模式是正确的，符合生产实际。但调研中我们看到，由于种种原因，许多地方养猪场没有按照上述处理模式来处理粪便和污水，造成畜禽养殖污染仍然比较严重。调研组认为，

这种现象在全国主要规模养殖区具有一定的普遍性。

1. 法律法规不健全，执法力度不大。2001 年，国家环境保护总局出台了《畜禽养殖污染防治管理办法》和《畜禽养殖业污染物排放标准》，对控制畜牧业污染起了一定作用。但这些管理规范仅有原则性规定，只停留在行政法规和标准层面，未上升到法律高度，对具体养殖总量控制、农田粪便施用限量方面没有具体要求，可操作性不强，造成执法不力，监管不到位。

2. 生产布局和承载不合理，超出环境承受力。虽然《畜牧法》对养殖场选址有明确规定，但一些地方政府缺乏对畜牧产业科学的布局和规划。一是由于饲养密度过大，没有合理处置的粪污严重污染地下水；饲料添加剂、抗生素等持久性有机污染物的大量使用也形成了新的环境与健康风险。二是因历史原因有的养殖场仍建在居民引用水源地附近尚未搬迁，濒湖而建的养殖场，粪污直接排入水体，导致水体严重污染，出现富营养化现象。三是许多养殖场过于集中在某个区域内，造成畜禽粪便和污水高度集中，粪污或沼液直接向周边农田和丘陵坡地果园排放，导致农田、土壤污染，作物生长受到严重影响，导致区域内单位面积土壤或水体过度承载。四是有些大规模集约化养殖场原是建在城市远郊，但随着城市规模扩大使得养殖场几乎与城市相接，严重影响周边居民生活。

3. 部门职责不明，缺乏对养殖场污染有效监管。畜牧生产过程涉及农业（畜牧）、环保、工商、国土等多个部门。但多头管理行为仅表现在养殖场建场初期的报批程序手续上，投产后在畜牧业治污问题上却没有明确各部门分工和职责，责、权、利不统一，最终变为无人监管或互相推诿，导致畜禽养殖污染防治工作难以取得良好的成效。

4. 资金投入不足，治污技术落后。一方面，我国养殖业是微利行业，绝大多数畜禽养殖场为减少固定资产投入、节约开支，没有配套建设粪污无害化处理设施。近年来，国家通过畜禽标准化养殖场建设和改造等项目加大了对粪污处理资金扶持，但是与整个养殖业发展相比，只是杯水车薪。另一方面，现行治污技术也存在一些缺陷，例如沼气池季节性产气不均衡较突出、沼气池建设质量有待提高、沼气池管理和保养缺乏专门技术人员、治污运行成本偏高等。

5. 缺乏技术培训和专业技术服务队伍。基层单位缺乏专业技术人员和民间专业技术服务队伍，缺乏培训经费。各级相关部门很少开展相关沼气池管理等方面知识培训，使得养殖业污染治理普遍存在“只建不管”现象，许多养殖场沼气池因缺乏管理，导致沼气池设备形同虚设或难以发挥最佳处理能力。

三、有关政策建议

江西省地处长江三角洲、珠江三角洲和闽南三角地区的腹地，已经成为承接沿海地区和港澳地区畜牧产业梯度转移和保障畜产品生产的供应基地。在面临畜牧业迅速发展机遇的同时，也面临畜牧业面源污染治理的突出问题。有效解决畜牧业污染治理问题，不仅直接关系到江西省生态立省战略的实施，对全国规模养殖面源污染的治理也具有示范意义。为此，提出以下建议：

1. 完善法律法规，依法管理。在《畜禽养殖污染防治管理办法》和《畜禽养殖业污染物排放标准》的基础上，进一步形成国家法律或由省级人大出台配套地方法规，将畜禽养殖污染治理纳入法制化管理轨道，依法推进畜禽养殖污染治理工作。在法律法规内容上要鼓励、支持发展畜牧业，倡导畜牧业与种植业相结合的资源综合利用模式；规定规模饲养场建设环保工程与主体工程“三个同时”制度（同时设计、同时施工、同时投产），明确各级政府对环保事业的支持，使治污工作纳入法治管理轨道。

2. 科学规划布局，逐步实现合理承载。坚持“以人为本、合理规划布局、循环利用”的原则，根据城镇建设规划，充分考虑城镇发展，划分禁养区、限养区和适养区，发展村外饲养小区。严禁在生活饮水水源保护区、风景名胜区、自然保护区、城市和城镇居民区等附近建设养殖场。借鉴国外畜牧生态承载力标准，结合各地实际情况，制定合理的单位面积畜禽废弃物承载量。逐步实施畜禽承载力标准制度，对现已超载地区，通过逐步调整不合理的布局，控制养殖规模。

3. 建立准入制度，严把污染源头关。建立养殖业准入制度，健全从源头抓好畜牧污染的管理制度。对预计年出栏100头以上的畜牧养殖场建设落实行政许可审批制度。审批材料应当提供场址建设位置、粪污处理建设设施和投入资金、生产规模、环评证明、县级审批的土地使用证明等资料，由环保和畜牧等部门实地考察，依据《畜牧法》、《畜禽养殖业污染物排放标准》等法律法规和区域规划布局做出相应的审批，严格禁止无任何粪污处理设施的养殖场进行养殖。

4. 设立基本建设和专项资金，推动畜牧业生态补偿机制的建立。加大对畜牧业污染治理资金的扶持力度，将规模猪场粪污处理设施工程列为农业基础设施建设计划，加大政府投入，启动市场机制，争取多渠道投资；建立畜牧业生态补偿机制，由国家对生猪养殖大省按其外调生猪数量给予一定的生态补偿经费，用于补助养殖场治污设施的建设；将“沃土工程”、“测土配方工程”的部分资金用于鼓励农户施用沼液、粪便到田的奖励或补贴；把畜牧业农用沼气网管建设列入新农村建设工程项目。

5. 制定普惠政策，实现后续产业发展。制定相应的扶持政策，鼓励和支持农业、林业、加工业和特种养殖业利用畜禽粪便和沼液进行农作物种植、林木栽培、养殖蚯蚓、生产有机肥等产业，延长产业链，为后续产业发展提供良好政策环境。优先和足额安排污染治理工程项目（含人工湿地）建设用地；对利用畜禽粪污生产有机肥的企业给予税收减免优惠和肥料补贴优惠；对沼气发电工程项目给予优先审批、提供并网和价格补贴等优惠政策；制定优惠政策，鼓励和扶持沼液利用服务机构。

6. 落实部门责任，提升监管力度。明确部门职责，加强部门配合，形成整体合力。把畜牧污染治理工作纳入政府工作议程，确定年度治污工作任务，建立健全责任制和问责制；制定环保监管责任制，环保部门负责制定废弃物综合利用的技术标准和污水排放标准，严格落实环境影响评价和设计、施工、运行“三同时”制度，对排污达标进行测定和监督，并审查排污许可；建立粪污动态监测制度，农村面源污染监测部门负责污染监测工作，掌握养殖污染的状况和动态变化；建立畜牧生产指导体系，畜牧部门发挥行业指导作用，负责制定区域发展规划，制定符合环保要求的规模饲养场的建设标准和清洁生产技术规范。

江西省规模养殖面源污染联合调研组名单

组　长：

林而达　全国政协常委、人口资源环境委员会委员，中国农科院农业与气候变化研究中心主任

成　员：

卫　宏　全国政协人口资源环境委员会办公室巡视员
余当贵　江西省政协人口资源环境委员会副主任
罗奇祥　江西省政协人口资源环境委员会副主任
龚林儿　江西省政协副秘书长、人口资源环境委员会专职副主任
陈泽水　江西省政协人口资源环境委员会委员
苏　曼　全国政协人口资源环境委员会办公室环境处处长
曾荣君　江西省政协人口资源环境委员会办公室主任

关于人口老龄化对经济社会发展影响的调研报告

政协全国委员会人口资源环境委员会

（2009 年 9 月）

2009 年 6 ~ 7 月，以张黎副主任为组长、王广宪副主任为副组长的全国政协人口资源环境委员会“人口老龄化对经济社会发展的影响”调研组赴江苏、山东、辽宁、甘肃四省，南京、济南、大连、陇西等 13 市县开展专题调研。

调研组详细听取了国家有关部委，地方政府及发展改革、公安、民政、人力资源和社会保障、人口和计划生育、老龄等有关部门的情况介绍，实地考察了社区、企业及部分城镇、乡村的养老机构，多次举行座谈会，深入基层听取意见。通过广泛调查研究，对我国老龄工作状况有了更加清晰的认识。

调研组一致认为，我国自 1999 年进入老龄社会，经过 10 年的实践探索，各省在应对人口老龄化问题上已经取得一些成功的经验。但是人口老龄化总的趋势仍是严峻的，已成为我国新的重要国情。建议中央和各级政府要充分认识人口老龄化带来的挑战，组织有关部门，对这个关系国家建设全局的重大战略问题进行深入研究，做好规划，采取措施，积极应对。

调研报告起草人：苏曼、魏沛

一、我国人口老龄化发展的严峻趋势

当前，我国已经进入快速老龄化阶段，出现了一些独有的特点：

1. 来得早。发达国家多数是在完成工业化、人均 GDP 达到 1 万美元后进入老龄社会，而我国 1999 年进入老龄社会时人均 GDP 还在 3000 美元以下。辽宁省是在全省人均 GDP 仅为 835 美元的“超低经济水平”条件下进入老龄化社会的。“未富先老”使我国劳动年龄人口比例下降，劳动力总体健康素质和技术适应能力下降，国民收入中用于非生产性的消费大幅上升，削弱了经济持续发展能力。

2. 增速快。老龄人口是我国总人口中增长最快的群体。发达国家老龄化水平从 5% 上升到 10%，普遍用了 40 多年，而我国只用了 18 年。山东作为人口大省年递增率为 4.37%，是总人口增长率的 12 倍。苏州于 1982 年进入老龄化社会，目前老龄化水平已达 19.2%，而且老龄人口队伍仍以每年 4.5 万 ~5 万人的速度递增，成为全国人口老龄化发展速度较快、程度较高的城市。据有关部门测算，到 2051 年，我国老龄人口数量将比发达国家老龄人口总和还要多 3700 万人，达到 4.37 亿的峰值，老龄化水平超过 30%。

3. 寿龄高。目前，我国人均寿命已达到 72 岁，80 岁以上的高龄老人在人口中所占比例不断提高。江苏省 80 岁以上高龄老人已达 178 万，占老龄人口的 14%，并以年均 3.8% 的速度增长。山东、辽宁 80 岁以上的高龄老人分别为 149 万、90 万，占各省老龄人口比例分别为 11.1%、14%。甘肃省 2006 年刚刚进入老龄化社会，80 岁以上的高龄老人就已达 33 万，占老龄人口总数的 9.8%。本世纪下半叶，我国 80 岁以上高龄老人将保持在 8000 万 ~9000 万人，高龄化水平将达 25%~30%。

4. 持续时间长。据有关部门预测，我国人口老龄化将持续到本世纪末。其中，有利于经济发展的低抚养比“人口黄金时期”将于 2033 年左右结束，并迎来总抚养比和老年人口抚养比分别达 60%~

70%和40%~50%的严峻的20年。有些省市、地区，老龄化高峰期持续时间还要进一步延长，如大连市预计将提前10多年于2020年进入老龄化高峰期，老龄人口规模将高位保持70年左右。

5. 供养矛盾突出。1991年，江苏省在职职工和退休人员的供养比是5.3∶1，1996年为4∶1，即4个在职人员供养1个退休人员，目前已锐减为3.5∶1。预计2020年全国将为2∶1，出现“生之者寡，食之者众”的局面。考虑到通货膨胀因素和我国社保基金增值速度，这种局面将导致我国社保基金收支产生巨大“赤字”，难以维系养老机制的运作。目前，我国养老实行现收现支的结算方法，在城市流动的大批农民工缴纳的养老保险，是城市支付退休者养老金的重要组成部分。待这些人到了领取养老金的年龄时，劳动力人口已急剧下降，将会出现一个巨大的支付赤字。据有关部门研究显示，“社会统筹养老金收支均衡赤字”将在2016年后真正凸显出来。

6. 不稳定源头多。老龄人口和改革开放后参加工作的人员相比，收入水平普遍偏低，住房条件偏差，东北、西北等地区更甚，相当多的人还有下岗、买断工龄、医疗费用不足、因病返贫等经历。部分困难企业退休职工、城镇无保障老年居民还没有纳入社会保障体系。城市、农村的空巢老人大量出现，有的村青壮年男子均外出打工，只有一两个60岁左右的男劳动力。这个群体积累的怨气较多，成为意见突出的社会群体。如通钢等群体事件，都是由退休人员领头带动起来的。如果不注意妥善化解他们的利益矛盾，将成为不稳定因素的源头之一。

二、各省下大力气采取措施，积极应对人口老龄化

面对日趋严峻的人口老龄化发展趋势，各地党委、政府认真贯彻落实科学发展观，按照中央有关老龄工作的部署，因地制宜，积极应对，采取了一系列行之有效的措施，促进了老龄工作的深入开展，在改善民生、促进就业、保持稳定等方面取得了显著成效。

1. 出台了一系列相关政策。江苏省坚持把老龄工作列入重要工作议程，出台了《关于加快老龄事业发展的意见》及一系列配套措施，为老龄工作的开展提供了有力的政策保障；山东省制定实施了《老龄事业发展“十一五”规划》，2008年以来先后出台了《关于加快发展养老服务业的意见》、《省级财政扶持城镇养老服务机构暂行办法》等文件；辽宁省针对工业大省的特点，历时4年，召开40余次座谈会，在广泛听取群众意见的基础上，修订了《辽宁省老年人权益保障条例》，目前涉及的18项优待政策正逐步得到落实，取得了很好的社会反响。

2. 不断加大投入，提高老年人养老保障水平。山东省不断提高企业退休人员养老金，月人均累计增加570元左右，较5年前增加80%以上，山东省还实行了政府养老补贴制度，对1.3万个村（居）实行了集体养老补贴，133万老年人享受了多种形式的养老补贴，救助困难老人达180万人次。甘肃省细化完善社保资金管理体制，着力提升老年人生活水平。江苏省城镇职工、城镇居民医疗保险和新型农村合作医疗三项保险的覆盖率和参合率均超过95%，缓解了城镇老龄人口求医难、吃药难问题。大连市于2006年率先建立了企事业单位离退休人员采暖费补贴专项资金筹集和社会化发放制度，对维护社会稳定，推动城市供热体制改革起到了积极作用。

3. 积极推进养老服务设施建设。2005年以来，山东省实施敬老院建设三年规划，各级累计投入36亿多元，新建、改建敬老院1424处。2006年以来辽宁省陆续开发了7000个居家养老公益性岗位，不仅为部分困难群体创造了就业机会，还缓解了社区工作压力。江苏省委托苏州市社会福利院开办了20多期养老护理员职业培训班，培养了大批社会养老护理人员，既解决了老年人养老服务需求强烈的问题，又解决了部分人员就业问题。

各地还大力加强老龄问题的前瞻性研究，积极探索老龄产业发展规律，认真分析市场需求、市场结构、供求关系和整个社会生产的变化，抓住新的发展机遇，因势利导，推动老龄产业的发展。甘肃省坚持通过整合现有惠农政策、项目和资金，在农村开展计划生育家庭一次性办理养老保险或养老储蓄试点和“农村计划生育家庭养老保障试点”，强化利益导向，落实养老和惠农政策，受到广大农民的欢迎。

三、应对人口老龄化存在的几个问题

从调研情况看，各级党委、政府对我国老龄工作的认识在不断提高，工作卓有成效。但由于各种矛盾因素的制约，还存在许多亟需解决的问题，主要有以下几个方面：

1. 服务滞后成为制约改善民生的瓶颈。养老是民生的重要组成部分，但是当前有些问题还比较突出。一是养老机构过少。现在城市多为独生子女家庭，工作负担重，有的还在外地务工，难于顾家。相当多的老人有一定经济条件，希望到养老院养老，但是各城市养老机构普遍较少，存在“一床难求”的现象。许多生活不能自理和卧床的老人，吃饭、服药、便溺都成为问题，甚至亡故也不能及时知道。二是专业养老服务人员十分缺乏。居家养老需要以社区组织为依托，护理人员作保障，目前我国95%以上的老年人居家养老。据辽宁省统计，这部分人中高龄和失能老人占25%左右，约200万人。有的行动不便，有的生活不能自理，有的长期卧床，而目前社区养老服务组织和护理人员远远不能满足要求。即使进入养老机构的护理人员，素质水平也参差不齐，仅有2万多人持有护理职业资格证书。三是农村养老难题更多。老龄人口是患病的主要人群，但是多数农民收入偏低，大病、重病、慢性病的支付能力很有限；农村青壮年多数进城务工，留守老人、空巢老人是农村人口的主体，不仅无力养老，还要带病照料孙辈，侍弄庄稼，操持家务；乡镇医疗条件有限，大病只能进城，因病返贫现象比较突出。

2. 持续发展受到制约。目前，我国人口预期寿命不断增长，部分大城市居民已接近80岁，而劳动年龄人口逐年下降。但是现在提前退休现象比较普遍，2006年领取养老金的企业退休人员，在退休时还没有达到退休年龄的人数已经超过50%。各种不同的经历使他们意见较多，成为利益诉求比较强烈的群体。现在，我国还有4000万左右的70岁以上的老人没有养老保障，完全依赖家庭和亲友，农民工养老保险转移接续的矛盾已经显露端倪，不发达地区的农村养老保障问题还很突出。

3. 就业潜力未能挖掘。随着老龄人口的增加，老年人需要的生活用品、护理器械、健身娱乐器材急剧增加，养老服务机构、社区为老服务系统以及医护人员、服务人员需求旺盛，老龄产业存在着巨大发展空间和就业空间，但是现在国家对这个问题重视不够，开发不够。

4. 财政负担日益沉重。一是养老保险金支付压力不断增大。以山东为例，2008年离退休人员的养老保险金支付已增加50%。二是社保基金缺口大。辽宁省抚顺市社保基金收支缺口逐年递增，现已累计达到11.7亿元，占2008年财政收入的26%。三是医疗保险基金支出快速增长。2008年我国基本医疗保险基金支出达2084亿元，较上年增长33.4%。

四、关于应对人口老龄化的几点建议

1. 将应对人口老龄化作为国家重大战略课题深入研究。党中央、国务院应把老龄化问题作为“大人口”的基本国策，通过制定中长期发展规划，对未来50～70年的老龄化发展趋势进行研究分析，逐步出台、完善相关的政策法规和措施，统筹解决。

2. 积极开发老龄产业，创造大批新的就业岗位。随着人口老龄化的发展，高龄老人越来越多，再加上独生子女工作压力大，照顾困难，经济条件好的老人入住养老机构的愿望越来越迫切，各城市养老院普遍出现了“一床难求”的局面。居家养老、社区服务的老年人数量庞大，急需相应的组织和大批医护人员、服务人员。老龄人口用品产业与西方国家相比还严重滞后，是“朝阳”产业，有大批就业岗位需要开发。据有关部门调查测算，仅养老服务机构工作人员和养老护理人员，就可开发1000万左右的就业岗位。如果将养老医护人员纳入公益性岗位，同时加强职业培训，将吸引大批年轻人就业，保证老龄事业可持续发展。

3. 切实加强社区老龄服务建设，保持社会稳定和谐发展。由于经济条件、养老机构有限等方面的原因，目前老龄人口居家养老者占90%以上。现在有的社区在党委统一领导下，建立了老龄人口服务中心，一方面组织好老龄人口的学习宣传教育，开展深入细致的思想工作，化解因改制、下岗、早退等造成的怨气和各种矛盾；另一方面组织服务人员为出门不便及卧床的老龄人口打扫卫生、擦洗身体、送餐、定期探望、安装电子呼叫系统，做到一有情况，立即有人去照料。这些工作，对改善民生、促进社会稳定起到了积极的作用。建议加以推广，切实下大力气加强社区建设。

4. 制定相关的政策法规和措施。建议尽快修订《居住区规划设计规范》，对社区中的养老设施配套建设，要有强制性标准及指导性的技术指标；制定养老机构发展规划、老年用品产业发展规划、老年医护服务人员培训规划，出台优惠政策，促进全面发展；加强敬老道德教育建设，开展尊老敬老社会活动，树立“家家有老人，人人都会老”的观念，不断提高社会敬老文化氛围。

5. 不断完善公共财政政策，逐步提高老年群体的保障水平。应对老龄化的关键问题是切实加强保障，确保养老基金收支平衡、保值增值，这是一项基础性的工作。一是切实加强管理，杜绝一切漏洞。二是科学预测，制定财政对社保基金的补充计划，采取有效措施解决显性缺口，逐步实现收支平衡。三是通过国有资本变现、分享土地拍卖所得、国有股转持等多种手段，丰富社保基金增值方法。

6. 认真探索退休制度改革，建立灵活的用人政策。调研中，许多单位提出，我国目前的退休年龄是建国初期制定的，随着人口老龄化和人均寿命的增长，西方各主要国家的退休年龄普遍延长，我国不仅没有相应延长，现有制度也执行不严，相当多的人四十几岁、五十几岁就提前退休。这个年龄段身体健壮、经验丰富，刚摆脱了繁重的家务。退休后，无所事事，成为不稳定的因素。因此建议，一是严格执行现行退休制度，不得提前退休。二是建立灵活的用人制度，对科技含量比较高、人才培养耗资大的岗位，可建立弹性用人制度，适当延长退休年龄。三是建立老年人才市场，通过全国性网络平台，开展信息交流，按照双向选择的原则，使老年人人尽其用。

人口老龄化对经济社会发展的影响专题调研组名单

组　长：

张　黎　全国政协常委，人口资源环境委员会副主任，中国人民解放军原副总参谋长（上将军衔）

副组长：

王广宪　全国政协人口资源环境委员会副主任，海南省政协原主席

组　员：

邱衍汉　全国政协常委，人口资源环境委员会委员，新疆军区原司令员（中将军衔）

刘秀晨　全国政协人口资源环境委员会委员，国务院参事，北京市园林局原副局长

沈　瑾　全国政协人口资源环境委员会委员，唐山市政协副主席

韩修国　全国政协人口资源环境委员会委员，国有重点大型企业监事会原主席

白煜章　全国政协人口资源环境委员会办公室主任

卫　宏　全国政协人口资源环境委员会办公室巡视员

程宝荣　全国政协人口资源环境委员会办公室副主任

张建明　人力资源和社会保障部养老保险司副司长

张　磊　国家人口和计划生育委员会政策法规司司长助理
石秀燕　全国政协人口资源环境委员会办公室综合处处长
魏　沛　全国政协人口资源环境委员会办公室综合处干部
陈晓东　人力资源和社会保障部养老保险司制度处干部
刘　峰　张黎同志秘书
周胜球　王广宪同志秘书
肖银龙　邱衍汉同志秘书
沈　昊　韩修国同志秘书

关于加强城市管理的几点建议

政协全国委员会人口资源环境委员会

（2009 年 9 月）

京津沪渝政协人口资源环境和城市建设工作研讨会于 2009 年 6 月下旬在天津召开。全国政协副主席孙家正出席开幕会并讲话，全国政协人口资源环境委员会副主任张黎、李元和京津沪渝政协领导同志出席会议。通过研讨交流，全体与会人员一致认为，加强城市管理是实现一个城市定位的重要内容，也是贯彻落实科学发展观、改善民计民生的必然要求。改革开放以来，我国在城市建设方面取得了巨大的成就，城市基础设施水平不断提高，城市功能不断完善，城市环境不断改观，城市面貌日新月异，但是，各地在城市管理理念、管理法规、管理体制、执法队伍等方面仍存在一些共性问题，需要引起国家及有关职能部门的高度重视，帮助解决。为此，提出以下几点建议：

1. 尽快完善城市管理法律法规体系，使城市建设管理工作有法可依。迄今为止，我国仍没有一部关于城市管理的全国性法律，城管执法长期存在着法律法规体系不健全、不完善的问题，难以做到“有法可依”。地方不少涉及城市管理的法律、法规内容过于原则化，有很多规定缺乏可操作性和强制性，“执法必严、违法必究”的法制精神也就无法得到切实保障。为此，建议国家住房和城乡建设部开展“完善城市管理法律法规体系”调研，针对新时期新问题，进一步健全完善城市管理法律法规，解决城市管理工作“无法可依”的问题。

2. 落实“建管并重”理念，加强对城市管理的指导。从历史发

调研报告起草人：段启明

展进程看，城市建设有一定的阶段性，必然要受到时间和空间的限制，而城市管理却贯穿于城市发展的始终。树立和落实“建管并重”的理念，完全符合城市可持续发展的规律和要求，也完全符合科学发展观的基本要求。目前，各地城市管理机构设置、职责范围、人员编制等均不统一，国家必须对其进行规范指导。建议国家住房和城乡建设部设立城市管理专门部门，对全国各大城市的城市管理机构设置、职能职责和人员编制加以指导。同时，总结全国城市管理工作的经验，及时组织学习、推广，进一步加强对城市管理工作的指导。

3. 尽快解决城管执法主体的合法性问题。目前，国家对城管执法队伍的设置没有作出统一要求，各地都是根据自身的实际情况设置，有的是行政编制，有的是参照公务员管理的事业编制，有的是自收自支的事业编制，导致城管执法队伍的合法性遭到社会质疑。加上个别地区对城管执法队伍的教育管理不够，进口把关不严，造成各地城管执法工作水平参差不齐，有些地方城管执法屡屡成为激化社会矛盾的导火索。建议国家有关职能部门尽快明确全国城管执法队伍的身份编制、主体资格、职能职责等。在城管执法队伍中实行“五统一”的管理制度，即统一队伍名称、统一服装标志、统一执法证件、统一执法程序、统一执法文书，并在城管执法队伍中建立能进能出的竞争激励机制。

4. 统筹城乡市政公共服务，推进城市管理和公共服务向城郊乡镇延伸。城市管理应使城市所辖不同地区和不同人群，享有同等质量标准的公共服务。目前，各地不少城郊乡镇仍存在道路、路灯、排水、公厕、垃圾收运等市政公用设施不完善的问题，应尽快规范引导政府投入，缩小城乡公共服务差距，促进社会公平。为此，建议国家住房和城乡建设部进一步把统筹城乡市政公共服务提上重要议事日程，出台相应政策，落实配套措施，尽快形成城乡统筹的城市管理和公共服务政策框架，引领城市管理和公共服务向乡镇有序延伸。要指导全国各地加大省（市）级财政对贫困地区的财政投入以及转移支付力度，引导推动公共服务的城乡均等化发展。要建立公共服务量化指标，制定并推行公共服务最低标准制度，并将其纳入政府的年度考核评价体系，作为政府提高效能的主要指标。在乡镇一级社会事务管理部门，应配置相关的服务机构和人员，逐步推进城市管理和公共服务向城郊乡镇延伸。

关于积极应对气候变化的若干建议

政协全国委员会人口资源环境委员会

（2009 年 9 月）

2009 年 9 月 8 日，由全国政协人口资源环境委员会、国家发展和改革委员会、国家气候委员会、中国气象局、国家林业局联合主办的“关注气候变化：挑战、机遇与行动”论坛在京召开。张榕明副主席出席开幕式并讲话，林智敏副秘书长致辞。会议闭幕时与会代表共同发表论坛宣言，呼吁秉持“气候公正”理念，尊重和落实“共同但有区别的责任”原则，共同应对气候变化挑战，产生良好的社会反响。论坛认为，以胡锦涛为总书记的党中央，从维护人民群众的根本利益和国家权益的高度，采取了一系列体现科学发展理念的气候政策，是卓有成效的。有必要在哥本哈根会议上进一步维护我国的发展权益。

一、全国政协高度重视本次论坛

6 月中旬，全国政协主席贾庆林主持召开全国政协十一届常委会第四次学习讲座，听取全球气候变化和我国加强应对气候变化能力建设的专题报告，并就气候变化问题发表了重要讲话。王刚副主席、钱运录副主席兼秘书长和杨崇汇副秘书长要求把应对气候变化作为战略课题，从参政议政角度，为中央领导同志提出有现实意义的建议。为落实全国政协的统一部署，继续围绕气候变化等有关重大战略课题积

调研报告起草人：沙志强

极建言献策，由全国政协人口资源环境委员会、国家发展和改革委员会、国家气候委员会等5家单位主办了“关注气候变化：挑战、机遇与行动”论坛。这次论坛层次高、范围广、智力密集，全国政协、有关部委和地方政府、知名专家学者、企业界及金融界的300多位代表应邀出席会议，多家媒体进行了深度报道。国家发展和改革委员会、中国气象局、水利部、环境保护部、国家林业局、北京市政府以及中国电力企业联合会的有关负责同志围绕应对气候变化情况进行重点发言。全国人大、外交部、教育部、财政部、商务部、卫生部、总参谋部等多家单位负责同志出席会议。下午，论坛分为六个专题组，与会代表分别围绕气候变化的影响与适应、减缓政策与措施、地方与行业行动、融资、公众参与、科技创新专题进行广泛交流和深入研讨，气氛热烈，成果显著。

与会者一致认为，当前气候变化对人类社会和自然生态系统产生了诸多负面影响，未来还将对全球特别是发展中国家的可持续发展带来严重挑战。各国应坚持《联合国气候变化框架公约》和《京都议定书》基本框架，严格遵循“巴厘路线图”授权，坚持“共同但有区别的责任”原则，坚持可持续发展，坚持减缓、适应、技术转让和资金支持同举并重，争取在2009年底举行的哥本哈根会议上达成积极成果。

二、关于应对气候变化的建议

气候变化是当今世界面临的全球性重大挑战，关系到人类生存和各国发展，威胁社会经济发展和人民群众身体健康。党中央、国务院一直高度重视气候变化问题，将应对气候变化作为我国贯彻落实科学发展观、实现可持续发展的重要内容。当前我国正处在全面建设小康社会的关键时期，同时也处于工业化、城镇化进程加快的重要阶段，发展经济和改善民生的任务十分繁重。我国仍面临经济结构不合理、增长方式粗放、能源资源利用效率较低、能源需求持续增长等诸多问题，控制温室气体排放压力巨大，实现经济社会可持续发展目标面临严峻挑战。与会者认为，积极应对气候变化，提高适应气候变化的能力，是增强我国国际地位和综合实力的重要内容，也为贯彻落实科学发展观、加快转变经济发展方式带来重要机遇，建议国家抓紧时机、统筹协调、尽快推进。

（一）全面推进落实应对气候变化国家方案，在哥本哈根会议等重要国际交往中切实维护我国合法权益

党的十七大报告指出，坚持节约资源和保护环境的基本国策，关系到人民群众切身利益和中华民族生存发展。作为世所瞩目的发展中国家，我国在积极推进经济社会平稳较快发展同时，坚持坚定不移地走可持续发展道路，制定了《应对气候变化国家方案》，采取了一系列有针对性的政策和措施，目前已取得积极成效，展示了一个负责任的发展中国家的风采。2009 年底哥本哈根气候变化会议的成果，不仅涉及全球气候和排放空间问题，从深层次上更决定了世界各国尤其是发展中国家的发展边界和道路选择，是影响我国经济社会长远发展的重要问题，更是国家利益所在。建议国家在全面推进、着力落实《应对气候变化国家方案》同时，积极参与国际上的相关谈判和磋商，展示成果、增进共识，为哥本哈根气候变化会议夯实基础，坚决反对借保护气候实施任何形式的贸易保护，以最大程度地维护我国的合法权益。

（二）中国作为负责任的发展中国家，应着力加强宣传、增进了解、扩大共识，在国际合作中发挥积极作用

党中央、国务院始终以负责任的态度高度重视气候变化问题。胡锦涛总书记、温家宝总理多次出席相关国际重要会议，主动提出建议，积极磋商，发挥了建设性作用，产生了良好的国际反响。我国按照科学发展观要求和应承担的国际责任，统筹考虑经济发展和生态建设、国内和国际、当前与长远等各种关系制定国家方案，为应对全球气候变化作出了积极努力，有目共睹。建议加强国际舆论宣传，与各国保持对话与沟通，扩大共识、减少分歧。要积极推进应对气候变化国际合作与交流，深化与发展中国家的合作，支持发展中国家包括最不发达国家和小岛屿发展中国家提高适应气候变化的能力，以维护国际秩序和我国的合法权益。同时，在与发达国家尤其是美国积极开展气候变化技术合作的同时，要注意避免在气候变化领域形成“G2”主导的舆论形象。与会者提出，由于2009年底哥本哈根气候变化会议的重点，将集中在发达国家的中近期减排目标及其对发展中国家的资金和技术支持上，我国应尽快确定并以适当的形式公布国家中近期相对减排行动方案，积极争取主动。

（三）着力落实应对气候变化方案，大力发展中国特色的低碳经济和绿色经济

与会者认为，当前应紧密结合扩大内需、促进经济增长的决策部署和相关产业振兴规划，以节能减排目标为抓手，进一步加大经济结构调整和产业转型升级力度，积极推进各地区、各部门加大对应对气候变化工作的投入和支持力度，并落实责任。建议继续大力实施提高能效、发展新能源和可再生能源、植树造林等政策措施，培育以低碳排放为特征的新的经济增长点，进一步努力完成“十一五”规划的节能降耗约束性目标。与会者认为，发展低碳经济，应通过实现低碳发展路径，以技术创新和发展方式转变来降低发展过程中碳排放的增长速度，将引导和控制发展排放设为主要目标。建议将应对气候变化和发展低碳经济的理念纳入国家“十二五”国民经济和社会发展规划。

（四）健全应对气候变化的法律法规和政策体系，制定出台《中华人民共和国应对气候变化法》

与会者认为，以法律形式规范政府、部门、企业、社会组织和公众在应对气候变化工作中的职责，明确我国应对气候变化的基本方针和原则，构建应对气候变化的国际合作、国内协调两个方面的体制机制，是十分重要的。要充分发挥各级政府在应对气候变化中的主导作用，明确各级政府和相关部门的职责和分工，规范应对气候变化专项规划的制定和实施，将应对气候变化工作纳入各级政府的国民经济和社会发展规划及年度计划，以统筹协调各级政府的应对气候变化行动。要加快制订相应的标准、监测和考核规范，采取适当的财政、税收、价格、金融等政策措施，健全必要的管理体系和监督实施机制。要通过颁布法律，规范应对气候变化的科学评估报告、政策信息的统一发布制度，并加快推动《气候资源管理条例》的制订和实施。

（五）加强薄弱领域的基础设施建设，提高适应气候变化能力

与会者认为，当前必须强化应对气候变化综合能力建设。要抓紧制定适应气候变化国家战略，切实完善“政府主导、部门联动、社会参与”的防灾减灾机制。要高度重视气候、资源、环境的可承载能力，充分考虑各区域的气候和环境演变特征与趋势，制定人口分布、经济布局与气候、资源、环境相协调的区域可持续发展战略。要加强气候变化综合影响评估，加强农业、林业、水利等领域和沿海及生态脆弱地区适应气候变化能力建设，加强气候综合观测能力，以提高对灾害的综合监测和预报预警能力。

（六）积极探索符合我国国情的应对气候变化的市场体制和机制

要形成我国产业结构升级、经济和环境可持续发展、金融服务业创新等协调发展的新格局，实现互利共赢，必须充分发挥市场机制的作用。建议借鉴国际上的碳交易机制，探索发展排放配额制和排放配额交易市场，以发挥市场机制在减排上的调节作用。积极探索开展碳交易和气候衍生产品交易，逐步提高交易规模和相关金融资产的流动性。鼓励各金融机构设立碳金融相关业务部门，积极倡导专注于碳管理技术和低碳技术开发领域投资的碳产业基金，并大力支持节能减排和环保项目等债券的发行。

（七）加强科技创新和气候变化科普宣传，提高我国应对气候变化的科技软实力

建议制定应对气候变化的科技发展战略与规划，强化应对气候变化科技创新能力建设。加强气候变化基础科学研究和技术开发，切实提高全球气候变化预测预估、影响评价的科技水平；多渠道支持适应技术、节能技术和可再生能源开发等减缓技术的研发、示范和推广，进一步提高我国应对气候变化的科技实力，为国家气候变化外交谈判提供科技支撑。为此，建议建立国家层面的气候变化发展研究中心，统筹有关工作。要加强气候变化知识的宣传普及，提高全社会对气候变化问题的认识，倡导节约能源、保护环境的社会公德，推动形成资源节约、环境友好的生产方式、生活方式和消费模式。建议设立“国家气候变化日”，增强全社会参与的意识和能力，形成良好的社会氛围。

关于加强三峡工程生态环境建设与保护的考察报告

政协全国委员会人口资源环境委员会

（2009年10月）

5月中旬，以全国政协李金华副主席为团长，人口资源环境委员会主任张维庆和委员会副主任、国务院三峡办主任汪啸风为副团长的全国政协人口资源环境委员会三峡工程生态环境考察团赴重庆、湖北调研。考察团重点考察了三峡水库水质状况、库区污水处理厂和垃圾处理场建设和运行情况、中华鲟保护工作、三峡工程生态环境建设与保护试点示范项目、库区文物保护及地质灾害防治进展情况、三峡移民搬迁安置和移民就业培训情况、三峡枢纽工程建设及运行等，并与国务院三峡办、中国长江三峡工程开发总公司、重庆市、湖北省有关部门和单位进行了座谈，交换了意见。6至9月，全国政协人口资源环境委员会多次召开座谈会，认真分析，深入研讨，反复论证，在充分征求考察团成员、有关部门和省市意见的基础上，形成了《关于加强三峡工程生态环境建设与保护的考察报告》。

一、三峡工程取得举世瞩目的巨大成就

考察团一致认为，举世瞩目的三峡工程，是综合治理长江和开发长江水利资源的关键工程，是中国政府经过几十年的反复论证，科学

调研报告起草人：段启明

民主决策的民心工程，是保障长江中下游千百万民众生命财产安全的民生工程，是充分利用和保护自然环境的生态工程。在党中央、国务院的正确领导下，在有关省市、部门共同努力下，在库区百万移民“舍小家顾大家为国家”奉献精神的鼓舞下，经过广大建设者17年的艰苦奋战，三峡工程开始全面发挥防洪、发电、航运、生态等巨大的综合效益。三峡工程取得的辉煌成就振奋人心，鼓舞士气，事实雄辩地证明党中央、国务院的决策是英明正确的，充分体现了社会主义制度能够集中力量办大事的无比优越性。

三峡工程巨大综合效益开始显现。一是防洪效益。三峡工程是解决长江中下游严重洪水威胁的一项不可替代的关键性工程。去年，三峡工程实现175米蓄水条件以后，长江荆江河段的防洪标准已从十年一遇提高到了百年一遇，即使长江出现千年一遇特大洪水，在联合运用调洪措施后，也可防止毁灭性洪涝灾害。二是发电效益。三峡电站总装机容量2250万千瓦，在来水量正常的情况下，每年可提供近1000亿千瓦时清洁电能，成为我国“西电东送”、“全国电力统一调度”的重要组成部分。三是航运效益。三峡工程有效地改善了湖北宜昌至重庆段660千米航道和长江中下游枯水季节的航运条件，万吨级船队可直抵重庆港，极大提高了三峡干流航运能力，降低了运输成本。2008年，通过三峡大坝的货物总量6847万吨，远远超出蓄水前最高年货运量1800万吨的水平。四是供水和补水效益。三峡水库蓄水量达393亿立方米，水库年均来水量约4500亿立方米，通过水库调节和兴建引水渠，可为当地及“南水北调”工程提供充沛的水源。通过水库调蓄对下游枯水期进行补水，还有效改善了下游航道和供水条件。五是生态环境效益。三峡工程既是治理和开发长江的骨干工程，也是优化库区资源环境的生态工程。三峡水电站与同规模燃煤电厂相比，相当于每年减少5000万吨标准煤消耗，每年可减少二氧化碳排放1亿吨。

移民搬迁安置工作稳步推进。通过17年移民工作，三峡移民安置已经实现搬得出、初步稳定的阶段性目标。2008年全面完成了175

米线下移民搬迁安置和库底清理任务，满足了工程设计正常蓄水条件。截至2009年3月底，累计搬迁移民126万人，复建房屋4967万平方米，关停破产、迁建工矿企业1632家。移民安置和工程质量总体良好，库区社会总体稳定。

生态环境建设与保护取得阶段性成效。党中央、国务院高度重视三峡工程的生态环境问题。工程开工建设以来，在国务院三峡建委的统一组织协调下，国家各有关部门和地方政府采取了一系列生态环境建设与保护措施，取得了阶段性成效。目前，库区城镇已建成58座污水处理厂和41个垃圾处理场，形成日处理污水能力250万吨，日处理垃圾能力11000多吨。对不符合环境保护要求的搬迁工矿企业实施了关停并转；实施了特有珍稀动植物保护工程和退耕还林（草）工程、天然林保护、长江上游水土流失重点防治等工程。积极开展测土配方施肥和移土培肥工作。不断加大工业污染源和面污染源治理力度。切实加强生态环境监测系统建设。监测方式采取遥感监测与地面监测站网配套，构成"点、线、面"相结合的时空监测体系，基本适应蓄水后水库管理的要求。自三峡水库135米水位蓄水以来，库区长江干流水质状况总体良好。

三峡库区经济得到了较快发展。截止2007年12月底，三峡库区20区县实现了人均GDP1.51万元，是1993年的9.2倍，产业结构已由以农业为主向工业化初级阶段转变；人居环境显著改善，基础设施建设跨越式发展，人民生活水平显著提高，城镇居民年人均可支配收入12517元，农村居民年人均纯收入3496元，分别比1993年增长380.74%、376.38%。

二、当前存在的主要问题

考察团认为，在充分看到成绩的同时，还要清醒地看到三峡工程在生态环境建设与保护、百万移民安稳致富等方面还存在着一些亟待解决的问题和矛盾。三峡库区经济社会发展水平相对落后，生态环境比较脆弱，历史欠账较多，随着人口增长和经济发展，对库区生态环境构成较大的压力。随着三峡水库的蓄水运行，三峡工程生态环境还面临着一些新情况、新问题。

一是库区经济发展与土地资源承载力的矛盾突出。调研中了解到，目前三峡库区人口密度达每平方千米354人，是全国平均数的2.1倍和同类型山地丘陵的4倍以上，人多地少的基础性矛盾十分突出。据调查，库区农村移民人均耕地只有0.58亩，不足0.3亩的有2.8万人，占18%。已被国家列为限制开发区的三峡库区，基础设施落后，社会事业滞后，产业发展薄弱，就业矛盾突出，库区生态环境压力与日俱增。考察团成员深深地感到，为了三峡工程建设“舍小家顾大家为国家”的库区移民，住房条件虽然得到改善，实现了搬得出、初步稳得住的目标，但有相当一部分移民长远生计没有着落，就业没有保障，三峡库区移民工作远未达到“搬得出、稳得住、逐步能致富”的目标，安稳致富工作任重道远。

二是水土流失和地质灾害仍需抓紧防治。三峡库区及上游地区是长江流域水土流失严重的地区之一。该区域的水土流失面积达35.6万平方千米，占长江流域水土流失总面积的51%。据估算，每年流失的土壤约14亿吨。三峡库区及其上游陡坡垦植十分普遍，仅库区坡耕地就占耕地总面积的60%，对水库水质和泥沙淤积造成较大压力。据统计，截止今年5月，重庆库区因三峡工程175米试验性蓄水引发地质灾害（险情）170处，其中新生突发性灾害（险情）点123处。考察中发现，沿江一些区县楼房集中依山而建，紧靠江边，多处出现滑坡，存在很大的安全隐患，对居民生命财产安全构成很大威胁。三峡地区在三峡工程开工前就是我国地质灾害多发区，再加上水库蓄水后库岸有一个较长时间的稳定过程，地质灾害防治将是一项长期而艰巨的任务。

三是水污染防治任务依然艰巨。水库上游影响区污染负荷来量、库区工业和生活污染源、农业面源污染增加；生活垃圾产生量远大于处理能力，生活污水和垃圾处理设施因经费严重不足运行艰难；三峡库区由于水位变化频繁，水面漂浮物大幅增多，清理工作量较大，清漂手段落后，效率低下；船舶污染防治相对薄弱，重大污染事故应急处理能力不足；受污染物中营养物质累积以及流速、气候等方面的综合影响，库区内的香溪河、大宁河、小江等多条支流出现水华，对周边居民饮水安全和水库水质安全构成潜在影响。

四是生态系统修复任务比较繁重。长江上游目前的森林覆盖率仍然较低，与三峡水库生态安全要求相差较远。库区森林结构单一、质量不高、整体功能不强，没有形成稳定的森林生态系统。水库实现175 米水位蓄水正常运行后，每年汛期因防洪需要水位须降低至145米，将人为地在水库岸线上形成最大落差 30 米、总面积 300 多平方千米的消落区，如不能及时保护治理，该区域生态系统可能会出现退化，甚至有诱发流行性疾病的潜在风险。

五是管理体制、机制有待完善。三峡工程生态环境建设与保护工作涉及面广，管理难度大，需要统筹协调，建立完善的管理体制和协调机制。从目前的情况看，现行的水库管理体制协调的权威性不够，执法依据不足，不能满足实际工作需要。

三、几点建议

（一）高度重视，突出重点，科学编制三峡工程后续工作规划

三峡工程后续工作规划关系到工程综合效益长期持续发挥和长江流域经济社会可持续发展，关系到百万移民安稳致富的切身利益和库区的长治久安，关系到我国在世界上的地位和影响。科学编制三峡工程后续工作规划，要认真贯彻落实科学发展观，突出解决移民安稳致富、生态环境保护和地质灾害防治三个重点问题，以指导三峡工程长久持续发挥综合效益和库区经济社会的可持续发展。建议国务院在大中型水利建设基金中充分考虑三峡后续工作的资金实际需求，按照后续工作规划确定的内容，打足资金盘子。结合生态环境承载力，合理确定生态屏障区人口迁移数量和适宜留居人口规模。

（二）出台指导生态环境建设与保护的文件

为进一步做好当前和今后一个时期生态环境建设与保护工作，建议以国务院名义出台《关于进一步加强三峡工程生态环境建设与保护工作的意见》文件，以进一步明确三峡工程生态环境建设与保护的指导思想、主要目标、重点任务、政策措施等，指导三峡工程后续工作阶段生态环境建设与保护工作。建议国务院有关部门在政策、投资、技术等方面向三峡库区倾斜，把三峡库区生态环境建设与保护的相关任务纳入行业专项规划。

（三）在三峡库区实施生态补偿试点

三峡库区既是我国重要的生态功能区，也是经济发展比较落后的地区。由于国家对该地区提出了较高的生态环保要求，使其产业发展受限、发展成本增加。今后三峡库区将长期对三峡工程的运行安全、长江中下游防洪与生态安全等作出巨大贡献。因此，建议国家将三峡库区纳入国家生态补偿试点范围，按照“谁利用谁补偿，谁受益或谁损害谁付费”的原则，建立生态补偿基金，基金来源可包括：从重大水利建设基金中提取一定比例资金，从长江中下游受益地区上缴税收中提取一定比例资金，从三峡电站发电和售电收入中，按每度电一定比例提取资金，中央财政补助资金等，作为三峡工程生态环境补偿资金。

（四）加大三峡库区退耕还林力度，实施生态移民

对三峡库岸带生态屏障区大于25°的陡坡耕地全部退耕还林，并享受国家有关政策。要通过政策导向，鼓励生态屏障区人口自愿迁移，迁出人口要得到合理补偿和妥善安置，使之具备发展和逐步致富条件。力求做到生态屏障区留居人口数量符合环境承载力要求，尽量减少人口对环境的压力。建议生态移民的重点为：三峡工程生态屏障区耕地坡度在25°以上的散居农户；生态屏障区生产生活条件较差的散居农户；库周因水位涨落影响居住安全的农户；库周地质灾害搬迁避让人口；生态屏障区采取生态环境建设与保护工程性措施的迁移人口。

（五）推动库区经济社会发展转型

三峡库区是典型的山区地貌，用地条件差、建设成本高，产业基础弱、产业发展滞后的状况没有根本改变，移民安稳致富任重道远。迫切需要通过完善产业园区配套基础设施，“筑巢引凤”推进产业发展；迫切需要加大全国对口支援三峡库区的工作力度，通过支持实施一批重点项目来带动和支撑库区支柱产业发展。建设移民生态工业园是促进库区产业科学发展的关键措施。建议国家继续支持库区城镇移民生态工业园建设，增加对园区基础设施建设的投入补助。建议国家有关部门将三峡库区作为特殊区域予以发展和保护，注重水域和水库周边生态环境修复，完善区域限批、行业限批管理；指导库区各地加大产业结构调整力度，优化产业布局，重点加强发展第二产业，加快发展库区特色产业、生态经济和循环经济，产业向工业园区集中，严格控制高污染、高耗能企业向库区转移；妥善处理经济发展与环境保护的关系，实现社会经济协调发展的战略转型，构建资源节约型、环境友好型社会，促进经济社会的又好又快发展。

在加大库区产业结构调整的同时，加大人力资源开发力度。建议突出教育优先战略，将库区办成中等职业教育试验区，三年实现库区适龄青年免费接受中等职业教育和技能培训，加快培训实训基地建设、专业教师培训和教材编制等工作，促进库区剩余劳动力转移就业，实现就业结构的战略性调整。

（六）建立权威、高效、统一的三峡工程运行管理体制和机制

三峡工程运行管理体制和机制，对确保工程安全运行和持续发挥综合效益，统筹协调各方利益，实现经济、社会、环境可持续发展，具有重要意义。目前，三峡工程即将进入正常运行期，但工程运行期有关管理尚缺乏法律法规支撑，管理体制不明确，权责不匹配，直接影响到三峡工程长期安全可持续运行，亟需研究解决。建议国务院尽早决策，建立权威、高效、统一的三峡工程运行管理体制和机制，在国务院三峡工程建设委员会的指导下，建立一个“中央统一领导、分省负责、县为基础”的综合协调管理体制，充分发挥中央和地方两个

积极性，落实各级政府职责。并按照科学发展观的要求，制订《长江三峡工程运行管理条例》，保障工程长期安全运行并持续发挥巨大综合效益。

最后，鉴于三峡库区生态建设中的多项问题（水土流失、泥石流、崩塌、库容水质保护、库周消落带植被覆盖、退耕还林、生态屏障建设等）都是要靠森林植被的恢复和重建工程来解决。其作用重大，需求紧迫，工程巨大，周期较长。因此建议国家启动“三峡库区森林生态建设专项工程”，统筹安排森林生态系统建设，实现质量好、见效快的目标。

三峡工程生态环境建设与保护考察团人员名单

团　长：

李金华　全国政协副主席

副团长：

张维庆　全国政协常委、人口资源环境委员会主任，国家人口和计划生育委员会原主任、党组书记

汪啸风　全国政协常委、人口资源环境委员会副主任，国务院三峡工程建设委员会副主任，国务院三峡工程建设委员会办公室主任、党组书记

成　员：

王少阶　全国政协常委、人口资源环境委员会副主任，民建中央副主席，湖北省原副省长，湖北省政协原副主席，武汉大学博士生导师

任启兴　全国政协人口资源环境委员会副主任，宁夏回族自治区政协原主席

刘志峰　全国政协常委、人口资源环境委员会副主任，原建设部副部长、党组副书记
刘泽民　全国政协人口资源环境委员会副主任，山西省政协原主席
张　黎　全国政协常委、人口资源环境委员会副主任，中国人民解放军总参谋部原副总参谋长（上将军衔）
雷加富　全国政协委员、国务院三峡办副主任、党组纪检组长
尹伟伦　全国政协人口资源环境委员会委员，北京林业大学校长，中国工程院院士
邱衍汉　全国政协常委、人口资源环境委员会委员，新疆军区原司令员（中将军衔）
沈　瑾　全国政协人口资源环境委员会委员，民革河北省委员会副主委、唐山市政协副主席
沈德忠　全国政协人口资源环境委员会委员，清华大学化学系教授，中国工程院院士
张红武　全国政协人口资源环境委员会委员，清华大学黄河研究中心主任、教授，黄河水利委员会副总工程师
陈必亭　全国政协人口资源环境委员会委员，神华集团原董事长、党组书记
林而达　全国政协常委、人口资源环境委员会委员，中国农科院农业环境与可持续发展研究所研究员
谢正观　全国政协人口资源环境委员会委员，中国科学院研究生院资源与环境学院教授
白煜章　全国政协人口资源环境委员会办公室主任
卫　宏　全国政协人口资源环境委员会办公室巡视员
童崇德　国务院三峡办综合司司长
刘瑞云　国务院三峡办机关服务局局长
黄真理　国务院三峡办水库管理司副司长
罗致明　全国政协人口资源环境委员会办公室处长
张　定　全国政协人口资源环境委员会办公室副处长

段启明　全国政协人口资源环境委员会办公室干部
许瑜波　全国政协人口资源环境委员会办公室干部

客观评价三江源生态保护成效
积极推进三江源生态建设工程

政协全国委员会人口资源环境委员会

（2009 年 10 月）

《青海三江源自然保护区生态环境保护和建设总体规划》（以下简称《规划》）是国家投资最多、备受国际关注的生态环境保护项目。作为全国政协的重点战略调研课题，贾庆林主席对开展三江源生态保护和建设调研亲自部署并作出重要指示，王刚副主席、钱运录副主席兼秘书长多次听取专家的意见和建议。自李蒙同志和杨崇汇副秘书长于 2007 年第一次带考察团深入三江源地区调研以来，全国政协人口资源环境委员会每年就三江源地区生态环境变化情况及搬迁牧民生活状况进行跟踪调研。为科学评估《规划》实施以来的成绩和不足，研究提出进一步完善工程项目和政策措施的思路和建议，8 月上旬，全国政协常委、人口资源环境委员会副主任秦大河率调研组赴青海省三江源地区进行了专题调研。根据调研情况，现就三江源生态保护和建设进展情况报告如下：

一、客观评价三江源生态保护和建设的总体进展，坚定继续实施生态环境保护和建设工程的信心

1. 三江源生态工程建设总体进展顺利。在《规划》的指导下，

调研报告起草人：王亚男

通过加大投入力度、加强项目管理、加速建设进度，《规划》涉及的生态保护和建设项目、农牧民生产生活基础设施建设项目和生态保护支撑项目进展都比较顺利。截至今年6月底，国家累计下达工程投资25.14亿元，累计完成工程投资23.83亿元。其中退耕还林、能源建设项目已完成工程建设任务。调研组随机选择的几个沙漠化土地防治、黑土滩综合治理、草地鼠害防治、生态移民定居点、人畜饮水工程、后续产业发展、人工增雨、封山育林等具体建设项目，建设速度、质量和效果都基本达到了规划设计要求。

2. 三江源生态工程建设已取得阶段性成效。通过实施《规划》所确定的一系列措施，生态保护和建设的阶段性效果已经显现。一是生态退化趋势得到遏制。2004～2008年，草地面积净增加182.75平方千米，水体与湿地面积净增加42.21平方千米，荒漠面积净减少200.84平方千米。二是草地生产力有所提高。2005～2008年草地年平均产草量较减畜前的2000～2004年平均产草量提高了21.06%，草畜矛盾得到缓解。三是地区气候环境有所改善。工程实施后的2004～2007年项目区年平均降水量较项目实施前的1975～2003年的年平均降水量增加了28毫米，2006～2008年三江源人工增雨累计增加降水172.56亿立方米，这对恢复三江源植被、增加河湖径流、扩大湿地和湖泊面积起到了一定作用。

3. 农牧民生产生活条件得到改善。通过考察以及与基层干部、农牧民，特别是移民的座谈，调研组明显感到，通过小城镇建设、建设养畜、人畜饮水等工程的实施，生态移民集中居住地的住房和供排水、供电、道路、教育、卫生等基础设施条件与牧区相比发生了巨大的变化。国家和省财政对移民进行饲料粮、燃料补贴，使一些移民的生活质量得到了改善。通过地方政府安排公益性岗位、发展特色产业、加强技术培训、有计划组织外出务工等措施，一定程度上解决了部分移民的就业问题。通过安装太阳能光伏电源、实施人畜饮水工程，留居草场的牧民生活条件得到一定改善。

调研组认为，青海省各级政府、各有关部门认真落实《规划》的各项政策和工程措施，三江源区各族群众普遍支持生态保护和建设工程的实施。一方面，党中央、国务院高度重视生态保护和建设，把建设生态文明和走人与自然和谐发展道路提到了前所未有的高度，各级党委政府和领导干部的思想认识得到了明显提高，对于长期坚定不移地实施三江源生态保护和建设工程的态度十分积极。另一方面，《规划》实施四年来，三江源区农牧民真正得到了实惠，广大牧民群众从传统的游牧方式开始向定居或半定居生活方式转变，由单一的靠天养畜开始向建设养畜和现代畜牧业转变，由粗放畜牧业生产开始向生态畜牧业转变，生态环境保护的理念开始深入人心。

二、准确把握三江源生态保护和建设与经济社会发展的矛盾，统筹解决工程实施中出现的突出问题

尽管《规划》实施比较顺利，三江源生态工程建设成效比较明显，但是在工程的实施中也不同程度地出现了一些矛盾和问题，反映最为突出的主要有两个方面：

一是工程实施本身的问题。《规划》对基础建设、工程建设考虑多，对体制机制建设、社会建设、文化建设考虑得较少；在工程项目安排上，受制于投资总量，黑土滩综合治理、草地鼠害防治等一些重要项目的覆盖面不够，影响生态保护和建设的整体效果；建筑材料、燃料、生产生活资料价格上涨，导致一些工程建设进度、规模和质量都不同程度地受到影响；重建设轻管理，导致草场管护不力、减畜不到位。

二是生态移民问题。移民的生活补助标准过低、补助时间不明确和按户补助而非按人补助的方式导致部分搬迁牧民实际收入水平下降；生产生活方式的改变增加生活开支，而后续产业发展缓慢和牧民自身技能缺陷导致就业问题比较突出，影响牧民收入的提高。

对此，调研组认为：

第一，发展中出现的问题，需要用发展的办法来解决。不搞三江

源生态保护和建设工程，这些问题绝大多数都不会出现，但是三江源区生态环境恶化的问题将更加严峻和复杂。因此，应当在总结经验教训的基础上，通过科学规划、完善政策、加大投入、加强组织、加强宣传引导等有效措施，逐步解决这些问题，而不能停下来看一看、等一等。

第二，《规划》实施初期集中体现出来的问题，为今后科学推动三江源生态保护和建设提供了重要经验。三江源生态保护和建设是一项十分复杂、艰巨和长期的任务，恢复三江源生态功能，决非几年时间，通过几项工程建设就能实现。研究解决《规划》实施中暴露出来的问题，不断完善和提高政策和实践水平，对今后科学推动三江源生态环境保护和建设，以及解决其他欠发达地区在经济社会发展过程中生态环境保护的矛盾，提供了十分有益的经验。

一是制定规划要充分考虑客观实际。例如建设资金的预算要考虑物价上涨和运输成本较高的实际情况，工程建设进度要考虑三江源区无霜期短、建设期短的实际情况，补偿标准要考虑搬迁牧民家庭规模和结构（老幼病残比重高）的实际情况，后续产业安排要考虑搬迁牧民生产技能不高、劳动生产率相对较低、当地资源禀赋等实际情况。

二是在政策设计上要统筹兼顾。既要逐步提高生态移民的补助标准，又要避免有限的补助用于非生产性消费而使生活质量长期得不到提高；既要确保核心区牧民顺利搬迁，也要确保牧民搬迁后草场的载畜量得到切实控制；既要为工程建设本身制定必要的配套措施，也要充分考虑如何解决工程建设所带来的经济、社会、文化问题。

三是保护建设要依靠科学。要科学研究工程建设的效果和效益、经济发展尤其是特色产业发展如何不对生态产生新的破坏、三江源区未来气候环境如何演变等科学推动生态保护和建设必须解决的基本问题。

四是生态补偿机制建设要先行先试。生态移民方面所反映出的一系列问题，使得加快建立生态补偿长效机制成为十分紧迫而重要的问题。要通过建立试验区，研究探索生态补偿机制资金渠道、补偿标准和方式等理论和实践问题。

三、关于进一步推动三江源生态环境保护和建设的几点建议

实施三江源生态环境保护和建设工程是党中央、国务院的一项重大战略决策，鉴于三江源地区特殊的地理位置和生态功能，其生态环境保护和建设是一项具有长期性、艰巨性、综合性、复杂性的系统工程，需要各级党委、政府和社会各个方面长期坚持不懈的共同努力。为进一步推动三江源生态环境保护和建设，促进经济社会持续快速发展，建议：

1. 加快编制“三江源生态环境保护和建设”二期工程的综合规划。根据《规划》，三江源生态环境保护和建设第一期工程即将到期，迫切需要相关部委组织科研单位对第一期工程进行科学评估，分析一期工程实施过程中存在的重要问题，全面系统地总结经验，在此基础上，加快编制二期工程规划，明确今后较长时期内生态建设和经济社会协调发展的目标、任务、实施重点，确保三江源生态建设和保护成效的巩固和持续。

2. 以保护为核心，合理利用草原，积极推进草业振兴，依靠科技发展现代化畜牧业。三江源独特的自然环境，孕育了草业发展的基础条件，只有做大做强草业经济，才能真正弥补后续产业培育难、移民就业难、牧民生活难的问题，也才能真正处理好保护和发展的关系。一是加大治理退化天然草场的投入和科研力度，组织国家、省、州三级科技人员开展联合技术攻关，治理和改良天然草场，提高产草量和理论载畜量，同时大力发展冬春人工草场。二是加大力度支持牲畜品种改良，提高牲畜品质，通过补贴等方式激励牧民提高牲畜出栏率，降低牲畜数量，减轻草地压力。三是支持当地大力发展特色畜产品加工业，延长产业链，走积极发展的道路。四是加大科技普及和推广力度，帮助牧民实现科学养畜，提高畜牧业生产效率。

3. 加大对教育和职业培训的投入和支持力度。发展教育是巩固和提升三江源生态建设成效、促进地区经济社会实现可持续发展的一个重要战略问题。一是在牧区全面推行义务教育的基础上，参照西藏的经验，对牧民子女接受职业教育和高等教育进行补贴；二是加大对生态移民职业教育和培训的投入，加大培训力度；重视教育和培训成效的长期性、累积性和潜在性，培养牧民的社会责任感和实践能力，解决牧民文化素质低、就业难的根本问题。

4. 尽快建立青海三江源国家生态保护综合试验区。2008 年出台的《国务院关于支持青海等藏区经济社会发展的若干意见》明确提出，加快建立生态补偿机制、建立三江源国家生态保护综合试验区。综合试验区应以机制创新为重点，对生态补偿机制在内的各项机制进行综合试验，为青海及全国解决生态保护和建设问题提供有益的示范。建议有关部门尽快完善补充青海省报送的三江源生态保护综合试验区总体规划，尽快批复实施。考虑到《规划》实施的进度，应争取在 2009 年年底前启动试验区建设。

5. 建立三江源生态移民的示范与推广工程，妥善解决移民生产生活中的各种困难。针对目前三江源区生态移民出现就业难、生计难、融入城市生活方式难的新情况、新问题，应不急不躁，突出重点，先行示范、后续推广。为此，各级领导要高度重视，在移民方式上，要建立向城镇移民、向试验区或缓冲区移民、向水热条件较好的东部农牧区移民等示范工程；在就业方式上，可以建立通过职业技能培训就业和把一部分移民转化为草场管护工人等示范工程，先行试点，系统总结，稳步推进。

6. 建立东部发达地区与三江源地区的对口支援机制。三江源区社会发展水平低，鉴于其生态功能的战略性、全局性地位，建议参照西藏以及其他地区对口支援的成功经验，建立东部发达地区与三江源区对口支援机制，在产业发展和培育、文化教育等公共设施建设、劳务培训和输出、科技普及和推广、改善医疗卫生条件等方面进行重点帮扶和支援。

青海三江源生态保护与建设专题调研组名单

组　长：

秦大河　全国政协常委、人口资源环境委员会副主任，中国气象局原局长，中科院院士

成　员：

宋瑞祥　青海省原省长，中国地震局原局长
马培华　全国政协常委，民建中央常务副主席
孙鸿烈　中科院院士，中科院地理科学与资源研究所研究员
鲁志强　国务院发展研究中心原副主任
朱作言　全国政协常委，中科院院士，中科院水生生物研究所研究员
林而达　全国政协常委，中国农科院农业与气候变化研究中心主任
刘纪远　全国政协委员，中科院地理所原所长
沈　瑾　全国政协委员，唐山市政协副主席
许小峰　中国气象局副局长
吴晓松　国家发改委农经司副司长
程宝荣　全国政协人口资源环境委员会办公室副主任
张燕妮　全国政协人口资源环境委员会办公室副巡视员
苗苏菲　《求是》杂志科教编辑部主任
张洪广　中国气象局党组办公室主任
方一平　中科院成都山地所研究员
王亚男　全国政协人口资源环境委员会办公室干部
秦珂伟　全国政协办公厅干部
王亚伟　中国气象局办公厅干部
傅计明　宋瑞祥同志秘书

关于进一步加强生态文明建设的建议报告

政协全国委员会人口资源环境委员会

（2009年10月）

由全国政协人口资源环境委员会、北京大学和贵阳市委、市政府共同主办的2009生态文明贵阳会议于8月22日至23日在贵阳市举行。中共中央政治局常委、全国政协主席贾庆林致信祝贺。全国政协副主席郑万通出席会议并致辞。英国前首相托尼·布莱尔出席会议并发表演讲。全国政协委员、会议秘书长章新胜主持开幕会。全国政协人口资源环境委员会主任张维庆，北京大学校长周其凤，贵州省委常委、贵阳市委书记李军，部分委员和专家，国家发展和改革委员会、环境保护部等有关部委负责同志出席会议。会前，人口资源环境委员会副主任王广宪带领部分委员在贵州进行了调研。

会议取得重要成果，对引导西方国家多承担二氧化碳减排任务起到积极作用。托尼·布莱尔在演讲中表示，发达国家应多承担应对气候变化的相关义务。西方主要媒体也对会议给予积极评价，美联社、法新社、路透社和共同社都作了一些正面报道。报道指出，中国正在前所未有地关注生态环境问题，表现出负责任的大国姿态。

会议认为，十七大提出建设生态文明，标志着我们党对人类发展规律、社会主义现代化建设规律的认识达到新的高度，这是我们党对人类文明的重要贡献。生态文明是工业文明之后人类应对生态危机的唯一正确选择，是人类文明发展的更高阶段。在经济全球化和全球气候变暖引发各种问题的大背景下，在人类文明演进的转折点，如何汲

调研报告起草人：苏曼

取发达国家工业化历程中的经验和教训，走出一条以生态文明和人的全面发展为目标，符合科学发展和中国国情的可持续发展道路，是我们亟需深入研究的重大课题。与会代表围绕“发展绿色经济——我们共同的责任”的会议主题，就生态文明建设提出了很多真知灼见。现综合归纳如下：

一、对我国生态文明建设进行系统的战略规划和设计

参加贵阳生态文明会议的全国政协委员和有关专家普遍认为，生态文明建设作为一项重大工程，需在发展方式、战略布局、开发保护等战略层面作出系统的规划和设计。

发展方式主要是实现两大转变，即由高碳发展方式向低碳发展方式转变，由粗放扩张的发展方式向集约环保的发展方式转变。一是应当创造可持续的生产生活方式。可持续的生产生活方式要求我们必须实施一系列在保护中有序开发自然资源和促进适度消费的战略举措。二是根据社会经济发展总体水平和可支配财力，尽快健全城乡统一的社会保障体系，建立基本医疗、基本养老、免费义务教育以及最低生活保障制度。逐步提高失业、医疗、养老、教育、住房等项目的保障水平。三是充分发挥人力资本对资源环境的替代作用。将中国庞大的人力资源转化为人力资本优势，全面提高国民素质。四是促进城市对农村人口的吸纳与农村资源的占有相协调，走集约式城镇化道路。

战略布局主要是对国土（包括海洋）空间作出准确的定位和科学的布局。当前最重要的是尽快制定国家主体功能区规划，并确立其法律地位，这是现有区域发展战略的丰富和深化，是实现以人为本、全面协调可持续发展的百年大计，更是落实科学发展观的重大战略举措。在国家和省级层面制定主体功能区规划，有利于保护资源环境和生态环境，按自然规律和经济规律办事，维护未来 15 亿人口的生态安全；有利于逐步缩小地区之间生活水平、福利水平的差距，推进基本公共服务均等化，推动发展成果共享，促进人的全面发展。

开发保护主要是保护好我国13亿人口以至今后15亿人口赖以生存的生态安全。资源合理开发和生态环境保护是我国经济社会协调发展面临的重大现实问题。在国家制定生态资源补偿政策的同时，可通过建设新型生态工业园区的模式，探索资源开发与环境保护的新途径。遵从循环经济的减量化、再使用、再循环的原则，表现为“资源—产品—再生资源”的经济增长方式，通过废物交换、循环利用、清洁生产等手段实现污染物“零排放”。

二、建立健全生态文明建设的体制机制

与会者认为，建立健全体制机制，关系到生态文明建设的全局。

一是建立决策咨询体制。建议党中央、国务院设立国家战略咨询委员会，把精力充沛、从政经验丰富的部分领导干部、著名专家学者组织起来，履行为党中央、国务院就国家发展的战略进行系统咨询、研究和设计的职能，协调国家各种规划之间的关系。

二是建立以财政转移支付为主要手段的生态、资源、环境三大补偿机制。率先在森林、矿产资源开发、国家重点保护的野生动植物栖息地、自然保护区、重点流域及区域生态功能区等关键领域建立补偿机制。积极推行市场化生态补偿，在政府的引导下实现生态保护者与生态受益者之间自愿协商的补偿机制，积极探索资源使用权、排污权交易等市场化的补偿模式；着重培育资源市场，开放生产要素市场，使资源资本化、生态资本化，促使环境要素的价格真正反映其稀缺程度。

三是建立区域统筹协调发展机制。构建区域管理的制度基础，包括完善统筹区域发展的管理机构与组织，明确统筹区域发展规划，规范统筹区域发展政策，统筹区域发展决策程序，确定不同类型区域生态文明建设的标准，有针对性地指导与评价各地生态文明建设。

三、把发展绿色产业作为推进生态文明建设的基础工程

发展绿色产业是保护和利用生态资源的战略抉择，也是推进生态文明建设的基础工程，更是中国十几亿人口幸福指数得以提高的重要保证。

一是加强新能源开发与利用。大力发展新能源、可再生能源，相对降低对传统能源、化石能源的依赖程度，是确保中国能源经济安全的出路所在。国家应适时出台新能源产业发展规划，调整能源结构，加强新能源技术创新，推动能源的有序和可持续发展。

二是加快节能减排新技术新产品的研发。在国家重点基础研究发展计划、国家科技支撑计划和国家高新技术发展计划等科技专项计划中安排一批“节能减排”重大技术项目，攻克一批关键和共性技术；支持国家和省级“节能减排”高新技术项目，优先安排、重点支持创新产品生产，并及时提供多种金融服务。

三是发展林业和高效优质绿色农业。鼓励全民植树造林，发展林业、保护草原和湿地，提高生态林补偿标准。发展以绿色农产品生产为主的生态农业，积极推进绿色食品产业升级，由种植业向养殖业延伸，由粗加工向精深加工延伸，由国内市场向国外市场延伸，形成无污染、无公害的安全、营养、优质食品的产销网络和管理体系。

四是发展绿色旅游等生态服务业。生态服务业是生态循环经济的有机组成部分，包括绿色商贸服务业、绿色旅游业、绿色物流业等。以营造全社会绿色消费环境为重点，构筑绿色市场体系，创建“绿色消费社区”；培育绿色观念、推行绿色标准、实行绿色开发、生产绿色产品、开展绿色经营，最终实现生态效益、经济效益和社会效益的统一。

五是发展生物产业。当前应围绕重大疾病和传染病防治，发展生物医药产业；发展生物制造业，缓解我国经济发展对石油等矿物资源的过分依赖；发展生物能源，缓解能源紧缺矛盾；在生物环保领域大力开展利用生物技术处理城市污水、垃圾，加快生物技术对盐碱地等

低质土地改良步伐；发展生物技术服务业，拓展生物工程产业链。

四、进一步完善生态文明建设的政策体系

会议认为，生态文明建设是一项复杂的系统工程，需要综合运用经济、法律、教育、行政等各种手段，优化产业结构，推动节能减排，最终构建人与自然和谐共处的环境。

（一）完善财税经济政策，实现经济发展方式根本转变

一是改革财税体制，引导发展重点由 GDP 增长转向居民生活改善。适时建立以居民财产为税基的税收制度，逐步形成地方财政收入随居民财富增加而增长的机制；改革资源税、开征生态税（环境税），推进资源价格形成机制改革，提高资源消耗的成本，探索工业新型化、生产清洁化、农业生态化、经济发展循环化的新经济模式；探索建立适合公共设施建设的融资模式，允许有条件的地方政府发行债券，扭转地方政府对“土地财政”的过分依赖，保护和有序开发土地资源。

二是综合运用纵向、横向财政转移支付手段，实施功能区的生态补偿。纵向财政转移支付手段，适宜国家对重要生态功能区的生态补偿，补偿功能区因保护生态环境而牺牲经济发展的机会成本，是我国当前生态补偿的基本模式。横向转移支付手段，适宜于跨省界中型流域、城市饮用水源地和辖区小流域的生态补偿，构建区域之间、流域上下游之间、不同社会群体之间的补偿机制。

三是制定有利于资源节约的差异价格政策，提高浪费资源的成本。资源消耗、污染排放来源于人为活动，由人口数量、生活方式共同决定。我国人口总量尽管进入低生育水平但仍处于增长区间，人口总量控制与生活方式的改变是试图解决资源环境耗损的可选之策，应切实减少浪费性消费，保障必需性消费。生活性资源实行差异价格，确定家庭规模资源消耗合理需求限额，限额内执行补贴价格，超出部分执行市场价格。

四是适时调整进出口政策，优化有利于资源节约的产业结构。尽

快取消“两高一资”产品的出口退税和其他鼓励出口政策，设置出口配额以控制出口的数量；加强能源、资源和原材料进口的调控和管理，不断提高国际谈判能力和定价影响能力。

（二）制定和完善法律法规，为生态文明建设提供法律保障

一是加强生态环境补偿立法。制定生态环境补偿法，统一协调生态环境资源开发与管理、生态建设、资金投入与补偿的方针、政策、制度和措施，明确生态环境补偿资金征收、使用、管理制度，科学确定生态环境补偿标准、补偿方式和补偿对象，合理界定生态环境资源开发利用过程中不同利益主体之间的关系，将生态环境补偿纳入规范化、法制化轨道。

二是尽快启动主体功能区规划立法。目前，主体功能区规划虽有中央政府的政策支撑，但尚未列入规划体系的范畴，规划的法律地位不明确。应及时在法律上明确主体功能区规划的定位，以便处理好与经济社会发展、城镇建设等规划的关系。

（三）充分利用教育手段和行政手段，创造生态文明建设良好氛围

动员政府、社会、家庭以及各种大众媒体、网络，大力加强生态文明建设的舆论引导，特别是生态文明要从娃娃抓起，从每个人做起，让生态文明的理念进课堂、进家庭、进企业、进社区。营造浓厚的保护生态环境、建设生态文明的良好氛围和环境。培育全体公民的生态文明观念和绿色消费意识。建议中央电视台开设公益性专题节目，加强对青少年的生态文明教育。

根据不同地区、阶段的功能定位，构建和规范科学、合理、完善的监测评价考核体系。建议由中宣部、国家发改委、环保部建立和完善生态文明建设和发展绿色产业的指标体系，并纳入各地经济社会发展综合评价体系。定期发布全国及各地区生态文明建设评价指数，充分发挥评价体系的动态预警功能，引导和督促各地区、各部门、各单位和各类市场主体采取相应的调控措施，积极建设生态文明、发展绿色产业。

改善民生保障藏区团结稳定的有效途径

——关于加快西藏昌都地区水利水电事业发展的建议报告

政协全国委员会人口资源环境委员会

（2009 年 11 月）

2009 年 9 月，以全国政协常委、人口资源环境委员会副主任张黎为组长，全国政协常委、人口资源环境委员会委员林而达为副组长的调研组，赴西藏自治区就水利水电事业发展和重点流域综合开发进行调研。调研组多次召开座谈会，与当地干部群众交流意见。在实地考察中，重点了解了昌都地区生态保护、水资源利用和开发情况。西藏自治区是我国河流最多的省区之一，水资源量和水力资源蕴藏量都十分丰富。昌都作为西藏的东大门和康区腹心区域，自古以来都占据十分重要的战略地位。昌都的发展关系西藏的发展，昌都的稳定关系着西藏乃至整个藏区的稳定。在昌都，作为农牧区经济社会发展基础和命脉的水利事业的可持续发展，则显得尤为重要。调研组认为，基于昌都地区特殊的地理、地质、交通、气候等条件，大力加强当地水利水电事业发展是推动经济社会可持续发展和改善民生、保障藏区团结稳定的有效途径。

一、昌都地区发展概况

昌都位于西藏东南部，地处横断山脉、三江并流地带。东与四川

调研报告起草人：魏沛

相邻，南与云南交界，北同青海接壤，幅员面积10.86万平方千米，平均海拔3500米以上。总人口63万，其中95%为藏族。

在确保社会稳定的同时，昌都地区经济社会实现平稳较快发展。2008年昌都地区完成生产总值51.4亿元，财政收入2.3亿元。农牧民人均纯收入2830元，粮食总产量17.5万吨。

昌都地区蕴藏着丰富的水力水能资源，给当地水利水电的发展提供了得天独厚的优势条件。金沙江、澜沧江、怒江三条大江贯穿全境，地表和地下水资源量达771亿立方米。流域内江河落差很大，水力资源蕴藏量达4046万千瓦，占全藏蕴藏量的20%，人均拥有67千瓦，是全国人均水平的125倍。

目前，昌都地区水利基础设施建设已初步形成引、蓄、提、灌、排、防相结合的工程体系，农牧区通电、通水、灌溉、防洪的保障水平不断提高。重点城镇防洪工程取得较大进展，为地区经济社会可持续发展提供了有力保障。2001年至2008年，累计完成水利建设投资20.32亿元。能源建设取得较大成效，乡通电率达到93%，比“九五”末提高了68个百分点；人口通电率达到45%，比“九五”末提高了35个百分点。

二、昌都地区水利水电发展面临的形势和制约性因素

在党中央、国务院的亲切关怀和大力支持下，几年来，昌都以“三江”流域综合开发为标志，以中小水电开发、农村饮水安全、江河治理、重点病险水库除险加固等为重点，开展了一系列农牧业基础设施建设，取得较大的成绩。但是，由于昌都地处横断山脉腹地，受特殊的地理、交通、气候、信息等诸多因素的制约，水利水电发展仍面临很多困难。

（一）农牧区水电产业化程度低

在农牧区，水电站和电网建设远不能满足当前农村经济发展和农牧民群众生产生活用电需要。已经建成的电源点，因群众居住分散，

输电线路延伸长度不足，绝大部分电站孤网运行，供电范围小，用电水平低，电站负荷难以合理分配和调度。在偏远农牧区，缺电现象还十分突出，目前昌都人口供电率仅为45%，约34万农牧民群众还没有用上电。

（二）农牧民吃水难问题突出

由于受到地理条件限制，昌都地区现有饮水安全项目以沟谷水源为主。在许多地区，由于地形、地质条件复杂，项目选点和建设难度大，建设资金不足，饮水安全项目难以开展，群众饮水需要不能得到满足，全地区目前还有31万群众的饮水安全问题未得到解决。

（三）农牧业基础设施薄弱，工程性缺水问题突出

昌都地区农田大多分布在河谷一、二、三级台地上，受地理条件限制，水利设施建设难度大、造价高。现有水利设施严重不足，配套设施缺乏。已有的水利工程老化现象严重，带病运行普遍，难以保证灌溉用水要求。牧区水利工作尚处于起步阶段，绝大部分草场没有灌溉设施。2009年，昌都降雨普遍偏少，农牧业遭受严重旱灾，直接导致全地区农作物受灾面积达42.95万亩，预计减产9854万斤，经济损失1.2亿元。由于草原干旱导致放牧家畜减少，经济损失更大。

（四）防汛防灾能力亟待加强

昌都地区地质结构复杂，地层岩体破碎，辖区内滑坡、崩塌、泥石流等灾害频发，降雨期山洪灾害防治任务也非常繁重。目前，乡村堤防建设、中小河流治理工程、山洪及泥石流防治工程刚刚起步，重点江河、重点河段及重点城镇防洪工程体系建设仍需进一步加强。防汛调度、抗旱指挥、应急防灾等非工程措施的体系建设亟待加强。

三、几点建议

水利水电事业作为农牧区经济社会发展的基础和命脉，是昌都乃至整个西藏发展的重要战略支撑。通过水利水电事业的发展，能为农牧业发展奠定良好基础，带动能源产业和其他特色产业，解决好涉及广大农牧民基本生存条件的吃水、用电、灌溉和防洪问题，确保各族群众共享社会改革发展的成果。水利水电事业的发展是昌都经济社会实现跨越式发展的关键因素，关系着昌都以至西藏的团结稳定。

（一）积极推进昌都地区水电能源基地建设

昌都是欠发达地区，主要经济指标和农牧民人均纯收入等民生指标远远低于全国平均水平，和川、滇、青毗邻藏区以及西藏其他地市相比也处于落后状态。电力、饮水、灌溉等问题也没有很好解决，在全国已不多见，群众反映强烈，要求开发水电、发展经济的呼声很高。目前，昌都地区除玉曲河下游开展了综合流域开发规划外，其他河流的流域规划和水资源开发工作均处于调查论证阶段，与群众和地方的需要相差甚远。

建议国家有关部门以科学发展观为指导，根据西部大开发的战略要求，积极支持昌都成为国家重要的水电能源接续基地。从团结稳定的大局出发，充分考虑在藏区开发水电的迫切性和特殊性，切实处理好水电开发和地方经济发展及生态保护的关系。积极推进、及早制定昌都地区金沙江、怒江、澜沧江水能资源综合开发规划，加快重点项目前期可行性研究论证工作。加大对昌都地区大型水电配套设施的投资建设力度，完善区内主干输电网和藏电外送通道的建设，充分利用好昌都水能资源丰沛和电力外送条件优越等优势，实现西电东送、藏电外送的战略构想。

（二）加大对关系民生的水利水电项目的投入

建议国家就农牧区有关民生的水利水电项目建立专项资金，扶助有关部门继续因地制宜加快小水电建设，积极推进“以电代柴”，保护生态。地方部门将电源点建设与电网建设相结合，继续改造和扩建城乡电网，促进地区骨干电网、县城电网和局域供电网络的形成，进一步扩大农牧区供电范围。

建议国家对西藏自治区特别是昌都地区的饮水安全项目加大关注力度，加快实施农村饮水安全工程，适当提高项目标准，建立较为完善的农村饮水安全保障体系，全面扩大供水范围、提升供水质量，切实解决农牧区人畜饮水安全问题。

（三）稳步推动昌都地区农田水利工作

建议根据昌都地区实际，合理确定地区农田水利发展定位、规模和重点，坚持扩大能力与巩固提高相结合，集中力量建设一批对提高农牧业水平具有重大影响的骨干水利工程，注重兼顾防洪、发电、灌溉、供水和生态保护等综合功能，加大现有大中小型灌区续建配套与节水改造力度，适度推进边境、边远、高海拔等特殊地区的小型水利工程建设，提高水利服务和支撑经济社会发展的保障能力。注重将项目建设与行业建设结合起来，坚持建管并重。夯实行业管理基础，建立良性的工程运行与管护机制，强化依法治水管水，加大力度引进先进科技和水利人才，提高队伍素质，确保工程建得成、管得好、长受益。

（四）着力加强防洪防灾体系建设

采取综合防治对策，注意工程性措施与非工程性措施并重。加快重要城镇、人口密集区的防洪防灾工程建设进度，有效推进乡村防洪防灾工程建设，实施中小河流治理、山洪灾害和冰湖灾害防治工程，做好各种供水工程的防灾措施。根据实际制订突发事件应急预案，健全相关组织建设，强化指挥协调系统，提高应急处理能力，为最大程度减少灾害损失、保障国家和人民生命财产安全创造条件。

（五）进一步加大水利水电援藏力度

建议国家有关部委和相关省市水行政主管部门从国家全局出发，进一步加大水利水电援藏力度，积极推进项目援藏、管理援藏、人才援藏、科技援藏，促进西藏水利水电事业的发展。西藏自治区有关地区和部门应注重将对口支援与受援单位自力更生结合起来，用足用好援藏的政策措施，进一步挖掘自身潜力，推动西藏水利水电又好又快发展。

西藏重点流域综合开发专题调研组名单

组　长：

张　黎　全国政协常委，人口资源环境委员会副主任，中国人民解放军原副总参谋长（上将军衔）

副组长：

林而达　全国政协常委，人口资源环境委员会委员，中国农业科学院环境与可持续发展研究所研究员

成　员：

沈　瑾　全国政协人口资源环境委员会委员，唐山市政协副主席

卫　宏　全国政协人口资源环境委员会办公室巡视员

苏　曼　全国政协人口资源环境委员会办公室环境处处长

魏　沛　全国政协人口资源环境委员会办公室综合处干部

刘　峰　张黎同志秘书

关于我国奶业振兴急需解决几个关键问题的报告

政协全国委员会人口资源环境委员会

（2009年11月）

按照全国政协的统一部署，为进一步贯彻落实国务院《奶业整顿和振兴规划纲要》，推动我国奶业持续健康发展，全国政协人口资源环境委员会和中国奶业协会，在2009年9月上旬开展专题调研的基础上，于10月15日至16日在京共同主办了“中国奶业振兴态势分析会”。全国政协副主席王志珍出席会议并讲话。全国政协副秘书长杨崇汇就组织委员积极为奶业振兴协商议政提出明确要求。全国政协副秘书长蒋作君主持分析会开幕式。全国政协人口资源环境委员会副主任江泽慧、张黎，中国奶业协会理事长刘成果出席会议。国家发改委、工信部、农业部、卫生部、国家质检总局、国家食品药品监督管理局等国务院奶业相关部门领导，业界全国政协委员，行业协会代表，知名专家学者，企业家和奶农代表等就当前奶业发展形势、面临的问题和振兴的对策等进行了深入分析和交流，现将情况报告如下。

一、奶业形势

奶业是世界公认的节粮、经济、高效型畜牧业。奶业的健康发展，对于改善城乡居民膳食结构，提高人口素质，促进农村产业结构

调研报告起草人：石秀燕、段启明

调整和城乡协调发展，增加农民收入，乃至促进全面小康社会目标的实现，都具有十分重要的战略意义。

新中国成立后，特别是改革开放以来，我国奶业取得了巨大成就：奶牛存栏由1949年的12万头发展到2008年的1233.5万头，增长了101.8倍，年均增长率8.2%；奶类总产量由21.7万吨增长到3781.5万吨，增长了173.3倍，年均增长率达到9.1%，已成为世界第三大产奶国（第一位印度9460万吨，第二位美国8260万吨）；乳品加工能力、装备水平明显提高，成为食品工业中发展最快的产业；奶类人均占有量由0.45千克提高到28.3千克，增长了61.6倍，奶业正在成为惠及13亿人口的健康产业；科技进步显著，为奶业快速发展提供了技术支撑；国际经济技术合作与交流日益扩大，奶业发展空间逐步拓展。奶业作为一个产业已经基本形成。

我国奶业虽然取得了巨大成就，但在发展过程中也出现过波动，特别是2008年9月爆发的“婴幼儿奶粉事件”，使我国奶业发展陷入了危机。为了整顿和振兴奶业，国务院先后出台了《乳品质量安全监督管理条例》、《奶业整顿和振兴规划纲要》。国家发改委、工信部、农业部、卫生部、国家质检总局、国家食品药品监督管理局等部委，认真贯彻落实国务院部署，开展了大量艰苦细致的工作，取得了显著成效。目前，我国奶业形势逐步好转。

一是奶牛存栏减少势头得到遏制，生鲜乳价格回升。据农业部调查和监测，2009年8月，奶牛存栏1257万头，连续5个月保持恢复性增长。奶牛养殖结构调整加快，规模化养殖水平提高。2009年5月底，全国100头以上规模养殖场所占比例达21.7%，比2008年底提高了1.9个百分点，标准化规模养殖呈现出加速发展的势头。奶站管理逐步规范，截至2009年9月底，全国共有生鲜乳收购站13887个，比清理整顿前减少了6606个；机械化奶站比例达到81%，比整顿前提高30个百分点。生鲜乳收购价格保持平稳。生鲜乳价格连续4个月维持在每千克2.30元左右，9月以来，奶业主产省奶产量呈小幅上涨势头，奶牛养殖效益有所增加。

二是乳品企业兼并重组加快，产品质量明显提高。各地淘汰了一批奶源没有保障、产品档次偏低和生产技术落后的加工企业。企业更加重视奶源基地建设，龙头企业纷纷投巨资兴建自有牧场，原料奶质量安全保障水平有所提高。2009 年 8 月 18 日 ~2008 年 9 月 20 日，国家质检部门在全国范围组织了 90 次三聚氰胺跟踪检测，检测结果均符合三聚氰胺临时限量值的规定。

三是乳制品产量恢复性增长，企业效益转好。2009 年 1 ~8 月，全国规模以上企业乳制品产量 1252 万吨，基本恢复到去年同期水平。上市乳品企业半年财务报表显示，2009 年上半年，绝大多数企业的利润实现正增长。

四是消费信心得到提升，消费量逐步增长。中国质量协会近期公布的食品行业用户满意度测评结果显示，液态奶行业用户满意度处于“较好”水平；2009 年第二季度，奶类消费量为 7. 35 千克，同比下降了 7. 5%，但比 2008 年第四季度和 2009 年第一季度分别增长了 22. 5% 和 7. 46%。同时，乳制品市场价格上涨，销售量回升。据国家统计局监测，2009 年 8 月，36 个大中城市鲜牛奶平均零售价格比 2009 年 1 月上涨了 3. 2%；乳制品销售额比 1 月增长了 7%，乳制品市场销售已经恢复到“婴幼儿奶粉事件”前的九成。

虽然我国奶业最困难的时期已经基本过去，危机正在逐步缓解。但是，我们必须看到，奶业发展长期积累的深层次问题还没有得到根本解决，仍将危及我国奶业科学发展，这些问题主要有：奶牛养殖“小”、“散”、“低”的局面没有得到扭转，疫病威胁仍存在；乳品企业布局不合理，产能过剩仍然存在；乳制品市场秩序不规范；乳品企业社会责任感不强；产、加、销利益联结机制不健全；原料奶定价机制不合理；乳品质量安全监管不到位；奶业标准体系不完善；消费市场培育滞后，行业管理缺乏统筹等等。

这些问题都是奶业发展带有规律性的问题，从根本上说，就是奶业基础不稳，缺乏长效机制。为了恢复和振兴奶业，推动奶业转型升级，推进奶业现代化建设，政协委员和专家积极建言献策，提出了一系列政策建议。

二、政策建议

（一）建立产业一体化经营模式

奶业一体化经营就是奶牛养殖、乳品加工、市场营销等产业环节有机结合成为一个整体的经营方式，其本质是建立产、加、销利益联结机制，实现各方利益的均衡化。奶业发达国家大多数实行生产配额推进一体化经营，其有效形式有两种：一是法国、荷兰、澳大利亚和新西兰等国家和地区，主要是由奶农组建合作社，合作社再建加工厂，从产业内部产生的一体化经营；二是加拿大、以色列等国家，主要是由政府、行业协会制定合理的收奶价格，开展第三方质量检测，签订产销合同，从外部调控实现一体化经营。根据当前实际情况，我国奶业构建一体化经营的重点是，依靠政府、行业协会、企业等各方力量，通过建立原料奶价格形成机制和第三方检测机制，严格签订和认真履行合同，推进奶业一体化经营。同时，鼓励支持奶牛养殖场（小区）和奶农合作社参股或自建乳品企业，实现上游向下游的延伸；鼓励支持乳品企业自建稳定的奶源基地，实现下游向上游挺进。

（二）构建各方参与的原料奶收购价格形成机制

原料奶收购价格是否合理关系到奶业发展基础。当前原料奶价格是由乳品企业单方确定，奶农没有发言权，其利益得不到合理保护，成为影响奶业发展的焦点问题。解决这个问题，重点是构建合理的价格形成机制。合理的价格应包括养殖生产成本与奶农合理的收益。养殖成本应由物价部门牵头组织有关单位调查确定，并因地制宜定期进行调整。原料奶收购价格由政府部门、行业协会、加工企业、奶农代表组成的四方协调委员协商制定价格方案，并由物价部门发布。企业严格按照发布价格和奶农签订收购合同，同时协调委员会对合同执行情况加强监管。对此，国务院颁布的《乳品质量安全监督管理条例》（国务院令第536号）第23条作了明确规定，应尽快予以落实。

（三）加快建立原料奶第三方检测机构

所谓原料奶第三方检测机构是独立于购销双方之外的中介机构，通过其检测结果，为原料奶收购计价、质量监管、纠纷仲裁等提供依据，规避双方纠纷，维护双方利益。目前，我国原料奶市场混乱，建立第三方检测机构是改变这种局面的有效手段。近期可以省（市、自治区）为组织单位，特别是在奶业主产省区把第三方检测机构建立起来，有关部门要加强指导、完善政策标准、搞好试点工作。

（四）加强奶业协调管理

目前，我国奶业实行分段管理制度。奶牛养殖、乳品加工、市场销售、质量安全等环节分别由农业部、工信部、商务部、工商总局、质检总局、卫生部、发改委等10多个部门管理。由于原料奶鲜活易腐，产、加、销环节关联性极强，这种分段管理制度很难实现各个部门监管的无缝对接，往往出现监管“重叠”或“真空”，即都管或都不管的状况。奶业发达国家对于奶业采取按产品统一管理的方式。结合我国实际，从建设现代奶业产业体系的需要出发，遵循奶业一体化管理的原则，建议成立由一个部门牵头、多个涉奶部门参与的奶业协调管理委员会，定期会商，交流产、供、销情况，解决存在的问题。

（五）完善和落实各项奶业的优惠政策

我国奶业起步晚、基础不稳，加之奶牛养殖见效周期长、投资大，面临市场、疫病和自然灾害等多重风险，必须完善扶持政策，形成完整的产业政策体系，长期坚持执行，避免奶业出现大的波动。近年来，我国出台了一系列奶业扶持政策，对克服“婴幼儿奶粉事件”造成的奶业危机发挥了重要作用。但是还有些政策落实不到位，没有充分发挥政策的引导作用。建议各部门根据职责分工加强对政策落实的监管，及时了解政策执行的情况和存在问题。奶业行业有关单位要根据优惠政策的要求，用好管好各项补贴资金，使农民真正得到实惠，推进奶业的恢复和振兴。

（六）推进奶畜品种多元化

我国地域辽阔，地理气候和经济技术水平差异较大，乳肉产品市场需求潜力巨大，应该推进奶畜品种的多元化，既发展乳用的中国荷斯坦牛，又发展乳肉兼用的西门塔尔牛、新疆褐牛、奶水牛等，利用乳肉两种资源，开发两个市场，发挥两个效益，规避奶业发展中的风险。乳肉兼用型西门塔尔牛，有较好的产奶性能，乳蛋白、乳脂肪等干物质含量高于荷斯坦牛奶，又有优良的产肉性能，综合效益较高。同时耐粗饲，抗病能力强，值得因地制宜推广。在南方，我国水牛资源丰富，把它改良成为奶水牛，既能增加奶的产量，又能增加肉的产量，有利于改善“北奶南调”的局面，使全国奶业布局趋于合理。最近在云南新发现了奶肉性能优良的槟榔江水牛，为水牛改良提供了种质资源，实属大事。建议国家有关部门在培育专用奶牛品种的基础上，加强西门塔尔牛和槟榔江水牛育种工作，将其列入国家重点项目予以支持。

（七）重视牧草种植

奶牛是草食家畜，饲草饲料是发展奶业的基础，没有好草，就没有好奶。当前，我国奶牛饲草质量低，数量严重不足，制约了产奶量和原料奶质量。优质牧草适口性好、消化率高，干物质营养价值高，富含蛋白质、维生素和矿物质等多种营养物质，单位面积营养物质产出高于粮食作物。全株青贮玉米，其营养价值等同于高蛋白牧草，是草食家畜最重要的饲料来源。建议把种草养牛视为保障国家食物安全的重要举措，改粮经二元结构为粮经饲三元结构，像重视粮食一样重视牧草种植，并给予相应优惠政策。

（八）加强奶牛营养基础研究

奶牛营养基础研究是充分利用本地饲草资源、发挥奶牛遗传潜力的依据，但长期以来，我国没有做过系统的研究，与国外差距甚远，致使牛奶质量参差不齐，资源优势潜力没有得到应有的发挥。研究探索改善牛奶品质的理论与方法，已经成为我国奶业健康可持续发展的战略需求。要立足我国自身饲料资源状况，有针对性地加强奶牛营养基础性研究工作。建议国家在“十二五”期间，继续实施奶业重大科技专项，同时将奶牛营养基础研究列入国家“973”项目予以重点支持。

（九）优化乳品企业结构和布局

我国地域的广阔性和需求的多样性，决定了乳品企业的结构必然是大中小结合。既要有竞争力强的大企业集团，也要有区域性中小企业，还要有一些满足特定市场需求的微型企业。鼓励国内企业通过资产重组、兼并收购、强强联合等方式，加快集团化、集约化进程，推动产业优化升级。切实贯彻《乳制品工业产业政策》和《奶业整顿和振兴规划纲要》，支持乳品企业加强自有奶源基地建设，根据奶源基地合理布局加工企业，做到同步和协调发展。在调整优化乳品企业结构和布局的同时，建议国家加大技改资金的投入，推进企业技术改造，开发新产品，保证乳制品质量安全。

（十）开拓、培育和规范乳制品消费市场

市场需求是我国奶业发展的原动力。要大力开拓、培育和规范乳品消费市场，为奶业发展创造良好的市场环境。一是各主流媒体要把握正确的舆论导向和报道尺度，加强舆论的正面宣传引导。通过各种渠道宣传饮奶知识，培养和树立全民饮奶意识。二是加大推进学生饮用奶计划力度，建议中央和地方财政部门加大扶持力度，给饮奶有困难的学生以补贴，或给定点加工企业以税收减免。三是要加强行业自律和企业诚信体系建设。乳制品企业要有高度的社会责任感，要善待奶农，善待同行；加强乳品企业诚信体系建设，政府有关部门要在总结试点经验的基础上，尽快在全行业推广。四是切实贯彻《价格法》《食品安全法》《乳品质量安全监督管理条例》等法律法规，加强对乳制品质量安全的监管，规范生鲜乳收购和乳制品销售市场秩序。

中国奶业振兴专题调研组人员名单

组　长：

张　黎　全国政协常委、人口资源环境委员会副主任、解放军原副总

参谋长（上将军衔）

副组长：

刘成果　中国奶业协会理事长、全国政协人口资源环境委员会原副主任

成　员：

尹伟伦　全国政协人口资源环境委员会委员、中国工程院院士、北京林业大学校长

茹　克　全国政协人口资源环境委员会委员、中海油总公司原总地质师

韩修国　全国政协人口资源环境委员会委员、国有重点企业监事会原主席

黄少良　全国政协人口资源环境委员会委员、广东旭飞集团有限公司董事长、中国侨商联合会常务副会长、广东国际华商会会长

白煜章　全国政协人口资源环境委员会办公室主任

程宝荣　全国政协人口资源环境委员会办公室副主任

石秀燕　全国政协人口资源环境委员会办公室综合处处长

段启明　全国政协人口资源环境委员会办公室综合处干部

魏克佳　中国奶业协会常务副理事长兼秘书长

徐定人　中国奶业协会副理事长

公维嘉　中国奶业协会副秘书长

李　栋　中国奶业协会办公室副主任

聂迎利　中国农科院信息研究所博士

赵　伟　中国奶业协会秘书

关于立足国内开发低品位油气资源的建议

政协全国委员会人口资源环境委员会

（2009年11月）

石油和天然气作为当今世界最主要和清洁的能源，不仅在经济生活中充当燃料、动力及化工产品原料，而且在很大程度上影响着世界地缘政治格局及全球财富分配。我国要保障国内能源安全，在政治、经济上掌握主动权，就必须按照中央的要求，立足开发国内资源，把国内油、气产量维持在一定水平。2008年，我国石油供应已有约51%依赖进口，但国内石油资源并未得到充分利用。根据国土资源部的统计，截至2008年底，我国原油的技术可采储量为78.38亿吨，而经济可采储量为70.88亿吨，有7.5亿吨的储量在经济上不可采。目前，国内主力油田大多进入开发中后期，石油稳产难度大，且低品位油气矿藏占有相当大的比重，为保持国内产量不大幅缩减，尤其需要充分利用低品位油气矿藏。

为了解我国低品位油气矿藏的总体情况、存在的问题和困难，探寻提高我国油气自给能力、保障国家能源安全的可行之路，2009年8月、9月，全国政协人口资源环境委员会组织部分政协委员和国家发展和改革委员会、财政部、国土资源部、国家税务总局、国家能源局、中国石油天然气集团公司、中国石油化工集团公司有关负责同志、专家组成的调研组，赴吉林、河南两省进行了调研。通过与当地负责同志和油气田企业一线工作同志的交流、座谈，深入吉林油田、中原油田实地调研，并经过反复研究论证，调研组深感低品位油气矿

调研报告起草人：罗致明

藏开发对保障我国能源安全具有战略意义。

一、我国低品位油气资源基本情况

低品位油气资源统指品质较差、储存条件复杂、开采难度较大的油气地质储量，包括低渗透油气田、稠油（超稠油）、老油气田的剩余油、边际小油气田等。在我国已探明的石油储量中，低品位储量占比达50%以上。近几年的新增石油储量中，低品位储量占比更是达70%以上，成为新增储量的主体。低品位储量对原油产量的贡献越来越大，占近70%。但低品位资源禀赋差，经济效益差。

调研组了解到，吉林油田属于典型的低渗透、低丰度、高含水油田。目前，石油探明储量13亿吨，平均丰度仅为52万吨/平方千米，其中未动用石油地质储量4.93亿吨，平均丰度仅为38万吨/平方千米。由于开采进入中后期，含水率非常高，平均超过82%。中原油田已处于开发阶段后期，含水高、品质差，目前石油探明储量5.63亿吨，其中渗透率小于50毫达西的低渗透原油储量为2.47亿吨，占43.8%。在未动用的石油储量中，低渗透储量0.38亿吨，占88.4%。在中原油田的3646口油井中，含水大于90%的高含水井1513口，占41.5%，日产油2081吨，占油田日产的26.3%；日产油小于1吨的低产井1593口，占油田井数的43.7%，日产油1235吨，占油田日产的15.6%。

与国际上品质较好的石油资源国相比，差距非常大。如科威特的布尔甘油田，丰度为1790万吨/平方千米，是吉林油田的34.4倍；沙特的加瓦尔油田，丰度为546万吨/平方千米，是吉林油田的10.5倍。在吉林油田的未动用储量中，渗透率低于50毫达西的低渗透资源占94%，而俄罗斯从伏尔加到乌拉尔的油田，平均渗透率为520毫达西，是吉林油田的10.4倍。

2009年1~8月，吉林油田实现原油销售价格每桶50美元，实现利润总额26.4亿元。实现税费23.8亿元，税费占营业收入的

24.2%。经营活动产生的现金净流入为40.5亿元，而投资活动产生的现金净流出为45.5亿元，经营性现金净流入难以满足投资现金支出的要求。中原油田实现原油销售价格每桶50.39美元，亏损5亿元。实现税费15.2亿元，税费占营业收入的20.7%。辽河油田的原油开采完全成本已高达42.09美元/桶，高出石油特别收益金40美元/桶的征收底线。由于国际原油价格下降，加之生产的稠油、超稠油所占比重较高，实现原油销售价格仅为每桶38.74美元，辽河油田首次出现亏损，实现利润总额-6.53亿元。经营活动产生的现金净流入为20.55亿元，而投资活动产生的现金净流出为41.65亿元，现金难以满足投资需要。

二、低品位油气开发的问题与困难

（一）低品位油气矿藏投资加大，生产成本升高，经济效益较差

一是勘探难度大，勘探投资和科技投入大幅增加。低品位油气矿藏的勘探对象主要是老油田边缘、结合部的复杂断块，油藏分布隐蔽，常规的勘探方法难以发现，而且必须经过当前技术经济条件的特殊工程处理后，才能成为可采储量。2009年，中石油和中石化的勘探开发投资计划分别为1251亿元和634亿元，吉林油田和中原油田的勘探投资计划（预计总投资额）分别为78.9亿元和6.7亿元。目前，低品位油气矿藏的含水很多超过80%，稳油控水难度大，水驱采收率较低；老油井产量递减加速，稳产难度增大；未动用储量品位差、动用难度大。因此，需要加大科技投入，进一步提高采收率，改善开发效果。

二是低品位油气矿藏生产成本增加。由于低品位矿藏资源禀赋差，只能通过采取各种增产措施来提高和稳定产量，增产措施成本逐年增加带动生产成本大幅上升。以吉林油田为例，措施增油成本由2005年的981元/吨，上升到2008年的1285元/吨，增幅31%。吉林油田2009年1~8月含税完全成本为每桶42.15美元，2008年度的含税完全成本更是高达每桶 72 美元。

（二）税费负担沉重，特别是石油特别收益金负担沉重

目前的税费政策加剧了企业负担，制约了难动用储量的开采，削弱了石油企业投资能力，不利于石油行业可持续发展。2008 年中国石油公司缴纳三种税费合计 925 亿元（资源税 32 亿元、矿产资源补偿费 40 亿元、石油特别收益金 853 亿元），占油气销售收入的 19%。中国石化公司缴纳三种税费合计 354.14 亿元（资源税 8.73 亿元、矿产资源补偿费 17.1 亿元、石油特别收益金 328.31 亿元），占油气销售收入的 17.29%。如果按即将出台的新资源税 5% 的税率测算，油气资源税负还将大幅提高，约为原来的 8 倍，长此以往也不利于低品位油气矿藏的开发利用。

目前，在企业不存在超额利润的情况下征收石油特别收益金，已不合理。石油特别收益金（俗称暴利税）是为了调节石油开采企业的超额利润而征收，2006 年开征时起征点定为原油价格每桶 40 美元，而当时的美元兑人民币汇率为 1∶8.26，由于人民币升值，按照目前的 1∶6.8 的汇率折算，石油特别收益金起征点实际上已经下降到每桶 33 美元左右。但我国大部分油田的开采成本已超过每桶 40 美元，已不存在所谓的“特别收益”。2009 年 1～8 月，吉林油田和中原油田的原油销售价格均在每桶 50 美元左右，但吉林油田的利润尚不足以满足其勘探和科技投资的需要，中原油田处境更为艰难，出现了亏损。在 50 美元的原油销售价格下，资源禀赋较差的油气田企业根本不存在超额利润，甚至于出现亏损。因此，石油特别收益金已经成为低品位油气田的沉重负担。

（三）税制设计有待完善

一是税制重复设计。我国石油企业涉及的税种繁杂，部分税种性质类似。如石油特别收益金、资源税、矿区使用费、矿产资源补偿费、探矿权使用费、采矿权使用费等均属资源类税费，都与国家对矿产资源的所有权与收益权相对应，只是由于上述税费的管理机构或使用方向不同才分别设置。导致征管效率低、纳税管理成本高、难以协调一致。

二是税制缺乏差别化设计和对低品位油气矿藏的鼓励政策。目前，我国石油税制的设计是粗线条的，没有对不同资源禀赋、不同开采难度、不同使用方向等问题进行区分，缺乏对石油及其制品生产、消费行为的调节。特别是在我国目前石油供应相对短缺、大量依赖进口的情况下，通过完善石油税制，实施差别化的税收制度以促进国内石油供应能力并引导资源合理使用与消费，是当务之急。

目前，仅有矿产资源补偿费针对低品位矿藏规定了减免税优惠的鼓励性政策，而且规定较为笼统，没有明确具体的执行标准与操作方法。由于低品位矿藏的开发成本高而生产收益低，缺乏鼓励政策导致低品位矿藏在经济上不具备可采性，难以充分开发，加剧我国目前石油资源相对短缺的局势。

三、若干政策建议

为促进我国低品位油气资源的开发利用，保障油气业的可持续发展和能源安全，主要提出采取如下税收优惠政策的建议。

1. 简化并统筹考虑石油资源税制，以改革后的资源税取代现行的石油特别收益金。石油特别收益金实为“暴利税”，从历史上看，美国、英国在上世纪也曾开征过，美国 1980～1988 年征收“暴利税”期间，国内石油产量减少 16 亿桶，对外依存度提高了 8～16 个百分点，严重抑制了石油勘探开发。我国石油对外依存度已达 51%，资源状况与美国类似，美国经验值得借鉴。而且目前国内多数油气田的开采成本已经接近或高于每桶 40 美元。建议取消石油特别收益金，合并资源税与矿产资源补偿费，适当提高资源税征收标准。在没有取消石油特别收益金的状况下，不宜推出资源税从价计征。

2. 对不同类型的资源实行差别化的资源税率。鉴于石油开采难度不断加大，为鼓励低产、低渗、低丰度等资源开发利用，建议提高税收优惠幅度，对低品位油气矿藏和三次采油免征资源税。

3. 对以高科技手段开发低品位油气矿藏的支出，允许在企业所得税前加计扣除。《中华人民共和国企业所得税法》规定，开发新技术、新产品、新工艺发生的研究开发费用，可在计算应纳税所得额时加计扣除。《企业研究开发费用税前扣除管理办法（试行）》规定，企业从事《国家重点支持的高新技术领域》和国家发展改革委等部门公布的《当前优先发展的高技术产业化重点领域指南》规定项目的研发活动，实际发生的费用允许在所得税前加计扣除。考虑到我国目前油气资源相对紧缺、对外依存度较高的现状，急需采用高科技手段提高油气田产量，建议将开发低品位油气矿藏列入《国家重点支持的高新技术领域》和《当前优先发展的高技术产业化重点领域指南》，实行所得税加计扣除。

4. 对低品位油气矿藏或以特定方式开采的油气资源，实行增值税先征后返。近年来，国家为了促进非常规资源开发，促进资源充分利用，出台了对煤层气的一系列优惠政策。《关于加快煤层气抽采有关税收政策问题的通知》（财税〔2007〕6 号）规定，对煤层气抽采企业的增值税一般纳税人实行增值税先征后退政策，专项用于煤层气技术研究和扩大再生产，且退还的增值税不征收企业所得税。考虑到低品位油气矿藏属于特殊类型资源，勘探开发难度大，而且对于我国能源供应具有重大战略意义，建议比照煤层气优惠政策，对低品位油气矿藏或以特定方式开采的油气资源，实行增值税先征后返。

5. 将石油行业专用设备补充到企业所得税的优惠目录中。将石油企业购置用于环境保护、节能节水、安全生产等专用设备补充列入财政部、国家税务总局等部委下发的《环境保护专用设备企业所得税优惠目录》、《节能节水专用设备企业所得税优惠目录》、《安全生产专用设备企业所得税优惠目录》，并享受企业所得税抵免政策。

6. 对部分进口设备材料免征关税。为加快提高国内低品位油气矿藏的开采技术水平，对用于低品位油气矿藏开采而国内无法生产的设备、材料，在进口时免征关税。

7. 将低品位油气矿藏的开发行为，列入国家鼓励的《资源综合利用企业所得税优惠目录》，并减按90%计入收入总额。为实现科学发展、可持续发展，建议国家对于这种天然条件不良、低品位油气田的开采给予更优惠的政策支持，鼓励对低品位油气田的开采，延长生产周期，一是可以多产油保证国家能源安全；二是实现资源充分开发利用。

8. 将油气管道列入《公共基础设施项目企业所得税优惠目录》。企业所得税法规定，从事国家重点扶持的公共基础设施项目投资经营的所得，可以免征、减征企业所得税。由于油气管道的投资建设与国家经济发展与人民生产生活息息相关，建议将油气管道列入《公共基础设施项目企业所得税优惠目录》，促进我国油气管道的建设与发展。

低品位油气资源开发专题调研组名单

组　长：

李　元　全国政协人口资源环境委员会副主任，国土资源部原党组副书记、副部长，国家土地原副总督察

成　员：

马富才　全国政协人口资源环境委员会委员，原国家能源办副主任

李铁军　全国政协人口资源环境委员会委员，国务院南水北调工程建设委员会办公室原副主任

贾承造　全国政协人口资源环境委员会委员，中国石油学会理事长，中国石油天然气股份有限公司原副总裁，中国科学院院士

王训练　全国政协人口资源环境委员会委员，中国地质大学（北京）副校长、地球科学与资源学院副院长

严慧英　全国政协人口资源环境委员会委员，九三学社中央委员，奥斯卡利亚集团董事长

李烈荣　全国政协人口资源环境委员会委员，三峡库区地质灾害防治

工作领导小组办公室主任

肖燕军 全国政协人口资源环境委员会委员，农工民主党中央委员会组织部部长

茹　克 全国政协人口资源环境委员会委员，中国海洋石油总公司原总地质师

舒兴田 全国政协人口资源环境委员会委员，中石化石油化工科学研究院副总工程师，中国工程院院士

许昆林 国家发展和改革委员会价格司副司长

陈先达 国土资源部地质勘查司副司长

邓　奎 国家能源局综合司副司长

赵政璋 中国石油天然气股份有限公司副总裁

李　阳 中国石油化工集团公司油田勘探开发事业部副主任

赵传香 中国石油天然气股份有限公司财务部副总经理

程行云 国家发展和改革委员会价格司石油天然气价格处处长

罗致明 全国政协人口资源环境委员会办公室资源处处长

查艾军 财政部经济建设司调研员

梁　伟 国家税务总局财产行为税司处长

袁泽军 国家税务总局财产行为税司副调研员

缪　勇 中国石油天然气股份有限公司财务部税收价格处处长

黄金山 中国石油化工集团公司油田勘探开发事业部开发处副处长

关于将乌梁素海湿地作为加强民族团结的国家重点生态工程项目的调研报告

政协全国委员会人口资源环境委员会

（2009 年 12 月）

为落实贾庆林主席关于人民政协要为加快民族地区经济社会发展和生态文明建设积极参政议政的重要指示，以全国政协人口资源环境委员会副主任刘志峰为组长，全国政协常委王光谦、委员李铁军为副组长的乌梁素海湿地保护与发展专题调研组于 8 月到内蒙古巴彦淖尔市黄河灌区进行实地考察。作为全国政协的重点调研课题，有关委员和专家用了大量精力研究乌梁素海保护和发展问题。在实地考察的基础上，于 10 月中旬至 12 月上旬又相继组织专家和委员进行了三次较为系统的论证，并广泛征求了各方面的意见和建议。调研组认为，应按照中央加强民族地区工作的统一部署，紧紧把握扩大内需和加大民族地区工作力度的历史性机遇，及时把乌梁素海湿地的保护和发展上升为国家战略，将其定为加快少数民族地区经济发展的国家重点工程项目。

一、乌梁素海地处少数民族地区，具有特殊的生态地位

乌梁素海蒙古语意为“红柳湖”，位于内蒙古自治区巴彦淖尔市境内，呼和浩特、包头、鄂尔多斯三角地带的边缘，是内蒙古河套灌

调研报告起草人：白煜章

区的天然排泄区和滞洪区。河套灌区是全国三大特大型灌区之一，是国家重要的粮食生产基地，每年引黄水量50亿立方米。其周边和阴山山脉地区是蒙古族、满族等少数民族聚居地，经济发展相对滞后，贫困人口较多。虽然改革开放以来有了较大发展，但在内蒙古仍属较为贫困地区。

乌梁素海是我国八大淡水湖之一。原水域面积1200平方千米，曾经水质优良，湖区烟波浩渺，风景秀丽，鱼类资源极为丰富，是内蒙古自治区第二大渔场，每年鱼产量达500万吨，其中名贵的黄河鲤鱼占到50%。那时候，河套地区人民尽享“鱼欢鸟翔”之快乐。但是，由于过去几十年忽略环境保护，沿用粗放型的发展模式，造成乌梁素海水域面积锐减，致使水域面积萎缩到目前的293平方千米，总库容3.2亿立方米。乌梁素海是黄河流域最大的岸边湖泊，也是我国北方地区重要的湿地生态屏障和鸟类栖息繁衍地，目前湖区有鸟类180多种，600多万只，白尾海雕、玉带海雕等五种鸟被列为国家一级保护动物。2002年，这一地区被国际湿地公约组织正式列入重要湿地名录。这里向西是我国四大沙漠之一——乌兰布和沙漠，向西南是腾格里沙漠，东南是肥沃的土默川平原，乌梁素海横亘在它的中间，形成了生态绿洲，是阻止乌兰布和沙漠、腾格里沙漠东进的天然屏障。对调节西北、华北、东北，特别是包头、呼和浩特、北京、天津的气候具有非常重要的作用。目前水质污染严重，经监测为劣五类水，湖内水生植物达230万吨，成为世界上典型的重度富营养化的草型湖泊，明水面几乎全部被沉水植物充塞，湖底以每年6~9毫米的速度提高，据专家预测，如不加快抢救治理，乌梁素海将在近年消失。如果乌梁素海一旦消失，土地沙化将更加严重，沙漠将长驱直下，加剧北方地区沙尘暴灾害。

调研组了解到，乌梁素海是全球荒漠化、半荒漠化地区极为罕见的具有生物多样性和环保多功能的大型草原湖泊，对于维护我国生态稳定，保护物种多样性起着举足轻重的作用。这里还是重要的黄河灌区，确保黄河内蒙古河段枯水期不断流的重要水源补给库，也是黄河凌汛期以及当地局部暴雨洪水的泄洪库，对于维系黄河水系安全有着巨大的不可替代的作用。

调研组认为，党中央、国务院对乌梁素海保护和发展一直高度重视，全国政协委员积极献计献策，特别是对黄藻的治理，在国家的大力支持下，经过内蒙古自治区党委、政府和广大群众的共同努力，到今年8月底，1.6万亩黄藻基本消失。鉴于乌梁素海地处民族自治地区的特殊区位，在生态环境系统中的特殊作用，希望国家将该湿地的保护与发展放到经济社会发展全局的高度予以统筹考虑。

二、乌梁素海生态脆弱及周边发展滞后，首先直接影响蒙古族群众的生活水平提高，进而影响汉蒙民族团结和内蒙、北京的环境质量与经济社会发展

调研组通过进湖、入村和召开座谈会等多种形式了解到，巴彦淖尔市各族群众同全内蒙古一样，自觉维护中央权威，拥护共产党的领导，以邓小平理论、“三个代表”重要思想为指导，深入落实科学发展观。这里的统战和政协组织积极发挥促和谐、保稳定作用，干群关系、社会关系、阶层关系良好，特别是党的十六大提出以科学发展观统揽经济社会发展全局以来，汉蒙群众和睦相处，聚精会神搞建设，一心一意谋发展。

调研组认为，如果不下决心解决乌梁素海水质污染、生态脆弱和由此产生的经济社会问题，极可能加大地区不平衡，引发新的民族矛盾，制约农业经济、工业经济健康发展等一系列问题。经过党和政府艰苦努力、来之不易的民族和睦局面将面临严峻挑战。

第一，居住在乌梁素海周边及乌拉特草原上的蒙古族群众，随着水面缩小和草原退化，将逐步失去赖以生存的家园，势必形成引起民族纠纷的客观诱因。

第二，乌梁素海在整个黄河灌区中具有举足轻重的地位，作为重要的小麦、水稻、玉米主产区的河套农业经济带，一旦因乌梁素海水

质全面恶化或严重缺水，区域粮食安全危机将不可避免。

第三，包头作为国家战略工业基地，连同呼和浩特等地的工业走廊，在很大程度上依赖乌梁素海河套水系的供养。如果乌梁素海蓄水供水能力再急剧下降，及水质污染加重，向黄河退水时，必然造成干流河段内突发性水污染事件，下游90千米处的包头市和包钢的取水水源地供水将全部中断，包钢将面临被迫减产或停产。类似2004年“6·26”瞬间污染事件将再度发生，与之相关联的工业生产链以及相关城市也将受到不同程度的影响，经济损失会以千亿计。

第四，乌梁素海的生态问题不同程度地影响着京、蒙、甘、宁等地环境质量，影响气候变化。据有关部门统计，乌梁素海通过蒸腾作用向大气补水3.6亿立方米，对改善我国西北地区气候条件有着非常重要的作用。通过渗漏，补给周边地下水0.66亿立方米。每年进入乌梁素海的工业及生活污水多达3500多万吨，河套地区每年施用农药量为1500多万吨，化肥50多万吨。总氮、总磷、氨氮和化学耗氧量常年处于超标状态，导致湖泊严重富营养化，水域生态环境恶化，而且还将影响蓄水防洪能力。如果失去乌梁素海，该地区将因失去涵养水源而加速荒漠化，形成新的沙尘暴发源地，进而对京津冀地区的生态安全形成新的威胁。

三、从落实党的巩固民族团结、维护社会稳定的大政方针的高度，把乌梁素海湿地列为国家重点生态建设工程项目的几点建议

调研组对乌梁素海所在周边地区资源环境优势作了系统分析：巴彦淖尔2003年12月经国务院批准撤盟设市，为乌梁素海的保护与发展提供了战略机遇。调研组认为，乌梁素海不能再走把环保与发展对立起来的老路子，必须以科学发展观为指导，坚持在发展中保护，通过加快发展，实现可持续的保护。这个地区中部的1万多平方千米山地矿产资源富聚，有优质的金、铜、铅、锌和煤炭，与蒙古人民共

和国接壤的地带更为丰富，且便于开采和运输；北部乌拉特高原绵延3.8万平方千米，天然草场7200多万亩；腹地河套平原1.6万平方千米，引黄有效灌溉面积860多万亩，是亚洲最大的一首制流灌区；风力资源、太阳能资源具有独特优势，绿色低碳产业方兴未艾。要实现这一地区又好又快发展，必须着眼于民族团结这个大局，紧紧牵住保护和发展好乌梁素海这个牛鼻子。具体建议如下：

1. 建议从巩固民族团结，维护社会稳定，保护母亲河和边境安全的高度，把乌梁素海保护与发展作为在少数民族地区的国家大型社会公益项目，尽快开工建设。根据经专家论证和当地实际规划需要的测算，水生态恢复需要国家投资35亿元，周边环境综合治理需投资30亿元，交通基础设施需投资20亿元，改善人居环境需投资15亿元。该项目应列入国家主体功能区重点发展规划，并同期享受国家对大江大湖治理的优惠政策。建议国家对乌梁素海地区生态环境保护和经济社会发展给予重视和支持，以期实现用大生态项目带动跨跃式大发展的目标。建议由国家发改委、财政部、环保部、水利部、农业部和国家林业局会同内蒙古自治区政府尽快编制乌梁素海生态保护与经济社会发展总体规划。

2. 建议由国土资源部统筹考虑加大对阴山，特别是中蒙边境地段的矿产勘探开发力度，作为落实中央关于立足国内资源，满足经济社会发展需求的重要基地。

3. 建议水利部支持河套灌区实行水权改革，加大河套灌区节水改造与续建配套力度，积极推行水权置换，实行农业节水的目的。

4. 建议加大科技支撑和社会建设力度，由科技部、中国科学院、中国工程院、中国社会科学院等部门，按照乌梁素海经济社会发展的长远需要开展专项支持。加快产业升级和结构调整。

5. 建议加大金融支持力度，批准设立乌梁素海保护基金，发行债券，创造条件整合上市。

6. 建议尽快建设国际生态教育基地，考虑到乌梁素海在国际上的地位和对我国青少年开展生态环境教育的需要，由国家投资分别兴建鸟类博物馆等公益设施。

7. 建议改善交通条件，规划建设巴彦淖尔—乌梁素海联接北京及周边城市的轻轨交通线，并修建经济适用的支线机场。

8. 建议加大对发展旅游产业的扶持力度。请国家旅游局将乌梁素海列入国家重点旅游景点，争取进入国际旅游热点地区行列；请外交部、海关总署尽早全面开放甘其毛都口岸，对前来乌梁素海的国外客户和游人实行免签证。

乌梁素海湿地保护与发展专题调研组人员名单

组　长：

刘志峰　全国政协常委，人口资源环境委员会副主任，原建设部副部长、党组副书记

副组长：

王光谦　全国政协常委，人口资源环境委员会委员，民盟中央常委，中科院院士，清华大学水利水电工程系泥沙研究室主任

李铁军　全国政协人口资源环境委员会委员，国务院南水北调工程建设委员会办公室原党组成员、副主任

成　员：

倪晋仁　全国政协人口资源环境委员会委员，北京大学环境工程研究所所长

白煜章　全国政协人口资源环境委员会办公室主任

王文松　国家发改委项目评估中心主任

肖　红　国家林业局湿地办公室处长

李代鑫　中国农业节水协会常务副会长

卞戈亚　中国水利水电科学研究院工程师、博士

刘晓岩　黄河水利委员会水文局副总工程师
刘新峰　住房和城乡建设部办公厅干部

关于加强长江流域城市饮用水源建设与保护的建议

政协全国委员会人口资源环境委员会

（2009 年 12 月）

2009 年 10 月，在全国政协人口资源环境委员会的参与和指导下，由云南省政协主办，青海、四川、贵州、重庆、湖北、湖南、江西、安徽、江苏、上海及成都、武汉、南京等省、市政协联合举办的长江流域 14 省市政协长江水环境保护第九次研讨会在昆明市召开。全国政协人口资源环境委员会、长江流域各省市政协和政府有关单位负责人出席了研讨会，就城市饮用水源建设与保护工作提出了意见和建议。

长江流域在我国经济社会可持续发展中占有极其重要的战略地位，聚居着我国三分之一的人口。近年来，在中央和国家有关部门的重视支持下，沿江省市主动采取相应措施加大水污染防治力度，实施了一批长江水污染重点治理工程，取得了一定的成效。在对全国七大水系的监测中，长江、珠江饮用水源水质好于松花江、辽河、海河、淮河、黄河。

但是随着长江流域经济快速发展，人口不断增加，各种污染活动日益加剧，长江流域城市饮用水安全形势面临着越来越大的挑战，在许多地区水源安全已经受到严重威胁，大力加强长江流域城市饮用水源的建设与保护工作，已经刻不容缓。

调研报告起草人：魏沛

一、长江流域城市饮用水源建设与保护面临的困难问题

1. 流域城市饮用水源建设与保护难度大、形势严峻。长江流域城市饮用水源建设与保护，干流总体好于支流、中下游好于上游、河道型好于湖库型。天然林保护工程实施以来，长江上游植被覆盖有一定改善，但目前宜宾以上流域的水土保持、涵养水源和调节水文等生态功能还很有限，上游一些流域、河段还常出现断流、脱水。近年来，汇入长江的污染物绝对排放量逐年增加，长江水体劣于Ⅲ类水的断面已达38%，比8年前增加了20.5%。沿江的工业污染和城市生活污染还没有得到有效的控制，城市水危机集中暴发的隐患未能消除。饮用水污染突发事故增多，严重威胁着人民群众的健康安全。流域农业农村的面源污染治理难度大，氮、磷排放负荷占长江流域的20%以上，已经超过工业污染。

2. 管理体制和治污设施不适应保障饮用水源安全需要。水污染控制和管理缺乏流域区域协调合作机制，城市饮用水源区已从局部污染向流域蔓延，导致整个流域水质逐步退化。我国各级政府涉水、管水部门机构重叠、职能交叉，责权混乱、主体不明，对水资源综合协调管理能力弱。城市污水、生活垃圾处理设施技术落后，管网老化破损，营运管理能力弱，防范措施不力，治理旧账未还、又欠新账。另外，水源保护区划分范围不尽合理、管理跟不上；水源地监测网站不完善，监测项目执行规范不统一，且信息不能共享；饮用水安全应急预警体系不健全，应急反应和处置能力不强。

3. 对流域水源污染防治的认识和投入不足。现行的经济社会发展长远规划是以行政区域制定的，缺乏国家层面的宏观统筹，更缺乏流域的综合协调。各地方往往着眼于区域经济利益发展目标，对流域水污染治理的严峻形势认识不足，对水污染的根源、成因和规律把握不准。在政策导向上不能从流域全局的角度进行系统的协调筹划和综合防治。各级政府的环境投入主要集中在城市，对农村地区投入较

少；对流域下游投资较多，上游投资明显不足；对末端治理投资较多，对源头预防重视不够；对调水、水库等工程措施考虑较多，对水污染的源头治理关注不够，难以实现标本兼治。

4. 饮用水法律法规体系还不完善。我国饮用水保护法律层次不高，没有国家层面上的、系统的法律。现行法律法规科学性、协调性、系统性不足，对地下水水源保护和农村饮用水关注较少，对自然污染源防治规定较少，对饮用水应急和节水制度考虑较少。在饮用水水源保护、地下水水资源利用及保护、跨界水源地管理、水源地污染处罚措施和流域生态补偿等方面的法规、政策还较薄弱，惩处力度不够、处罚幅度低，导致违法成本低、治理代价高。

二、加强长江流域城市饮用水源建设与保护的建议

1. 中央和地方政府在制定国民经济社会发展总体规划中，要重视对长江流域城市饮用水源建设与保护并加大投入。国家应尽快制定《长江水资源保护总体规划》，全面协调长江流域的产业布局。在"十二五"、"十三五"等中长期规划中，应对长江流域经济欠发达地区的城市环境基础设施建设、水污染防治重点工程等方面加大资金和政策的扶持。地方政府应把饮用水源建设与保护，纳入经济社会发展总体规划和城镇建设规划，统筹管理、同步实施。积极落实水污染防治各项配套资金，推进水务改革和水价政策合理调整，促进水污染治理和饮用水源地建设与保护。

2. 适应经济社会发展和改革的要求，制定符合国情的饮用水安全保障法律法规。借鉴发达国家经验做法，把现行零散分布涉及饮用水的法律法规和条文，整合、修改完善成完整的、系统的、协调的和权威的专门法律，建立水资源保护法律保障体系，尽快由全国人大常委会制定、通过《国家饮用水安全法》。由国务院制定《长江流域水资源与水环境保护条例》，规范长江水资源开发、综合利用、流域管理、环境保护、污染治理等。严格城市饮用水源保护区的环境监测、

监控，依法查处饮用水水源保护区内的违法排污行为，杜绝违法成本低、治理代价高的现象。

3. 尽快研究出台流域生态环境补偿政策，逐步健全城市饮用水资源有偿使用机制。继续实施天然林保护工程，适当提高政策优惠幅度。巩固退耕还林成果，加强育林和管护。按照谁污染、谁治理，谁破坏、谁赔偿，谁保护、谁受益的原则，研究制定生态补偿长效机制和政策。探索建立国家初始水权分配制度、水权转让制度和反哺制度，考虑从流域水电开发和南水北调受益业主和地区收益中，按一定的比例提取反哺上游库区和水源涵养区。健全流域上下游水资源利益共享和污染处罚、赔偿机制，对水源区经济社会发展给予扶持和优惠，实现水源地经济社会的可持续发展。

4. 尽快批准并实施《全国城市饮用水源地环境保护规划》，构建城乡一体化的水环境保护监督管理体系。加快全国水资源综合规划、流域综合规划等编制工作，建立和完善长江流域水功能区管理制度，强化功能区的水质监测和入河排污口管理，加大污染物总量排放的控制和监管力度。加大流域城镇污水及生活垃圾处理设施的建设力度，提高处理能力和标准，确保正常经营和运行。制定具有激励机制的农业农村面源污染防治政策和城市生态林业产业化发展政策。推进流域及水源区周边的农业产业结构调整，建立完善绿色农业生产体系，推广绿色农产品生产技术，打造流域循环经济示范区、现代农业示范区和统筹城乡发展示范区，综合控制农业农村面源污染。

5. 加强城市饮用水水质安全评估调查和监测体系建设，为城市饮用水源水事纠纷的调解和司法裁决提供依据。加强环境监测专业队伍和技术能力建设，改进环境监察的手段和方法，为确保水源区水质安全提供保障。加强长江流域水环境安全基础科学研究，关注气候变化对长江流域水环境的影响，建立必要的安全决策支持系统，及早制定应对洪水、干旱、风暴和冰雪等灾害的措施。健全和完善城市饮用水源应急预警机制和污染处罚、赔偿机制。制定和完善城市饮用水源应急预案，确保城市饮用水的安全。

6. 推进流域管理体制改革，理顺和明确各职能部门职责，加强区域协调与合作。建立流域地方水质达标行政首长负责制和上下游交界断面水质合格交接责任制，实现流域排污总量控制目标。探索“政府调控、民主协商、部门协调、市场运作、公众参与、互惠互利、实现多赢”的流域水资源优化配置和集约化管理机制，通过综合运用经济的、法律的、行政的和市场的手段协调流域上下游、左右岸、干支流、河道内外、地方与流域、区域与行业、局部与全局、当前与长远的利益关系，实现城市饮用水资源的合理配置和永续利用，促进流域人水和谐发展。

中国首届人口资源环境发展态势分析会篇

关于全力做好就业工作
积极应对金融危机的分析

在全国政协近日召开的“中国首届人口资源环境发展态势分析会”上，我国人口形势对经济、社会发展的巨大影响成为与会代表分析的重点。尤其是当前社会广泛关注的就业形势，在国际金融危机的背景下，日显严峻。解决就业问题，既是经济发展水平的体现，也是促进经济平稳较快发展的手段。因此，分析会建议采取强化政府服务、稳定企业就业岗位、以创业带动就业等措施，全力做好就业工作。

一、关于当前面临的严峻形势的分析

我国是世界上人口和劳动力最多的发展中国家，人口基数大、劳动力资源数量大、农村劳动力向城镇转移的规模大、困难群体大，结构性矛盾突出的“四大一突出”的基本国情，决定了做好就业工作是一项长期而艰巨的任务。

特别是在当前，受国际金融危机的影响，已有一批中小企业关停倒闭，就业岗位大量流失，用工需求急剧下降，并且这种不利影响正逐步扩大，出现由沿海地区向中西部地区、由外向型生产企业向内向型各类企业、由劳动密集型中小企业向规模以上大中型企业、由农民工向城镇劳动力特别是高校毕业生蔓延的趋势。尽管各级政府已经出台了力度较大的刺激经济措施，但从上述趋势判断，不利影响难以在短期内消除，2009 年的就业形势十分严峻。

1. 劳动力供大于求的矛盾将进一步加剧。全国城镇新增劳动力 1300 多万人，加上需要就业的下岗失业人员 800 多万人，以及其他人员300多万人，2009年需要安排就业的达2400万人，而经济增长拉动就业的能力降低，用人需求明显减少，供求缺口将进一步加大。

2. 高校毕业生就业难和城镇困难群体的就业问题将更加突出。2009年应届高校毕业生将达到610万人，加上历年没有就业人员，超过700万毕业生需要解决就业问题。从目前情况看，用人单位招聘意愿明显下降，使高校毕业生就业问题更加尖锐，直接影响就业局势的稳定。与此同时，由于企业裁减人员的现象还在蔓延，就业转失业人员和零就业家庭将进一步增加，长期失业者、各类困难人员和残疾人就业将更加困难。

3. 农民工特别是失地农民工的就业问题将造成较大压力。目前，受经济形势影响，部分农民工提前返乡，但相当一部分农民工，特别是失地农民已无法留在农村从事农业生产，因此预计2009年春节过后农民工还将集中进城寻找新的就业机会。由于企业用工需求下降、岗位不足以及部分农民工技能素质难以适应产业升级的要求，有可能出现大量农民工无业可就滞留城市的现象，给就业工作乃至社会稳定造成巨大压力。

根据上述分析，在2009年经济形势和就业形势都有许多不确定的因素，必须做最困难的思想准备，实施更加积极的就业政策，提前制定对策措施和应急预案，确保就业局势基本稳定。

二、积极采取有效措施，全力做好就业工作

就业是民生之本，促进就业是安国之策。应对国际金融危机影响的关键时期，只有以人民群众最关心、最直接、最现实的就业问题作为出发点和落脚点，才能找到解决问题的有效途径。按照中央经济工作会议的要求，在经济增速放缓、拉动就业能力减弱的情况下，确保就业局势基本稳定，其任务更重，责任更大，要求更高。应积极采取有效措施：

1. 千方百计扩大就业，努力稳定就业局势。扩大和稳定就业，

关键在政府。各级政府要切实把促进就业摆在更加突出的重要位置，统筹协调财政政策、货币政策、产业政策和就业政策，充分发挥政府投资和重大项目带动就业的作用，通过扩大内需拉动更多就业。要完善相关政策，鼓励发展劳动密集型产业和各类服务业，扶持中小企业和微型企业，支持和引导非公有制经济发展，增加就业岗位。

2. 采取多种措施帮助企业渡过难关，稳定就业岗位。必须明确，在当前特定情况下，保企业就是保岗位，保岗位就是保就业，保就业就是保民生，保民生就是保稳定。要加强失业调控和失业预警，鼓励国有企业带头承担社会责任，尽量减少裁员。要暂缓调整企业最低工资标准，并指导企业实行灵活工时制度，稳定员工队伍。要通过降低保险费率和暂缓缴费等措施，减轻企业负担和支持困难企业渡过难关，从源头控制失业。

3. 积极推动以创业带动就业工作，优化创业环境。创业是最积极的一种就业形式，是发挥劳动者自主性、能动性就业的重要途径，在当前更是做好就业工作的一个重要任务和主要增长点。进一步完善支持创业的财税、金融、工商、场地等政策体系，改善创业环境。要强化创业培训，扩大培训范围，改善培训质量，提高创业成功率。要加强创业服务，在提供有效创业指导服务的同时，有针对性地解决资金、场地等问题，帮助劳动者自主创业并带动更多就业。要指导地方加强创业意识培养和创业观念宣传，营造全民创业的氛围。

4. 加强指导和服务，努力做好高校毕业生就业工作。要进一步完善相关政策，广开就业门路，疏通就业渠道，鼓励中小企业积极吸纳高校毕业生，鼓励和支持高校毕业生到基层就业，到企业就业，鼓励其自主创业。要改进对高校毕业生的就业服务和就业援助制度，特别是对困难家庭高校毕业生，要提供有针对性的就业服务和“一对一”就业援助，帮助其尽快就业。

5. 强化政策扶持和就业服务，统筹做好各类人员就业工作。要加大积极就业政策的贯彻落实力度，及时将下岗失业人员纳入登记失业人员范围，开展有针对性的就业服务，促进其尽快实现再就业。要加大就业援助力度，大力开发公益性就业岗位，积极帮助就业困难群众和零就业家庭人员实现就业。

6. 实施特别职业培训计划，加强人力资源开发。要充分运用就业专项资金和失业保险基金，加强对企业职工岗位培训、城镇下岗失业人员的再就业培训、以及对农民工的技能培训和对农村初高中毕业生的劳动预备制培训，通过适当延长培训期限，缓解就业压力；同时，逐步把经济增长真正转到依靠科技进步和劳动者素质提高的轨道上来。

（本文根据人力资源和社会保障部就业促进司司长于法鸣和部分全国政协委员发言稿综合整理）

关于加快集体林权制度改革、加大林业投入对妥善安置返乡农民工就业、扩大国内需求重要作用的分析

根据党中央、国务院关于扩大内需、保持国民经济平稳较快发展的战略部署，全国政协组织政协委员、有关专家和有关部门的负责同志，召开“中国首届人口资源环境发展态势分析会”，以人口资源环境为基础，就拉动内需、保障就业、维护社会稳定进行深入研讨。经过与会人员的分析研究，一致认为，全面推进集体林权制度改革，把25亿亩集体林地尽快全部承包到户，这将为农村提供3600万个就业岗位。加大林业投入，加强林区基础设施建设，对于返乡农民工务林就业、培育森林资源、发展林业产业、开发林下经济、增加农民收入、拉动国内需求、维护社会稳定，在当前具有特别重要的意义。

一、对当前我国林业发展态势的分析

（一）基本状态

1. 林业效益显著。2008年全国林业总产值将达到1.45万亿元，林产品贸易额有望突破700亿美元，我国已跃升为林产品生产大国和贸易大国。人造板、木地板、家具等产量居世界第一。全国林业从业人员达4500万人。

2. 集体林权制度改革已对农民就业增收发挥了突出作用。《关于全面推进集体林权制度改革的意见》颁布后，各地各部门积极稳妥地推进改革。目前，福建、江西、辽宁、浙江、云南5省已基本完成主体改革，河北、安徽、河南、湖北、湖南、重庆、四川、贵州8省市已全面推开主体改革，其他省区市都在积极开展改革试点。改革后，

亿万农民真正成了山林的主人，获得了重要的生产资料和发家致富的创业平台，不少农民的家庭财产增加了几万元甚至几十万元，极大地调动了农民植树造林、发展产业、开发林下经济的积极性，林业收入大幅度增加。辽宁省有1200万农民经营林业，收入明显增长。浙江省安吉县林业产值已达50亿元，农民人均收入达9600元，其中50%以上来自林业。新疆阿克苏、喀什等地把林果业作为实现农民人均收入8000~10000元的抓手，若羌县已实现农民人均红枣纯收入5670元。江西省林权抵押贷款余额30亿元，40.9万农民工返乡务林，江西省崇义县老上访户陈芳栋过去生活十分贫困，现在经营山林296亩，仅竹材一项年收入就达4.1万元，为改革前的8.7倍，他激动地写了一副对联："明晰产权利如晓日腾云起，放活经营财似春潮带雨来"，横批是："党恩浩荡"。集体林权改革推动了各地产业的发展，产业的发展又带动了就业的增加，农民工返乡务林，实现了不离乡，能就业，不砍树，能致富。

（二）当前面临的挑战

林业建设仍然是我国经济社会发展中最薄弱的环节。据专家分析，正在蔓延的国际金融危机对我国林业特别是对林产品加工和出口企业带来了严峻挑战。主要体现在三个方面：一是林产品出口总量下降。2008年1~9月，我国主要林产品出口额为418.5亿美元，虽然增加了13.47%，但与前一年相比，增幅明显下降。特别是家具、木制品、木地板下降60%以上。二是林产品价格下降。国产原木价格约下降30%，人造板价格约下降25%，家具、木制品、木地板出口价格下降30%以上。三是部分加工和出口企业倒闭，产能减少，工人失业。据广东省家具协会统计，广东已倒闭中小家具加工企业300多家。广东省大约70%的内销家具加工企业缩减了30%的产能。随着金融危机的加深，对我国林业的影响还有可能加重。

二、关于加快林权制度改革，加大林业投入对扩大农民就业、拉动内需重要作用的分析

（一）全面推进集体林权制度改革，可为农村提供3600万个就业岗位

目前，我国农民工已接近2亿人。金融危机对我国造成最可怕的后果就是大量农民工失业。林业是农民最熟悉、最直接、最适宜的就业方式。在已经完成集体林权制度改革的地方，已经出现了农民工主动返乡务林的可喜现象。

据不完全统计，福建、江西、云南三省已有约百万农民工返乡务林。据调查，农民工在城里务工，一般月收入1500元到2500元左右，除去吃住、交通费用的开支，剩余的并不多。而回乡务林，没有住宿、交通开支，吃饭开支很小。在精心培育森林的同时，还可以大力发展森林旅游以及林下经济，以福建为例，林权改革后农民来自林业的收入以30%左右的速度增长，生活水平大幅度提高。务林的净收入比在城里务工更高。

当前，应尽快召开中央林业工作会议，对全面推进集体林权制度改革作出进一步部署。我国山区面积占69%，山区人口占56%。25亿亩集体林地中还有18亿亩没有承包到户，按照人均经营50亩计算，可提供3600万个农村就业岗位。农民可以培育种苗、植树造林、抚育森林，种植药材、花卉，发展特色经济林、食用菌以及林下养殖等林下经济。这对大量农民工返乡就业、维护社会稳定将发挥十分重要的作用。

集体林权制度改革后，还应继续完善各种政策：实行林木良种补贴；建立林权抵押贷款制度；扩大林业贴息贷款规模；将森林保险纳入政策性补贴范围；完善森林生态效益补偿机制，扩大补偿范围，提高补偿标准；提高造林补助标准；进一步完善林产品出口退税政策等。

（二）启动实施森林经营工程，并增加森林经营投入，可望全面提升我国森林资源的质量效益

目前，我国森林平均每公顷蓄积量仅为84.7立方米，森林生长量仅为世界平均水平的50%。加强森林经营，提升森林质量，增加森林蓄积量，是维护我国木材安全和生态安全最有效的途径。1956年奥地利森林平均每公顷蓄积量为151立方米，通过加强森林经营，到1996年达到295立方米，增长了1倍。如果通过加强森林经营，将我国单位面积森林蓄积量提高到世界平均水平，就可增加森林蓄积量约60亿立方米。

另外，日本森林经营的成本每亩已达4133元人民币，而我国只有造林投入，没有森林经营的投入。以扩大内需和低成本投入为契机，启动实施森林经营工程，每亩投入200元，每年对1亿亩中幼林进行抚育改造，这样既可增加农民收入，又可提高森林抵御自然灾害及病虫害的能力，还可增加森林碳汇和木材产量，一举多得。

（三）加强林区道路等基础设施建设，可以切实改善山区民生

长期以来由于国家对林业采取“多取少予”的政策，历史欠账很多，林业基础设施很差，仅全国4666个国有林场，就有486个不通公路、170个不通电、575个不通电话，1575个存在饮水安全和吃水困难问题。国有林区和国有林场有61.66万户棚户区需要改造，国有林场还有13.8万户危旧房需要改造。同时，林区道路是我国林区基础设施最薄弱的环节。据统计，发达国家每公顷森林路网密度为8~10米，我国仅为1.5米，极不利于森林防火和实行集约经营，也严重影响林业职工和林农群众的生活，急需加大林区道路等基础设施建设的投入。加大林区基础设施建设，既有利于森林防火、改善林区生产生活条件，又有利于拉动内需。

（四）保护国有林区，有利于维护我国粮食安全和生态安全

当前，东北、内蒙古重点国有林区主要存在两大突出问题：一是森林资源枯竭，严重过量采伐。二是林区政企不分，社会负担沉重。这是造成林区资源危机、经济危困的根源。应抓住木材价格下降和扩大内需的时机，进一步调减东北、内蒙古重点国有林区木材产量，逐步调减木材产量，每年调减100万立方米，年投入只需10亿元，4年即可调减到位，这样就可使年木材产量控制在合理采伐量之内，并可以此为契机，推进政企分开，彻底解决长期制约我国国有林区发展的难题，恢复国有林区的生机和活力。

（五）大力培育市场需求旺盛的新兴林业产业，能够确保积极维护我国食用油安全和能源安全

我国是食用植物油消费第一大国，其中约60%依靠进口。油茶是我国特有的高级食用油料树种，其品质超过了被誉为“液体黄金”的橄榄油。过去，油茶亩产只有3～5千克，经过科研改良后，现在油茶新品种亩产可达75千克。如果用新品种对我国现有5000万亩油茶林进行改造，亩产达到50千克以上，能够为我国提供近30%的食用植物油，可腾出7500万亩耕地用来种植粮食作物。

同时，发展森林生物质能源是国际社会缓解能源危机的战略选择。据国际能源机构预测，到本世纪中叶，各种生物质能替代燃料将占全球总能耗的40%以上。我国现有木本油料树种总面积超过400万公顷，种子含油量在40%以上的植物有154种。利用现有林地，还可培育能源林1333.3万公顷，每年可提供生物柴油500多万吨，木质燃料近4亿吨。开发森林生物质能源，应当成为我国能源战略的重点之一。

总之，以全面推进集体林权制度改革为突破口，加大对林业的投入力度，是增加农村就业岗位、增加农民收入、拉动内需的重大举措，也是我国增加森林资源、建设生态文明、维护生态安全、促进科学发展的根本措施。林业是一项绿色产业、生态产业，加大对林业的投入，不仅不会造成重复建设，而且对我国积蓄后备森林资源、增加森林碳汇，维护我国的木材安全和生态安全具有战略意义。在全球积极应对国际金融危机的形势下，充分利用林地资源广、物种资源多、产业链条长、就业空间大的潜力和优势，大力兴办绿色产业、生态产业，不仅对解决当前我国面临大量农民工失业的突出问题、维护社会稳定具有重大现实意义，而且对应对全球生态危机、维护全球生态安全、应对气候变化具有深远的国际意义，必将对树立我国负责任大国的形象产生良好的影响。

（本文根据国家林业局局长贾治邦和部分全国政协委员发言稿综合整理）

关于节能减排和生态建设对扩大内需推动作用的分析

在全国政协近日举办的“中国首届人口资源环境发展态势分析会”上，与会者认为，节能减排是生态文明建设的必然要求，也是建设“两型社会”的主要手段。节能减排不仅会直接促进我国的产业结构调整和升级，同时也将为扩大内需起到积极的推动作用。

一、对节能减排工作进展情况的分析

2007 年以来，由于采取了坚决有力的政策措施，节能减排工作取得了进展，成效开始显现。预计 2008 年与 2005 年相比，全国单位 GDP 能耗下降 10% 左右，全国二氧化硫、COD 排放总量分别下降 7% 和 5% 以上。

推进了产业结构调整。采取综合性措施，抑制了高耗能、高排放行业的过快增长。依法淘汰落后生产能力，明确了“十一五”时期淘汰电力等 13 个行业的落后产能任务，2007 年关停小火电机组 1438 万千瓦，淘汰落后炼铁产能 4659 万吨、炼钢 3747 万吨、水泥 5200 万吨等；2008 年 1 ~9 月份关停小火电机组 1458 万千瓦。

实施重点工程，扩大了内需。2007、2008 年安排中央预算内投资 246 亿元、中央财政资金 505 亿元，用于支持十大重点节能工程、循环经济、城市污水处理设施及配套管网改造、重点流域水污染治理、淘汰落后以及节能环保能力建设。其中，安排 126 亿元引导性资金支持十大重点节能工程，拉动社会投资约 1500 亿元。

目前“十一五”节能减排目标完成进度落后于时间进度。以后两年单位 GDP 能耗降低率和 COD 排放总量要完成三年的任务，相当艰巨，必须坚定节能减排目标不动摇。

二、对节能减排和生态建设工程对扩大内需贡献率的分析

为抵御国际经济环境的不利影响，我国实行了积极的财政政策和适度宽松的货币政策，确定了当前进一步扩大内需、促进经济增长的十项措施，节能减排和生态环境建设作为财政投放的重点领域，将为经济平稳较快发展起到重要作用。

在2008年新增1000亿元中央投资中，安排120亿元用于节能减排和生态建设工程，重点支持十大重点节能工程、循环经济和重点工业污染治理工程，城镇污水、垃圾处理设施、污水管网建设，重点流域水污染防治，重点防护林和天然林保护工程；安排60亿元，用于自主创新和产业结构调整；安排30亿元，用于农村沼气工程，三项相加为210亿元。这些投入不仅直接刺激着经济增长，如果按照20%至30%的转换率计算，还将有42亿元至63亿元直接转化为消费基金，对扩大内需起到不可忽视的作用。

三、确保节能减排在扩大内需中发挥作用需要政策保障

确保新增投资中对节能减排和生态建设工程的重点安排到位，充分发挥对扩大内需的作用，应采取以下措施：

1. 加大重点工程实施力度。支持十大重点节能工程、千家企业节能行动和循环经济重点项目；支持城镇污水、垃圾处理设施建设和重大环保技术示范；支持“三河三湖”、渤海、松花江、丹江口库区及上游、三峡库区、黄河中上游等重点流域水污染防治；加强生态环境保护，稳步实施重点防护林、天然林防护、京津风沙源治理、岩溶地区石漠化综合治理等重点生态建设工程。

2. 大力发展循环经济。组织编制循环经济发展规划。深化国家循环经济示范试点和汽车零部件再制造试点，支持建设一批循环经济重点项目。研究制定鼓励余热余压上网发电和“零排放”等经济政策，抓紧研究建立循环经济发展专项资金。健全循环经济统计制度。推进灾后建筑废弃物资源化利用。

3. 完善法规政策。加快制定或修订高耗能产品能耗限额强制性国家标准和主要用能产品强制性能效标准。提出支持节能环保型汽车、高效节能空调、高效节能电机推广的经济政策。落实企业购买节能环保设备和节能环保投资项目所得税优惠政策。继续开展排污权有偿使用和交易试点。

4. 加强目标考核和节能管理能力建设。加快完善节能减排统计、监测及考核体系，强化目标责任考核，实行严格的问责制。抓紧组建国家节能中心，健全省级节能监察机构和节能服务中心，逐步形成政府节能管理、节能监察、节能服务三位一体的节能管理体系。培育市场化节能服务机制。研究提出中国资源环境统计指标体系。继续开展节能减排全民行动。

（本文根据国家发展和改革委员会副主任解振华和部分全国政协委员发言稿综合整理）

关于环境保护对促进经济平稳较快发展作用的分析

在全国政协近日举办的“中国首届人口资源环境发展态势分析会”上，与会者认为，党中央、国务院对生态文明建设高度重视，随着“两型社会”建设的深入开展，我国的环境保护已取得了显著成绩。但在当前经济形势的压力下，环境保护也面临着很多挑战。建议把环境保护与扩大内需和转变经济发展方式、调整产业结构紧密结合起来。

一、当前我国环境保护的良好形势

近年来，污染防治由被动应对转向主动防控，节能减排和环境保护从认识到实践都发生了重要转变，环境保护取得了积极成效。主要体现在：

1. 在污染减排方面，全国化学需氧量、二氧化硫排放总量连续两年实现双下降。可以判断，2008 年完成化学需氧量、二氧化硫排放量分别比 2005 年下降 5% 和 6% 的目标是可以实现的。

2. 在促进经济结构调整方面，通过提高环保准入门槛，严格执行环评制度，遏制“两高一资”行业过快增长的势头。2007 年全国就淘汰和停产整顿了 2100 多家污染严重的造纸企业，关停小火电机组 1438 万千瓦，淘汰落后水泥生产能力 5200 万吨、落后炼铁能力 4659 万吨、落后炼钢能力 3747 万吨。2008 年这项工作继续取得了明显成效。

3. 在环境基础设施建设方面，截止 2008 年前三季度，全国城市污水能力达 8547 万吨/日，比 2005 年新增处理能力 3327 万吨/日，是

“十五”期间新增污水处理能力的1倍多，完成了“十一五”期间新增城市污水日处理能力的74%。全国脱硫机组装机容量达到3.24亿千瓦，是2005年前10年脱硫机组装机总量的7倍多，装备脱硫设施的火电机组占全部火电机组的比例达54%，比2005年提高了42个百分点。

4. 在环境政策方面，将农药、无机盐、涂料等行业的39种产品纳入加工贸易禁止类商品目录，调整了不同排量乘用车的消费税税率。企业环境违法信息纳入银行征信系统。开展绿色保险试点，2008年9月，在湖南株洲全国首例环境污染责任险进行了理赔。

5. 在增强环境监管能力方面，中央财政连续两年投入45亿元，重点支持减排指标、监测和考核三大体系能力建设，带动地方投入100多亿元支持环保能力建设。

6. 在推进三大基础性战略性工程方面，作为建国以来第一次在全国范围内开展的污染源普查，已初步掌握和摸清全国污染物排放的基本情况；开展中国环境宏观战略研究，汇集了上百名院士和科学家联合攻关，初步提出了“生态优先、生态保育、生态安全、生态文明”的战略思想；水体污染治理与控制重大科技专项作为国家16个重大科技专项之一，目前已全面启动。

但是，我国的环境形势依然十分严峻。长期积累的环境问题尚未解决，新的环境问题又不断出现，有的问题直接危害群众健康、影响可持续发展，尤其是受当前全球金融危机的影响，我国经济下行压力加大，要防止有些环境问题死灰复燃，保护环境的任务十分艰巨。

二、应积极采取措施推进结构调整和发展方式转变

积极应对挑战，挑战就会转化为发展的机遇；努力化解压力，压力就会转化为前进的动力。要按照中央的要求，把环境保护与扩大内需、转变经济发展方式、调整产业结构有机结合起来。为此建议：

1. 加快环评审批速度，提高审批质量。对于满足环境准入条件

的，涉及民生工程、基础设施、生态环境建设和灾后重建等有利于扩大内需的项目，特别是国家重点项目，开辟环评审批“绿色通道”，推动项目加快审批、开工。

2. 坚持全面推进重点突破，加快减排工程等污染治理项目建设，确保完成减排任务。把确保群众饮用水安全作为重中之重。抓紧启动开工一批社会和环境效益明显、前期工作完备的重点流域工业污染治理工程建设项目，扭转规划执行滞后的局面。大力推进村镇环境综合整治，充分发挥中央农村环保专项资金的示范带动作用，落实好“以奖促治、以奖代补”政策，集中治理一批污染危害严重的村镇。

3. 狠抓污染治理设施有效运行。加快推进已投运的3亿多千瓦燃煤脱硫机组、1200多座污水处理厂和国控重点污染源在线监测系统国家与各省联网工作，督促各地严格执行国家产业政策和落实国家下达的分年度淘汰落后产能计划，制定并严格执行重要污染治理设施运行管理办法。

4. 完善环境经济政策，健全环保长效机制。建立健全绿色信贷、绿色保险、绿色税收、绿色采购、绿色贸易等制度。加快推进资源性产品价格改革，提高排污、污水处理和垃圾处理等收费标准，扩大征收范围，改进征收方式，逐步建立健全生态补偿机制，适时推出环境经济政策。

5. 加强环境监管，预防环境风险。严厉打击危及群众饮水安全的环境违法行为。下大力气重点防范重大环境污染事故、中小企业偷排漏排、污染转移等三个方面的环境风险。

6. 听取专家意见，汇集多种方案，汲取群众智慧，谋划“十二五”乃至更长时期的环境保护工作，努力探索源头控制、全方位防范、以环境优化经济增长的中国特色社会主义环保道路。

（本文根据环境保护部部长周生贤和部分全国政协委员发言稿综合整理）

关于我国未来资源环境态势的分析

在全国政协近日召开的“中国首届人口资源环境发展态势分析会”上，与会者结合中国人口多的基本国情，以及中国工业化、城市化和现代化的发展进程，预测并分析了中国未来的资源环境形势，指出有效配置资源的关键在于制度安排，建议在借鉴国际经验的基础上，把建立安全、稳定和经济的全球矿产资源供应体系作为我国主要的资源战略选择，同时把废旧物资进口、拆解作为我国资源供应的重要补充；在环境方面，与会者分析认为，我国环境污染呈现了结构型、复合型、压缩型等特点，这是工业化的结果，将是一场“持久战”，需要运用法律的、经济的、技术的和必要的行政手段综合加以解决，并应在政策、投资和管理等方面给予高度重视。

一、对影响中国未来资源环境形势因素的分析

与会者认为，分析中国未来的资源环境形势，必须从中国工业化和城市化的发展阶段的这一现实出发，同时也参照国际经验。

（一）对各国工业化和城市化与资源环境关系的分析

所谓工业化，一般是指工业产值在国民经济中的比重提高，或工业就业人口的比重提高等。工业化与资源环境的关系主要有以下方面。

1. 由于自然资源分布的不均匀，没有一个国家能依赖本土资源实现工业化。据统计，大约25种矿产主要集中在3～5个国家。早期工业化国家通过货物交换、掠夺等途径获取资源，甚至不惜发动战争。在美国发动的伊拉克战争中，也可以看到瓜分中东石油的影子。

2. 一国人均GDP达到1000美元后，工业化将进入加速阶段，资

源消费和废弃物排放也将“爬坡”。国际经验表明，工业化初、中期也是资源消耗最多的时期。其道理不言自明：无论是人均小汽车的增多，还是人均住房面积的扩大，都需要消耗钢材、水泥等实物资源。

3. 随着工业化的完成，一国或一地的单位 GDP 能耗逐步下降。实证研究表明，由于工业化的支撑技术不同，人均能源消费峰值也不同。一般地，人均 GDP 在 1 万美元（中等发达国家收入水平）前，人均能源消费增长较快。如 1 万美元时，韩国人均能耗 4. 07tce（1997 年），日本 4. 25tce（1980 年），美国 8tce（1960 年）。

4. 工业化对技术革命提出了需求，技术革命又反过来推进工业化的快速发展。工业化建立在一系列技术发明的基础上，每一项技术发明的出现都需要一个过程，从技术发明到生产实践又需要一个过程。当生产发展到一定阶段，又对技术发明提出新的要求，从而推动了社会进步。

5. 人均收入与污染物排放之间呈倒 U 型关系（库兹涅茨 Kuznets 曲线）。1992 年，一些专家在研究《世界发展报告》中，评估了环境指标与人均收入的关系。结果发现，人均收入与二氧化硫（SO_2）、氧化氮（NO_x）、悬浮颗粒物（SPM）呈倒 U 形关系；人均 3000 美元时 SO_2 出现拐点。随着人均收入增加，缺乏干净水和城市卫生设施状况逐步改善；但温室气体排放并没有相应下降，从而引起全球气温升高。

6. 人类梦寐以求的资源消耗“零增长”并未成真，循环再生成为原料供应的重要组成。随着一国工业化的完成，经济增长的动力主要来自于知识和技术创新。基本建设完成后，矿产资源消费增长速率远低于 GDP 增长速率，单位 GDP 所消耗的资源量大幅度下降；废旧物资的回收和再生利用，逐渐成为原料供应的一种重要方式。

（二）对我国工业化和城市化现状和未来的分析

总体上看，我国仍处于工业化中期和城市化加速阶段。1996 年以来我国城镇化速度加快，2007 年达到 44. 9%。根据国际经验，城市化率在达到 30% 后进入城市化加速阶段。预计到 2010 年中国城镇人口比重将达49%左右，2020年达到60%。

另一方面，城市化滞后于工业化，这是我国未来的发展动力所在。城乡之间、地区之间和人群之间的差距呈扩大趋势，协调发展应成为国家战略重点。如，中小城市由于基础条件较差，自来水、天然气普及率和硬化道路比重低、污水和废物处理设施缺乏投入，公共服务难以满足基本需求；一些大城市水资源短缺、交通拥堵、环境和噪声污染严重。因此，加强基础设施，提供公共服务应成为改善民生之举。

在我国工业化和城市化进程中，既有众多机遇，又面临巨大挑战。经济全球化进程加快，使我们能够以宽视野、高起点制定城乡统筹发展战略；市场经济体制的普遍确立，使我国工业化面临比较有利的国际环境，也使我国工业化面临更加激烈的国际竞争。20世纪下半叶以来，我国在核技术、航天技术和基因重组技术等方面取得了突破性进展。作为一个后发国家，我们可以分享全球更高分工水平的“分工效应”，降低学习和交易成本；借鉴先发国家的制度，降低制度创新的实验成本和风险成本；分享先发国家知识和技术的“外溢效应”，节省和降低新技术和新产品的开发成本，从而取得比先发国家更快的经济增长速度。同时也应避免在资本和技术上处于依附地位，避免先发国家主导的对我国不利的国际秩序和规则，避免落入对先发国家的“路径依赖”。

二、对未来资源供需态势的分析与展望

资源稀缺是一个长期话题，有效配置稀缺资源是经济学的永恒研究主题。中国人口众多，资源环境压力很大；但人口稠密也有利于水、电、气供应和其他设施的集约利用，关键在于制度安排。

（一）对国内外资源供需的总的判断

1. 国内矿产资源条件并不优越，分布不均、质量不高，增加了开发利用和运输成本；储量不足、家底不清，保障能力下降。勘探评

价仍需加强。

2. 世界资源储量丰富，没有显示供不应求的特征。随着勘探技术进步，化石能源可用量还将增加。前一阶段世界能源和矿产品价格并不完全反映供求关系，投机对价格波动起了推波助澜的作用。

3. 国家得到上一轮资源涨价的收益不多，产权改革和分配机制需要进一步完善。比如，在一些地方煤炭的开发利用上，国家和地方并没有得到应有的收益，而主要被小矿主得到了。

4. 缺乏利用外部资源的经验，利用国际矿产品以现货交易为主，由于买卖量大容易引起价格波动；购买股权被深度套牢，如中铝购买必和必拓股权就是例子。尽管如此，建立安全、稳定和经济的全球矿产资源供应体系，仍应该成为我国的资源战略选择。

5. 废旧物资进口、拆解成为我国资源供应的重要补充，不仅增加了一些地方的财政收入，也增加了就业机会，保障了社会稳定。

（二）对钢铁、土地资源需求的分析预测

从中国部分矿产品消费增长情况看，一些重要矿产品消费从 1994 年至 1995 年就开始增长。仅选择钢铁和土地作一些预测：

1. 我国钢铁生产和消费的峰值是多少？若取美、法、日平均值作为参照水平，我国人均钢铁消耗峰值约 700 千克左右。按 13 亿人口计，粗钢消费总量将在 9 亿吨以上（若人口达 15 亿，总量将在 10 亿吨左右）。若按人均消费水平较低的英、法的平均值作参照水平，我国粗钢消费总量将达 7.8 亿吨，相当于 2007 年粗钢消费量的 1.5 倍多。规划设计合理的生产能力和科学布局，以低成本满足需求应成为考虑的因素。

2. 耕地损失仍存在巨大隐患。从日本、韩国和我国台湾在工业化过程中损失 33% 以上的可耕地看，我国 18 亿亩耕地这一底线能否守住，取决于政策和工作的力度。“皮之不存，毛将焉附”。应从国家安全和社会稳定的高度，重视“保护耕地”这一国策的实施。

三、对未来环境保护态势的分析与建议

我国环境质量与经济增长的关系曲线呈“穿越环境高山”特征。尽管环境保护专家和管理人员理念先进，但公众认知却相对滞后，如果说生态破坏与我国历史上农业过度开发有关，环境污染则是工业化的结果。改革开放使国民的福利水平得到提高，生活质量变好了，家用电器增多了，住的房子换大了，也有小汽车了，但同时也付出了环境代价。我国走了一条跨越式的发展道路，发达国家上百年工业化过程中分阶段出现的环境污染在我国也集中出现，呈现结构型、复合型、压缩型特点。

当前，我国环保制度建设已取得较大进展。从环境保护理念、政策到污染治理，以及视野从“末端”转向源头，我国走了一条受国际环保思潮影响的、政府主导的、自上而下的、有计划解决环境问题的特色之路。这也是我国未来环境质量改善的基础。

我国面临的环境现状是，局部好转、许多地方在恶化，整体形势不容乐观。无论是从发展阶段、人均收入，还是人均居住面积、小汽车拥有量看，我国污染物排放总量还没有到“拐点”。

环境保护是一场伴随工业化、城市化和现代化的“持久战”。应采用发展而不是停止发展的办法，解决我国工业化和城市化过程中面临的资源约束和环境污染问题；切实转变增长方式，持续推进节能减排工作不动摇；改变“官出数字、数字出官”的局面。

改善环境质量，需要运用法律的、经济的、技术的和必要的行政手段综合加以解决，需要在政策、投资和管理等方面给予高度重视，需要提高认识，需要公众参与和行动。当前应解决那些迫切需要解决的带有全局性、方向性和基础性的环境问题。开展水体、大气、土壤、噪声、固体废物、农业面源等污染防治；加强与人体健康有关的问题研究；帮助中小企业解决清洁生产和污染治理难题，而不是“一关了之”增加就业压力；到 2020 年，应抓城市环境改善、水环境保

护和土地退化治理等重点问题；到 2050 年，应分阶段、有步骤地解决环境污染问题，走出一条生产发展、生活富足、生态良好的文明发展之路。

我国环境保护“技术路线图”不能照搬国外，应更多地采用经济手段和制度安排，动员社会各方面的力量，形成长效机制；应当在理思路、定战略、摸家底、严执法、抓落实等方面下大力气，使生态文明的观念在全社会牢固树立。

（本文根据国务院发展研究中心研究员周宏春和部分全国政协委员发言稿综合整理）

关于我国石油工业上游发展态势的分析

在全国政协近日召开的“中国首届人口资源环境发展态势分析会”上，由国际金融危机引起的能源价格巨大波动成为与会者经常引用的数据。特别是在当前经济形势下，如何调整我国的石油工业发展战略，分析会认为，三大国有石油公司应抓住机遇，稳定生产，加快海洋油气资源的勘探开发，并择机并购海外油气资产。

一、关于我国石油工业上游资源现状、可持续发展能力和面临问题的分析

（一）我国石油工业上游发展具有丰厚资源基础，态势良好

我国国内有稳定和较为充足的油气资源，根据国家新一轮油气资源评价结果，全国常规石油可采资源量255亿吨，天然气27万亿立方米。截至2007年底，全国已累计探明石油可采储量76.1亿吨，累计探明天然气可采储量3.61万亿立方米。石油和天然气的可采资源探明率分别为29.8%和13.4%。至2007年底，石油和天然气的剩余探明可采储量分别为27.9亿吨和3.03万亿立方米，石油和天然气的储采比分别为16和52。从资源探明程度看，石油勘探处于中等成熟阶段，天然气勘探处于早期阶段。我国在油气资源上还有较大潜力。

我国石油产量正处于稳定增长阶段，天然气产量处于快速增长阶段。2007年，我国石油产量为1.87亿吨，居世界第五位。2000年至2007年间，我国石油产量以年均2%的速度稳定增长。我国天然气产量近年来增长迅速，保持在10%以上的年增速，到2007年已经达到693亿方，居世界第九位，预计还可以继续快速增长。

（二）石油工业上游可持续发展潜力大

非常规油气资源将是我国未来油气资源的重要补充，包括煤层

气、油砂、油页岩、致密砂岩气、页岩气等。据资源评价，我国埋深2000米以浅煤层气技术可采资源量13.9万亿立方米，据规划，2015年煤层气产量将超过100亿立方米。全国油页岩资源量达7200亿吨，折合页岩油为476亿吨；全国埋深500米以浅的油砂可采资源量22.6亿吨；全国致密砂岩气和页岩气资源量估算约200万亿立方米以上。因此我们预测我国石油可以在年产量2亿吨以上，天然气产量1500亿立方米以上保持长期稳产。

我国海域辽阔的领海和经济专属区有数百万平方千米，已证实有丰富的油气资源。渤海海域原油产量（包括滩海）超过3000万吨，今后原油产量将持续上升。南海油气资源量为：油54亿吨、气7.6万亿立方米，周边邻国在南海浅水大陆架产量已达每年6000万吨以上，目前在加紧向深水勘探。石油界一致认为海洋是我国今后数十年油气产量增长潜力最大的地区。

同时，我国海外油气业务正在达到一个新阶段。国际石油勘探开发合作蓬勃发展，权益油产量快速上升。2007年，三大国有石油公司海外获得的石油权益产量已经超过4000万吨，天然气权益产量达到60亿立方米，投资项目约130个，拥有大量油气可采储量，已为今后发展打下良好基础。

（三）当前面临的困难

1. 我国石油业老油田增多、单井产量低、生产成本上升、人员多包袱重等；

2. 受金融危机影响，国际原油价格已从每桶140多美元跌至40多美元，导致收入锐减、销售疲软；

3. 我国海上油气勘探开发仍在沿用20年前的发展策略，把大量海洋油气勘查区块交给外国石油公司进行合作勘探，油气储量产品分成。外国公司进展缓慢，投入工作量很少，分享我国油气资源，而我国石油公司有实力却无区块可勘探。

二、关于支持我国石油工业上游进一步发展的建议

石油天然气始终是我国能源的重要组成部分，也是最紧缺的部

分，石油天然气安全供应体系是我国能源安全的核心部分。因此，必须充分利用国际国内两种资源，为石油工业上游进一步发展采取适当的政策措施。具体建议为：

1. 石油上游具有投资规模大、建设周期长、要求长期稳定生产等特点，要采取有效措施避免投资大幅波动，以保证油气产量稳产和良好投资回报。

2. 石油天然气将始终是紧缺资源，建议支持三大国有石油公司，利用低油价时机抓住机遇发展、择机并购海外油气资产，以获得更多油气储量，为长期发展打下资源基础。

3. 建议建立低品位、低渗透油气储量和高含水、高采出程度油气储量开采生产的优惠政策，减低相关税费，以鼓励社会投资于这类资源开采，促进我国油气增产。

4. 加快我国海洋油气资源的勘探开发。

（1）建立海洋发展战略，将海洋油气资源开发作为其中的核心部分，建立统一协调、中央地方一体、政府企业一致的海洋开发管理体制，集全国海洋的外交、军事、海事、经济、行政、企业力量，支持海洋发展和海洋油气事业的发展。

（2）完善、落实我国海洋油气勘查矿权管理，加强海洋矿权合理依法流动，改变目前某些公司长期占有大量海洋勘查区块，少投入或不投入工作量的现状，发挥国内大石油公司的力量，加快海洋油气资源勘查。

（3）建议改变我国海洋油气发展战略，变我国海洋油气发展以对外合作为主为我国石油企业自主勘探生产为主，以切实加快海洋油气事业的发展。

（本文根据全国政协委员、中国科学院院士、中国石油天然气股份有限公司原副总裁贾承造发言稿整理）

关于连续两年发行八千亿元国债促进经济平稳较快发展的分析

在全国政协近日召开的“中国首届人口资源环境发展态势分析会”上，政协委员和专家学者对中央近期出台的经济政策给予充分肯定。与会者建有据之言，献务实之策，经过周密分析，提出加大“出重拳”的力度，连续两年发行八千亿元国债的建议。此建议分析有力，值得关注。

一、对国际金融危机给我国经济造成的影响程度，及对发展前景较为乐观的判断

（一）对金融危机形势已开始酝酿反转的分析

分析会认为，经济运行和发展，往往不是直线式运动，而是非线性的，表现为难以预测的周期性波动。周期性波动不可避免。由于国际依存度的影响，我国面临着很大的输入性波动因素。

由美国次贷危机引发的国际金融危机，其影响已经波及到了实体经济，我国正面临着自上世纪 80 年代以来最严重的经济形势，尤其是出口导向型企业受到的冲击较大。现状为，上游产品（棉花、粮食、钢铁、煤炭等）价格大幅度下降，远洋运输的降幅达 70% 左右。与此同时，下游产品（食品、服装、电器等）却并未下降。

通过对原材料价格的分析，能初步预测到波动期的周长和程度。如原油价格已经基本到谷底，欧佩克组织将会采取减少原油产量等措施来重新拉动价格；粮食、钢铁的价格也基本跌到底线，再加上各国政府增加投入，采取了一些措施，经济形势已在震荡中开始酝酿反转。由于中国政府采取了比美国等发达国家更加科学、更加有力的促

进经济增长的政策，因此，中国经济最有可能率先走出困境，我们必须充满信心。

（二）对经济未来走势的分析

首先，我国经过30年的改革开放，经济实力极大增强，经济总量居世界第四位，成为“四大金砖”之首，具有很强的抗风险能力。特别是有党中央科学执政的理念作为根本保障。

其次，我国经济基本面总体是好的。经济结构经过多年调整，正在趋于合理态势。庞大的市场需求和巨大的人口红利为应对金融危机提供了强大的抗衡力量。

再次，中央政府新一轮扩大内需的强势投资拉动政策，正在产生对地方政府扩大投资的带动效应。据初步统计，4万亿投资可带动20多万亿投资。经济社会发展充满活力，后劲十足。

因此，我们可以理性地判断，这次金融危机虽然带来了很大影响，恢复起来也需要一定的时间。但可以预见到，二至三年左右中国经济将化危为机，逐步恢复常态。

（三）在金融危机中反思我国的经济发展战略

东南沿海的出口导向型经济为我国的经济增长带来了长时间的繁荣，功不可没。但与此同时，沿海的产业结构大部分位于产业链条的末端，长期以来依靠廉价劳动力带来的竞争优势，产品销售大部分依靠国外市场，国际形势稍有变动，就会受到很大的冲击。这种结构难以为继，必须做出合理调整，逐步实行产业升级。

二、对我国以扩大投资作为应对国际金融危机的必要手段和主要措施的分析

（一）对扩大投资必要性及可行性的分析

通常，拉动经济增长的方式被称为“三驾马车”，即投资、消费和出口。在当前全球经济衰退的情况下，出口拉动已经不经济。企业开工不足导致了农民工大量返乡和工人停薪留岗，农产品价格下跌导

致了农民增收困难，老百姓对经济的下行预期导致了消费者信心不足，这些因素都导致内需难以扩大。因此，最有力的拉动方式就是投资。

具体方法可以借鉴1998年我国应对亚洲金融危机采取的重大举措，例如增发国债扩大投资等。从1998年9月开始，我们通过每年发行1500亿元国债的方式加大了基础设施建设的投入，从而有效拉动了内需。这项措施不仅使我国经济没有受到太大冲击，人民币利率没有较大波动，而且，连续发行的国债还拉动了经济的增长，刺激了消费，并为21世纪中国快速的发展打下了坚实的基础。

实践证明这个举措非常有效，而且美国在1929年至1933年经济危机时也采取了相同的办法。在当前严峻的国际金融形势下，出拳要重上加重，建议每年增发8000亿元的国债，持续两年。此后数量可以逐步减少，但国债至少应增发5年以上，再视经济发展情况作调整。通过扩大内需，可以把政府过去想做而没钱做的事做起来，把未来计划要做的事提前做起来，这将成为拉动内需最有效、最直接的办法。

（二）对扩大投资刺激经济增长几点顾虑的回应

1. 对是否存在“重复建设”问题的分析

大幅增加的财政资金的投向不是制造业，而是解决人民群众最基本需求的领域。在这些领域中，现存的问题不是重复建设，而是严重不足。如基础设施建设，目前我国的高速公路仅5万多千米，至少还要修5年；铁路只有7万多千米，还可以修20年。此外，城市污水处理、垃圾处理设施不够完善，农村医疗卫生等公共设施也都不健全，这些方面都需要努力增加投入。

2. 对是否存在“挤出效应”的分析

有些舆论认为，政府扩大投资会对民营资本产生“挤出效应”，也就是说，在投资项目一定的条件下，政府和民营企业都进行投资，那么政府的投资会具有明显强势，从而使民营企业投资不得不从该领域退出。

实际上，这样的顾虑是不存在的。从我国的经济体制来看，国有经济为主体，非公有制经济作为一支重要力量，不可忽视，二者是相辅相成的。恰恰因为国有经济是主体力量，民营经济的实力与其不成正比，决定了国有经济有所能为、有所不为，在留下的空间里，民营企业则能为就为，尽力而为，择机而为。因此，需要政府扩大投资的都是高投入低产出的公共产品。比如能源、交通等基础设施建设，这些领域很难引起民营企业的投资兴趣，但却关系着人民群众最基本的需求，是政府职能所在。与此同时，通过新一轮扩大投资，也为民营企业提供了战略机遇。每建设1千米的高速公路，就需3000多万元的投资，这样庞大的项目投入下去，也为民资在其他领域提供了更广阔的发展空间和前景。因此，“挤出效应”的观点是片面的。

3. 对是否会加剧通货膨胀的分析

通胀的主要原因是美国、欧洲和日本采取了不负责任的态度，大量发行现钞，引发了全球性的流动过剩，导致原材料价格急剧上涨。目前我国的食用油70%依靠进口，棉花40%依靠进口，此外原油、矿产品的进口量也非常大，这些因素推波助澜地导致了国内的物价上涨。

对于抑制通胀，我们应当采取有力措施，但相对于每年百分之十左右的GDP增长速度，适当的通货膨胀是正常的，不应该为降低一两个百分点的通胀率而付出过多的代价。高增长低通胀反而是不正常的，只要注意防范，就不会出问题。

三、对资金投向的建议

如每年增发8000亿元国债，可重点投放以下领域：

1. 交通基础设施建设（包括铁路、公路、民航等）。

2. 电网改造。在一些煤产区大力发展电网建设是完全可行的。目前的技术使得三四千千米的远距输电不存在难度，完全可以替代长途煤炭运输。这样做有几个好处，减少煤炭运力，把铁路让给客运和农副产品的货运。

3. 城市基础设施建设（包括污水处理、垃圾处理等）。目前相当多的中小城市没有污水、垃圾处理系统，污水横流，大气污浊，可以利用这次加大投资的机会，解决城市污染问题。例如，据最新的环境监测资料显示，乌鲁木齐市的冬季是全球大气污染最严重的城市。长期以来乌鲁木齐既缺乏总体的城市规划，又缺乏对环境治理的基础设施投入。要借此机会增加投入，解决环境问题。建议对乌鲁木齐市热电联产难以覆盖区域，实行以气代煤。新疆目前仍有 50 个市县无污水处理，69 个市县仍无垃圾处理，建议对其减少地方配套资金比例，加大国家资金投入建设的力度。

4. 城市交通改造。加快城市道路网络的建设，让有车族有路走，加快地铁等公共交通的建设，百万人口以上的城市都可以考虑建设地铁。

5. 中小学危房改造。目前很多城市和农村的中小学校房屋老化，硬件设施陈旧，对孩子们的生命安全构成了很大的威胁，急需尽快改造。

6. 农村基础医疗卫生设施。农村搞合作医疗，但很多乡级医院破烂不堪，要解决农民看病难，就必须加快农村医疗卫生设施的建设，争取在两三年内解决这个问题。

7. 解决农村人畜饮水问题。当前我国还有相当一部分农村人口的饮用水不卫生，含有大量有毒有害物质，危害农民身体健康，牲畜饮水也存在同样问题，亟待解决。

8. 农村城市化建设和公共设施建设。县域内小城镇、学校、医院、体育场所、图书馆等。

（本文根据新疆维吾尔自治区人民政府副主席戴公兴和部分全国政协委员发言稿综合整理）

关于央企应对金融危机必须坚持国有资产管理体制和国有企业改革正确方向的分析

在全国政协近日举办的“中国首届人口资源环境发展态势分析会”上，与会者一致认为，近年来，央企为我国经济快速发展做出了巨大贡献，国有资产管理体制改革是成功的。同时认为，在当前经济形势下，央企应进一步抓住机遇，苦练内功，为促进我国经济平稳较快发展做出突出贡献。

一、对我国国有资产管理体制和国有企业改革现状的分析

（一）国有资产管理体制改革取得成效

党的十六大提出建立“国家所有、分级代表”，“管资产与管人、管事相结合”，“权利、义务和责任相统一”，“政企、政事、政资分开”的国有资产管理体制。新的国有资产管理体制为中央企业改革发展注入了强劲动力。一组统计数据和事实足以看出改革前后的巨大变化：

1. 业绩显著增长。从2002年到2007年中央企业资产总额从7.1万亿元增加到14.8万亿元，年均增长15.71%；销售收入从3.4万亿元增加到9.8万亿元，年均增长23.97%；利润从2405亿元增加到9969亿元，年均增长32.89%；上缴税金从2915亿元增加到8303亿元，年均增长23.29%。2008年有19家中央企业进入世界500强，比2003年增加13家。中央企业努力消除金融危机和政策性亏损的影响，保持了平稳较快增长：1至11月累计实现营业收入10.76万亿元，同比增长20.2%；利润6830.4亿元，同比下降26%；税金9221.4亿

元，同比增长20.6%。

2. 积极履行社会责任。中央企业积极履行社会责任，加强节能减排，一批企业能耗和污染物排放达到或接近国际先进水平。2008年上半年和2005年同期比，节能减排重点类和关注类中央企业万元增加值综合能耗下降12.15%，节能3943万吨标准煤，化学需氧排放量减少21.4%，二氧化硫排放量减少35.2%。在抗击非典、5.12特大地震等重大突发事件和自然灾害中，中央企业牢记“共和国长子”的职责，和人民解放军一起发挥了骨干和主力军作用，是党和政府应对重大经济风险和突发事件的可靠力量。

实践证明，国有企业是国民经济的重要支柱，是全面建设小康社会和构建社会主义和谐社会的重要力量，是我们党执政的重要基础。六年来，中央企业改革发展取得了明显成效。党中央、国务院关于国有资产管理体制改革的重大决策是完全正确的。

（二）国企改革成功推进

1. 制定经营业绩考核制度、办法，落实国有资产保值增值责任。构建了“考核层层落实，责任层层传递”的国有资产保值增值责任体系，体现了“业绩好、薪酬高，业绩差、薪酬低”。

2. 以董事会建设为着力点，完善公司治理结构。17家中央企业开始了建立规范董事会试点工作。规范了出资人选派和管理董事会，董事会选聘和管理经营层的国有企业领导人员分层分类管理体制。试点企业董事会运作更加规范，战略管理、风险管理、财务与预算管理效果更加明显。

3. 以推进战略重组为主线，调整中央企业的布局和结构。核定央企主业，央企由196家重组为142家，国有资本逐渐向关系国家安全和国民经济命脉的行业和领域集中。

4. 规范国有企业改制和国有产权转让，防止国有资产流失。开展监督检查，推进产权交易市场建设和规范运作，监控国有产权交易。

5. 加强自身建设。积极推进干部人事制度改革，连续六年122户中央企业125个高级经营管理职位面向海内外公开招聘，为中央企业广纳群贤、人尽其才创造条件。加强企业文化建设，树立中央企业“报效祖国、服务社会、回报股东、关爱职工、爱护环境、节约资源”的良好形象，维护职工群众的合法权益。

二、央企应对金融危机应采取的主要举措

（一）关于金融危机对央企影响的分析

1. 影响的主要行业。由美国次贷危机引发的全球金融危机给中央企业带来严重影响，特别是对石油石化、电力、钢铁、汽车、交通运输、有色金属、轻工纺织等行业企业的影响尤为明显。

2. 造成影响的原因及表现。下半年以来，国际国内市场急剧萎缩，产品销售率快速下降；原材料价格大幅波动，汇率变化不确定因素增加，融资风险增高；企业应收账款和库存增加，资金压力加大；经济效益急剧下滑，资产负债率上升，利润率下降，亏损企业增多。目前危机还在扩散和蔓延，中央企业面临严峻挑战。

（二）应对金融危机应把握的三点原则

应对国际金融危机，中央企业要强化管理、降本增效、谨慎投资、严控风险，“捂紧钱袋子”，“过紧日子”。

1. 既要充分认识危机的严峻性，更要坚定战胜困难的信心。这场危机究竟何时见底，目前还难以判断，中央企业要充分认识和高度重视，防止由于估计不足和准备不够陷入被动。同时也要看到战胜危机的基础和条件：经过多年改革发展，中央企业抗风险能力显著增强；我国经济基本面较好，应对风险的回旋余地较大；中央出台的一系列宏观调控措施为中央企业战胜危机提供了条件。

2. 既要积极应对危机的冲击，更要善于把握和发现其中蕴含的机遇。密切把握行业变化和市场动向，做好预警、预测、预案，化危为机。抓住危机带来的世界经济和产业格局调整机会，乘势“走出去”，实施低成本并购，获取战略性资源，引进高新技术，吸引高层

次人才。抓住国家扩大内需，加强基础设施建设的机遇，推动交通、能源、通讯、冶金、建筑、建材、汽车、装备制造企业健康发展。

3. 既要做好当前应对工作，更要立足长远切实练好内功。要在完善体制机制、加强风险管控、增强创新能力、提高队伍素质上下大工夫，进一步调整优化企业的发展战略、管理构架、管理流程、资源配置，通过应对这场罕见的历史性危机使企业的决策上水平、管理上水平、技术上水平、队伍上水平，全面提高中央企业核心竞争力。

（本文根据国务院国有资产监督管理委员会副主任金阳和部分全国政协委员发言稿综合整理）

关于树立“消费也是生产”的观念符合科学发展观并有利于促进我国经济平稳较快发展的分析

在全国政协近日召开的“中国首届人口资源环境发展态势分析会”上，与会者提出：“坚持科学发展观，必须树立‘消费也是生产’的观念”，值得关注。实践证明，贯彻落实科学发展观的关键在于经济发展方式的转变和社会主义市场经济体制的完善。根据“消费也是生产”的理念，可以更加清晰地认识到，党中央提出的科学发展观是正确的，这几年经济转轨的基本思路是正确的，党中央为应对国际金融危机所采取的紧急措施是正确的。

一、对应对国际金融危机，转变我国经济发展方式紧迫性的分析

与会者注意到，国际金融危机把我国发展方式中存在的问题凸显出来，也把党中央提出的科学发展观的意义凸显了出来。

多年来，我国的经济主要是靠投资拉动的，而且是靠投资大量消耗资源、能源的第二产业拉动的。形成这种增长方式、发展方式，与上一世纪70年代全球产业结构梯度转移有关。但这样做不可能长期持续。这不仅是因为这样大量消耗资源、能源，会造成环境污染、生态破坏等问题，而且是因为这种增长方式、发展方式势必造成供大于求，使得生产与消费失衡。刚从短缺经济走出来之初，发展商品经济、市场经济，投资什么、生产什么都有市场，都能赚钱；但随着生产发展、经济增长，投资什么、生产什么并不能收到相应的效益。尽管由于对外开放的扩大和升级，投资的产能、生产的产品找到了新的

出路，使得失衡的供求关系恢复了平衡，并且促进了经济的快速发展。然而，这样一来，我国的对外依存度不断增加，经济潜在的风险也相应增加。

党和国家已经认识到这一问题，提出要树立和落实以人为本、全面协调可持续发展的科学发展观，并且强调贯彻落实科学发展观的关键，在于能否转变增长方式、发展方式，完善社会主义市场经济。而正当我国着手转变的时候，一场国际金融危机爆发了。在它的冲击下，我国经济运行中的这一潜在风险凸显出来了。因此，我国经济当前遇到的困难，既有国际经济原因，也有国内经济问题。

二、对马克思主义“消费也是生产”观点的分析

我国经济快速发展中存在的问题，表现为总供给大于总需求，实质是把投资与消费割裂开来的经济增长方式、发展方式有问题。要转变经济增长方式、发展方式，先要解决一个认识问题，即生产与消费、投资与消费是不能割裂的。

纵观我国改革开放以来发展社会主义市场经济的经验，凡是有消费需求的投资都是成功的，凡是没有消费需求的投资都是不成功的；凡是伴随着消费需求升级而不断调整方向的投资都是成功的，凡是不能适应消费需求变动及时调整方向的投资都是不成功的。不能因为强调投资而忽视消费，也不能因为强调消费而轻视投资，消费也需要投资，消费是投资的依据和方向。生产、投资不仅不能与消费割裂开来，而且消费就是生产。

在马克思主义看来，“生产直接也是消费”，即生产不仅要消费生产资料，而且首先要消费生产者的能力，“消费直接也是生产”，即消费过程就是人生产自己的过程。马克思在《〈政治经济学批判〉导言》中，对生产与消费之间这种同一性有过深刻的阐述。由此可以得到两个结论：一是投资生产即投资消费；二是投资于符合消费需求的生产才是能够实现和发展的生产。这两个结论，实际上是一个结论，

即要以消费为目的和动力进行生产和投资。

三、关于在全党树立“消费也是生产”观念必要性的分析

全党把工作重点转移到经济建设上以来，发展生产的观念已经深入人心。现在需要进一步明确的是，生产是消费，消费也是生产。引导全党树立起这种科学观念，有助于更好地发展生产，有助于树立起以人为本、全面协调可持续发展的科学发展观。

1. 树立“消费也是生产”的科学观念，其核心或本质就是要以人为本。因为，“消费也是生产”这一科学观念最基本的内涵，就是消费过程即人生产自己的过程。以人的消费为目的和动力的生产以及与此相联系的投资，即是以人为本的生产、投资。

2. 树立“消费也是生产”的科学观念，其基本要求是以民生为目的和动力进行投资，发展生产。消费的生产，作为人生产自己的生产，首先要生产人的生存和发展所必需的消费资料，即生产要满足民生、服务民生、改善民生。这里既包括要满足人民群众的衣、食、住、行等基本消费需要，又包括要满足人民群众教育、文化等提高人的素质的发展性消费需要，还包括要满足人民群众医疗、养老、困难救助等保障性消费需要。

3. 树立“消费也是生产”的科学观念，其重要特点是，能够以人为本，协调消费资料生产与生产资料生产，使发展的速度与结构、质量、效益有机地统一起来，又好又快地发展。消费资料生产从来都离不开生产资料生产，但是，离开消费资料生产来规划生产资料生产，以至于单纯强调生产资料生产，就会造成结构失衡、资源浪费、经济波动。要达到发展速度与结构、质量、效益相统一，必须根据人民群众的消费需求来发展消费资料生产，根据消费资料生产的需求来推进生产资料生产。这就是从毛泽东同志《论十大关系》的基本思想到邓小平理论、“三个代表”重要思想的发展战略，一直到今天的科

学发展观，一以贯之的思想，是同苏联模式的发展道路根本区别的思想。

四、关于在我国如何落实“消费也是生产”观念的分析

落实“消费也是生产”的科学观念，要研究在发展社会主义市场经济和对外开放条件下的生产与消费的同一性问题，研究符合中国基本国情的发展思路。

首先，在发展社会主义市场经济和对外开放条件下，树立和实现“消费也是生产”的科学观念，必须考虑消费包括内需和外需两方面消费需求，出口拉动即外需拉动生产是必需的，但不能越来越多地依赖于外需拉动，内需更应该是生产的动力。因此，健康而又持久的发展方式，是把主要依靠投资和出口拉动经济转变到投资方向与扩大内需、发展外需相协调的方式来拉动经济。

其次，在发展社会主义市场经济条件下树立“消费也是生产”的科学观念，最基本的是要着眼于扩大内需。要动态地了解和掌握人民群众的消费需求，包括人民群众基本消费资料的需求、发展性消费资料需求和保障性消费资料的需求，建立起比较完善的反映内需的市场信息反馈系统。

再次，从中国实际出发，在发展社会主义市场经济条件下树立“消费也是生产”的科学观念，扩大内需，还要深入研究城市和乡村两方面人民群众的消费需求。过去30年改革发展，对城市的消费需求研究较多，对农村的消费需求研究不够，这既有中国城乡发展不平衡性的客观规律在起作用，也有主观上重视不够、引导不够的问题。党的十六大以来，中央下决心解决“三农”问题，特别是十七届三中全会制定了一整套统筹城乡以解决“三农”问题的政策，对于解决中国内需的薄弱环节将产生重大而深远的影响。这个决策显然是十分英明的。但扩大农村内需决非一日之功。而城市居民手中持有的大量货

币如何回笼，城市居民在买家电、买房、买车后还有什么消费需求，这个问题决不能忽略。摸清城乡两方面人民群众的消费需求，是确定产业结构调整和投资方向的必要条件。

强调“消费也是生产”，要在尊重经济发展客观规律的基础上发挥主观能动性。消费与生产互为中介、相互拉动，消费要引导生产，生产也可以在一定条件下引导消费、扩大消费。而起调节作用的，应是市场。强调“消费也是生产”，还要注意这种消费不是浪费，这种生产必须是可持续发展的生产。为此建议：

1. 组织力量对城市和乡村居民的消费需求进行调研和跟踪研究，为中央决策提供客观的依据。

2. 根据“消费也是生产”的观念，加强研究人口、资源和消费同投资、生产的互动关系，形成符合科学发展要求的增长方式、发展方式轮廓。

3. 按照科学发展观的要求，制定到 2020 年的中国经济、政治、文化、社会、生态建设全面发展纲要和体制改革总体方案。

（本文根据全国政协委员、中共中央党校副校长李君如发言稿整理）

关于运用国土资源政策确保新增投资建设需求的分析

在全国政协近日举办的“中国首届人口资源环境发展态势分析会”上，与会者认为，国土资源是经济社会发展的物质基础，各项调控政策应围绕中央经济工作会议的部署和要求调整节奏，以使资源供给满足经济平稳较快发展的需求。

一、保护国土资源对经济社会发展具有基础作用

国土资源是经济社会可持续发展的重要物质基础，涉及各行各业、千家万户，关系国家粮食安全、能源安全和生态安全。近年来，认真贯彻落实党中央、国务院的一系列重大决策部署，在保护资源、保障发展、参与调控、维护权益等方面都取得了积极成果。

在保护资源方面，坚决落实最严格的耕地保护制度，耕地大量减少的势头得到有效遏制，为我国连续五年粮食丰收、维护国家粮食安全作出了贡献。深入整顿和规范矿产资源开发秩序，乱采滥挖矿产资源的状况得到初步扭转，促进了矿产资源的合理开发与综合利用。

在保障发展方面，大力推进节约集约用地，保障了各类建设用地需求，支持了经济高速增长，2003 年至 2007 年，单位建设用地 GDP 增长 70% 以上。严格实行土地招标拍卖挂牌出让制度，为各项建设提供了大量资金，2001 年至 2007 年，全国土地出让总价款达 4. 17 万亿元。加强地质调查和矿产勘察，获得了冀东南堡亿吨级油田等一批重大找矿成果，矿产资源对经济社会发展的支撑能力显著增强。

在参与调控方面，严把土地供应闸门，优化土地供应时序、结构和布局，在信贷、产业等政策措施相协调，遏制固定资产投资增长过

快、促进产业结构升级和区域协调发展等方面发挥了重要作用。同时，积极探索运用矿产资源政策参与宏观调控，科学编制并严格实施矿产资源规划，优化了矿产勘查开发布局；实行优势矿产开采总量控制，扭转了“优势不优”的状况。

在维护权益方面，进一步落实和完善征地补偿安置制度，提高补偿标准，拓宽安置渠道，推进解决被征地农民住房、就业和社保。土地市场治理整顿期间，清偿被征地农民补偿安置费175亿元。坚持以监测预防为主，以汛期和三峡库区为重点，努力减少地质灾害损失。2003年至2007年，全国共成功避让地质灾害3500多起，安全转移16万多人，避免直接经济损失24亿多元。

二、为应对当前复杂经济形势需采取的资源政策

中央经济工作会议对“保增长、扩内需、调结构”作了全面部署。2009、2010两年新增投资4万亿元，投资力度之大、涉及范围之广、建设时间之集中，对国土资源特别是土地的需求势必大幅增长。按固定资产投资与实际新增建设用地的关系测算，2009、2010两年在常规用地量的基础上，每年增加用地约60万亩，比2008年全国新增建设用地计划总量增加10%。这对运用资源政策参与宏观调控提出了更高要求。

一方面要搞好积极主动服务：

1. 要加强土地利用总体规划的统筹和管控。加快地方各级规划修编，将各类新增建设项目纳入新一轮规划统筹安排，重点保障。

2. 要科学调整建设用地计划安排。

3. 要加快土地审批和供应。主要是加快用地预审，适当扩大先行用地范围，建立审批快速通道，提高工作效率。

4. 要强化地质矿产勘察和信息服务。有针对性加强紧缺矿产勘察，为新增中央投资计划实施提供稳定的资源保障，为各类建设工程选址提供高质量的地质资料服务。

5. 要协助地方政府对投资的引导和把关。按照国家产业政策和土地供应政策，防止高能耗、高消耗、高污染、高投入、多占地的项目搭车用地。

另一方面要严格规范管理：

1. 要继续落实最严格的耕地保护制度。坚决守住土地利用总体规划线、建设用地计划线、耕地保有量线和基本农田面积线。

2. 要实行最严格的节约用地制度。严格执行用地标准和核减超标准用地。各类项目应优先利用存量用地和未利用地。

3. 要切实保障农民权益。做到依法依规征地、征地过程公开透明、合理补偿，妥善解决被征地农民的住房、就业和社保。

4. 要严格执法监管。健全完善国土资源执法机制，改进执法监管手段，全面实现“天上看、网上管、地下查”。严格土地违法问责。

大家认为，只要上述政策安排得到严格执行，就能有效保障中央扩大内需各类建设项目所需用地，保证中央各项调控政策措施有效落实。但在实际工作中，由于一些地方急于上项目，认识不到位，操作不规范，监管跟不上，也可能出现碰耕地红线、损害农民利益等问题。我们要密切关注，及时发现，妥善应对可能出现的苗头和倾向性问题。

（本文根据国土资源部副部长鹿心社和部分全国政协委员发言稿综合整理）

关于涉海项目管理要以效率优先服务海洋经济发展的分析

我国是一个海洋大国，海洋经济在我国国民经济中的地位越来越重要。2007 年全国海洋生产总值达到 2.5 万亿元，占 GDP 的 10.11%。在全国政协近日召开的“中国首届人口资源环境发展态势分析会”上，与会者围绕“保增长、扩内需、调结构”的指导方针和“出手要快、出拳要重、措施要准、工作要实”的总体要求，对海洋经济进行深入分析，一致认为，关注海洋经济发展，就是关注中华民族未来。随着国际海洋经济权益的激烈竞争，我们必须比任何时候都更加关注海洋经济发展。当前，要通过强化涉海项目综合管理，坚持效率优先，促进海洋经济建设。

一、涉海项目管理要为扩大内需促进经济平稳较快发展服务

涉海项目已成为沿海经济的生命线。为响应党中央、国务院提出的进一步扩大内需，促进经济平稳较快发展的重大决策部署，分析会认为，涉海项目管理应以效率优先，保证重大项目的需求，服务海洋经济发展。具体包括：

（一）要保证重大工程项目的用海需求

本着资源可持续利用、节约集约用海的原则，主动做好中央和地方扩大内需促进经济平稳较快发展相关项目的保障工作，提前参与项目建设，加强对项目选址、海域使用论证、评审和审批等环节的服务和指导。要积极推动已批准的涉海工程尽快开工，积极配合提供海域使用权抵押登记服务，拓宽融资渠道。

（二）要强化专项用海规划及其项目管理

对沿海连片开发需要整体围填的海域或淤涨型高涂海域，地方政府应编制区域建设用海规划和淤涨型高涂围垦规划。区域建设用海规划经国家批准后，可以先开展围填海活动，然后再根据区域用海功能布局和实际用海面积，为项目单位办理海域使用审批手续。

（三）要严格控制海域使用论证和评审的时间

对中央新增计划投资项目，根据对海洋资源和生态影响的实际情况，简化论证内容。海域使用论证单位从签约到正式提交海域使用论证报告书，一般应不超过 45 天。海域使用论证报告书的评审时间应不超过 15 天。

（四）要提高海域使用审批工作效率

海域使用申请审批要按照程序规定，加快工作进度。凡是可以减少的程序要进一步减少，凡是可以省略的环节要进一步省略，凡是可以简化的内容要进一步简化。

（五）要优化海洋环境许可工作程序

要进一步提高海洋工程环评、海洋倾废审批效率，审批时限缩短不少于三分之一。对于港口和码头建设项目需要在海上倾倒疏浚物的，应加快倾倒区的选划与论证，尽快办理倾倒许可证，保证重大项目如期开工。

（六）要加快环评和论证工作进度

对列入中央投资计划清单的项目，其选址所在海域具有历史资料并可以作为环评和论证依据的，可以采用历史资料进行评价。有关部门要及时无条件地提供历史资料，不影响项目环评和论证的进度。

（七）要加速海洋科技成果产业化

根据《全国科技兴海规划纲要（2008～2015 年）》的要求，大力推动科技兴海重大示范工程的立项，坚持把投资重点放在科技兴海平台、基地和工程技术中心的建设上，积极组织实施在海洋高技术产业、生态工程建设、循环经济发展、海水综合利用、海洋可再生能源等方面的科技项目。

（八）要加大海洋基础设施和能力建设力度

要结合国家和区域防灾减灾和科技创新需求，加强海洋基础设施和能力建设，包括在我国沿海地区加快建设海洋观测、监测、传输系统、海洋实验室、深海空间试验场、现代海洋科学调查船和深海海洋科研基地等。

二、完善政策法规促进海洋事业发展

进入新世纪以来，各沿海国家纷纷提出国家海洋政策，海洋事业发达的国家，都已有成熟的海洋国策，成文的海洋法律、海洋战略和政策文件，我国也应尽快健全机制，站在全局的角度制定海洋发展战略。

（一）建立健全规划体系

20 世纪 60 年代海洋开发兴起以后，各国都制定了海洋开发的战略和长远规划，出台了国家级的总政策。以美国为例，1966 年《海洋资源和工程发展法》就是一个综合的、长期的协调国家海洋计划的政策。此外，一些国家还建立了国家海洋政策协调机构以加强政策对海洋事业的指导职能，如日本的海洋开发审议会等。

我国根据《国家海洋事业发展规划纲要》，已确定了海洋主体功能区规划，当前，优化海洋开发空间也应遵循规划的要求，加快实施海洋环境容量的总量控制制度，加快重点海域的综合整治工作，加快海洋信息化建设，全面实施以海洋生态系统为基础的海洋综合管理。建立健全海洋规划体系。在组织实施相关规划的过程中，要注重通盘考虑，做好与海洋事业规划的衔接工作。要制定落实规划纲要的相关政策措施，建立并完善全国海洋经济运行评估监测系统，力争科学、准确、详实地反映海洋经济的发展情况，进一步落实对海洋经济宏观调控的工作。编制《中国 21 世纪海洋政策》。

（二）促进海岛经济开发与建设

我国拥有 6500 多个岛屿，总面积近 8 万平方千米，岛屿岸线长

14000千米，其中有人居住的海岛为400多个。与会者认为，海岛对我国经济建设、国防建设和海洋权益保护起着重要作用。但由于海岛分布不均等因素，使得海岛的开发程度也不均衡。针对这些情况，与会者建议：

1. 制定《海岛保护法》，促进海岛开发与保护向深度和广度进军。要建立健全海洋管理法律法规，尽快完善海域使用管理法、海洋环境保护法等配套法规，深化领海及毗连区法、专属经济区经济制度研究。

2. 加强对海岛地区经济社会发展的政策支持和科学论证，加大开放力度。对适宜开发的海岛，在科学论证的基础上，明确功能定位，选择合理开发利用方式，发展海岛特色经济。鼓励外资和社会资金参与无居民海岛的开发利用。提高海岛对外开放水平，让海岛享受更加优惠的开放政策。如实行自由经济港或自由港、自由岛政策，充分发挥海岛的区域优势，把海岛建设成开放的窗口和前沿阵地。

（三）创新工作机制

应吸取历史上和国际上海洋管理工作中的教训，借鉴海洋管理先进国家的经验，分析今后海洋事业发展的状况，建立符合我国特色的海洋管理工作机制，推动海洋事业迅速健康发展。

（本文根据国家海洋局副局长张宏声和部分全国政协委员发言稿综合整理）

关于我国粮食发展态势的分析

在全国政协近日召开的“中国首届人口资源环境发展态势分析会”上，与会政协委员、部门领导、专家学者对当前我国的粮食安全问题尤为关注。粮食问题关系国计民生。2008 年国际粮价经历了“过山车”式波动，也对我国的粮食市场产生了一定的影响。特别是持续几个月的干旱，给华北、东北和中部地区粮食生产带来严峻挑战。与会者经过研讨一致认为，国家粮食安全必须通过“促增收、摸家底、稳市场、扩内需”等手段来保障。

一、关于我国粮食发展的现状

近年来，我国通过积极稳妥地推进粮食流通体制改革，不断加强和改善粮食宏观调控，依法加强粮食流通监管，大力发展现代粮食流通产业，保护了种粮农民利益和消费者权益，保障了国家粮食安全。

粮食流通体制改革促进了粮食增产农民增收，加快了购销市场的多元化发展，发展了粮食产业化体系。从 2001 年率先放开主销区粮食收购市场，到 2004 年全面放开粮食购销市场，粮食流通体制改革在探索中稳步推进，以直接补贴和最低收购价为主要内容的粮食支持体系初步建立，促进了粮食增产农民增收。粮食产量从 2003 年的 8613 亿斤增加到 2007 年的 10032 亿斤，2008 年将超过历史最高水平。针对 2008 年粮食丰收、粮价下行压力大的情况，国家通过增加政策性收储、提高收购价格带动粮价回升，按商品量计算，使全国农民增收 500 多亿元。国有粮食企业“三老”历史包袱基本解决，经营机制发生较大变化，市场主体地位初步确立，市场竞争力和经济效益不断提高，2007 年国有粮食购销企业实现 1961 年以来的首次盈利。其他多元市场主体发展迅速，取得粮食收购资格的7.75万家企业中，70%以上为多元市场主体，粮食购销市场化、市场主体多元化格局基本形成，适应社会主义市场经济发展要求和符合我国国情的新的粮食流通体制基本建立。同时，以优势企业为龙头、现代粮食物流和加工业为依托、科技为支撑的粮食产业化体系，大力发展订单生产、订单收购，促进了粮食生产结构调整和品质优化，增加了粮食商品附加值，促进了农民增收、企业增效。

粮食宏观调控保障了国家粮食安全。通过抓好最低收购价、国家临时存储等政策性粮食收购，加强中央储备粮行政管理，推动各地落实地方粮食储备，粮食库存比较充裕，增强了粮食宏观调控的物质基础。不断加强和改善粮食宏观调控，建立健全粮食应急体系，增强了应对粮食市场异常波动的能力，特别是经受住了2003年“非典”和2008年南方雨雪冰冻灾害、汶川特大地震的考验，成功应对了2008年国际粮价“过山车”式波动对国内粮食市场的冲击，保证了全国市场、奥运会举办城市和受灾地区的粮食供应和质量安全，维护了粮食市场价格的基本稳定，保护了粮食生产者、经营者、消费者的利益，保障了国家粮食安全。

二、对未来我国粮食发展形势的分析

2008年以来，国际国内经济形势复杂多变，世界经济经过几年高速增长后开始出现衰退。国内粮食生产再获丰收，粮食供求状况进一步改善，粮食库存充裕，当前的粮食供给是有保障的，但品种结构和区域布局不平衡，输入性影响、国内因素影响以及干旱气候条件的影响，都不可低估。从长远看，人增地减、水资源匮乏的趋势难以逆转，目前我国人均耕地面积仅有1.38亩，为世界平均水平的40%，人均淡水资源相当于世界平均水平的1/4，人口资源环境对粮食生产的约束增强，粮食等主要农产品的需求还将增加；极端灾害天气增多，气候变化对粮食生产的影响加剧；种粮成本逐年增加，比较效益下降，促进粮食稳定发展粮农持续增收的难度加大，这些对进一步加强和改善粮食宏观调控，搞好粮食流通提出了严峻挑战和更高要求。

三、建议应采取的政策措施

基于上述分析，与会者认为，应秉承服务三农、改善民生、改革创新、科学发展的原则做好粮食工作，促进粮食发展。

1. 进一步抓好收购促增收工作。加大粮食临时收储力度，满足农民售粮需要。利用粮食丰收的有利时机，抓紧充实地方粮油储备。发挥国有粮食企业主渠道作用，引导多元市场主体积极入市收购，加强对企业落实国家粮食收购质价政策的监督检查，坚持优质优价，以质论价，促进种粮农民增收，调动种粮地区、种粮农民的积极性。

2. 全面清仓查库摸清家底。进一步摸清粮食库存底数，确保粮食库存账账相符、账实相符，确保库存粮食质量安全、存储安全，为国家实施粮食宏观调控提供重要决策依据。

3. 加强调控稳定市场。继续加强粮食移库工作和产销衔接，充实薄弱地区粮食库存。加强粮食应急体系建设，适当增加大中城市、重点地区和薄弱地区的小包装成品粮油应急储备库存，增强应急保障能力。继续分期分批安排最低收购价粮食和国家临时存储粮食的竞价销售，掌握好调控的时机和力度，保证粮食价格和市场供应的基本稳定。

4. 采取多种政策措施支持粮食产业发展。大力发展粮食产业化经营，延伸和完善产业链条，促进企业增效、农民增收。继续组织实施全国粮食市场体系建设“十一五”规划，加快完善全国统一的粮食竞价交易系统，提高交易效率。在制订“十二五”规划时，要考虑其政策的连续性。加强农村粮食流通体系建设，巩固和发展农村粮食流通网络。切实推进粮食仓储、物流、烘干设施、油料及食用油库等粮食流通基础设施建设。加强对粮油加工业的政策指导和协调服务，积极引导粮油加工企业整合资源，加快产业结构调整和优化升级，提升产业竞争力。加大科技兴农力度，组织实施一批国家科技和产业化项目，推广粮食优良品种，提高粮食产量，积极推动信息技术、生物技术在粮食流通领域的应用。扩大农村粮食产后减损安全保障工程试点范围，推广安全储粮技术。按照建设资源节约型社会要求，推广节粮先进技术，倡导科学消费理念，减少粮食损失浪费。

（本文根据全国政协委员、国家粮食局局长聂振邦发言稿整理）

关于建设节水型社会的水资源供需发展态势的分析

在全国政协近日召开的“中国首届人口资源环境发展态势分析会”上，与会者详细分析了我国水资源及其开发利用的现状，指出虽然水资源短缺依然是我国的心腹之患，但因政策性因素导致的水资源问题同样不可忽视。与会者一致认为，建设“节水型社会”是解决我国水资源供需矛盾的根本途径，必须确立自律的水资源管理模式，并确定水资源开发利用战略。

一、水资源短缺依然是中华民族的心腹之患

水是基础性自然资源、战略性经济资源和生态环境的控制性因子。我国以占世界6%的水资源，支撑着占全世界21%的人口和10%左右的年均GDP增长。我国水资源开发利用取得了巨大成绩。1980年以来，全国实际供水量增加了1201亿立方米，达到5600亿立方米。自1949年以来，全国用水量由1000亿立方米增加至5600亿立方米。但随着我国经济社会的快速发展，水资源短缺、水环境污染以及水生态系统退化等问题日益突出。

水资源短缺依然是中华民族的心腹之患。根据新一轮水资源评价成果，1956~2000年全国多年平均水资源总量约2.84万亿立方米，其中地表水资源2.74万亿立方米，不重复地下水1037亿立方米。具有以下特点：总量居世界前列，但人均占有量偏少；水土资源区域分布条件不相匹配；水资源补给年际与年内变化大。

目前，扣除生态环境用水、出境水量等，我国可供开发利用的水量在8000亿立方米左右。在正常来水情况下，全国经济社会缺水量

为250亿立方米左右，平均缺水率为4%；中等干旱情况下，缺水量为300亿~400亿立方米左右，缺水率为6%。从缺水分布看，海河、淮河、黄河、辽河和西北诸河为缺水最严重的地区，缺水量约占全国总缺水量的3/4；其中海河缺水最突出，在平水和中等干旱情况下缺水率分别达15%和25%。

此外，全球气候变化对水资源影响越来越显著。自20世纪80年代以来，全球气候变暖趋势加剧，气候变化对我国水资源数量和时空分布的影响越来越显著。集中体现为降水过程和产流系数发生变化；极端天气气候事件增加；冰川消融速度加快，加重了以融雪为灌溉水源的灌区旱期水资源紧缺状况。

二、我国水资源开发利用存在的突出问题

1. 水利投入不足，水资源基础设施建设滞后，限制了供水的增长。长期以来，我国水资源开发利用基础设施建设滞后于经济社会发展的需要，水利投入力度受自然灾害影响较大，往往是“大灾大治、小灾小治、无灾不治”，水利投资呈现大起大落。

2. 用水持续增长、用水结构不断调整，但总体用水效率和效益较低。1980年以来，我国人均用水量基本保持不变，在450立方米以内；全国万元GDP用水量则显著下降，单方水GDP产出大幅提高。虽然水资源利用水平和效率在不断提高，但总体上我国产业结构还处于比较低级的阶段，用水工艺和技术水平还不高，水资源工程体系还不配套，用水效率不高。

3. 水污染加剧的态势未得到有效遏制，加剧了供需矛盾。2005年，在全国评价的14.05万千米河长中，水质符合和优于Ⅲ类水的河长占总评价河长的60.9%，对237个省界断面进行水质评价，水质符合和优于地表水Ⅲ类标准的断面数占总评价断面数的33.3%，水污染严重的劣Ⅴ类占34.2%。水污染形势未得到有效控制，加剧了供需矛盾。

4. 以需定供的水资源管理模式助长了水资源的不合理开发与利用。传统的“以需定供”的水资源管理模式，以经济效益最优为目标，不考虑或较少考虑水资源条件、水资源承载能力以及供水方面的各种变化因素，强调需水要求，并通过各种工程手段扩大供水能力加以满足，这种无节制索取的结果必然是水资源的过度开发利用和社会性的水资源浪费。

三、关于建设节水型社会的水资源供需发展态势的分析

驱动需水长期增长的因素有两个，一是人口因素，二是经济因素。在同样的人口条件下，经济发展的总量规模、增长速度和产业结构将显著影响用水量的大小和结构。从目前供水构成看，易于利用的水源基本开发殆尽，未来新增水源工程的建设难度、成本将越来越大。从资金、开发利用条件看，未来我国可新增供水能力约1000亿~1300亿立方米，供水能力总规模上限约为7000亿立方米以内。因此，与会者认为，理性地确立自律的水资源管理模式和确定水资源开发利用战略至关重要。

我们要以科学发展观为指导，树立“人水和谐”的理念，以提高水资源利用效率和效益为中心，运用多种手段从需求端压缩社会经济用水量，建设节水型社会。

据研究，中国需水增长的相对稳定点将在2030年前后出现，峰值约在6500亿立方米左右，此后我国的用水总量将进入一个相对稳定期。未来用水的特点为：人均需水量呈下降趋势，由目前的450立方米下降至2030年的430立方米；农业用水占总用水的比重逐步下降，工业和生活需水比重迅速上升。从各流域看，由于未来灌溉面积发展主要集中于北方地区，因此从总体看北方地区需水结构变动比较缓慢，2030年农业需水比重还将维持在70%左右，其中松花江区农业需水比重还将有所上升。辽河、海河、淮河三流域需水结构变化比较明显，农业需水比重下降超过10个百分点。南方地区除西南诸河，

各流域需水结构变化均比较明显。

为此，应采取相应的保障措施。

1. 加大水利投入力度，开展必要的水源工程建设，完善水资源配置格局。我国水资源与土地资源、生产力呈逆向分布的特点十分显著，在水资源短缺的北方地区尤为突出。往往是人口稠密、生产力布局高度集中地区，水资源极度匮乏；水资源丰富地区，人口稀少。这一特点又决定了区域内、跨区域间的调水工程必须成为水资源配置的重要手段。

2. 积极推进水资源“一体化”管理，建立水污染的问责制度。水资源的“一体化”管理应该包括：防洪、保证水资源供需平衡、保护水生态环境，而保护水生态环境就必须建立水污染的问责制度。回顾2006年松花江水污染事件的过程和教训，不难看出建立水污染问责制的必要性。

3. 进行制度创新，完善水资源节约和保护法规体系，建立科学的供水价格体系，建立有效的经济防污机制，严格实行污染物排放总量控制制度。

4. 发挥科技支撑作用，重点加强基于“自然—人工”二元模式的流域水循环模拟技术研发，构建数字化流域管理平台，加快流域水污染监测的现代化进程，大力发展节水高效与非常规水资源利用技术。

5. 建立节水、防污和水资源配置的多元化投融资保障机制，建立流域水生态补偿、防洪减灾风险补偿等机制。

（本文根据中国工程院院士、中国水利水电科学研究院水资源研究所所长王浩和部分全国政协委员发言稿综合整理）

关于气候变暖气象灾害频发每年已给我国造成上千亿元经济损失的情况及对策的分析

在全国政协近日召开的“中国首届人口资源环境发展态势分析会”上，与会者认为，我国气候变化与全球气候变暖的总趋势一致，频繁发生的气象灾害已对我国经济社会发展构成严重的影响，特别是近年来造成的经济损失呈上升趋势。上世纪 90 年代年均经济损失为 1867 亿元，本世纪初（2001～2007 年）年均经济损失为 1955 亿元，2007 年高达 2432 亿元。因此，应对气候变化和防灾减灾问题不容忽视，应采取有力的对策。

一、全球气候变化背景下我国气候变化态势分析

胡锦涛总书记指出，气候变化既是环境问题也是发展问题，归根结底是发展问题。工业革命以来的气候变化是人类不合理的开发建设和温室气体排放所导致的问题，而其中发达国家负有主要责任。

（一）我国与全球一样呈气候变暖趋势

当前，全球气候变暖已是不争的事实。近一百年来，全球平均地表温度上升了 0.74℃，全球海洋已经并且正在吸收增加到气候系统内的 80% 以上热量，海洋升温已延伸到至少 3000 米的深海。升温引发海水膨胀，导致海平面上升，20 世纪全球海平面上升约 0.17 米。北极平均温度几乎以两倍于全球的速度升高。按 2006 年底计，1978 年以来，北极海冰面积以 2.7%/10 年的平均速率减少；20 世纪 80 年代以来，北极多年冻土顶部温度上升了 3℃；1900 年以来，北半球季节冻土最大面积约减少了 7%。因此，气候系统的变暖是毋庸置疑的。

气温升高同时导致地球自然生态系统变化，已经给许多自然和生物系统带来影响，区域气候变化的影响已逐步显现。

在此背景下，近百年来，我国年平均气温升高了1.1℃，近50年变暖尤其明显，我国大部分地区呈增温趋势，以北方增温最为明显。从1986～2006年，我国连续出现了21个暖冬。近50年来，西部、华南降水呈增加趋势，华北、东北大部降水呈减少趋势，出现南涝北旱的雨型，干旱和洪水灾害频繁发生的特点。我国沿海海平面年平均上升速率为每年2.5毫米，高于全球平均水平；山地冰川快速退缩，并有加速趋势。

（二）对气候变暖严重后果的分析

气候变暖最直接的威胁就是极端天气气候事件的发生频率增加，强度增强，从而引发更加极端的气象灾害，给经济社会发展和人民生命财产安全带来更大威胁。

我国本来就是世界上气象灾害最严重的国家之一，台风、暴雨（雪）、雷电、干旱、大风、冰雹、大雾、霾、沙尘暴、高温热浪、低温冻害等灾害时有发生，由气象灾害引发的滑坡、泥石流、山洪以及农业灾害、海洋灾害、生物灾害、森林草原火灾等相当严重，对经济社会发展、人民群众生活以及生态环境造成很大影响。全球性气候变暖使得我国面临的气象环境发展态势更为严峻。

2008年1月10日到2月2日，我国南方地区发生的低温雨雪冰冻极端气象灾害最为直观地展示了气象灾害给我国经济社会发展带来的影响。这次灾害持续时间长、降温幅度大、降雪强度大、覆盖地域广，为历史罕见，属于50年一遇，个别地区达到了百年一遇，对南方交通运输、能源供应、电力传输、通讯设施以及农业生产和人民群众的生活造成相当严重的影响和损失。

实际上，近50年来我国主要极端天气气候事件的频率和强度都出现了明显变化。特别是近年来出现了多项破历史记录的极端天气气候事件，如：2006年四川、重庆等地发生了百年一遇的严重高温干旱；北方地区出现严重干旱；北京地区一夜之间降下33万吨沙尘。

2007年2月长江重庆段创历史最低水位限时禁航；6月东北地区发生了严重夏旱。1951年以来最强台风“桑美”登陆浙江；2008年一号台风“浣熊”为1949年来登陆我国最早台风。2007年6～7月淮河发生仅次于1954年的流域性大洪水；7月16日开始，重庆遭115年来最强暴雨袭击；7月18日山东济南遭受大暴雨袭击，造成严重城市内涝。2008年淮河水系发生1964年后最大春汛。这些气象灾害都不同程度地给我国经济带来很大损失。

随着气候持续变暖，本世纪我国极端高温和强降水事件发生频率会进一步上升，热带气旋（台风）和强对流、雷电天气可能更强，所造成的影响也将更为严重。我国目前抗御极端气象灾害的风险能力总体较弱，不同区域因自然地理状况、经济发展水平不同，其对气候变化的敏感性和脆弱性各不相同，不发达地区抗御极端气象灾害的能力更弱，发达地区抗御极端气象灾害的压力更大。随着经济社会的快速发展和人口的日益增长，受灾害影响的人口总数和经济总量都会大大增加，灾害敏感区域和脆弱行业越来越多。气候变化还将对我国外交、水资源、生态安全、沿海地区安全、人类健康等方面产生重要影响。因此，应对气候变化和防灾减灾必须作为保障国家安全的重要方面。

二、对策建议

党的十七大报告确定了“加强应对气候变化能力建设，为保护全球气候做出新贡献”、“强化防灾减灾工作”等战略方针，具有现实性和紧迫性。为提高我国应对气候变化和防灾减灾能力，建议做好以下几个方面的保障工作：

1. 从制度层面上保障。我国幅员辽阔，气候条件复杂，要真正做到发挥中央和各地的积极性，整合各地区经济社会的力量，就必须从制度上保障，建立一整套更能“部门联合、上下联动、区域联防”的防灾机制和气象灾害应急机制。贯彻落实已经颁布的《中国应对气候变化国家方案》，各省、区、市也要制订相应的方案。

2. 从法制层面上保障。应对气候变化是一项庞大而复杂的系统工程。仅仅靠一般的行政手段难以奏效。必须依靠建立和健全相应的法制体制。比如制定气象灾害防御条例，明确规范国家和地方在遇到重大气象灾害时可以采取紧急状态方式，明确规范灾害预警信息发布、灾害应急响应、以及怎样进行重大工程设计建设和城乡规划建设的气象灾害风险评估。在欧洲，这方面的法制法规相应健全，值得我们借鉴。

3. 从能力建设层面上保障。应对气象灾害一方面要进行硬件建设，通过国家加大财政投入，建立一些预警基地，并运用互联网等现代信息技术完善信息系统。另一方面，要加强软件建设，培养一批懂气象、了解气候气象原理、掌握气象科学知识的队伍。再一方面，还要通过科技手段提高利用气象资源水平，包括开发风能、太阳能、地热能、潮汐能、生物质能等清洁能源，控制温室气体排放，防沙治沙、保护湿地，大力发展绿色农业，加强城市绿化，保护大气、水、海洋环境，努力促进生态文明和人与自然相和谐。

4. 从舆论氛围层面上保障。要充分发动社会力量，利用气象、教育、新闻资源，大力开展应对气候变化和气象防灾减灾知识和常识“进农村、进学校、进社区、进企业”活动，加强全民尤其是中小学生应对气候变化和防灾减灾科学知识与技能的宣传教育，要把应对气候变化和防灾减灾科学知识、自救互救技能作为中小学校的必要课程，使应对气候变化和防灾减灾培训和演练制度化、规范化、科学化。

（本文根据全国政协常委、人口资源环境委员会副主任、世界气象组织首席科学家、中国科学院院士、中国气象局原局长秦大河发言稿整理）

关于奥运及以后持续改善首都环境质量措施的分析

2008 年 8 月，举世瞩目的第二十九届奥运会在北京成功举办。奥运期间，北京市空气质量天天达标，全面兑现了申奥环保承诺。据统计，2001～2007 年北京市环保投入 1222 亿元，其中大气治理投资 837 亿元，占 69%。在全国政协近日召开的“中国首届人口资源环境发展态势分析会”上，与会者对北京取得的这一重大成绩给予了充分肯定，同时也对奥运后北京的环保情况表示关注。经过分析，与会者一致认为北京市应借此次中央提出扩大内需，保持经济平稳快速增长的机会继续巩固环保成绩，进一步推进生态文明建设。

一、落实绿色奥运的主要情况

1. 全面兑现了申奥环保承诺。兑现申奥空气质量承诺的三个方面：①每天要对二氧化硫、一氧化碳、二氧化氮和可吸入颗粒物等污染物进行监测；②在奥运期间上述四项污染物要达到国家标准和世界卫生组织指导值；③致力于全年空气质量的提高。经过 7 年的努力，北京市空气质量的优良天数达标率从 2000 年的 48.4% 增加到 2007 年的 67.4%，17 天的奥运会，12 天的残奥会，空气质量实现了天天达标。污染物排放总量大幅削减，大气中主要污染物浓度总体下降 50%；二氧化硫、二氧化氮、一氧化碳日均浓度达到了世界发达城市的水平，可吸入颗粒物达到了世界卫生组织环境空气质量第三阶段指导值，全面兑现了承诺。

2. 积极的污染控制措施推动了环境与经济协调发展。7 年来，北京市经济社会快速发展，常住人口增加 270 万，达到 1633 万人；地区生产总值年均增长 12% 以上，2007 年与 2000 年相比增长近 2 倍；能源消耗每年以大于 5% 的速度递增，比 2000 年消耗增加近 50%；机动车以年均 10% 以上的速度快速增长，保有量达到 340 余万辆；城市建设施工面积突破 1.3 亿平米，比 2000 年增加近 1 倍，比欧洲施工面积总和还要多。在人口膨胀、资源消耗大、经济和建设快速发展对环境带来极大影响的压力下，通过实施 14 个阶段 160 项大气污染控制措施，大气环境质量不仅没有恶化，反而有了明显的改善。

采取积极的治理措施，不仅控制了环境污染也有力地推动了经济发展。比如，实施中心城区 1.6 万台锅炉“煤改气”和城四区 8 万户居民“煤改电”工程，不仅较好地解决了低空污染问题，而且增加了清洁能源的引进，2008 年天然气使用量将从 2000 年 10 亿立方米增长到 60 亿立方米。通过对冶金、建材、化工等 140 多家污染企业的调整搬迁，在大幅度削减污染存量的同时，促进了产业结构的调整，目前北京第三产业比例已超过 72%。特别是为控制机动车污染，北京市不断严格机动车新车排放标准，实现了由国Ⅰ到国Ⅳ标准的四步跨越，达到了相当于欧Ⅳ标准的水平，推动了汽车产业革命和技术升级。

（三）科学技术支撑了环保。组织开展了“北京与周边地区大气污染物输送、转化及北京市空气质量目标研究”等多项重大课题研究。并围绕奥运期间空气质量达标重大任务，组织北大、清华等科研单位，开展了《第 29 届奥运会北京空气质量保障方案措施研究》。研究成果为制定污染防治对策和奥运空气质量保障措施提供了科技支撑。

为保障奥运环境监测，北京市建成了集成环境质量数据监测、重点污染源在线监控的环境监控中心，实现了对大气、地表水、噪声和辐射环境质量全面自动监测。采取以北京自动监测系统 27 个固定监测站和 18 个场馆流动监测站为主体，以卫星遥感反演、激光雷达、铁塔观测等先进科技手段为补充的立体监测网络，全方位地开展空气质量监测，并采取多模式集合预报方式开展预测、预报工作，为奥运赛事空气质量保障提供及时、准确的监测依据。

（四）积极的环境政策促进了污染治理。在煤烟型污染控制上，对锅炉改造、平房采暖“煤改电”等燃煤设施清洁能源改造，出台补助政策，如对燃煤锅炉改用清洁能源的单位，由北京市财政局按每蒸吨35万元改造费用标准补助80%，对差额预算拨款单位按每蒸吨35万元改造费用标准补助50%。在机动车污染控制上，2005年以来集中出台了一系列补贴政策，如对老旧公交车提前更新给予补助和贷款贴息，2005年4月实施对老旧公交车提前更新给予不超过10年的贷款贴息补助，并给予账面资产净值50%的补助；2008年对公交、环卫、邮政黄标车提前淘汰的按净值50%补助，治理改造的按每车5万元补助。在对工业企业治理上，实施积极的财政支持和奖励政策，如对“高污染、高耗能、高耗水”企业的退出，分别给予50万～230万元不等的奖励。

二、对奥运后北京环境保护态势及措施的分析

奥运后，广大人民群众对北京的环境质量有更高的期盼，希望进一步推进生态文明建设，环境质量不滑坡。但北京环境质量仍然很脆弱，面临的压力和困难仍然很大。奥运期间北京及周边省（区、市）采取了有力的临时污染控制措施，使大气污染物排放量总体上削减60%以上，而有些措施在奥运后是不可长效的，周边的支持会相对减小。受自然条件制约，加上城市人口、机动车、能源资源消耗等快速增长，大气污染的“复合型、压缩型”特征日益明显，城市水资源短缺和下游水体污染并存，污染减排的难度越来越大。

北京应弘扬“绿色奥运、科技奥运、人文奥运”的精神，抓住机遇，根据中央经济工作会议精神，继续在促进发展、服务发展中治理污染、保护环境，重点采取以下几项措施：

1. 用污染减排推动经济又好又快发展。在改善能源结构方面，要推进10个远郊区县城关镇集中供热改造，上大压小，并配套建设

高效脱硫除尘设施，推动相关环保产业的发展。在控制机动车污染方面，实行财政补助政策，加快30多万辆黄标车的淘汰，促使车主更新车辆，促进汽车消费。推广使用电动公交车。在建筑工程中，实行绿色施工标准，控制施工扬尘污染。加大河流综合整治，推进城区污水处理厂的升级改造，改善水环境。

2. 坚持互利共赢，解决民生问题。保障和改善民生是以人为本、执政为民的具体体现，也是拉动消费、促进发展的重要举措。应抓好一批加强环境保护、造福广大群众、推动科学发展的工程。比如，对城市核心区内文物保护区平房采暖小煤炉进行清洁能源改造，推动储能式电暖气的生产、使用以及市政电力增容改造。在城乡结合部，开展原煤散烧替代工作，推动新型燃具的生产、使用。在交通噪声污染治理方面，重点对群众反映强烈的交通道路进行治理，采取安装隔声屏、隔声窗等措施。

3. 建设项目要实行环保管理。要确保投资项目符合产业政策、落实环境保护措施，加快“高污染、高耗能、高耗水”企业和落后工艺的淘汰、退出，促进经济结构调整和发展方式转变，发展绿色经济。

4. 统筹兼顾抓环保。在城乡统筹方面，加快农村污水、垃圾等环境基础设施建设，推广太阳能、生物质能等清洁能源的使用。在流域统筹方面，加强上下游的水污染协同治理，在北运河水系流经的昌平、朝阳、通州、大兴等区县，建设一批治污工程。在区域统筹方面，加强同周边省（区、市）的协作，形成区域污染控制的联防联动机制。

（本文根据北京市环保局副局长陈添和部分全国政协委员发言稿综合整理）

关于建设大小兴安岭生态功能区作用的分析

在全国政协近日召开的“中国首届人口资源环境发展态势分析会”上，与会者就深入开展“两型社会”建设可采取的具体举措建有据之言，献务实之策。令参会的委员和部委同志倍感震惊的是，祖国北疆大地上的“绿宝石”——大小兴安岭正在褪去传说中的色彩，一致认为大小兴安岭生态功能区建设必须加快加紧进行。当务之急是建议国务院责成国家林业局、国家发改委及黑龙江省人民政府共同就大小兴安岭生态功能区规划建设提出具体方案。

一、对大小兴安岭生态环境现状及对我国经济发展和生态影响的分析

大小兴安岭位于黑龙江省西北部，呈“人”字形山势走向，中怀松嫩平原，西邻呼伦贝尔，东接三江草原。凡是到过那里的人，看到森林与草原相间，群山与江河呼应的景象，无不认为那里的生态环境还是好的。然而，驱车深入林区，或从空中俯瞰林海，跃入眼帘的却是使人震惊的景象：

一是森林景观破碎化。小兴安岭原始红松林已寥寥无几。在大兴安岭深山区里，风折木、火烧木横躺竖卧，已经沙化的草地、湿地和采伐、火烧迹地形成的块块斑秃、挖山采石留下的片片裸地、采金后遗弃的河滩到处可见。

二是森林蓄积总量锐减。与开发之初相比，总蓄积减少近 40% 。林区南部近千千米次生林边缘已向后退缩 50 千米以上。

三是森林质量严重下降。采育比例失调，同龄纯林增加，异龄复

层林减少，优势树种面积萎缩，龄组结构严重失衡。森林顶极群落状态已不存在。

四是生态功能与景观生态系统完整性受到破坏。与上个世纪 80 年代初期相比，草地减少 60%，湿地减少 50%，水土流失面积已占全区土地面积的 10. 3%。天然生态系统已开始出现逆向演替的迹象，使黑龙江省陆地生态系统占主导地位的森林生态系统自身稳定性受到严重威胁。

如果大小兴安岭这种状态继续下去，对我国实现 21 世纪发展战略无疑会产生重大影响：

一是直接威胁我国的粮食安全。大小兴安岭是我国东北乃至华北农牧业生产的天然生态屏障，仅在黑龙江由其庇护的耕地面积和每年生产的粮食都占 80% 以上。保护这里的生态，就是保护共和国现在和未来粮食安全的生命线。

二是威胁我国未来的木材供应、淡水资源供给。大小兴安岭森林后备资源丰富，是未来国家木材需求主要供应地；又是嫩江、黑龙江发源地以及重要的水源涵养地。按每公顷森林蓄水 300 立方米计算，这一地区森林蓄水相当于几百个三峡大坝。发源于大兴安岭的嫩江是哈尔滨、大庆、齐齐哈尔及国家级扎龙湿地保护区的水源补给地。大庆为维系原油生产每年从嫩江引水就达 7 亿立方米。而从长远看，把黑龙江支流引入嫩江水系，无疑是未来实施北水南调工程，缓解吉、辽水资源短缺问题的重要选择之一。

三是威胁着我国未来经济增长在国际社会赢得较大的生态空间。大小兴安岭森林面积占全国 6. 5%，占黑龙江省的 68%，既是碳储库，也是碳纳库，对未来我国参与国际社会关于温室气体减排谈判，以及发展低碳经济具有重要作用。

四是威胁着我国的国土安全及承担的国际责任。全区与俄罗斯边界线长达 1480 千米，既存在由于江水冲刷带来的国土流失问题，也有已纳入中俄跨界水体水质生态环境保护及利用框架之后承担的国际责任问题。

五是威胁着生物物种多样性的保持和延续。大小兴安岭是我国历史上形成最早的森林区域，也是独存的地处寒温带的生态功能区。距今2万—1万年前后的第四纪全新世期间，形成的大兴安岭寒温带明亮针叶林和小兴安岭温带针阔混交林，构成了特有的物种多样性，具有极高的生态价值、人文价值和巨大的潜在经济价值。

二、建议急需采取的政策措施

自国家把大小兴安岭确定为重点生态功能区之后，黑龙江省委、省政府对生态功能区建设工作非常重视，制定了规划，出台了实施意见。省政协也召开常委会，专题研究大小兴安岭生态功能区建设问题。与会者认为，要把中央和省委的决策落到实处，当务之急是建议国务院责成国家林业局、国家发改委及黑龙江省人民政府共同就大小兴安岭生态功能区规划建设提出具体方案，着重解决以下问题：

第一，要站在事关全局、事关国家长远发展的战略高度，从实际情况出发，在大小兴安岭生态功能区建设中，更加注重落实保护优先的方针。要切实坚持生态优先的原则，始终把经济建设置于生态环境条件约束之下。尽快建立生态补偿机制，从直接受益者征收生态补偿基金，或面向全社会开征生态税反补这一地区。

第二，要抓住大小兴安岭生态功能区建设的主要矛盾，尽快停止商业性采伐。为此要做好四件事：

1. 要理顺经济关系，把现在由林业企业承担的政府性、社会性和社区性的经费剥离出来，为停止商业性采伐创造经济条件。

2. 要继续实施天保工程，延长天保工程实施期，提高天保工程的补贴标准，调整天保工程资金使用范围。

3. 国家应与建设生态功能区相配套安排专项资金，统筹解决国有林区拖欠职工工资等历史遗留问题；比照煤城棚户区改造政策，完善林区城市基础设施建设；采取财政补贴办法，鼓励进口俄罗斯木材。

4. 要从金融、财政、税收、产业政策上扶持大小兴安岭地区替代产业和后续产业的发展。

第三，要切实理顺经济管理体制，实行政企分开，为形成生态建设长效机制奠定制度性基础。目前，政企不分使企业与政府价值取向目标难以兼容，严重地混淆了财政与企业两种资金的性质，也不利于国家对森林资源的监管，并导致地方与企业对森林的经营不可避免地走向重采轻育和林区经济社会发展的边缘化。

第四，要切实加大林权制度改革步伐，把生态建设与群众致富紧密结合起来。

第五，要认真搞好经济社会发展的长远布局，以生态功能区建设为契机，切实把大小兴安岭地区经济社会发展转移到生态主导型的轨道上来。这就需要支持推动大小兴安岭地区由林业经济向林区经济的转变、由数量扩张型经济向质量提升型经济的转变、由资源消耗型经济向资源培育型经济的转变、由物本经济向人本经济的转变。

第六，要坚持自然生态系统完整性原则，探索建立国家统一规划建设与管理的大小兴安岭生态特区。鉴于大小兴安岭生态功能区建设是一项跨省、跨地区、跨行业、跨部门的系统工程，具有任务重、周期长、投资大的特点，建议国家参照长江委、黄河委、松辽委的成功模式，建立国家级大小兴安岭生态特区建设委员会，综合协调大小兴安岭生态功能区建设，并在财政、投资、产业、土地、人口、环境政策方面给以支持，从国家层面上对大小兴安岭生态功能区建设做到统一规划、统一目标、统一政策、统一实施，保证建设目标的实现。

（本文根据黑龙江省政协主席王巨禄委托省政协人口资源环境委员会主任白树清发言和部分全国政协委员发言稿综合整理）

关于人口规模对全面协调可持续发展制约及对策的分析

在全国政协近日召开的“中国首届人口资源环境发展态势分析会”上，人口问题受到了政协委员、部门领导和专家学者的重点关注。我国庞大的人口规模导致资源相对不足，生态环境承载能力弱。与会者认为，人口问题是制约我国全面协调可持续发展的重大问题，是影响经济社会发展的关键因素。必须保持低生育水平，稳定生育政策，控制人口规模过快发展。

一、对我国人口问题特点及影响的分析

随着人口规模的持续扩大，我国在社会主义现代化进程中也始终伴随着人口资源环境的巨大压力。呈现出以下特点：

（一）人口总量持续增长，人口资源环境关系的紧约束将长期存在

我国自上世纪70年代实行计划生育以来，30多年累计少生了4亿多人，有效缓解了人口对资源环境的压力，为经济的快速发展创造了重要条件，也使世界60亿人口日推迟4年。但是受人口发展的惯性作用影响，我国一直处于人口总量持续增长的过程之中。1990年我国大陆人口为114333万人，全年净增1634万，人口自然增长率为14.39‰。2000年，我国人口总量达到126743万，全年净增956万，自然增长率为7.58‰。2007年我国大陆总人口为132129万，全年净增人口681万，自然增长率为5.17‰。可以看出，虽然我国人口增长的势头在不断减缓，但每年的净增人口数量仍非常庞大。

从发展趋势看，20～29岁生育旺盛期妇女的规模还比较大，在

人口惯性增长的作用下，未来几十年我国人口仍会持续增长。在保持目前生育水平不变的前提下，预计我国人口实现零增长的年份要到2032年左右，届时总人口将达到14.5亿左右。在未来几十年内，人口庞大的基数和持续增长将始终对住房、教育、就业、社会保障、基础设施、资源供给、生态环境等方面造成压力，人口资源环境关系的紧约束会一直存在。

（二）老年人口数量持续增长，人口老龄化速度加快

随着人口年龄结构的逐步推移，我国老年人口数量和占总人口比重在不断增加。2000年，我国65岁及以上老年人口比重为6.96%，开始进入老龄化社会。2000年以来，人口老龄化的速度逐步加快，2005年底，我国65岁及以上老年人口超过了1亿人，占全国总人口比重达到7.69%，2007年进一步上升到8.1%，预计到2015年将达到9.7%，老年人口总量将增加到1.3亿。预计本世纪40年代将形成老龄人口高峰平台，65岁以上老年人口达3.2亿，比重超过22%。

我国的人口老龄化具有两个突出的特点：一是人口老龄化速度和老年人口的绝对数增长快；二是人口老龄化超前于经济发展水平，是经济还不十分发达、社会保障体系还不很健全下的“未富先老”。人口快速的老龄化将导致抚养比不断提高，老年人的生活和医疗费用负担压力加重，为老年人的社会服务需求日益扩大，给社会保障体系、公共服务体系以及传统的“家庭养老”模式带来巨大挑战。

（三）劳动力资源丰富，但就业压力不容忽视

我国人口年龄结构也使劳动年龄人口的数量和结构发生重大变化，进而影响社会经济的运行和发展。从15～64岁年龄段人口变化情况来看，1990年为7.63亿，到2000年增长为8.87亿，年均增加1240万；2007年达到9.58亿，比2000年增加了7100万，年均增加1014万。尽管每年劳动年龄人口增幅有所回落，但总体上看，我国劳动年龄人口规模非常庞大并一直在不断增加。预计未来8年还会一直呈增长趋势，到2016年达到峰值，以后绝对量虽有所下降，但几十年内始终都在9亿以上，占总人口的比重也超过60%，因此，相对于社会经济发展的需求而言，我国劳动力资源丰富，不但不会出现短缺，总体过剩的状况也不会改变。丰富的劳动力资源一方面为经济增长提供成本较低的源泉和动力，另一方面，也将给劳动就业继续带来较大压力。

（四）流动人口持续增加

根据2005年的调查结果，全国流动人口为1.5亿，其中跨省流动的有近5000万。人口流动仍然主要表现为以近距离的省内流动为主，占到迁移流动人口总量的2/3。未来几十年，随着我国经济的发展和城市化进程的加快，人口迁移流动将更加活跃，流动人口还将继续增长。日益庞大的流动人口一方面为我国的经济发展增添了活力，另一方面，也增加了计划生育管理和服务的难度，同时对城市的基础设施、教育、卫生、就业以及公共服务和城市管理能力提出挑战，并对我国整体以及区域发展、产业布局、生态建设带来综合影响。

（五）出生人口性别比偏高

一般来讲，出生婴儿性别比的正常范围为103～107。根据2007年的调查，出生婴儿性别比为120.2，表明近几年出生性别比明显偏高的势头依然没有得到有效遏制。出生性别比偏高，主要受非法性别鉴定终止妊娠的影响，而背后则既有传统生育观念的影响，也有养老医疗等社会保障体系滞后的影响。

正常的出生性别比是人口再生产与人类社会赖以存在和发展的最基本、最重要的前提，出生性别比持续大范围的异常不但导致男性相对"过剩"、造成婚姻积压，也是一个综合性的社会问题，将影响到人口自身的健康发展以及整个社会经济的和谐与可持续发展。

二、针对我国人口特点应采取的对策

1. 要保持低生育水平、稳定生育政策、控制人口过快增长，为现代化建设创造一个良好的人口环境。从近几十年的经验来看，保持低生育水平最重要的一条经验就是长期坚持计划生育政策不放松。

2. 要抓住机遇，充分利用好丰富的劳动力资源，尤其是农村大量剩余劳动力。并根据劳动力资源丰富的特点，按照就业优先的原则，大力发展劳动密集型产业，加快经济发展，不断增长社会财富，应对人口老龄化带来的社会保障压力。

3. 要统筹城乡发展，加强对流动人口的服务和管理，以人为本，培育包容、开放的现代城市文化，将流动人口由社会负担变为社会资源，促进劳动力资源的合理有效配置。

4. 要加强宣传教育和引导，完善社会保障体系，遏制和扭转出生性别比偏高的势头。促进人的全面发展和人口与经济、社会、资源、环境的协调和可持续发展。

（本文根据国家统计局副局长张为民和部分全国政协委员发言稿综合整理）

关于我国人口老龄化对社会发展影响的分析

人口老龄化是社会发展的巨大成就，但也在深刻地改变着我们的社会，使得老龄化问题日益突出。在全国政协近日召开的“中国首届人口资源环境发展态势分析会”上，委员和专家们通过对我国人口老龄化态势分析后认为，政府和社会在社会发展过程中应更加重视人口老龄化和老年社会建设问题，并提出了对策。

一、对中国人口老龄化态势的分析

人口老龄化是老年人口占总人口比例不断上升的动态过程。2000年末中国65岁及以上老年人口比例达到7%，标志着中国已经进入老年型人口国家行列，开始了老龄社会的进程。进入新世纪，到2007年底，中国总人口达到13.21亿人，中国65岁及以上老年人口达到1.06亿人，占总人口比例为8.1%；60岁及以上老年人口超过1.53亿人，占总人口比重达到11.6%；比2000年多2400万人，年平均增加343万人，年平均增长2.6%。

再过两年，随着上世纪50年代出生的人开始进入退休年龄，预计中国老年人口总数将进一步快速增长，中国人口老龄化即将进入快速增长期，预计65岁以上老年人口到2015年将达到1.3亿人，本世纪40年代将达到3.2亿人。老年人口高龄化也在加剧，目前80岁以上人口已经超过1500万人，全国人口平均预期寿命超过73岁，上海和北京平均预期寿命现在已经接近80岁。越来越多的人活到长寿阶段，2007年全国百岁老人已近3万，表明我们已经进入一个长寿的时代。

展望未来，中国人口老龄化将长期伴随中国的发展进程。中国老年人口数量的高峰将出现在2055年前后，在2070年之前中国都将是世界上老年人口最多的国家。即使到2100年，中国的老年人口总数也将不会少于3.5亿人。

因此，人口老龄化将长期影响中国的社会经济发展，需要提前采取措施应对可能出现的不利影响，并作出长远的打算，在社会建设和老龄政策、制度方面加强统筹规划，进一步发挥政府的主导作用，加快推进为老社会服务体系建设，促进老龄产业的发展。

二、建立新型养老模式的对策

中国传统的养老模式实际上是家庭养老和居家养老的复合体。家庭养老是完全由家庭成员负担老年人的经济供养、生活照料和精神慰籍。在无子女等特殊情况下，老年人也一般都是在自己的家中生活，居住在养老机构中的比例极低。而正在形成的新的养老模式已经改变了家庭养老的内涵，强调由社会保障、医疗保险等制度为老年人提供基本的经济保障，一部分生活照料和精神慰籍由社会化服务替代家庭成员，家庭成员的养老责任由以经济供养为主转向精神慰籍和生活照料为主。

（一）更好地实现新的养老模式，更有效地提供养老社会化服务，还面临很多亟待解决的问题

1. 社会保障与医疗保险制度要进一步完善。农村地区多数老年人仍然没有覆盖在社会保障制度内。不同地区、不同单位的退休人员在养老待遇上存在着很大差别，整体保障水平有待进一步提高。

2. 家庭养老能力削弱。传统的家庭养老是依靠家庭成员的经济支持与生活帮助，它有两个基本支撑点，一是多子女，所谓的多子多福；另一个是老年人与子女共同生活，所谓的四世同堂。这两方面在中国都出现了巨大的变化，在独生子女日益增多的同时，经济发展和人口流动也导致越来越多的老年人生活在空巢家庭里。现在，1亿独生子女家庭父母正在陆续进入老年期。城市家庭规模下降到3人以下、农村为3.3人，中国65岁以上老年人家庭中许多家庭只有老年人，预计生活在空巢家庭的老年人比例还会进一步上升。在生育水平逐步稳定在低水平、近2亿流动人口、家庭日益小型化的情况下，老年人的生活方式直接影响着亿万个家庭的养老和照料，对社会化为老服务的发展提出了新的要求。

3. 医疗健康和长期照料服务的需求急剧增长。中国人口老龄化导致患慢性病的老年人增多，医疗费用增长。随着平均预期寿命的持续增长，老年人的生活自理能力和长期照料问题正变得越来越突出。全国老年人口中有8.9%生活不能自理，人数在1200万以上，全国养老机构床位数只有173万张。不能自理的老年人到2050年预计将增长到5600万人。上述变化为社会化养老服务提供了新的机遇，长期照护保险与服务、适应老年人长期独立生活的住房与社区环境、社区医疗保健服务、老年人原有住宅的改造、老年文化生活的丰富、代际关系的融合都对社会化服务提出了新的要求。

4. 政府在解决养老问题方面的宏观调控责任加重。在人口老龄化突出的地区如上海、北京目前老年人口数已经超过少年儿童人口数，15年后这将是全国的普遍现象。公共财政支出将不得不更多地向老年人口倾斜，医疗费用、养老金费用、老年设施建设与运行费用将持续增长。

5. 老年人的差异性需要得到充分认识和重视。从横向上看，老年人存在明显的城乡差异、性别差异、健康状况差异、文化水平差异和贫富差异，社会化服务应当重视这些差异导致的需求差异，针对不同的特定群体提供有特色的服务。从纵向上看，老年人也是由不同代的老年人构成的，每一代老年人都有着自己的成长经历和特殊需要。例如，现在刚退休的老年人与十年前的老年人相比已经出现很大变化，他们的受教育水平提高、许多人在政府和企业参加工作，视野更加开阔，对积极参与社会发展有更大热情。

（二）经过分析，应采取如下对策

1. 必须尽快建立覆盖城乡的社会保障制度，不断提高全社会保障水平。

2. 建立与完善应对人口老龄化的法律、政策体系，为居家养老创造条件，对老龄社会做出长远规划，积极建立长期照护保险制度。

3. 积极实施老龄化战略，利用老年人的潜能造福社会。

4. 加强代际沟通与理解，促进代际平等与团结。倡议将重阳节设立为法定节日，通过各种文化活动促进代际沟通与和谐，丰富老年人精神文化生活，改变对老年人的消极看法。

（本文根据中国人民大学老年学研究所所长、人口与发展研究中心副主任杜鹏和部分全国政协委员发言稿综合整理）

关于改革开放30年中国流动人口社会保障发展与挑战的比较分析

在全国政协最近召开的“中国首届人口资源环境发展态势分析会”上，部分委员和专家学者对改革开放30年流动人口社会保障的状况与存在的问题进行了总结和分析，提出为防止养老保险制度“碎片化”倾向，以适应流动人口参保，建议建立全国统一的养老保险制度。

一、关于流动人口快速膨胀对社保制度便携性要求的分析

改革开放30年来，中国经历了和正在经历着人类历史上最大规模的人口迁移。改革开放初期，全国离开户口所在地外出打工的农民流动人数大约在100万~200万之间，但2005年全国1%人口抽样调查数据显示，流动人口已高达1.47亿，占总人口的11.28%。相比之下在失业保险、基本养老保险和基本医疗保险中，流动人口参加失业保险的仅占11.44%，参加养老保险的占20.41%，参加医疗保险的占23.78%。全国流动人口中没参加任何保险的占72.82%，在27.18%参加保险的流动人口中，9.41%参加了“三险”中的一个，7.07%参加了“三险”中的两个，10.70%参加了全部“三险”。另据人力资源和社会保障部公布的最新数据，2006年参加基本养老保险的农民工人数为1417万人，2007年为1846万人，2007年参加失业保险的农民工人数为1150万人，据此推算，2007年农民工参加基本养老保险的人数远远不到20.41%，最多也就在13%左右，参加失业保险的不到11.44%，应该在7%~8%左右。

（一）跨省流动人口规模扩大，造成退保人数增加

据2000年“五普”调查的数据，1990～2000年的人口机械变动即在空间位置上跨省迁移的变化明显快于1982～1990年。2005年全国1%人口抽样调查时，当年跨省流动人口4779万，与2000年“五普”调查数据相比，增加了537万人。也正是这一时期，流动人口数量变化终于导致了质的变化，即社保制度逐渐成为流动人口异地流动的一个桎梏，其标志性事件就是农民工开始大量退保。珠江三角洲大批农民工彻夜排队退保的数量逐渐达到高峰。在临近春节时，东莞市2007年退保人次高达60多万人次，最多时一天退保现金流达30多万元，其中仅南城区社保分局就有1.23万人退保，退保总金额高达2628万元。

“长三角”紧随“珠三角”之后，成为流动人口与社保制度转续功能发生严重冲突的第二地区，形势变得日益严峻。例如截止2007年底，江苏省参保农民工人数为282.5万人，占全省参保职工的24.2%，而成功办理转移手续的农民工只占总人次的14.04%，大约占退保总人次的1/7，即每7个异地打工者只有1人成功办理了转移手续，全省退保人次高达11.12万人，退保金额达1.99亿元。不能顺利办理异地转续手续的重要原因之一是跨省流动人口比例越来越高，并逐渐显露出两个特征：一是流动人口总量增速非常快，2007年几乎是2005年的2倍；二是跨省流动的增幅2007年是2005年的1.84倍，而省内流动的增幅则是1.79倍。

在地区经济发展水平不平衡的“客观条件”和社保统筹层次很低（以县市级为主）的“主观条件”（指制度设计）的双重约束下，现行统账结合的制度设计便成为流动人口尤其当发生跨省流动时的一个桎梏，造成其“便携性损失”，而且成为全国劳动力市场的一个制度障碍。

（二）流动人口聚集区社保制度“碎片化”状况严重

改革开放30年来，沿海发达地区日益成为流动人口的聚集区，这是中国流动人口空间迁移流动分布的一个重要特点。1990年的

“四普”统计显示，与1982年“三普”数据相比，流动人口在沿海和首都地区的数量剧增，例如，广东、北京、广西、海南和江苏远高于全国平均水平，其中广东由49.75万人增加到379.10万人，增长了7.62倍，北京由16.99万人增加到60.21万人，增长3.54倍。到2000年“五普”时，东部沿海地区和北京依然是主要人口流入地，并且跨省迁入人口规模明显提高。广东、浙江、上海、江苏和北京的跨省迁入人口分别占全国跨省迁入人口的34.2%、8.5%、6.5%、6.1%和5.6%，合计占全国跨省迁入总人口的60.9%。到2005年全国1%人口抽样调查时这个趋势就更加明显，沿海的流动人口更加集中，仅广东就集中了20.65%，其次是浙江（8.31%）和江苏（8.15%）。上海、广东、北京、浙江和福建的流动人口占当地常住总人口的比例分别已达34%、26%、23%、20%和19%。越是发达的地区，流动人口越为集中，越是沿海地区，跨省流动人口越多。

在沿海发达地区和北京，流动人口的流动时间越来越长，平均流动时间将近5年，其中6年以上的占26.22%，3～5年的占21.11%，3年以下的占52.67%。北京市统计局的动态监测说明，北京市外来人口已达409.5万人。2006年北京市1%人口抽样调查结果显示出流动人口的一些特点：①增长速度较快，平均每年增加20多万人，年均增长6.9%；②滞留时间较长且82.9%为农业户口，平均在京居住时间为4.8年，超过5年者高达38.8%，10年以上者占13.5%；③在15岁以上流动人口中，有配偶者占75.4%，且夫妻同时在京流动者占已婚流动人口比例高达75.3%；④只流动到北京、没有去过其他城市的高达70%，北京流动人口的上述特征显示，他们中的绝大多数人已经实现了职业身份的“非农化”，甚至成了事实上的“北京人”。

在过去30年中，社保制度对流动人口总体而言呈缺失状态，但面对规模巨大的流动人口及其上述空间分布特征和人口学特征的社会压力，各地不得不尽其所能，最大限度地解决流动人口的社保问题，进而导致沿海发达地区呈现出流动人口社保制度“碎片化”倾向：一是以广东等沿海一些省市采取的“城保碎片”，即将流动人口纳入城镇基本保险制度；二是东部沿海地区一些省份采取的“农保碎片”，即将其纳入到农民基本保险制度；三是以上海和成都等地为代表的“综保碎片”，即为流动人口探索建立一个独立于其他制度的农民工社保制度。

流动人口不仅被分割在“城保”、“农保”和“综保”的三个“大碎片”中，而且还存在于诸多“小碎片”中。以“城保”模式为例，很多地方对城镇基本社保制度做了较大变通和变形，以适应本地的外来人口参保。比如，在采取“城保”模式的江苏省吴江市，外来流动人口从业人员被分割在三个不同制度之中：一是雇用外地城镇户籍劳动者的单位按19%缴费；二是雇用外地农村户口劳动者即农民工的城镇企业按13%缴费；三是雇用外地农民工的开发区企业按10%缴费。

二、在分析基础上的对策建议

在目前人口流动规模持续膨胀与社会保障制度不适应的情况下，尤其是在贯彻落实“十七大”提出的2020年基本建立覆盖城乡社保体系的战略目标过程中，基本养老保险应注意以下几个问题。

（一）警惕“缴费型”养老保险制度“碎片化”倾向：防止“拉美化”

国际经验显示，在发展中国家城镇化进程中，凡是采取多元化“碎片式”社保制度的国家，当农民进城务工之后，都将成为典型的拉美化现象的受害者，在这方面，以拉美国家的教训尤为深刻。拉美国家农民与城镇居民虽没有户籍制度的隔离，但实行的却是分立的社保制度。在过去的近30年里，拉美国家经历了快速城市化进程，大量农民进城务工并滞留下来。随着农民转化为市民，农村贫困不断转化为城市贫困化：一边是财富增长，一边是绝对贫困恶化，形成极大反差。1980年农村贫困人口为7300万人，到2002年仅上升到7480

万，而城市贫困人口则从6290万人激增到1.47亿人，翻了一番多，这说明，拉美国家在近30年来的城镇化进程中，几乎所有的贫困人口增量都涌进了城镇。在分立的农民社保制度中，由于待遇差距日益拉大，滞留在城镇的农民成为异类，例如，厄瓜多尔农民社保制度（SSC）的待遇水平在20世纪90年代中期每月是23美元，仅为城镇社保制度（SSO）退休金的25%，到2000年实行美元化时下降到3美元，到2003年只相当于城镇社保制度的1.6%。在21世纪初，厄瓜多尔75%的农民生活在贫困线以下，他们被称之为是“半无产阶级化”的农民。拉美的教训昭示，在一经济体持续、大规模的城市化历史进程中，“碎片化”式的分立社保制度将会对本来就有可能发生的城市病、两极分化等社会问题起到催化的作用，使城镇化进程走向“拉美化”的歧路。在中国城乡分割的二元结构里，流动人口本来就以体制外方式生存在城镇的另一个“亚二元结构”里，也有学者称之为新时期的“都市部落”，据研究，城市贫困人口中约有10%来自于农村地区，如果再为流动人口单立制度，就势必会催化“城市病”的发展，进而导致“拉美化”的合法化。因此，流动人口的分立社保制度是目前中国社保制度的次优选择；最优选择应是统一制度。

（二）关注“非缴费型”养老补贴“碎片化”倾向：防止“福利诱导型”人口流动

随着各级财政状况的极大改善与建设和谐社会重要部署的推进，近一两年来许多县市纷纷建立起各自的非缴费型养老补贴制度，他们在补贴标准、补贴方式、资金渠道来源结构、资格条件等方面均不一致，显得十分凌乱，甚至大有攀比与竞赛的态势，沿海发达地区的水平要高一些，内地的补贴水平要低一些，许多地区还规定了联动机制等，呈现出极大的“碎片化”趋势。归纳起来，大致有以苏州市为代表的财政完全补贴型、以宁波为代表的财政补贴与个人缴费混合型、以杭州市为代表的个人账户型等。在人口老龄化和老年人口贫困问题日益显现的今天，在没有中央统一政策的条件下，结合本地情况建立的各种地方性养老补贴制度是一种有益探索和重要实践。然而，就养老制度而言，无论是缴费型和还是非缴费型，只要是“碎片式”的，由于其待遇水平差距较大，均对统一大市场的形成和对人力资本要素的流动产生较大的扭曲效应；而相比之下，诸如工伤事故保险制度等，即使“碎片化”程度更高，待遇差距更大，但对统一大市场和人力资本流动的负面影响也非常小，与养老制度不可同日而语。处于养老制度和工伤制度之间的是失业保险制度，即使地区间待遇水平存在一定差距，但对全国范围劳动力流动的影响而言，既不会像养老制度那么大，又不如工伤制度那么小，居于其间。为此，几乎所有国家的养老补贴制度均由中央政府统一立法，统一制度，统一比例，无一例外，而工伤或失业保险制度在一些国家常常由地方政府根据情况自定，将其归为地方立法的范畴。

在改革开放 30 年里，驱动人口流动的主要因素是经济因素。2000 年一项研究显示，在省际流动人口中，73% 是务工经商。2005 年全国 1% 人口抽样调查显示，在省际流动人口中，73.36% 为务工经商。而在未来 30 年改革的历史进程中，如果任凭来自地方财政的养老补贴以“碎片化”的方式发展下去，福利因素将会成为推动人口流动的另一个动因。在高低不平的养老补贴制度分布中，水平较高的养老补贴将会成为吸引人口流动和定居的“免费午餐”，这些地区将会成为老年人口的聚集区。在目前户籍制度管理下，地方性养老补贴制度还没有成为老年人口流动的诱导因素。但当户籍制度彻底改革后，“福利诱导型”人口流动将会为地方财政和城市发展带来额外负担，不利于经济发展，同时对全国范围劳动力流动将会产生一定的扭曲效应。

（三）突破建立全国统一养老保险制度中存在的两个认识误区

第一个误区是认为城乡分割二元结构条件下不可能建立起一个统一的制度。任何“缴费型”保险制度，只要在缴费与待遇之间建立起密切的精算关系，就可避免道德风险和逆向选择，所以，扩大个人账户可有效解决这个难题，实现统一制度的目标。第二个误区是认为统一制度不能体现地区发展的不平衡性。全国一个制度不是意味着全国一个待遇水平，而是指全国一个缴费比例；不是意味着一人一份的定额式给付，而是指与个人缴费比例相对应的一个替代率水平；不是意味着无视东、中、西部存在的差距和不管城乡之间的差别，恰恰相反，而是在地区间社平收入基础之上体现地区间的退休待遇差别，只有这样，才能防止和避免目前普遍流行和存在的机关事业单位与企业部门、垄断行业与竞争行业、国企与民企、资源性企业与普通制造业、特权行业与普通行业之间的退休待遇差别，即通过全国一个制度和全民一个“门槛”的途径，实现人人在缴费比例面前平等，人人在制度面前平等。只要避免和解决了这两个误区，建立全国统一的养老制度的技术问题就基本解决了。现在的问题不在技术上存在不可能性，而在于决策者对深化制度改革存在畏难情绪。

（四）实行全国统一社保制度的政策：改“简单型”统账结合为“混合型”统账结合

为克服城乡分割二元结构和体现地区发展不平衡性问题，建立统一的社保制度须将目前的“简单型”统账结合“升级”为“混合型”统账结合，即根据“名义账户”的基本原理，采取大账户的方式，将个人和单位的缴费全部划入个人账户，在生命周期的“缴费阶段”（工作期间）将现行的DB型统筹部分改革为DC型统筹部分，旨在个人缴费与未来待遇之间建立一个精算机制，与个人利益紧密联系起来；在生命周期的“受益阶段”（退休之后）根据精算结果提供一份终生年金产品，以体现原有DB型统筹部分的再分配作用。

建立在“混合型”统账结合基础之上的、统一的养老保险制度跨越了城乡鸿沟、户籍藩篱、农工之分，具有制度便携性，任何群体和个人可在全国统一制度内自由流动，随身携带，不存在身份转换问题，如同银行储蓄存款账户，可在异地缴费和退休。总之，这是一个适合流动人口和人口流动的养老制度，是城镇化和现代化进程中的最优选择。

（本文根据著名经济学家、中国社会科学院拉丁美洲研究所所长郑秉文教授和部分全国政协委员发言稿综合整理）

关于在中小学大力推进生态文明教育通过增加教育投资扩大内需的分析

中央把生态文明建设纳入到经济建设等五大建设序列，具有极其重要的战略意义。胡锦涛总书记在“纪念党的十一届三中全会”的重要讲话中指出，要走生态良好的发展道路，更好地实施科教兴国战略，人才强国战略，可持续发展战略，加快建设资源节约型、环境友好型社会。在全国政协近日召开的“中国首届人口资源环境发展态势分析会”上，与会政协委员、专家学者和有关部委领导一致认为，我国2亿2千万青少年是生态文明建设的生力军，生态文明教育必须遵循胡锦涛总书记在全国政协亲自倡导的“八荣八耻”中华民族道德准则，从娃娃抓起。立足当前，放眼未来，加强生态文明教育已刻不容缓。听了北京建院附中关于开展生态文明教育的经验介绍，与会者对全国政协人资环委和教科文卫体委、教育部、环境部、国家林业局、共青团中央和北京市及朝阳区教育主管部门积极推动生态文明示范教育给予积极评价。

结合在当前经济形势下教育系统如何把握机遇扩大内需，与会者对社会消费进行比较分析后认为，城乡居民对电视机、电冰箱、洗衣机、移动电话、电脑的消费已基本饱和，对购买小汽车和改善住房却持观望态度，唯有对教育愿意并敢于大胆消费。鉴于教育消费潜力巨大，国家应进一步积极引导。建议通过扩大教育投资来拉动内需，实现教育平等。

一、关于加强生态文明教育的分析和建议

（一）开设生态文明专题教育课程

加强生态文明教育是贯彻落实科学发展观、全面建设小康社会、构建社会主义和谐社会的必然要求。生态文明教育是一个夯实基础的重大工程，其总体任务是：探索生态文明教育的教育内容、课程资源、有效途径和教育形式，形成完善、高效、不断创新的生态文明教育体系，形成生态文明教育的新格局。

教育行政部门应尽快研究制定学校生态文明教育课程计划，进行《生态文明课程标准》的编制，以必修课、选修课、研究性学习等形式构建生态文明教育系列课程。

开设生态文明教育课程，可以达到以下目的：

1. 生态文明教育是实施素质教育的突破口。素质教育已在我国推广多年，产生了很好的效果，但由于缺乏必要的标准，还不能达到更为满意的效果。通过强化生态文明教育，提高未成年公民的生态文明素质，可以使素质教育更好地落到实处。

2. 培养学生成为合格的公民。未成年公民是国家未来的主人，他们的生态文明素养和行为能力决定着我们国家的生态和社会的文明程度。让孩子从小学会认识自己，认识国家，认识世界，以珍爱环境为荣，以破坏资源为耻，养成良好的生活方式和消费方式，他们就会成为有社会实践能力和责任感的公民。与此同时，他们的行动欲、热情、知识和能力也完全可以“提前”为社会服务，通过孩子在家庭的影响力进一步推动生态文明的建设。

3. 培育学生的生态文明价值观。只有把生态文明价值观融入教育过程，通过专门课程使学生在思想观念、价值取向和行为方式上受到潜移默化的影响，才能全方位、立体式地覆盖到学生全面成长的过程，真正构建起生态文明。

在日本，由政府牵头实施了“警示教育”，以“全球气候变暖”

为切入点，强调每一个人都应从自身做起保护环境，否则日本列岛将逐渐沉没于海底。通过现场展示和互动的形式，让孩子们明确地知道自己每天生活所需的各种能源消耗，从小树立节约能源的意识，为国家做贡献。这种教育使“危机意识”深入人心，更把环保排在生产、生活之前。而我们国家很多浪费粮食、浪费资源的事例触目惊心，特别是在学校里很多孩子不知道珍惜资源，造成大量的浪费，因此，从小强化孩子的“节约一点为生态做贡献”的观念已刻不容缓。

目前我国各地已经有很多学校开始注重这方面的教育，比如北京建院附中就在这方面进行了探索，但仅仅有这样一些示范学校是远远不够的，建议教育部将“生态文明”列为中、小学的一门必修课，编写专门的教材。

教学形式可采取课本教学、多媒体教学和社会实践相结合的方式，尤其是要重视综合实践活动课程，注意围绕生态文明的热点问题，促使学生通过行动研究解决身边的现实生态问题，提高综合分析和解决生态问题的能力。北京建院附中可根据自己的办学经验提供教材样本供有关部门参考。

（二）设立生态文明教育专项投入

推进生态文明教育，需要全社会通力协作和持续推进，需要若干代人的不断努力，更需要国家长期的政策支持和资金支持。在我国现阶段，这是一个全新的课题，在政策和资金的支持尚无先例，但在国际上并非无章可循。

发达国家已经从上到下，形成了一个全社会广泛参与节能环保的整体氛围。据了解，其环保教育分为学校教育、家庭教育和社会教育三个层面。环境教育被纳入义务教育法，进入中小学课本，列为学生必修课，从小给孩子们传授环保忧患意识和节能环保理念。例如，日本社会还通过建设环境教育馆、环保俱乐部、编制通俗环保教材、成立环保民间组织等多种方式，随时随地提高公民环保意识。甚至连生态工业园、超级环保小镇等环保设施聚集区，都成为环境教育基地供市民参观、游览。日本在完善整套环境教育体系上花费了大量的时间，投入了大量的资金。表面看来，这些投入并不能马上发挥作用，但是从长远来看，可以影响一代又一代人，达到长治久安的目的。

分析会建议国家有关部门每年拿出30亿元人民币设立“生态文明教育”专项投入，并作为常态投入坚持下去，主要用于：

1. 增加专家对中、小学“开展生态文明教育工作”的论证和专项课题的研究经费；

2. 专列编写中、小学“生态文明教育”课程标准和开发相应的教材及教辅资源库的经费；

3. 设置固定的长期的生态教育场馆的经费：由政府拨出专款，建设专门的展、场馆，组织各种生态、教育专题展览和活动，对国民和学生进行“警示教育”，唤起人们的“忧患意识”，增强环保的决心；

4. 拨专款成立“中国青少年生态文明教育研究会”：在全国政协人资环委和教科文委、教育部、国家林业局和团中央的指导下，开展针对青少年生态文明教育的研究、推广与宣传，并定期组织交流活动、建立网站、出版核心刊物、撰写出版青少年科普读物；

5. 增加“生态文明教育”专题课程师资力量的培训经费：让教师能接受生态文明理念，并把这个理念应用于实际教学，需要进行大量的培训工作；

6. 设立生态文明教育专项活动经费：用来开展生态文明知识竞赛，组织生态文明教育专家论坛，开展中小学生征文，成立专项奖励基金，开展生态文明教育定期成果展示等活动。

（三）发挥国家生态文明教育基地的示范作用

北京建院附中是一所普通中学，是教育部与国家林业局、共青团中央三部委联合授予的国家十大“生态文明教育基地”中唯一的一所中学。近几年，全国政协人资环委、教育部、国家林业局、共青团中央和北京市相继到该校了解生态文明教育情况，在了解到他们正在开展生态道德教育活动之后，教育部等有关部门对该校建立“生态道德教育试点校”积极关注，并将该校正式列为“国家生态文明教育基地”。2008 年 12 月 19 日，全国政协副主席阿不来提·阿不都热西提同志亲临该校视察，出席“国家生态文明教育基地”授牌仪式，并亲自授牌、致祝辞。

与会者认为，有关部门要充分发挥国家生态教育基地的示范作用，将生态文明教育的内容渗透到各门学科课程中。结合社会发展的形势和现实需求，在了解学生兴趣和需要的基础上，组织和安排与社区现实生活密切联系的生态文明教育活动。通过组织学习、培训、外出参观等形式，加强广大教职工的生态文明教育和实践，帮助广大教职工开阔视野，提高生态意识，牢固树立生态观念。

（四）关于推动“生态文明教育”的几点建议

1. 有关部门要进一步关注“国家生态文明教育基地”的建设。指导、帮助并充分发挥其教育和引领作用，把基地办成生态文明教育的窗口，推广成功经验，推出成功模式；由点带面，形成氛围，辐射、推动全国中、小学生态文明教育的热潮，链接全社会对生态文明教育的关注与投入。

2. 全社会要关注青少年的主体，减少对精英教育的不适当宣传。高考状元和考入清华北大的学生只占中学生的很少部分，绝大多数中学生则要作为合格的毕业生和普通劳动者进入普通高校和社会。这是青少年的主体，而这个主体具有的素质和生态文明行为习惯，则决定了国家和全社会的生态文明教育的水平。

二、关于通过扩大教育投资拉动内需，实现教育平等的分析和建议

在我国现阶段，距离实现教育平等还有很大的差距。主要表现为，很多地区和部门还在强调“应试教育”和“精英教育”，忽视了 2 亿 2 千万的大多数青少年群体，城乡差距过大，经济发达和欠发达地区差距过大等。比如东南沿海城市，校舍整齐，教学仪器完备，师资力量雄厚，而中、西部和东北地区很多贫困的农村学校，却因为冬

季采暖的煤炭供应不足、校舍的保温条件太差、师源短缺等原因，不得不提前放假，延迟开学，学生成长受到很大的限制。

以大城市为例，一些重点中学每年投入的教育经费多达数千万元，而远郊区县的部分贫困中学每年投入的教育经费仅为几百万元，这样的比例数字如果放在沿海发达城市与西北农村之间，差距会更为明显。

但在国际上一些发达国家，比如日本、澳大利亚等国，教育经费的投入以及学校的基础设施建设和师资力量都比较均衡，城乡差距不大，经济发达与不发达地区差异也不明显。整体看来，发达国家的学校基础设施并不奢华，但也没有破败不堪的校舍，并且在建设上科学合理，尽可能的利用自然能源，减少不合理浪费，各地的学生所享有的教育环境大致相等。

与会者注意到，党中央国务院越来越重视教育，近几年，国家财政性教育经费所占 GDP 比例分别是 3.41%、3.28%、2.79%、2.82%、3.01%、3.32%，与发达国家 4% 以上的比例仍有差距。目前世界平均水平约为 7% 左右，其中发达国家达到了 9% 左右。

参照以上数据，根据中央提出的“保增长、扩内需”的指导方针和总体要求，建议国家借此机会加大对教育的投资，扩大教育消费和教育需求，一方面达到扩大内需的目的，另一方面在尽可能短的时间内构建完善的教育基础，实现教育平等。

与会者建议，明确加大教育投资的重点领域。

1. 基础设施建设：进行校舍危房改造、教学设施和仪器的配备和更新换代，改善教师和学生的基本生活保障（解决煤、水、电、基本卫生条件等问题）。

2. 师资力量建设：拨出部分经费专门用于各种师资力量的培训、进修，提高教学质量。

3. 增加社会实践经费：让学生走出课堂，通过参与社会实践、生态调查、参观展览等方式变“闭门造车”为“理论与实践相结合”。

（本文根据国家生态文明教育示范基地、北京建院附中校长付晓洁和部分全国政协委员发言稿综合整理）

附录：

全国政协人口资源环境委员会
工作情况简记

一月

▲1月4日上午，人口资源环境委员会办公室召开理论局务会，学习胡锦涛总书记在全国政协新年茶话会上的重要讲话和贾庆林主席的重要指示。全国政协机关副秘书长林智敏要求人口资源环境委员会办公室，围绕“建有据之言，献务实之策”，加强学习，进一步提高为委员会服务的质量和水平。

▲1月4日，人口资源环境委员会举行新年联谊活动。十一届人口资源环境委员会主任张维庆，副主任李元、张黎、邵秉仁、秦大河，十届人口资源环境委员会主任陈邦柱，副主任叶青、李伟雄、杨魁孚、张洽、张人为、张宝明、陈洲其，以及十一届和十届人口资源环境委员会委员共40多人参加了联谊活动。

▲1月7日，湖北省省长李鸿忠在全国政协人口资源环境委员会报送的《武汉“两型”社会建设改革论坛情况报告》上批示：“请领导小组办公室研究，统筹、融汇于城市圈的建设工作中。复印加送武汉城市圈九个市政府。”

▲1月9日上午，人口资源环境委员会召开主任会议，总结委员会2008年工作，研究2009年工作思路和要点。人口资源环境委员会主任张维庆主持会议，副主任王少阶、王玉庆、任启兴、李金明、汪啸风、邵秉仁、秦大河、郭炎出席会议。

▲1月13日，中共中央政治局常委、全国政协主席贾庆林在人口资源环境委员会报送的中国首届人口资源环境发展态势分析会的系列成果上批示：“请以信息专报形式分送有关领导和部门参考。”

▲1月22日下午，人口资源环境委员会举行“推进金沙江龙头水库比选，实施滇中调水工程”专家论证会。全国政协副主席罗富和，全国政协机关党组书记、副秘书长杨崇汇，副秘书长林智敏出席。人口资源环境委员会副主任王玉庆主持。部分委员，水利水电科研、规划设计方面的专家和环境保护部、水利部、国家能源局的有关负责同志发言，对金沙江龙头水库和滇中调水问题充分发表了意见和建议。

▲1月24日，中共中央政治局委员、国务院副总理回良玉在《政协信息专报》[2009]第10期“加快集体林权制度改革，促进农民就业和增收”（人口资源环境委员会办公室供稿）上批示。

▲1月29日，中共中央政治局委员、国务委员刘延东在《政协信息专报》[2009]第9期“关于增加教育投资拉动内需的两点建议”（人口资源环境委员会办公室供稿）上批示。

▲1月30日，中共中央政治局常委、国务院副总理李克强在《政协信息专报》[2009]第4期“发挥节能减排对扩大内需的推动作用”（人口资源环境委员会办公室供稿）、第6期“发挥环境保护对促进经济平稳较快发展的作用”（人口资源环境委员会办公室供稿）上批示。

二月

▲2月3日下午，关注森林活动组委会在京举行2009年关注森林活动启动仪式并召开组委会主任工作会议。中共中央政治局委员、全国政协副主席、关注森林活动组委会主任王刚出席并讲话。他强调，要从关系中华民族生存与发展的战略高度，从全面建设小康社会、加快推进社会主义现代化的全局高度，充分认识开展关注森林活动的重要意义，不断提高关注森林活动工作水平，为推动我国经济社会又好又快发展做出新的更大贡献。

关注森林活动是由全国政协人口资源环境委员会、全国绿化委员会、国家林业局、国家广播电视总局、中华全国新闻工作者协会、中国绿化基金会等六个部门1999年联合发起的。全国政协副主席兼秘书长钱运录，全国政协机关党组书记、副秘书长杨崇汇，副秘书长王胜洪、林智敏，人口资源环境委员会主任张维庆，副主任江泽慧，国家林业局局长贾治邦以及组委会成员单位和有关新闻单位的负责同志参加了启动仪式。

▲2月2日，中共中央政治局常委、国务院副总理李克强在人口资源环境委员会报送的“关于我国未来资源环境态势的分析”上批示。

▲2月2日，中共中央政治局委员、国务院副总理回良玉在人口资源环境委员会报送的“关于建设节水型社会的水资源供需发展态势的分析”上批示。

▲2月2日，中共中央政治局委员、国务院副总理回良玉在人口资源环境委员会报送的“关于建设大小兴安岭生态功能区作用的分析”上批示。

▲2月4日，中共中央政治局常委、国务院总理温家宝在人口资源环境委员会报送的“关于气候变暖气象灾害频发每年已给我国造成上千亿元经济损失的情况及对策的分析”上批示。

▲2月4日，中共中央政治局委员、全国政协副主席王刚在《2008年人口资源环境委员会工作总结及2009年工作思路和要点》上批示：“人口资源环境委员会2008年的工作，内容丰富，重点突出，成效显著。在新的一年里，希望同志们围绕中心，服务大局，建有据之言，献务实之策，为推动科学发展，促进社会和谐，保持经济平稳较快发展作出新的贡献。”

▲2月23日，人口资源环境委员会副主任秦大河在机关与江西省政协人口资源环境委员会同志进行座谈，双方就进一步加强合作进行了交流。

▲2月24日上午，人口资源环境委员会副主任汪啸风主持召开“金属矿产资源开发利用及战略储备”情况介绍会，邀请外交部、财政部、国土资源部和商务部向委员会相关委员介绍情况。

▲2月28日，中共中央政治局委员、国务院副总理张德江在人口

资源环境委员会报送的“改革开放30年中国流动人口社会保障发展与挑战的比较分析”上批示。

三月

▲3月1日，中共中央政治局常委、国务院总理温家宝在人口资源环境委员会报送的“关于涉海项目管理要以效率优先服务海洋经济发展的分析”上批示。

▲3月4日，中共中央政治局委员、国务院副总理回良玉在人口资源环境委员会报送的《关于把金沙江龙头水库作为国家水电枢纽工程加快实施滇中调水的调研报告》（政全厅发［2009］14号）上批示。

▲3月15日，人口资源环境委员会办公室主任白煜章参加国家水利部、全国青联、全国人大环资委、全国政协人资环委主办的“中国节水大使提名活动”第一次工作筹备会议。

▲3月16日，人口资源环境委员会副主任王玉庆在京参加中国环境宏观战略研究领导小组第二次会议。人口资源环境委员会办公室主任白煜章陪同参加。

▲3月17日～24日，应江西省政协人口资源环境委员会邀请，全国政协人口资源环境委员会以林而达常委为组长赴江西省，就“规模养殖造成的农业面源污染情况”与江西省政协人口资源环境委员会开展联合调研。

▲3月22日，人口资源环境委员会副主任张黎在京出席水利部“落实科学发展观、节约保护水资源”主题实践活动启动仪式。

▲3月24日下午，人口资源环境委员会副主任王玉庆在机关与国土资源部副部长贠小苏就农村集体建设用地流转等问题座谈交换意见。

▲3月25日，人口资源环境委员会副主任王玉庆、秦大河在京出席“21世纪论坛”2010年会议第二次选题论证会。

▲3月31日下午，人口资源环境委员会召开领导班子会议，集中

学习贾庆林主席在《求是》杂志上发表的题为《高举中国特色社会主义伟大旗帜 把人民政协事业不断推向前进》的重要文章。人口资源环境委员会主任张维庆主持。

四月

▲4 月 7 日，国务院扶贫开发领导小组办公室对人口资源环境委员会报送的《关于把金沙江龙头水库作为国家水电枢纽工程加快实施滇中调水的调研报告》专门复函，函告指出：《报告》深刻分析了金沙江龙头水库作为国家水电枢纽工程加快实施滇中调水的必要性，研究了龙头水库坝址比选方案，提出水库移民安置补偿和生态环境保护措施，提出制定移民利益优先的兼顾国家、地方、群众三者利益的政策，我们完全赞同。

近日，国家发展和改革委员会办公厅致函人口资源环境委员会，征求对《关于加快推进城镇污水处理设施建设及产业化发展的若干意见（征求意见稿）》的意见。来函指出，根据中共中央政治局常委、全国政协主席贾庆林，中共中央政治局常委、国务院副总理李克强在全国政协人口资源环境委员会《关于城镇污水处理情况的调研报告》上的批示，国家发改委会同有关部门研究起草了《关于加快推进城镇污水处理设施建设及产业化发展的若干意见（征求意见稿）》，拟上报国务院，并请国务院转发。

▲4 月 8 日，人口资源环境委员会召开“环保产业与新技术”座谈会，邀请国家发展和改革委员会、科学技术部、环境保护部、中国科学院有关负责同志介绍情况并与有关专家、企业家座谈。人口资源环境委员会副主任王玉庆主持会议。

▲4 月 8 日下午，人口资源环境委员会召开会议，讨论国家发展和改革委员会拟报送国务院的《关于加快推进城镇污水处理设施建设及产业化发展的若干意见（征求意见稿）》。人口资源环境委员会副主任王玉庆主持会议。

▲4 月 9 日，人口资源环境委员会副主任张黎率队赴天津就“京、

津、沪、渝直辖市政协人口资源环境和城市建设委员会工作研讨会”有关事宜听取天津市政协汇报。

▲4月9日，中共中央政治局常委、国务院总理温家宝在人口资源环境委员会主任张维庆呈送的学习实践科学发展观活动的巡回检查工作报告上批示：“请克强、良玉、马凯同志阅。”4月10日，中共中央政治局常委、国务院副总理李克强圈阅。4月11日，中共中央政治局委员、国务院副总理回良玉圈阅。4月12日，中共中央政治局委员、国务委员兼国务院秘书长马凯批示：“请张平、旭人、政才同志阅。”

▲4月13日~24日，人口资源环境委员会副主任王玉庆率队赴广东、山东开展“环保产业与新技术”专题调研。

▲4月20日下午，由全国政协人口资源环境委员会、国家林业局、浙江省人民政府等联合主办的第六届中国城市森林论坛新闻发布会在京举行，人口资源环境委员会办公室主任白煜章出席并宣读“第六届中国城市森林论坛方案”。

▲4月21日下午，全国政协副主席孙家正在人民大会堂出席由全国政协人口资源环境委员会、全国人大环境与资源保护委员会、共青团中央、水利部、环保部等八部委联合主办的第四届“母亲河奖”颁奖仪式，人口资源环境委员会副主任江泽慧出席仪式。

▲4月10日，中共中央政治局常委、全国政协主席贾庆林在人口资源环境委员会主任张维庆呈送的学习实践科学发展观活动的巡回检查工作报告上批示：“请王刚、运录、崇汇同志阅。”4月12日，中共中央政治局委员、全国政协副主席王刚圈阅。4月15日，全国政协副主席兼秘书长钱运录副主席圈阅。4月24日，全国政协机关党组书记、副秘书长杨崇汇在报告上批示：“送广成同志阅。”同日，全国政协副秘书长全广成在报告上批示：“请惠丰同志阅。”

▲4月27日，中共中央政治局常委、全国政协主席贾庆林在人口资源环境委员会办公室报送的《关于推动海南国际旅游岛建设取得重要成果的情况报告》上批示：“请继续推动海南旅游岛建设各项建议

的落实工作。”26 日，中共中央政治局委员、全国政协副主席王刚圈阅。24 日，全国政协副主席兼秘书长钱运录批示：“报庆林、王刚同志阅示。（近期继续推动，做好请示件文末所报告的三件事）”24 日，全国政协机关党组书记、副秘书长杨崇汇批示：“报运录同志阅示，后续工作建议再研究一次后定。”

五月

▲5 月 4 日，中共中央政治局委员、国务院副总理回良玉在《政协大会发言专报》（王少阶委员的发言——保持经济平稳较快发展 更应加强农业基础地位）上批示。

▲5 月 7 日，人口资源环境委员会与浙江省人民政府、国家林业局、经济日报社在杭州市开元名都大酒店联合举办第六届中国城市森林论坛。中共中央政治局委员、全国政协副主席、“关注森林”活动组委会主任王刚出席开幕式发表重要讲话，并向杭州市颁发“国家森林城市”牌匾。人口资源环境委员会主任、“关注森林”活动组委会副主任张维庆主持开幕式。人口资源环境委员会副主任、“关注森林”活动组委会副主任江泽慧，全国政协副秘书长林智敏，国家林业局局长贾治邦，浙江省委副书记、省长吕祖善，浙江省政协主席周国富，浙江省政协副主席兼秘书长黄旭明，浙江省委常委、杭州市委书记王国平，杭州市政协主席孙忠焕，经济日报社社长徐如俊，各省（区、市）的近百座城市的市长、30 多位专家学者以及 20 多位国际组织代表出席。

城市森林论坛作为“关注森林”活动的一项大型战略性公益活动，自 2004 年授予贵阳市为我国首个森林城市以来，目前已经举办六届。本届论坛的主题是“城市森林 · 品质生活”，旨在按照中共中央政治局常委、全国政协主席贾庆林倡导的“让森林走进城市，让城市拥抱森林”的重要理念，积极为生态文明建设建有据之言，献务实之策。

王刚副主席在讲话中强调，要进一步增强责任感和紧迫感，广泛动员社会力量，积极推动生态文明建设迈出新步伐。王刚副主席要求“关注森林”活动组委会各成员单位和有关方面要密切协作，努力形成关注森林、发展林业的强大合力。特别是各级政协组织和广大政协委员要充分发挥优势，继续为搞好“关注森林”活动尽职尽责、多作贡献。

▲5月11日~16日，以全国政协副主席李金华为团长，人口资源环境委员会主任张维庆和委员会副主任、国务院三峡办主任汪啸风为副团长的全国政协人口资源环境委员会三峡工程生态环境考察团赴重庆、湖北调研，委员会副主任王少阶、任启兴、刘志峰、刘泽民、张黎及部分委员参加。下午，中共中央政治局委员、重庆市市委书记薄熙来会见李金华副主席一行。

▲5月19日上午，人口资源环境委员会召开“低品位石油、天然气开发利用”专题调研情况介绍会，邀请中国石油天然气集团公司、中国石油化工（集团）总公司、中国海洋石油总公司有关负责同志介绍情况并与委员座谈。人口资源环境委员会副主任李元主持，部分委员参加。

▲5月22日上午，人口资源环境委员会召开“金属矿产资源战略储备及走出去开发利用”专题调研情况介绍会，邀请国家发改委、国资委、国家外汇管理局有关负责同志介绍情况并与委员座谈。人口资源环境委员会副主任刘志峰主持，部分委员参加。

▲5月26日~27日，人口资源环境委员会与江苏省无锡市政协、浙江省湖州市政协在无锡市联合举办“携手保护太湖，实现永续发展”议政建言会。受全国政协领导委托，人口资源环境委员会副主任王玉庆出席会议并讲话，江苏省政协副主席陈宝田、浙江省政协副主席陈艳华出席，无锡市政协主席贡培兴主持。地方有关部门负责同志、国内知名专家学者100多人参加了会议。

中国共产党中央委员会主办的《求是》杂志2009年第9期刊登人口资源环境委员会调研组《加快建立“三江源”生态补偿机制试验区》一文。

六月

▲6月2日~3日，人口资源环境委员会联合致公党中央、九三学社中央和科技部共同举办的“中国基因科学暨产业发展高峰论坛”在北京举行。全国政协副主席、九三学社中央常务副主席王志珍出席2日上午在全国政协机关党委会议厅召开的开幕会并致辞，致公党中央副主席杨邦杰、卫生部部长陈竺、国家发展和改革委员会副主任张晓强、科技部副部长刘燕华、国家质检总局副局长刘平均、国家知识产权局副局长张勤、以及中国科学院、中国工程院、国家药监局等部门专家发表演讲。人口资源环境委员会副主任江泽慧主持开幕会，全国政协副秘书长蒋作君、林智敏，全国政协常委、九三学社中央副主席赖明及部分全国政协委员、有关院士和专家学者、社会机构和行业代表以及媒体人士，共约400人出席。

▲6月3日上午，全国政协副主席林文漪在中国国际展览中心出席第十一届中国国际环保展览暨会议开幕式并剪彩，人口资源环境委员会副主任王玉庆出席。

▲6月4日~5日，根据“关注森林保护湿地”活动计划安排，应河北省政协邀请，全国政协常委、人口资源环境委员会副主任刘志峰带队赴河北就衡水湖湿地生态环境保护进行实地调研。

▲6月5日上午，人口资源环境委员会副主任江泽慧在北京大学出席由环境保护部主办的“六·五”世界环境日纪念暨千名青年环境友好使者行动启动仪式。

▲6月5日下午，全国政协副主席阿不来提·阿不都热西提在人民大会堂出席由共青团中央、上海世博组委会联合举办的“年轻的世博 青春风采”上海世博会礼仪人员选拔活动新闻发布会，人口资源环境委员会副主任张黎出席。

▲6月8日~13日，人口资源环境委员会副主任任启兴带队赴陕西开展“水土保持生态补偿机制”考察，杨岐常委参加。

▲6月9日下午，人口资源环境委员会召开我国金属矿产资源战略储备及“走出去”开发利用座谈会，邀请中国钢铁工业协会、中国

有色金属工业协会、国家开发银行、神华集团、有色矿业集团、五矿集团和中铝的负责同志介绍有关情况并与委员座谈。全国政协常委、人口资源环境委员会副主任刘志峰主持会议。

▲6月11日上午，由全国政协人口资源环境委员会、国家林业局、河北省政协共同主办的国家级自然保护区“衡水湖湿地保护与发展”北京高峰论坛开幕。全国政协副主席罗富和出席论坛并讲话，人口资源环境委员会主任张维庆致辞，河北省政协主席刘德旺致辞，全国政协副秘书长林智敏讲话，国家林业局局长贾治邦、财政部副部长丁学东、环境保护部副部长李干杰、水利部副部长胡四一、教育部原副部长章新胜讲话，人口资源环境委员会副主任江泽慧主持。天津市政协副主席陈质枫、河北省政协副主席王玉梅、衡水市委书记陈贵、市长高宏志、市政协主席徐学清等参加论坛。

▲6月18日中午，人口资源环境委员会召开第四次主任会议，通报上半年工作，部署下半年工作。会议总结了委员会成功推进海南国际旅游岛建设、推动城镇污水处理设施建设与环保产业化、建议中央召开林业工作会议以推进林权制度改革的三大战略成果，会议决定在全委开展深入学习贾庆林主席《高举中国特色社会主义伟大旗帜 把人民政协事业不断推向前进》的重要文章和有关重要指示。人口资源环境委员会主任张维庆主持，人口资源环境委员会副主任王广宪、王少阶、王玉庆、任启兴、刘志峰、刘泽民、李金明、汪啸风、张黎、邵秉仁、秦大河、郭炎出席。全国政协副秘书长林智敏出席会议并讲话，希望委员会在上半年取得重大成果的基础上，再接再厉，圆满完成全国政协领导赋予的各项任务。

▲6月22日上午，人口资源环境委员会在机关召开“人口老龄化对经济社会发展的影响”调研情况介绍会，邀请民政部、人力资源和社会保障部、国家人口和计划生育委员会、全国老龄工作委员会办公室的有关负责同志介绍情况并与委员座谈。全国政协常委、人口资源环境委员会副主任张黎主持会议。

▲6月22日~23日，全国政协常委、人口资源环境委员会副主

任刘志峰在京参加中央林业工作会议。

▲6 月 23 日 ~ 30 日，全国政协常委、人口资源环境委员会副主任张黎带队赴江苏、山东开展“人口老龄化对经济社会发展的影响”第一阶段调研，人口资源环境委员会副主任王广宪、全国政协常委邱衍汉参加。

近日，海南省政府致函全国政协，衷心感谢全国政协对海南国际旅游岛建设给予的大力支持和帮助。

来函称，在贾庆林主席、王刚副主席、钱运录副主席兼秘书长、孙家正副主席等领导的大力支持下，全国政协将海南国际旅游岛建设纳入 2008 年重点调研课题，先后召开海南国际旅游岛专题调研情况通报会，组成以孙家正副主席为团长，张维庆主任、林智敏副秘书长和海南省政协主席钟文为副团长，王广宪、汪啸风副主任，李昌鉴常委和部分全国政协委员、专家学者、国务院 15 个部委负责同志参加的专题调研考察团赴海南调研，形成了《关于海南国际旅游岛建设的调研报告》。温家宝总理、贾庆林主席、李克强副总理先后在报告上作了重要批示。这些工作直接有力推动了海南国际旅游岛的建设，目前，海南国际旅游岛建设的政策建议大部分得到国务院的原则同意，国家有关部委正在研究加快实施。海南省政府恳请全国政协一如既往地支持海南国际旅游岛建设，进一步加强对海南工作的指导。

今年 4 月以来，人口资源环境委员会按照钱运录副主席兼秘书长的指示，从参政议政角度积极推动有关部委落实政协建议，目前已取得重大突破性进展，国务院将适时出台推进海南旅游业科学发展的系统性指导意见。

▲6 月 29 日上午，人口资源环境委员会召开会议讨论研究专题协商会发言稿，张维庆主任主持，王玉庆副主任参加会议。

▲6 月 29 日上午，人口资源环境委员会副主任王玉庆、汪啸风参观在中国美术馆举行的人口资源环境委员会副主任、中国书法家协会副主席邵秉仁书法艺术展，中国美术馆馆长范迪安陪同。

七月

▲7月3日上午，全国政协副秘书长林智敏参观在中国美术馆举行的人口资源环境委员会副主任、中国书法家协会副主席邵秉仁书法艺术展。

▲7月7日，全国政协副主席兼秘书长钱运录对人口资源环境委员会办公室呈报的《关于“中国首届人口资源环境发展态势分析会”有关情况和建议的报告》作圈阅。3日，全国政协机关党组书记、副秘书长杨崇汇在该件上批示：“报运录同志阅。”全国政协副秘书长林智敏在该件上批示：“报崇汇同志阅示。请继续在实践中积累经验。”

▲7月8日~15日，全国政协常委、人口资源环境委员会副主任张黎带队赴辽宁、甘肃开展“人口老龄化对经济社会发展的影响”第二阶段调研，人口资源环境委员会副主任王广宪、全国政协常委邱衍汉参加。

▲7月13日，国家林业局向人口资源环境委员会发来感谢信。来信指出，“全国政协非常重视、非常支持林业工作，为林业重大政策的出台、重点问题的解决、重要工作的推进发挥了重要作用”。“由贵委组织召开的人口资源环境发展态势分析会所提建议，为中央决定召开林业工作会议提供了重要参考”。“由贵委发起并推进的关注森林活动已经形成具有广泛社会影响的知名品牌”。

▲7月14日上午，人口资源环境委员会主任张维庆会见中共贵州省委常委、贵阳市委书记李军，共同就“贵阳生态文明会议”筹备工作进行了座谈，全国政协委员、教育部原副部长章新胜参加了座谈。

▲7月14日，中共中央政治局委员、国务委员刘延东在人口资源环境委员会报送的《关于太湖治理和生态修复重建的调研报告》（政全厅发［2009］45号）上批示。

▲7月14日，中共中央政治局常委、国务院总理温家宝在人口资源环境委员会报送的《关于把衡水湖湿地列为国家生态建设重点示范工程项目的建议》（政全厅发［2009］46号）上批示。

▲7月15日，中共中央政治局常委、全国政协主席贾庆林在人口

资源环境委员会报送的《关于把衡水湖湿地列为国家生态建设重点示范工程项目的建议》（政全厅发［2009］46号）上批示。

▲7月15、16日，中共中央政治局常委、国务院副总理李克强在人口资源环境委员会报送的《关于把衡水湖湿地列为国家生态建设重点示范工程项目的建议》（政全厅发［2009］46号）上批示。

▲7月15日，中共中央政治局常委、国务院副总理李克强在人口资源环境委员会报送的《大力发展环保产业促进节能减排和经济持续稳定增长》（政全厅发［2009］44号）上批示。

▲7月17日，中共中央政治局常委、国务院副总理李克强对人口资源环境委员会报送的《关于太湖治理和生态修复重建的调研报告》（政全厅发［2009］45号）上批示。

▲7月18日上午，人口资源环境委员会副主任王少阶在广东出席第二届"全国海洋宣传日"活动。

▲7月21日，全国政协人口资源环境委员会收到中国银监会对委员会《关于开展小额林权抵押贷款的提案》（政协十一届二次会议第2429号）答复的函，来函指出：你委提案中提出的关于结合林业产业的生产特点提供金融服务的建议具有现实意义，在充分采纳建议的基础上，2009年5月26日，人民银行、财政部、银监会、保监会和国家林业局联合发布了《关于做好集体林权制度改革和林业发展金融服务工作的指导意见》。

▲7月22日下午，人口资源环境委员会在机关召开"青海三江源生态保护与建设"座谈会，听取国家发改委、财政部、环保部、农业部、国家林业局及中国气象局介绍情况并座谈。全国政协常委、人口资源环境委员会副主任秦大河主持，人口资源环境委员会主任张维庆，马培华、林而达常委，中国科学院孙鸿烈、郑度、姚振兴院士，中国工程院李文华院士，以及中国气象局、北京大学有关专家学者共40余人出席会议。

▲7月22日，中共中央政治局常委、国务院副总理李克强在人口资源环境委员会主任张维庆同志报送的《关于建设生态文明的思考》

上批示："请张平、旭人、生贤同志参阅。"

▲7月27日上午，人口资源环境委员会副主任秦大河在机关与江西省政协人口资源环境委员会副主任陈双溪座谈，双方就进一步加强专门委员会工作联系、开展合作等进行了交流。

八月

▲8月4日~9日，全国政协常委、人口资源环境委员会秦大河副主任率"青海三江源生态环境保护与建设"调研组赴青海省调研。马培华、朱作言、林而达常委，中科院孙鸿烈院士等参加调研。

▲8月6日，人口资源环境委员会副主任王曙光出席山东省政协人口资源环境委员会工作会议。

▲8月6日，中共中央政治局委员、国务院副总理回良玉在人口资源环境委员会报送的《关于我国水土保持补偿机制建设的建议报告》（政全厅发［2009］53号）上批示。

▲8月5日，水利部部长陈雷《关于我国水土保持补偿机制建设的建议报告》（政全厅发［2009］53号）上批示。

▲8月6日，中共中央政治局委员、国务院副总理回良玉在人口资源环境委员会报送的《关于"我国生物基因科学及产业发展"的建议报告》（政全厅发［2009］57号）上批示。

▲8月9日~12日，全国政协常委、人口资源环境委员会副主任刘志峰率"河套灌区湿地'乌梁素海'保护与发展"专题调研组赴内蒙古自治区调研，王光谦常委参加。

▲8月10日，全国政协人口资源环境委员会收到国家林业局对委员会《关于建立林业基础建设投入保障制度的提案》（政协十一届二次会议第2096号）答复的函，来函指出：感谢您们对林业工作的关心和支持。你委的提案对于推动林业发展、建设和谐林区具有重要的现实意义。对提案中关于增加投放建设林区道路问题、完善基层站所建设和将各级主管部门和事业单位人员纳入财政预算问题、林业发展金融服务问题的建议，我局进行了认真研究，正在推动落实。在充分

采纳建议的基础上，2009年5月，我局会同人民银行、财政部、银监会、保监会联合发布了《关于做好集体林权制度改革和林业发展金融服务工作的指导意见》。

▲8月10日，中共中央政治局常委、国务院总理温家宝在人口资源环境委员会报送的《关于我国水电可持续发展问题的建议报告》（政全厅发［2009］52号）上批示。

▲8月14日下午，按照机关党组关于加强“学习型”机关建设的有关精神和要求，人口资源环境委员会办公室党支部开展“爱读书、读好书、善读书”支部学习活动，集体到北京西单图书大厦选购学习书籍。全国政协副秘书长林智敏参加活动并充分肯定了这种活动形式，她勉励支部成员提高思想认识，坚持学以致用，做到持之以恒，通过学习提升个人综合素质和工作能力，以更好地投身于“四型”机关建设中去。

▲8月18日~21日，人口资源环境委员会以王广宪副主任为组长的调研组，就“生态文明建设问题”赴贵州省调研。王少阶、刘泽民、邵秉仁副主任参加。

▲8月22日，人口资源环境委员会与北京大学、贵阳市委、贵阳市人民政府联合主办的2009生态文明贵阳会议在贵阳召开。全国政协主席贾庆林致信表示祝贺，全国政协副主席郑万通出席开幕式并致辞。英国前首相托尼·布莱尔在会上发表演讲。会议发表了以弘扬生态文明为宗旨的《贵阳共识》。全国政协常委、人口资源环境委员会主任张维庆，全国政协副秘书长林智敏，全国政协常委、中国经社理事会副主席、中国人民政协理论研究会常务副会长李昌鉴，人口资源环境委员会副主任王广宪、王少阶、刘泽民、秦大河，贵州省、贵阳市领导同志等出席会议。

▲8月24日~27日，人口资源环境委员会副主任李元率人口资源环境委员会“低品位石油、天然气开发利用”专题调研组赴吉林省开展调研。发改委、国土部、国家税务总局、国家能源局等部门有关负责同志参加。

24日，人口资源环境委员会副主任王玉庆主持召开会议，分别邀请科技部、环境保护部、国家能源局、国家国防科技工业局等有关部委同志和中国核工业集团公司、中国广东核电集团有限公司等有关单位的负责同志，就我国核电发展与核安全监管等问题进行座谈。王少阶副主任，王永庆、杨歧常委等出席会议。

▲8月25日~29日，以人口资源环境委员会副主任王玉庆为组长的“核电发展与核安全监管”专题组赴辽宁和山东省进行调研。人口资源环境委员会副主任王少阶、全国政协常委杨歧等参加。

▲8月28日~29日，人口资源环境委员会办公室主任白煜章出席由黑龙江省人民政府和国家林业局举办的“2009东北亚地区生态（伊春）论坛”。

九月

▲9月1日，人口资源环境委员会、国土资源部咨询研究中心邀请北京大学中国金融政策研究中心罗勇教授做了题为《金融危机给国土资源管理带来的机遇和挑战》的学习讲座。孟宪来委员主持了讲座，部分委员、国土资源部领导同志60余人参加了讲座。

▲9月1日~2日，人口资源环境委员会副主任张黎率“中国奶业振兴”调研组在京调研，中国奶业协会理事长、十届全国政协人口资源环境委员会副主任刘成果参加调研。

近日，中共贵阳市委、贵阳市人民政府致函人口资源环境委员会，对全国政协领导及人口资源环境委员会对“生态文明贵阳会议”的支持和帮助表示衷心感谢，希望人口资源环境委员会继续支持、关心、帮助贵阳。来函称，全国政协人口资源环境委员会积极落实全国政协领导的指示，扎扎实实做好协调有关部委工作，精心准备会议文件，并组织委员实地调研，做了大量细致的工作。

▲9月8日，全国政协人口资源环境委员会、国家发展和改革委员会、国家气候委员会、中国气象局和国家林业局在京联合举办“关注气候变化：挑战、机遇与行动”论坛。上午，全国政协副主席张榕

明出席论坛开幕式并讲话。全国政协副秘书长林智敏在开幕会上致辞。国家发展和改革委员会等有关部门、地方政府和行业协会负责同志作专题发言。开幕会由人口资源环境委员会副主任秦大河主持。下午，就“气候变化影响与适应”、“减缓政策与措施”、“地方与行业行动”、“融资”、“公众参与”、“科技创新”六个专题开展分论坛讨论，林而达常委等主持。部分全国政协委员、国家气候委员会成员单位、部分地方政府和部门的代表、气候变化自然和社会科学领域的专家学者等300余人出席论坛。

▲9月10日，全国政协常委、人口资源环境委员会副主任张黎带队赴西藏开展“三江五河”流域综合开发专题调研，全国政协常委林而达参加。

▲9月10日，中共中央政治局常委、国务院副总理李克强在人口资源环境委员会报送的《关于人口老龄化对经济社会发展影响的调研报告》（政全厅发［2009］71号）上批示。

▲9月15日～18日，人口资源环境委员会副主任李元率“低品位石油、天然气开发利用”专题调研组一行20日人赴河南省调研。部分委员和财政部、国土资源部、国家税务总局、国家能源局的有关负责同志参加。

▲9月17日，人口资源环境委员会副主任江泽慧出席由环境保护部主办，中华环保联合会承办的“第五届环境保护与发展中国（国际）论坛”。

▲9月21日，中共中央政治局常委、国务院副总理李克强在人口资源环境委员会报送的《关于积极应对气候变化的若干建议》（政全厅发［2009］75号）上批示。

▲9月21日～23日召开的政协十一届全国委员会第七次会议，通过了政协专委会驻会副主任名单，庄国荣委员被任命为人口资源环境委员会副主任（驻会）；郭炎因工作变动辞去全国政协委员及人口资源环境委员会副主任职务。

▲9月24日～25日，人口资源环境委员会副主任任启兴率“发

展低碳经济，促进环保新技术推广应用”考察组，先后赴河北廊坊、天津市考察。天津市政协主席邢元敏、副主席陈质枫参加考察和座谈。

▲9 月 24 日，中共中央政治局常委、国务院副总理李克强在人口资源环境委员会委员、中科院院士杨文采关于立足国内，增强能源资源保障能力的建议上批示。

▲9 月 25 日，人口资源环境委员会主任张维庆主持仪式欢迎庄国荣副主任。全国政协副秘书长林智敏总结了自己联系的人口资源环境委员会工作，肯定了人口资源环境委员会办公室取得的显著成绩，并向庄国荣副主任交接工作，人口资源环境委员会副主任王玉庆、张黎参加。

▲9 月 26 日，中共中央政治局常委、国务院副总理李克强在人口资源环境委员会报送的《关于加强城市管理的几点建议》（政全厅发［2009］73 号）上批示。

▲9 月 29 日，人口资源环境委员会召开会议，集中传达学习贾庆林主席在政协十一届全国委员会常务委员会第七次会议闭幕会上的重要讲话，并研究相关任务的落实措施；学习胡锦涛总书记在人民政协成立 60 周年庆祝大会上的重要讲话；学习中共十七届四中全会《中共中央关于加强和改进新形势下党的建设若干重大问题的决定》和习近平同志在政协常委会上的报告精神。

会议明确，要按照全国政协的统一部署，乘中央加强和改进党的建设的东风，进一步改进工作作风，全面加强专委会建设，围绕为科学发展服务这个中心，建睿智之言、献务实之策。张维庆主任、张黎副主任、王光谦常委等出席。

中国首届人口资源环境发展态势分析会取得了丰硕成果。全国政协主席贾庆林在关于会议的综合性报告上批示：“请以信息专报形式分送有关领导和部门参考。”全国政协副主席兼秘书长钱运录亲自审定，全国政协副秘书长杨崇汇、仝广成、林智敏分别就成果报送提出明确要求。会后，陆续向党中央、国务院报送了 11 份专报和材料，全部得到温家宝、李克强、回良玉、张德江、刘延东等领导的批示，9 份被有关部委采纳。

中共中央政治局常委、国务院总理温家宝在《关于气候变暖气象灾害频发每年已给我国造成上千亿元经济损失的情况及对策的分析》上批示。在《关于涉海项目管理要以效率优先服务海洋经济发展的分析》上批示。

中共中央政治局常委、国务院副总理李克强在《发挥节能减排对扩大内需的推动作用》、《发挥环境保护对促进经济平稳较快发展的作用》上批示。在《关于我国未来资源环境态势的分析》上批示。

中共中央政治局委员、国务院副总理回良玉在《加快集体林权制度改革 促进农民就业和增收》上批示。在《关于建设节水型社会的水资源供需发展态势的分析》上批示。在《关于建设大小兴安岭生态功能区作用的分析》上批示。

中共中央政治局委员、国务院副总理张德江在《改革开放 30 年中国流动人口社会保障发展与挑战的比较分析》上批示。

中共中央政治局委员、刘延东国务委员在《关于增加教育投资拉动内需的两点建议》上批示。

十月

▲10 月 10 日上午，住房和城乡建设部有关部门负责同志到人口资源环境委员会办公室走访，就此前人口资源环境委员会报送的《关于加强城市管理的几点建议》（政全厅发［2009］73 号）听取意见建议。住房和城乡建设部对人口资源环境委员会的建议报告中高度重视，责成相关司局研究吸收，纳到我委走访调研。

▲10 月 14 日，中共中央政治局委员、全国政协副主席王刚在中国人民政治协商会议成立 60 周年理论研讨会闭幕会上的讲话中以人资环委在唐山市首钢新址曹妃甸工业区进行的调研为例，就政协如何充分发挥自身的特点和优势，深入调查研究，积极建言献策做了七分钟的论述。

▲10月15日~16日，全国政协人口资源环境委员会、中国奶业协会在京联合举办“中国奶业振兴态势分析会”。全国政协副主席王志珍出席开幕会并讲话。全国政协副秘书长蒋作君主持开幕会。全国政协人口资源环境委员会副主任江泽慧、张黎出席会议。国家发展和改革委员会副主任穆虹、工业和信息化部副部长苗圩、农业部副部长高鸿宾、卫生部副部长陈啸宏、国家质检总局副局长蒲长城、国家食品药品监督管理局副局长边振甲等部委领导出席开幕会并讲话。部分政协委员、奶畜业相关领域的专家学者、部分省（区、市）奶业协会代表、全国重点乳制品加工企业领导、部分奶农代表等200余人参加会议。王志珍副主席在讲话中说：“分析会对于客观分析和评价中国奶业目前面临的形势、寻找差距和研讨对策具有重要的现实意义；对于加快恢复广大消费者信心，重振我国奶业，必将发挥重要作用。”参加会议的国务院六部委一致认为：全国政协人口资源环境委员会举办的这次会议是在奶业企稳回升的大背景召开的，非常及时必要，分析会的召开为共商我国奶业振兴大计、共谋奶业发展良策搭建了交流与合作的良好平台，充分体现了全国政协对奶业振兴工作的高度重视。

▲10月17日上午，人口资源环境委员会办公室主任白煜章出席由国家林业局、中国绿化基金会举办的宣传生态文明、集体林权制度改革题材电影《龙顶》首映式。

▲10月18日，人口资源环境委员会办公室主任白煜章在北京国际会议中心出席第五届亚洲安全社区会议。

▲10月26日~28日，人口资源环境委员会副主任王少阶赴昆明出席由云南省政协主办的“长江流域十四省市政协长江水环境保护第九次研讨会”。

▲10月28日上午，人口资源环境委员会副主任张黎出席在北京钓鱼台国宾馆举行的“共和国旅游文化杰出单位人物颁奖盛典”活动。该活动由文化部中华文化促进会等单位主办。

▲10月31日，中共中央政治局常委、国务院总理温家宝在人口

资源环境委员会报送的《关于加强三峡工程生态环境建设与保护的考察报告》（政全厅发［2009］78 号）上批示：“请国土资源部、环保部、水利部、三峡办阅研。”

十一月

▲11 月 10 日，中共中央政治局常委、国务院总理温家宝在张维庆主任报送的《关于请求支持白银市棚户区改造的报告》上批示。11 月 1 日，中共中央政治局常委、国家副主席习近平批示。11 月 6 日，中共中央政治局常委、国务院副总理李克强批示。

▲11 月 1 日，全国政协副主席张梅颖、人口资源环境委员会副主任张黎出席由国家林业局和浙江省人民政府主办的“首届中国义乌国际森林产品博览会暨中国木竹雕展览会”。

▲11 月 2 日全国政协副主席张梅颖、人口资源环境委员会副主任张黎出席“首届中国湿地文化节暨中国杭州西溪第三届国际湿地论坛”和中国湿地博物馆开馆仪式。

▲11 月 3 日，人口资源环境委员会办公室主任白煜章参加国家林业局在江苏邳州举办的全国第二届森林产业大会。

▲11 月 6 日 ~9 日，全国政协人口资源环境委员会与中国农工民主党中央委员会、环保部、湖北省人民政府、湖北省政协在武汉市联合举办“第五届中国生态健康论坛”。李金明副主任出席。

▲11 月 4 日 ~8 日，人口资源环境委员会办公室巡视员卫宏在海南出席“海南国际旅游岛建设”专题调研的旅客购物退免税政策有关方案和办法研讨会。

▲11 月 7 日，中共中央政治局常委、国务院副总理李克强在人口资源环境委员会报送的《关于加强三峡工程生态环境建设与保护的考察报告》（政全厅发［2009］78 号）上批示。

▲11 月 8 日，全国政协人口资源环境委员会、国家绿化委员会、中国文联在保利剧院联合举办以宣传生态文明为主旨的“青山绿水好家园”吴春燕专场音乐晚会，王光谦常委出席。

▲11 月 9 日 ~13 日，人口资源环境委员会办公室结合工作实际，开展了为期一周的集中学习胡锦涛总书记在庆祝人民政协成立 60 周年大会上的重要讲话和贾庆林主席在人民政协成立 60 周年理论研讨会开幕会上的重要讲话的活动。经过周密安排，办公室在繁忙工作中，每天抽出半天时间进行集中学习讨论，在全局范围内迅速兴起了学习贯彻讲话精神的热潮。

在学习活动中，办公室同时认真学习了王刚副主席在人民政协成立 60 周年理论研讨会闭幕会上的重要讲话、钱运录副主席兼秘书长在十一届全国政协第四期委员学习研讨班结业式上的重要讲话。林智敏副秘书长、庄国荣副主任对学习提出了认真领会精神实质、用以指导工作的具体要求。

▲11 月 14 日，中共中央政治局委员、国务院副总理张德江在人口资源环境委员会报送的《核电发展与核安全监管调研报告》（政全厅发［2009］88 号）上批示。

▲11 月 15 日，中共中央政治局常委、国务院副总理李克强在人口资源环境委员会报送的《核电发展与核安全监管调研报告》（政全厅发［2009］88 号）上批示。

▲11 月 16 日，中共中央政治局委员、国务委员兼国务院秘书长马凯在人口资源环境委员会报送的《核电发展与核安全监管调研报告》（政全厅发［2009］88 号）上批示。

▲11 月 20 日，中共中央政治局常委、国务院副总理李克强在人口资源环境委员会报送的《关于进一步加强生态文明建设的建议报告》（政全厅发［2009］87 号）上批示。

▲11 月 22 日，中共中央政治局委员、国务院副总理回良玉在全国政协常委、人口资源环境委员会委员林而达提出的关于治理农业面源污染问题的意见建议上批示。

▲11 月 24 日，中共中央政治局委员、国务院副总理回良玉在《重要提案摘报》［2009］第 56 期“关于立即对西南地区水电开发进行专项检查的提案”上批示。

十二月

▲12 月 7 日晚，中共中央政治局委员、天津市委书记张高丽在天津市迎宾馆会见了全国政协副主席郑万通和出席“全国暨地方政协人口资源环境委员会深入学习贯彻胡锦涛总书记在庆祝人民政协成立60周年大会上的重要讲话理论研讨会”的部分代表。张高丽书记介绍了天津市近年来的发展概况，对全国政协历年来对天津市经济社会发展给予的支持表示感谢，对全国政协人口资源环境委员会对推动滨海新区成立和发展作出的贡献表示感谢。郑万通副主席表示，近年来天津市发展很快，城市面貌日新月异，全国政协将继续为天津市发展献计出力。

▲12 月 8 日 ~10 日，“全国暨地方政协人口资源环境委员会深入学习贯彻胡锦涛总书记在庆祝人民政协成立 60 周年大会上的重要讲话理论研讨会”在天津市举行。会议深入学习胡锦涛总书记在庆祝人民政协成立 60 周年大会上的重要讲话和贾庆林主席在人民政协成立 60 周年理论研讨会开幕会上的重要讲话、王刚副主席在人民政协成立 60 周年理论研讨会闭幕会上的重要讲话、钱运录副主席兼秘书长在十一届全国政协第四期委员学习研讨班结业式上的重要讲话。并结合人口资源环境委员会工作，传达学习中央经济工作会议精神。

全国政协副主席郑万通出席开幕会并作重要讲话。人口资源环境委员会主任张维庆主持开幕式，天津市政协主席邢元敏发表讲话，全国政协常委、中国人民政协理论研究会常务副会长李昌鉴作理论辅导报告，全国政协副秘书长林智敏致辞，人口资源环境委员会副主任王少阶、王玉庆、任启兴、刘志峰、刘泽民、江泽慧、李金明、张黎、林树哲、秦大河、庄国荣，天津市政协副主席王文华、陈质枫、秘书长刘琨出席会议。

郑万通副主席在讲话中指出，在当前的形势下，人口资源环境委员会举办一次以理论研讨为主题的会议，是一种新的尝试，很有意义，也很有必要。专门委员会不仅要搞好专题调研，也要进行理论研讨，这是推动专门委员会工作的需要，也是人民政协理论研究不断深化和人民政协事业长远发展的需要。

各省、自治区、直辖市和副省级市政协副主席、人口资源环境委员会及办公室负责同志近200人出席了会议。

▲12月8日下午，人口资源环境委员会在天津市迎宾馆召开第五次主任会议，张维庆主任主持，副主任王少阶、王玉庆、任启兴、刘志峰、刘泽民、江泽慧、李金明、张黎、林树哲、秦大河、庄国荣出席。会议传达学习了中央经济工作会议精神，总结了委员会2009年工作，研讨了2010年委员会工作计划。

▲12月9日下午，人口资源环境委员会在机关召开北海规划座谈会。刘志峰副主任主持，庄国荣副主任（驻会）、王光谦常委等出席。

▲12月11日，国家工业和信息化部部长李毅中，为落实李克强、张德江副总理在全国政协人口资源环境委员会报送的《核电发展与核安全监管调研报告》上的批示精神，专门向张德江副总理书面报送情况报告。

▲12月14日，国家发展和改革委员会办公厅为落实国务院领导在人口资源环境委员会报送的《关于太湖治理和生态修复重建的调研报告》（政全厅发［2009］45号）上的批示精神，专门给全国政协办公厅反馈《关于太湖治理和生态修复重建有关情况的报告》（发改办地区［2009］2653号），以下简称《报告》。《报告》称，全国政协人口资源环境委员会报送的《关于太湖治理和生态修复重建的调研报告》，客观评述了江苏和浙江两省治理太湖所采取的措施和取得的初步成效，准确指出了当前太湖污染防治存在的问题，并务实地提出了加强太湖生态修复重建等方面的建议。所提问题针对性强，所提建议符合实际且具有一定的可操作性，值得在推进太湖水环境综合治理工作中加以借鉴和落实。

▲12月16日，中共中央政治局委员、国务院副总理回良玉在人口资源环境委员会报送的《改善民生 保障藏区团结稳定的有效途径——关于加快西藏昌都地区水利水电事业发展的建议报告》（政全厅发［2009］94号）上批示。

▲12月16日，中共中央政治局委员、国务院副总理回良玉在人

口资源环境委员会报送的《关于我国奶业振兴急需解决几个关键问题的报告》（政全厅发［2009］96号）上批示。

▲12月17日，中共中央政治局常委、全国政协主席贾庆林在人口资源环境委员会报送的《改善民生 保障藏区团结稳定的有效途径——关于加快西藏昌都地区水利水电事业发展的建议报告》（政全厅发［2009］94号）上批示。12月18日，中共中央政治局常委、国务院副总理李克强批示。12月19日，中共中央政治局委员、国务院副总理回良玉批示。

▲12月23日上午，中共中央政治局常委、全国政协主席贾庆林在机关会见出席关注森林活动开展10周年总结表彰大会的全体代表并合影。关注森林活动组委会主任王刚副主席参加会见，出席总结表彰大会并讲话。王刚副主席充分肯定了关注森林活动开展10年来取得的显著成绩和宝贵经验。他强调，要进一步提高思想认识，坚持弘扬活动宗旨、突出工作重点，广泛动员社会各界关心和支持林业，凝聚各方力量建设和发展林业，不断开创关注森林活动工作的新局面。王刚副主席希望各级政协组织和广大政协委员利用好关注森林活动这个重要平台开展议政建言活动，一如既往地关心支持关注森林活动，继续为搞好关注森林活动、促进生态文明建设献计出力。关注森林活动由全国政协人口资源环境委员会、全国绿化委员会、国家林业局、国家广电总局、中国绿化委员会、中国记协等6家单位联合开展，10年来，围绕党和国家决策部署，围绕林业和生态建设的重大问题和相关的民生问题，如举办中国城市森林论坛、开展“国家森林城市”创建活动等，产生了广泛的社会影响。人口资源环境委员会主任张维庆主持大会。国家林业局局长贾治邦，全国政协副秘书长林智敏，人口资源环境委员会副主任江泽慧、庄国荣（驻会），荣获第四届关注森林奖和第四届梁希林业宣传奖获奖代表、国家林业局等有关单位主要负责同志共300余人出席大会。

▲12月24日~25日，人口资源环境委员会与中国气象局联合主办的第二届中国人口资源环境发展态势分析会在北京中邮苑宾馆举

行。会议主题为人口资源环境与应对全球气候变化，这是哥本哈根全球气候大会之后国内第一个专门研究应对气候变化的重要会议。全国政协副主席孙家正出席开幕会并致辞。人口资源环境委员会主任张维庆主持开幕会，国土资源部副部长贠小苏、环境保护部副部长吴晓青、水利部副部长胡四一、国家人口和计划生育委员会副主任赵白鸽、国家林业局副局长祝列克等部委领导和国家发展和改革委员会有关司局负责同志分别发表演讲。全国政协副秘书长林智敏，人口资源环境委员会副主任王少阶、刘志峰、李元、汪啸风、张黎、邵秉仁、秦大河、庄国荣出席。

参加了哥本哈根气候大会的中国气象局局长郑国光及有关部门的领导和专家应邀参加会议并发表演讲。人口资源环境委员会部分委员、中国气象局系统的有关负责同志以及来自北京有关高校和科研院所的专家学者等共计200余人参加了会议。

▲12月21日，中共中央政治局常委、国务院副总理李克强在人口资源环境委员会报送的《关于我国奶业振兴急需解决几个关键问题的报告》（政全厅发［2009］96号）上批示。12月22日，国务院副秘书长尤权在报告上批示。

▲12月21日，中共中央政治局委员、国务院副总理回良玉在《政协信息》［2009］第150期“加强长江流域饮用水源地的建设与保护”（人口资源环境委员会办公室供稿）上批示。

▲12月23日，中共中央政治局常委、全国政协主席贾庆林在人口资源环境委员会报送的调研报告《客观评价三江源生态保护成效，积极推进三江源生态建设工程》（政全厅发［2009］80号）上批示。12月25日，李克强副总理批示。

▲12月25日，政协第十一届全国委员会第二十一次主席会议通过政协第十一届全国委员会专门委员会委员增补、调整名单，李蓉、金义华增补为人口资源环境委员会委员；黄少良由人口资源环境委员会调整到提案委员会。

▲12月27日至28日上午，人口资源环境委员会副主任庄国荣（驻会）在友谊宾馆出席由国家能源局举办的全国能源工作会议。